高等学校专业教材

西点制作教程

陈洪华　李祥睿　主编

中国轻工业出版社

图书在版编目（CIP）数据

西点制作教程 / 陈洪华，李祥睿主编. —北京：中国轻工业出版社，2019.11

高等学校专业教材
ISBN 978-7-5019-8542-5

Ⅰ.①西… Ⅱ.①陈… ②李… Ⅲ.①西点－制作－高等学校－教材 Ⅳ.①TS213.2

中国版本图书馆CIP数据核字（2011）第238721号

责任编辑：史祖福　　责任终审：唐是雯　　整体设计：锋尚设计
策划编辑：史祖福　　责任校对：燕　杰　　责任监印：张　可

出版发行：中国轻工业出版社（北京东长安街6号，邮编：100740）
印　　刷：河北鑫兆源印刷有限公司
经　　销：各地新华书店
版　　次：2019年11月第1版第7次印刷
开　　本：787×1092　1/16　印张：19.75
字　　数：456千字　插页：4
书　　号：ISBN 978-7-5019-8542-5　定价：46.00元
邮购电话：010-65241695
发行电话：010-85119835　传真：85113293
网　　址：http://www.chlip.com.cn
Email：club@chlip.com.cn
如发现图书残缺请与我社邮购联系调换
KG1035-090889

前言

近年来，我国西点行业的发展非常迅速，在许多大中城市，蛋糕房、面包屋、西饼房以及大中型西式糕点连锁店如雨后春笋般出现，发展趋势迅猛。目前，我国各地的烘焙业从业人员大约已达60万人。

《西点制作教程》是烹饪专业“十二五”规划教材之一，西点制作工艺是烹饪专业的一门重要课程。随着我国旅游业的发展、百姓生活水平的提高和对外开放的进一步深入，西点已经逐步进入寻常百姓家了，为了培养西点制作的专门人才，普及西点文化，特组织编写本教材。

在本教材编写过程中，坚持以能力为本位，重视实践能力的培养，突出职业技术教育特色。根据餐饮、烹饪专业学生所从事职业的实际需要，合理确定学生应具备的能力结构与知识结构。同时，在注重西点知识系统性和全面性的基础上，进一步加强实践性教学内容，以满足社会餐饮企业对技能型人才的需求。

本教材分为三篇十四章，由扬州大学陈洪华担任主编，扬州大学李祥睿担任副主编。第一章、第二章、第三章、第四章、第五章、第六章等由扬州大学陈洪华编写；第七章、第八章由扬州大学李祥睿编写；第九章由清华大学周静编写；第十章由湖南株洲周国银编写；第十一章由江南大学陆中军编写；第十二章由山东青岛酒店管理职业技术学院王东编写；第十三章由南京新东方烹饪学校孙荣荣编写；第十四章由南京鼓楼社区培训学院姜舜怀编写。全书稿件由扬州大学陈洪华统稿。

在本教材编写过程中，得到了扬州大学旅游烹饪学院（食品科学与工程学院）领导以及中国轻工业出版社的大力支持，并提出了许多宝贵意见，在此，谨向他们表示衷心的感谢！

由于时间仓促，内容涉及面广，难免会有不足和疏漏之处，望广大读者批评指正，编者不胜感激。

陈洪华　李祥睿

2011.11

目 录
Contents

目 录

Contents

目录 Contents

Piece 1

第一篇

西点制作基础知识

CHAPTER 1

第一章 西点概述

第一节 西点概述

一、西点的概念

西式面点（简称西点），英文写作“Western Pastry”，主要是指来源于欧美地区的点心。它是以面、糖、油脂、鸡蛋和乳品为主要原料，辅以干鲜果品和调味料，经过调制、成形、成熟、装饰等工艺过程而制成的具有一定色、香、味、形的营养食品。

西点之所以能够成为世界共同的美食，其主要是因西方人有饭后食用甜食的习惯，因此家家户户的餐桌上，不但可以欣赏到女主人的精美手艺，亲手烘制的甜点更是别出心裁，更有许多家庭主妇因熟能生巧而名闻于专业，而且长久以来使每个家庭对于亲手制作甜点的风俗继承于传统。

西点经过长期发展，在世界各国不断被创新，逐渐出现了以地域为特点的不同种类。例如：法国点心属于西点中的现代派。第一，用料上顺应当今时尚潮流，多采用健康新鲜的原料，如很多点心品种习惯加入大量新鲜水果等；第二，讲究口感精致，近十年来风靡世界各地的焦糖奶冻（以奶油、糖加香草棍、蛋黄蒸烤而成）就是从法国流传出来的；第三，在造型上很注重视觉效果，力图简洁、精巧，常常用糖、巧克力、水果等做装饰。奥地利点心味道浓郁，不是特别讲究造型。但因气候寒冷，通常会加入厚厚的巧克力、奶油等，并且经历过奥匈帝国时期各民族的频繁交流，奥地利的点心风格往往夹杂着东欧各国风味的影子。而德国点心保持着西点传统的风格，原料基本上采用传统西点中常用的黄油、奶酪、鸡蛋等，造型也属于家庭式，厚实、简单，没有太多华丽的装饰，口味上较为甜腻。

二、西点的历史演变

西点是随着西方文明进程的推进而逐步发展起来的，在英国、法国、西班牙、德国、意大利、奥地利、俄罗斯等国家已有相当长的历史，并在发展中形成了独树一帜的风格。

西方文明则是在地中海沿岸地区发展起来的。地中海东西长4000公里、南北最宽处1800公里，海域面积250多万平方公里。它的地理位置比较特殊，是一片欧亚非交界的边缘地带（地中海北面是欧洲大陆、南边是非洲大陆，东面是亚洲的中东地区），在古代，这片被称作“富饶的月牙”的土地是西方文明的发祥地。

公元前3500年，地中海南岸的埃及就已经形成了统一的国家，历经古王国时期、中王国时期和帝国时期，创造了灿烂的古埃及文明。尼罗河不仅给其下游带来了充沛的水源和肥沃的土地，更给这里带来了生机和繁荣，许多出土文物也都证明了西点在这一时期有过较大的发展。例如：古埃及有一幅绘画，就展示了公元前1175年底比斯城的宫廷焙烤场面，画中可看出几种面包和蛋糕的制作场景，而且有组织的烘焙作坊和模具在当时已经出现。据统计，在古埃及帝国中，面包和蛋糕品种达16种之多。

公元前1900年，多瑙河流域的一支部落移民到了古希腊地区，与当地的土著融合之后，发展成一支比较文明先进的族群。由于受到古埃及文化的影响，古希腊人创造了欧洲最古老的文化，成为欧洲文明的中心。当时希腊的贵族很讲究食物，而且宫廷厨师已经掌握了70种面包的制作方法，成为当时世界上最具盛名的烘焙师。另外据记载，古希腊最早在食物中使用甜味剂——蜂蜜，因此蜂蜜蛋糕曾一度风行欧洲。而且古希腊人曾用面粉、油和蜂蜜制作了一种煎油饼，还制作了一种装有葡萄和杏仁的塔，这也许是最早的食物塔。此外，亚里士多德在他的著作中曾多次提到过各种烘焙制作。

公元前753年，古罗马人建立了罗马城。在军事胜利的同时，手工业、农业也发展很快。在烹饪方面，由于受希腊文化的影响，古罗马宫廷膳食厨房分工很细，由面包、菜肴、果品、葡萄酒等四个专业部分组成，厨师主管的身份与贵族大臣相同。当时已经有了诸如素油、柠檬、胡椒粉、芥末等调味品或复合调味料，在举行特别盛大的宴会时，主人会重金礼聘高级厨师来掌厨，以彰显荣耀。此外，古罗马人还创制出世上最早的奶酪蛋糕，并将这一传统保持下来，直到现在，世上最好的奶酪蛋糕仍然出自意大利。英国最早的蛋糕是一种名为“西姆尔”的水果蛋糕，其表面装饰的12个杏仁球代表罗马神话中的众神，今天欧洲有的地方仍用它来庆祝复活节，据说它也来源于古希腊。在哈德良（Hadrian）皇帝统治时期，罗马帝国在帕兰丁山建立了厨师学校，以传播烹饪技术。

公元前400年，罗马成立了专门的烘焙协会。罗马人进一步改进了面包的制作方法，发明了圆顶厚壁长柄木杓炉，这个名称来自烘制面包时用于推动面包的长柄铲形木杓。他们还发展了水推磨和最早的面粉搅拌机，用马和驴推动。罗马人重视面包，曾经将面包用来作为福利计划的一部分。此后面包师对面包的制作工具和方法进行了改进，加配牛奶、奶酪等辅料，大大改善了面包的风味，奠定了面包加工技术的基础，从而使面包逐渐风行欧洲大陆。

在中世纪，欧洲人大多吃粗糙的黑面包，最初的白面包只出现在教堂，用于教堂仪式。此时涌现出了更多的面包品种，而且当时随罗马帝国一同消亡的面包师工会又死而复生，它订立行业条例，规定惟有专业磨坊才能碾磨面粉，从而禁止其他任何人从事这一行业，面包师须持有执照方可经营面包房并出售面包，如果在面包买卖中缺斤少两，还要治面包师的罪。

15世纪，西餐文化借助文艺复兴的春风迅速发展起来，遍及欧洲。首先是餐刀、餐叉、汤匙等系列餐具逐渐由厨房工具演变出来，成为进餐工具，然后出现原始的菜谱，同时，文雅而复杂的用餐礼仪也渐渐形成和完善起来。初具现代风格的西式糕点也在此时出现，糕点制作不仅革新了早期方法，而且品种不断增加。烘焙业已成为相当独立的行业，进入了一个新的繁荣时期。此时现代西点中两类最主要的点心，派和起酥相继出现。

16世纪初中叶，凯瑟琳·迪·米迪锡（Catherine de Medic），出身名门家族。嫁给了奥伦斯公爵，她带着一群名厨以及点心师来到法国，促进了法国烹饪流派的形成。早期法国和西班牙在制作起酥时，采用了一种新方法，即将奶油分散到面团中，再将其折叠几次，使成品具有酥层，这种方法为现代起酥点心制作奠定了基础。

17世纪，荷兰人雷文霓发现并生产出酵母菌，人们才真正开始认识酵母菌并将酵母菌加入面团制作面包。

18世纪，磨面技术的改进为面包和其他西点提供了质量更好、种类更多的面粉，这些也为西式点心的生产创造了有利条件。

到了19世纪，在西方政体改革、近代自然科学和工业革命的影响下，烘焙业发展到一个崭新阶段。1870年压榨酵母和生酵母生产的工业化，使面包等西点的机械化生产得到了根本性的发展。并逐渐形成了一个完整和成熟的体系。

20世纪初，面包工业开始运用谷物化学技术和科学实验成果，使面包质量和生产有了很大提高。同时大面包厂开始发展为较大的面包公司，开始向周边数百公里超级市场供应面包产品。其他各种西点品种也层出不穷。

21世纪的现在，西点早已从作坊式生产步入到现代化的生产，并逐渐形成了一个完整和成熟的体系。当前，烘焙业在欧美十分发达，西点制作不仅是烹饪的组成部分（即餐用面包和点心），而且是独立于西餐烹调之外的一种庞大食品加工行业，成为西方食品工业的支柱之一。

三、西点的发展趋势

进入新世纪，人们工作节奏快，时间紧张，从而越来越喜欢食用高价值的制成品，同时，对质量的需求和对健康与安全问题的日益重视也在很大程度上改变了食品消费的方式，虽然西点产品能够适应现代人讲品牌、讲卫生、快节奏的需要，但是，西点制作也要理性发展，与时俱进，适应时代发展的趋势。

第一，回归自然，营养保健

在欧美各国科技发达、讲究生活质量的现状下，人们不得不对食物进行重新审视，当回归自然之风吹向烘焙行业时，人们再次用生物发酵方法烘制出具有诱人芳香美味的传统面包，至于用最古老的酸面种发酵方法制成的面包，则越来越受到中产阶层人士的青睐。

同时，科学健康的膳食已在全世界成为人们追求的目标，这就要求西点改变高糖、高脂肪、高热量的现状，向清淡、营养平衡的方向发展。如低糖、无糖面包，或用非糖甜味剂部分替代蔗糖，这样面包可给糖尿病、肥胖症、高血压等疾病患者带来福音。添加食物纤维素的面包，利用大豆蛋白粉、麸皮、燕麦碎等制成高蛋白、高纤维素、矿物质的营养面包，这将是21世纪最具诱惑力的产品之一。例如：全麦面包、黑麦面包，过去因颜色较黑、口感粗糙、较硬而被摒弃，如今却因含较多的蛋白质、维生素而成为时尚的保健食品，将占有一席之地。

第二，产品新鲜，功能突出

多个世纪以来所追求的“白面包”逐渐失宠，那些投放在超级市场内、标榜卫生、全机械操作而成的面包，失去了吸引力，而出售新鲜面包的小店又开始林立在城市中。

随着功能性食品的发展，利用一些含有食品功能因子的食物作为原料，研制出对人们健康有益的西点产品，将会成为未来市场的一道亮丽风景。

第三，科学研究，技艺先进

欧美各国如瑞士、美国等国家均设有烘焙研究中心，其谷物加工、食品工程、食物科学和营养学方面的专家也较多，他们既注意吸取其他国家的成功经验，又注重突出本国的特色，坚持不懈地在各款西式面点的用料、生产过程等方面进行探索、改良，从而使得西式面点得到不断的发展和创新。

同时，西点制造业经常举办有关西点的各类比赛和展览，以增加专业人士互相考察、学习、鉴别的机会，这些都有利于西式面点师开阔视野，提高技艺，同时也使得西点的制作工艺日新月异，其产品颇具特色。

第四，品牌战略，现代营销

随着竞争全球化的深入，要想立足于市场必须有长远的眼光和跨地区、跨国界的经营胆识及战略谋划，坚持品牌战略，运用网络营销的优势，形成大规模的集团和上市公司，善于运用融资等现代手段进行市场化运作，已成为一种发展趋势。

第二节 西点的分类和特色

一、西点的分类

西点源于欧美地区，具有西方民族风格和特色，如德式、法式、英式、俄式等。但因国家或民族的差异，其制作方法千变万化，即使是同样的一个品种在不同的国家也会有不同的加工方法，因此，西点品种繁多，要全面了解西点品种概况，必须首先了解西点分类情况。

西点的分类，目前尚未有统一的标准，但在行业中常见的有下述几种：

（1）按点心温度分类　可分为常温点心、冷点心和热点心。

（2）按西点的用途分类　可分为零售类点心、宴会点心、酒会点心、自助餐点心和茶点。

（3）按厨房分工分类　可分为面包类、糕饼类、冷冻甜品类、巧克力类、精制小点心类和工艺造型类。这种分类概括性强，基本上包含了西点生产的所有内容。

（4）按制品加工工艺及坯料性质分类　可分为蛋糕类、混酥类、清酥类、面包类、泡芙类、饼干类、冷冻甜食类、巧克力类、蛋白甜食类、精制小点心类等。此种分类方法比较普遍地应用于行业及实践教学中。

二、西点的特色

西点是西餐烹饪的重要组成部分，在西餐饮食中起着举足轻重的作用，无论是一日三餐还是各种类型的宴会，西点制品都是不能缺少的。因此，在酒店里往往专门设立西点厨房，使之具有相对独立的制作空间，为制作各种西点产品服务。

现代的西点一般具有如下特色：

1. 用料讲究，营养全面

西点用料讲究，无论是什么点心品种，其面坯、馅心、装饰、点缀等用料都有各自选料标准，各种原料之间都有着相互间的比例，而且大多数原料要求称量准确。

西点多以乳品、蛋品、糖类、油脂、面粉等为常用原料，而且配料中干鲜水果、果仁、巧克力等用量较大。这些原料往往含有丰富的蛋白质、脂肪、糖、维生素等营养成分，它们是人体健康必不可少的营养素，因此说西点具有较高的营养价值。

2. 色泽明快，口味简洁

西点品种多为烘焙制品，成品或坯料色泽常为金黄色等暖色系列，但是部分西点品种通过馅料或装饰料的点缀，使之色泽变得简单明快，引人注目，而且丰富谐调。

同时，西点的口味常常以甜、咸为主。甜制品主要以蛋糕为多，有90%以上的点心制品要加糖，客人餐后吃些甜食制品，会感觉更舒服。咸制品主要以面包为主，客人吃主餐的同时会有选择地食用一些咸味面包。

3. 工艺性强，美观精巧

西点制品不仅具有营养价值，而且在制作工艺上还具有工序繁杂、技法多样、注重火候、卫生安全等特点，其每步操作都凝聚着厨师的创造性劳动，所以制作一道点心，每一步都要依照工艺要求去做，这也是对西点师的基本要求。

同时，每一件西点产品都是一件艺术品，尽善尽美的造型无疑为美味锦上添花，令爱美的人们意乱情迷，欲罢不能。原因除了它们散发出来的美味诱惑，更在于它们总是不遗余力地给感官带来愉悦，为生活增添惊喜。

4. 清香诱人，口感丰富

在西点制品中，无论是冷点心还是热点心，甜点心还是咸点心，都具有味道清香的特点，这是由西点的原材料决定的。通常所用的主料有面粉、奶制品、水果等，这些原料自身具有芳香的味道。其次是加工制作时合成的味道，如焦糖的味道等。

西点品种较多，而且具有不同的口感。饼干的酥、布丁的软、法棍的韧、慕斯的滑、蛋糕的松、泡芙的绵、沙勿来的嫩、果冻的爽、冰淇淋的凉……让人心旷神怡，应接不暇。

总之，一道完美的西点，都应具有丰富的营养价值、诱人的色泽、完美的造型和怡人的风味。

思考题

1. 西点的概念是什么?
2. 西点是怎样进行分类的?
3. 简述西点的发展过程。
4. 现代西点的特色有哪些?
5. 西点发展的趋势如何?

CHAPTER 2

第二章 西点制作常用工具和设备

第一节 西点制作常用工具

“工欲善其事，必先利其器”。优质高效的工具和设备是制作西点的前提之一。

一、常用工具

（一）生产工具

1. 搅拌工具

（1）打蛋器（Egg-whisk） 以不锈钢丝缠绕而成，用于打发或搅拌食物原料（图2-1和图2-2）。如：蛋清、蛋黄、奶油等。

（2）榴板（Wood spoon） 通常以木质材料制成，前端宽扁，或凿成勺形，柄较长，有大小之分，可用来搅拌面粉或其他配料之用（图2-3）。

（3）拌料盆（whisking pan） 有大、中、小三号，可配套使用。可用来搅拌面粉或其他配料之用（图2-4）。

（4）橡皮刮板（Rubber spatula） 以塑料制成，有长柄（图2-5）。用于刮取或拌和拌料盆中或案板上的面团等原料。

2. 模具类

（1）烤盘（Roast pan） 用于摆放蛋糕生坯，便于烘烤，常见的为铁质，其清洗后必须擦干，以免生锈。常见烤盘有活动底坯模烤盘、连底烤盘，形状可分为圆形、方形、心形、三角形（图2-6）。

（2）焙烤听（Roast tin） 由铝、铁、不锈钢或镀锡等金属材料制成。有各种尺寸和形状，可以根据蛋糕品种的需要来进行选择利用（图2-7）。

（3）巧克力模（Chocolate mould） 巧克力模具有铜质冰模、塑料模、塑胶模三种，模具又分阴模、阳模，表面凸出的叫阳模，凹进的叫阴模，模具是巧克力成形的主要工具（图2-8）。

（4）印模（Shape mould） 印模是一种能将装饰面皮经按压切成一定形状的模具。形状有圆形、椭圆形、三角形等；切边有平口和花边口两种类型。常为铜制或铁制（图2-9）。

（5）比萨烤盘（Pizza pan） 常用材质多为不锈钢、铝制等，有大、中、小号不同规格（图2-10）。

（二）衡量工具

1. 称量工具

（1）弹簧秤（Spring Scales） 台式弹簧秤是最常见的厨用秤，它是利用弹簧受到的力和弹簧的形变量成正比的原理。放置弹簧秤的桌子要尽量水平、坚硬，读数的时候，视线要跟指针在同一水平线上，不要从上往下俯视，或者从侧面斜着看。还有原料的摆放位置也会对读数造成影响，所以称的时候，材料尽量均匀放在秤盘正中。

挂钩式的弹簧秤一般量程比较大，有几千克，而最小刻度也比较粗糙，也不方便放置材料，所以不适合用作烘焙称量（图2-11）。

（2）电子秤（Electronic scales） 电子秤利用压敏元件，就是通过元件的电流大小随着元件上受到的压力大小而变化，这种变化是非常敏感的，所以电子秤最小刻度更精确而量程更大，是比较精确的计量工具，能精确到小数点后一位以上（图2-12）。

（3）尺子（Ruler） 一把有英寸标记的软尺，而且便于携带，可以省去计算的麻烦和失误。因为蛋糕模子（圆形、心形）、比萨盘、派盘的大小是用直径的长度来标注的，单位是英寸，在背面会写着6#，9#的字样，指的就是直径6英寸或者9英寸，常用的最小蛋糕模子就是6英寸的；吐司模子、方形蛋糕模子的大小是用长×宽来标注的，单位也是英寸；小的挞模、花形蛋糕模用直径的长度来标注大小，单位大多是厘米（图2-13）。

2. 计量工具

（1）量杯与量勺（Measuring cup & Measuring spoon） 量杯（图2-14）和量勺（图2-15）是用来量液体或者粉状原料的体积的，也可以量干果一类的碎块、屑、末材料。

量杯有大小之分，材料有塑料的、玻璃的，也有金属的。量勺是成套的，从1汤匙、1/2汤匙、1/4汤匙；到1毫升、2毫升、5毫升、25毫升的都有，材料有塑料的，也有金属的。有时需要量热的液体，或者有颜色的液体，所以要考虑不易碎、耐高温、不易染色。

量杯和量勺上一般不标注毫升，而是直接标注杯、勺等，甚至只有英文缩写，所以要把前面的单位列表搞清楚才能读懂，还要注意是否有1/2、1/4的字样。因为量杯和量勺不会像刻度尺或者温度计那样均匀的标注刻度，所以选购的时候尽可能选择规格多一些的，比如有半小勺、半大勺的量勺，就要比用眼睛看的一勺的一半要准确得多，而50毫升的量勺，也要比5毫升的量勺舀10勺要准确。

量杯可以在里面直接搅拌，可以冷藏，也可以平稳摆放，但是准确程度不如量勺，而量勺则可很方便地从大桶材料中直接舀取所需的分量。

用量勺量取粉状材料的时候，要事先过筛，不要有结块，但是也不要故意压实，要装满一量勺，表面平整，可以先舀堆出尖的一勺，然后轻轻左右晃动；量取液体的时候，由于表面张力，液面会鼓出来或者凹进去，而且越小的勺子越不易把所有的液体都倒下去，底部总会有残留，可以自己估计一下误差。使用量杯的时候，要保证液面或者粉状材料表面水平，而且读数的时候视线和表面在同一高度。

（2）温度计（Thermometer） 由测杆和温度刻度表等两部分组成，用以测量油温、糖浆温度及面包面团等的中心温度。温度计种类主要有：探针温度计（图2-16）、油脂（糖）测量温度计（图2-17）、普通温度计（图2-18）等。

（三）成形工具

1. 刀具、刮片类

（1）抹刀（Spatulas） 盛装奶油的主要工具，也是抹坯必用的工具，有长、短之分，如8寸、10寸、12寸（图2-19和图2-20）。

（2）锯齿刀（Serrated knife） 分粗锯齿刀、细锯齿刀两种，长短不同，粗锯齿刀可用来切割糕坯，也可用来抹坯，制作奶油面装饰纹理，细锯齿刀主要用来切割糕坯之用（图2-21）。

（3）水果刀（Fruit knife） 水果刀具是蛋糕装饰不可缺少的工具，在蛋糕造型装饰中，很多装饰与水果分不开，切割水果造型是水果蛋糕装饰的重要内容和方法（图2-22）。

（4）铲刀（Relieving knife） 铲刀有平口铲刀、斜口铲刀、多用来制作拉糖造形巧克力之用，可以铲巧克力花瓣、巧克力花、巧克力棒，也可以用来制作拉糖造型。规格有：3英寸平口铲刀、1.5英寸平口铲刀、1英寸平口铲刀、1.2英寸斜口铲刀、1.7英寸斜口铲刀、3.5英寸斜口铲刀（图2-23）。

（5）雕刻刀（Burin knife） 专业用于巧克力雕刻造型之用，有钢质刀形、塑料质刀形，形状各异，刚柔相配，专业特点明显，是制巧克力雕塑的必备工具（图2-24）。

（6）挑刀（Pick knife） 挑刀是用来转移蛋糕的专用工具，有直挑刀、心形挑刀、三角挑刀（图2-25）。

（7）花边刀（Lace cutter） 花边刀两端分别为花边夹和花边滚刀。前者可将面皮的边缘夹成花边状，后者由圆形刀片的滚动将面皮切成花边状。

（8）剪刀（Scissors） 铁制，刀尖刃快，用于修剪裱花袋口，或者夹取花托（图2-26）。

（9）刮片（Scraper） 按其用途可分欧式刮片、普通刮片，有铁质，也有塑料质。欧式刮片形状各异，一般可分为细齿类、粗齿刮片类。普通刮片分为平口类，三角形类刮片。主要用于蛋糕表面刮图装饰，方便快捷（图2-27）。

（10）擀面棒（Rolling stick） 有擀面杖和走锤之分。擀面杖是用坚实细腻的木材制成，有长有短，粗细不一，其用途是擀制面皮；走锤也是一种擀面杖，形状粗大、圆柱中空，其中有一根木棒，擀制面皮时，双手抓住木棒，上面锤体跟柱转动，发挥作用（图2-28）。

2. 裱花嘴、裱花袋类

（1）裱花嘴（Cake mouth） 花嘴有20头、30头、48头、60头等多种花形样式，奶油通过花嘴可做边、做花、做动物等各种造形（图2-29）。

（2）转换嘴（Conversion mouth） 用在裱花袋前端，用来调节花嘴旋转方向，调换花嘴的中间装置，使用比较方便，多为硬质塑，规格有大号、中号、小号（图2-30）。

（3）裱花袋（Cake bag） 裱花袋主要用来结合花嘴，盛装奶油，通过手的握力，使奶油通过花嘴挤出，为蛋糕表面装饰造型之用，也可以用来盛装果膏，在蛋糕表面淋面装饰之用（图2-31）。

裱花袋有布胶袋，塑料袋两种，前者可反复使用，后者多为一次性使用。

（4）三角纸（Oil paper） 三角纸常为油纸（图2-32）或玻璃纸制成，前者为一次性使用，后者可多次使用。

（四）其他类

（1）纤维毛笔（Fiber brush） 用来制作蛋糕奶油造型，经过毛笔（图2–33）处理的奶油立体造型细致（如仿真卡通、动物、人物），也可以用彩色果膏在蛋糕上绘制造型，可以绘制各种平面视觉艺术效果图，如西洋画、中国画都可以用毛笔表达出来。

（2）喷笔（Airbrush） 喷笔（图2–34）由气泵、输气管、喷笔三个部分组成，操作时将食用色素滴入填装色料的部位，通过气压将色浆喷出达到雾化或渐变处理色彩的作用。喷笔在奶油表面上色，易着色，色素量少，是蛋糕着色的理想工具。

（3）花棒（Stick） 铁制或塑料制，两头呈锥形，是配合花托裱挤花卉的专业工具。花棒（图2–35）的形状很多种，有传统形花棒、马来花捧、英式花托、筷子花棒。

（4）转台（或转盘）（Turn table） 铁制，具有一个圆形可转动的台面（图2–36），便于大型蛋糕的裱花装饰操作。

（5）面筛（Flour Sieve） 面筛（图2–37）用于面粉等原料的过筛，除去其中的团块，使颗粒均匀，其筛网一般由铜丝或不锈钢丝制成。

（6）刷子（Brush） 刷子（图2–38）用于烤盘和模具内的刷油以及制品表面的蛋液涂抹。

（7）调色碗勺（Color bowl spoon） 调色碗勺（图2–39）碗为瓷制或玻璃制品，成套选用；勺为不锈钢制。常用于装饰面料的调色。

（8）缎带（Ribbon） 缎带（图2–40）用来刮出蛋糕的特殊面，例如：寿桃面，圆形面；或者用于捆扎蛋糕盒，缎带要宽，边口要光滑。

（9）花架（Flower Shelf） 将裱好的花临时插在其圆孔中备用的工具，常为塑料制。

（10）食品夹（Food tong） 为金属制的有弹性的“U”字形夹钳（图2–41），用于夹制食物。

（11）案板（Flour board） 案板（图2–42）有木案板、不锈钢案板等，长方形，是制作面包等点心的工作台。

二、西点设备

（一）加工设备

（1）粉碎机（Grinder） 粉碎机（图2–43）由电机、原料容器和不锈钢叶片刀组成，适宜打碎蔬菜、水果，也可混合搅打浓汤、调味汁等。

（2）搅拌机（Mixer） 搅拌机（图2–44）主要有大型搅拌机、鲜奶油小型搅拌机、手提式搅拌机等，由电机、不锈钢桶和不同搅拌龙头组成。大型搅拌机大多用来搅打蛋糕坯浆糊，但也有用来打发奶油和鲜奶油的，大型搅拌机体积大、功率大、产量大，稳定性好，如果蛋糕装饰产值产量大，可选用大型搅拌机，但是比较笨重，不易搬运；小型鲜奶油搅拌机为专业型鲜奶油搅打设备，体积小，重量轻，功率小，可调速，损耗小，便于搬运，对于小型店面使用比较适合；手提式鲜奶油搅拌机，其性能同前，其体积更小，重量更轻，功率小，损耗小，便于携带。

（3）和面机（Dough machine） 和面机（图2–45）有立式和卧式两大类型。卧式和面机结构简单，运行可靠，使用方便；立式和面机对面团的拉、抻、揉的作用大，面团中面筋质的形成充分，有利于面包内部形成良好的组织结构。

（4）分割机（Dough Divider） 分割机（图2–46）设计精密，坚固耐用，操作简便快捷，分割速度均匀，提高工作效率，节省人力、物力。全自动分团机用于面团、面包条等面制食品的分块。

（5）滚圆机（Spheronization machine） 滚圆机（图2–47）把经分割机处理过的小面团，滚转成外观一致、密度相同、表面平滑的小圆球。

（6）整形机（Shape machine） 整形机（图2–48）的作用是把经过发酵后已松弛的面团，压成薄片并卷成设定的大小，以方便放入烤盘中。

（7）压面机（Dough pressure machines） 压面机（图2–49）由托架、传送带和压面装置组成。用于将面团压成面片或擀压酥层，厚度由调节器控制。

（8）切片机（Slicer） 切片机（图2–50）是以手动或自动方式将面包切片，操作过程中可将切割厚薄控制在设定的范围内，使成片厚薄一致。

（9）冰淇淋机（Ice cream machine）（图2–51）冰淇淋机由制冷系统和搅拌系统组成。制作时把液状的冰淇淋浆体装入一个桶形的容器，容器内有搅拌器，外壁是蒸发器，操作时一边冷冻，一边搅拌，直接将浆体冷冻成糊状，然后装入硬化箱中冻硬，用于制作各式冰淇淋。

（二）烘烤设备

（1）电烤箱（Electric stove） 电烤箱（图2–52）为角钢、钢板结构，炉壁分三层，外层钢皮，中间是硅酸铝绝缘材料，内壁是不锈钢或涂以银粉漆的铁皮。利用电热管发出的热量来烘烤食品。电热管的根数决定于烤盘的面积。其优点为耗电省、清洁卫生、使用方便。部分烤箱具有温控装置和水气喷雾装置。

（2）多功能蒸烤箱（Multi–function steam oven） 智能型多功能的蒸烤箱（图2–53）不仅具有蒸箱和烤箱的两种主要功能，并可根据实际烹调需要，调整温度、时间、湿度等设定，省时省力，效果颇佳。

（三）恒温设备

（1）醒发箱（Fermentation tank） 醒发箱（图2–54）是发酵类面团发酵、醒发的设备。目前在国内常见的有两种，一种结构较为简单，采用铁皮或不锈钢板制成的醒发箱。这种醒发箱靠箱底内水槽中的电热棒将水加热后蒸发出的蒸气，使面团发酵。另一种结构较为复杂、以电作能源可自动调节温度、湿度，这种醒发箱使用方便、安全，醒发效果也较好。

（2）热汤池（Thermal pot） 热汤池（图2–55）以热水隔水保温制备好的西点沙司等，该设备常常与炉灶设备等组合在一起。

（3）红外线保温灯（Infrared heat lamp） 以红外线加热，供暂时西点保温用的（图2–56）。

（4）保温车（insulated van） 保温车（图2–57）是一种通过电加热保温的橱柜，下有脚轮，可以推动。用于部分西点的保温。

（四）炉灶设备

（1）西餐炉灶（Gas cooker） 西餐炉灶（图2–58）分为明火灶、暗火烤箱与控制开关等部分。灶面平坦，上面分为4~6个正火眼与支火眼，火眼上有活动炉圈或铁条，用于烹煮食物。灶下面是烤箱，可用于烤制食品。灶中间为控制开关部分，较高级的炉灶还有自动点火和温度控制等功能。

（2）深油炸灶（Deep fried cook） 由深油槽、过滤器及温度控制装置等部分组成。主要用于炸制面包等食物。这种灶（图2–59）的特点是工作效率高、滤油方便。

（五）装饰专业设备

（1）冷藏设备（Refrigeration equipment） 主要有小型冷藏库（图2-60）、冷藏箱和电冰箱。这些设备的共同特点是都具有隔热保温的外壳和制冷系统。按冷却方式分为直冷式和风扇式两种，冷藏温度范围为-40~10℃。并具有自动恒温控制，自动除霜等功能。

（2）展示冰柜（Display freezer）（图2-61）镀铬大圆角豪华造型，上有大圆弧玻璃，四面可视箱内物品，后侧推拉门，存取方便。顶部配备照明灯管、箱底配备可移动角轮，自由、灵活。可以选配立体支架，储物量大。用来展示部分面包制品。

（3）空调（Air conditioning） 空调即房间空气调节器（room air conditioner），是一种用于给房间（或封闭空间、区域）提供处理空气的机组。它的功能是对该房间（或封闭空间、区域）内空气的温度、湿度、洁净度和空气流速等参数进行调节，以满足蛋糕生产和装饰工艺过程的要求。

（4）裱花喷枪（Cake spray gun）（图2-62）包括喷嘴、喷管、操作按钮、喷射阀门和高压气源装置，操作按钮控制喷射阀门，其特征是：上述高压气源装置是一个装有雾化剂的耐压密封容器，喷嘴、喷管和耐压密封容器设计为一体化使用。本技术主要用于在生日蛋糕上进行艺术裱花，其优点有：使用前不需要倒出容器减少了污染的机会，完全符合国家对食品卫生安全的管理要求，且体积小，便于携带，不需利用其他外界能源，工作时噪声小。分为低压喷枪和调压喷枪，前者适合于初学者使用。

（5）巧克力熔炉（Chocolate stove） 巧克力熔炉（图2-63）是制作和调制巧克力溶液必用的设备，是双层隔水、可调控温设备，可根据制作巧克力需要进行调节，温度可控制在20~100℃。

第二节 西点制作常见工具和设备的养护知识

西点厨房中使用的工具、餐具与设备种类繁多，并且各种性能、特点、用途都不一样，为了充分发挥它们的作用，提高工作效率，必须了解与掌握工具与设备的使用及养护知识。

1. 熟悉性能，合理使用

“一个不懂得操作的人，亦是一个最易损坏工具的人”。因此，学会使用西点厨房的工具与设备，熟悉其性能与特点，显得十分重要。

2. 编号登记，定点存放

由于西点厨房的工具与设备种类繁杂，在使用过程中，应当对其适当分类、成套摆放、编号登记。对于常用的西点设备应根据其制作工艺流程，合理设计安装位置，对于一般的常用工具要做到合理使用，定点存放。

3. 清洁卫生，定时养护

在西点厨房中，工具与设备的清洁卫生显得十分重要。加强卫生防护，可以避免造成食品污染、交叉污染的危险。在厨房中一般应做好以下几方面的工作：

（1）工具与设备必须保持清洁，并定时严格消毒。

（2）生熟制品的工具，必须严格分开使用，以免引起交叉污染，危害人体健康。

（3）建立严格的工具、设备专用制度，定时对工具与设备要定期检修。

（4）工具或设备应设专人保管，专门维护。

4. 制度完善，安全操作

西点厨房安全操作必须做到以下几方面：

（1）规范制定安全责任制度，加强安全教育。

（2）严格掌握安全操作程序，思想重视，精神集中，避免误操作。

（3）切实重视设备安全，使用安全防护装置。

（4）对于贵重设备要采取使用登记制度，随时记录设备运行情况。

（5）对于较长时间不使用的设备，要及时断电，使之处在安全状态。

（6）禁止工具或设备带“病”运行，违禁操作。

思考题

1. 西点生产工具主要有哪些?
2. 西点测量工具主要有哪些?
3. 西点炉灶设备有哪些?
4. 西点烘烤设备有哪些?
5. 西点装饰、保温设备有哪些?
6. 西点加工设备有哪些?
7. 西点厨房工具、餐具和设备的养护知识有哪些?

CHAPTER 3

第三章 西点原料

第一节 基本原料

一、面粉（Flour）

小麦粉专指小麦面粉，由小麦加工而成，是制作西点的主要原料。由于小麦品种、种植地区、气候条件、土壤性质、日照时间和栽培方法的不同，小麦的质量也有所不同。在制粉时，又由于加工技术、设备等条件的影响，使面粉的化学性质和物理性质都存在一定的差别，如：面粉的吸水率、粗细度、色泽、面筋含量等都能影响西点的产品质量，因此在制作西点时一定要重视选料。由于面粉中含有淀粉和蛋白质等成分，它在制品中起着骨架作用，使西点制品在熟制过程中形成稳定的组织结构。

（一）面粉按照用途不同分类

（1）专用面粉（Special flour） 专用面粉，俗称专用粉，是区别于普通小麦面粉的一类面粉的统称。所谓"专用"，是指该类面粉对某种特定食品具有专一性。专用面粉必须满足以下两个条件：一是必须满足食品的品质要求，即能满足食品的色、香、味、口感及外观特征；二是满足食品的加工工艺，即能满足食品的加工制作要求及工艺过程。根据我国目前暂行的专用粉质量标准，可分为面包、面条、馒头、饺子、酥性饼干、发酵饼干、蛋糕、酥性糕点和自发粉等。

（2）通用面粉（Common flour） 通用面粉是根据加工精度分类，主要根据灰分含量的不同分为特制一等、特制二等、标准粉和普通粉，各种等级的面粉其他指标基本相同。

（3）营养强化面粉（Fortified flour） 营养强化面粉是指国际上为改善公众营养水平，针对不同地区、不同人群而添加不同营养素的面粉，如：增钙面粉、富铁面粉、"7＋1"营养强化面粉等。

（二）面粉按照精度不同分类

（1）特制一等面粉（Special first-class flour） 特制一等面粉又叫富强粉、精粉。基本上全是小麦胚乳加工而成。粉粒细，没有麸星，颜色洁白，面筋含量高且品质好（即弹性、延伸性和发酵性能好），食用口感好，消化吸收率最高，仅粉中矿物质、维生素含量最低，尤其是维生素B_1远不能满足人体的正常需要。特制一等粉适于制作高档食品。

（2）特制二等面粉（Special second-class flour） 特制二等面粉又称上白粉、七五粉（即每100千克小麦加工75千克左右小麦粉）。这种小麦粉的粉色白，含有很少量的麸星，粉粒较细，面筋含量高且品质也较好，消化吸收率比特制一等粉略低，但维生素和矿物质的保存率却比特制一等粉略高。适宜于制作中档西点。

（3）标准面粉（Standard flour） 标准面粉也称八五粉。粉中含有少量的麸星，粉色较白，基本上消除了粗纤维和植酸对小麦粉消化吸收率的影响，含有较多的维生素、矿物质，但面筋含量较低且品质也略差，口味和消化吸收率也都不如以上两种小麦粉。

（4）普通面粉（Plain flour） 普通面粉是加工精度最低的小麦粉。加工时只提取少量麸皮，所以含有大量的粗纤维素、灰分和植酸，这些物质不仅使小麦粉口感粗糙，影响食用，而且会妨碍人体对蛋白质、矿物质等营养素的消化吸收。目前各地面粉厂基本上不生产普通粉。

（三）面粉按照蛋白质含量不同分类

（1）高筋面粉（High gluten flour） 高筋面粉又称强筋面粉，颜色较深，本身较有活性且光滑，手抓不易成团状；其蛋白质和面筋含量高。蛋白质含量为12%~15%，湿面筋值在35%以上。高筋面粉适宜做面包、起酥点心、泡芙点心等。

（2）低筋面粉（Low gluten flour） 低筋面粉又称弱筋面粉，颜色较白，用手抓易成团；其蛋白质和面筋含量低。蛋白质含量为7%~9%，湿面筋值在25%以下。英国、法国和德国的弱力面粉均属于这一类。低筋面粉适宜制作蛋糕、甜酥点心、饼干等。

（3）中筋面粉（Middle gluten flour） 中筋面粉是介于高筋面粉与低筋面粉之间的一类面粉。色乳白，介于高、低粉之间，体质半松散；蛋白质含量为9%~11%，湿面筋值为25%~35%。美国、澳大利亚产的冬小麦粉和我国的标准粉等普通面粉都属于这类面粉。中筋面粉用于制作重型水果蛋糕、肉馅饼等。

（四）按照面粉性能和不同的添加剂分类

（1）一般面粉（Common flour） 蛋白质含量为15%~15.5%、奶白色、呈沙砾状、不黏手易流动的，适合混合黑麦、全麦以制面包，或做成高筋硬性意大利、犹太硬咸包。蛋白质含量为12.8%~13.5%、白色、呈半松性的，适合做模制包、花式咸包和硬咸包。含量为12.5%~12.8%白色的适合做咸软包、甜包、炸包。含量为8.0%~10%、洁白粗糙黏手的，可做早餐包和甜包。

（2）营养面粉（Nutrition flour） 在面粉中加入各类营养物料如维生素、矿物质、无机盐或营养丰富的麦芽之类的面粉。

（3）自发粉（Self raising flour） 所谓自发面粉，是预先在面粉中掺入了一定比例的盐和泡打粉，然后再包装出售。这样是为了方便家庭使用，省去了加盐和泡打粉的步骤。

（4）全麦面粉（Whole wheat flour） 全麦粉是将整粒麦子碾磨而成，而且不筛除麸皮。含丰富的维生素B_1、维生素B_2、维生素B_6及烟酸，营养价值很高。因为麸皮的含量多，100%全麦面粉做出来的面包体积会较小、组织也会较粗，面粉的筋性不够，而且食用太多的全麦会加重身体消化系统的负担，因此使用全麦面粉时可加入一些高筋面粉来改善面包的口感。建议一般全麦面包，采用全麦面粉：高筋粉=4：1的配比，这样面包的口感和组织都会比较好。

（5）合成面粉（Compound flour） 这是20世纪80年代的产品。为适合制作不同的面包，而在面粉中加入糖、蛋粉、奶粉、油脂、酵母等各样材料，如面包粉和丹麦酥粉等。所谓面包专用粉就是为提高面粉的面包制作性能向面粉中添加麦芽、维生素以及谷蛋白等，增加蛋白质的含量，以便能更容易地制作面包。因此就出现了蛋白质含量高达14%~15%的面粉，这样就能做出体积更大的面包来。

二、油脂（Fat）

油脂是油和脂的总称，在西点制作中主要有：奶油、黄油、人造黄油（麦淇淋）、植物油等。油脂在西点中的作用，主要体现在以下几点：第一，增加营养，补充人体热能，增进食品风味；第二，增强面坯的可塑性，有利于点心的成形；第三，调节面筋的胀润度，降低面团的筋力和黏性；第四，保持产品内部组织的柔软，延缓淀粉老化的时间，延长点心的保存期。

（一）色拉油（Salad oil）

色拉油，呈淡黄色，澄清、透明、无气味、口感好，用于烹调时不起沫、烟少，在0℃条件下冷藏5.5小时仍能保持澄清、透明（花生色拉油除外）。色拉油一般选用优质油料先加工成毛油，再经脱胶、脱酸、脱色、脱臭、脱蜡、脱酯等工序成为成品。色拉油的包装容器应专用、清洁、干燥和密封，符合食品卫生和安全要求，不得掺有其他食用油和非食用油、矿物油等。保质期一般为6个月。目前市场上供应的色拉油有大豆色拉油、菜籽色拉油、葵花子色拉油和米糠色拉油等。

（二）奶油（Cream）

奶油是从经高温杀菌的鲜乳中经过加工分离出来的脂肪和其他成分的混合物，在乳品工业中也称稀奶油，奶油是制作黄油的中间产品，含脂率较低，分别有以下几种：

（1）淡奶油（Light cream） 也称单奶油（Single cream），乳脂含量为12%~30%，可用于沙司的调味，西点的配料和起稠增白的作用。

（2）掼奶油（Whipping cream） 也称裱花奶油，很容易搅拌成泡沫状的鲜奶油，含乳脂量为30%~40%，主要用于裱花装饰。

（3）厚奶油（Heavy cream） 也称双奶油（Double cream），含乳脂量为48%~50%，这种奶油用途不广，因为成本太高，通常情况下为了增进风味时才使用厚奶油。

（三）黄油（Butter）

黄油在食品工业中也称“奶油”，在国内北方地区称“黄油”，在上海等南方地区称“白脱”，香港称“牛油”等，是由鲜奶油经再次杀菌、成熟、压炼而成的高乳脂制品。常温下呈浅乳黄色固体，乳脂含量一般不低于80%，水分含量不高于16%，还含有丰富的维生素A、维生素D和矿物质，营养价值较高。黄油是从奶油中进一步分离出来的脂肪，分为鲜黄油和清黄油两种。鲜黄油含脂率在85%左右，口味香醇，可直接食用。清黄油含脂率在97%左右，比较耐高温，可用于烹调热菜。还可以根据在提炼过程中是否加调味品分为咸黄油、甜黄油、淡黄油和酸黄油等品种。

黄油含脂肪率高，较奶油容易保存。如长期贮存应放在–10℃的冰箱中，短期保存可放在5℃左右的冰箱中冷藏。因黄油易氧化，所以在存放时应注意避免光线直接照射，且应密封保存。

（四）麦淇淋（Margarine）

麦淇淋又称为人造黄油或人造奶油，是由棕榈油或是可食用的脂肪添加水、盐、防腐剂、稳定剂和色素加工而成。

麦淇淋外观呈均匀一致的淡黄色或白色，有光泽；表面洁净，切面整齐，组织细腻均匀；具有奶油香味，无不良气味。

麦淇淋品种主要有：

（1）餐用麦淇淋（Meal margarine） 主要用于涂抹面包，其特点是可溶性好，入口即化，具有令人愉快的香气和味道，而且营养价值较高，富含多不饱和脂肪酸。

（2）面包用麦淇淋（Bread margarine） 用于面包、蛋糕等西点的加工和装饰，吸水性及乳化性好，可使西点带有奶油风味，并延缓老化。

（3）起层用麦淇淋（Forming layer margarine） 熔点较高，稠度较大，起酥性好，适用于面团的起层，如各种酥皮类点心、清酥类点心、牛角包、丹麦酥等。

（4）通用型麦淇淋（Common margarine） 具有可塑性、充气性和起酥性，可用于高油蛋糕、糕点等。

（五）起酥油（Forming layer oil）

起酥油是指动、植物油脂的食用氢化油、高级精制油或上述油脂的混合物，经过混合、冷却塑化而加工出来的具有可塑性、乳化性等加工性能的固态或流动性的油脂产品。外观呈白色或淡黄色，质地均匀；无杂质，滋味、气味良好。起酥油不能直接食用，专用做起酥皮的制作。它的熔点通常都在44℃以上，是油脂类里熔点最高的，所以做出的点心口感最好。

三、糖与糖浆（Sugar & syrup）

通常用于蛋糕制作的糖是白砂糖，此外也有用少量的糖粉或糖浆等品种。在蛋糕制作中，糖与糖浆能增加制品甜味，提高营养价值；使面糊光滑细腻，产品柔软，同时保持水分，延缓老化，具有防腐作用，特别在烘烤过程中，能使蛋糕表面变成褐色并散发出香味。

（一）白砂糖（Sugar）

白砂糖简称砂糖，是从甘蔗或甜菜中提取糖汁，经过滤、沉淀、蒸发、结晶、脱色和干燥等工艺而制成。为白色粒状晶体，纯度高，蔗糖含量在99%以上，按其晶粒大小又分粗砂、中砂和细砂。如果是制作海绵蛋糕或戚风蛋糕最好用白砂糖，以颗粒细密为佳，因为颗粒大的糖往往由于糖的使用量较高或搅拌时间短而不能溶解，如蛋糕成品内仍有白糖的颗粒存在，则会导致蛋糕的品质下降，在条件允许时，最好使用细砂糖。

（二）糖粉（Sugar powder）

它是蔗糖的再制品，为纯白色的粉状物，味道与蔗糖相同。常在蛋糕装饰上使用。

（三）糖浆（Syrup）

糖浆主要有转化糖浆或淀粉糖浆。转化糖浆是用砂糖加水和酸熬制而成；淀粉糖浆又称葡萄糖浆等，通常使用玉米淀粉加酸或加酶水解，经脱色、浓缩而成的黏稠液体。可用于蛋糕装饰，国外也经常在制作蛋糕面糊时添加，起到改善蛋糕的风味和保鲜性质。

（四）绵白糖（Soft white sugar）

绵白糖也称白糖。它是用细粒的白砂糖加上适量的转化糖浆加工而成。具有质地细软、色泽洁白、甜而有光泽，其中蔗糖的含量在97%以上。

（五）蜂蜜（Honey）

蜂蜜又称蜜糖、白蜜、石饴、白沙蜜。根据其采集季节不同有冬蜜、夏蜜、春蜜之分，以冬蜜最好。若根据其采花不同，又可分为枣花蜜、荆条花蜜、槐花蜜、梨花蜜、葵花蜜、荞麦花蜜、紫云英花蜜、荔枝花蜜等，其中以枣花蜜、紫云英花蜜、荔枝花蜜质量较好，主要成分为转化糖，含有大量的果糖和葡萄糖，味甜且富有花朵的芬芳。在蛋糕制作中一般用于有特点的制品中，也可以代替砂糖制作蜂蜜蛋糕。

（六）赤砂糖（Red sugar）

赤砂糖也称红糖，是未经脱色精制的砂糖，纯度低于白砂糖。呈黄褐色或红褐色，颗粒表面沾有少量的糖蜜，可以用于普通蛋糕中。

四、蛋及蛋制品

蛋与蛋制品是制作西点的重要材料，对于改善西点的色、香、味、型等风味特征及提高营养价值等方面都有一定的作用。

蛋与蛋制品的种类很多，生产蛋糕的品种主要有：鲜蛋、冰蛋、蛋粉等。

（一）鲜蛋（Fresh eggs）

鲜蛋主要有鸡蛋、鸭蛋、鹅蛋等。鲜蛋搅拌性能高，起泡性好，所以生产中多选择鲜蛋为主。其中鸡蛋是最常用的原料。因为鲜鸡蛋所含营养丰富而全面，营养学家称之为“完全蛋白质模式”，被人们誉为“理想的营养库”。鸡蛋由蛋清、蛋黄和蛋壳组成，其中蛋清占60%，蛋黄占30%，蛋壳占10%。蛋白中含有水分、蛋白质、碳水化合物、脂肪、维生素，蛋白中的蛋白质主要是卵白蛋白、卵球蛋白和卵粘蛋白。蛋黄中的主要成分为脂肪、蛋白质、水分、无机盐、蛋黄素和维生素等，蛋黄中的蛋白质主要是卵黄磷蛋白和卵黄球胆白。

对于鲜蛋的质量要求是鲜蛋的气室要小，不散黄。使用鲜蛋的缺点是蛋壳处理麻烦。

（二）冰蛋（Iced eggs）

冰蛋是将蛋去壳，采用速冻制取的全蛋液（全蛋液约含水分72%），速冻温度为–18~–20℃，由于速冻温度低，结冻快，蛋液的胶体很少受到破坏，能保留其加工性能。使用时应升温解冻，其效果不及鲜蛋，但使用方便。

（三）蛋粉（Egg powder）

蛋粉主要包括全蛋粉、蛋白粉和蛋黄粉等。由于加工过程中，蛋白质变性，因而不能提高制品的疏松度。在使用前需要加水调匀溶化成蛋液或与面粉一起过筛混匀，再进行制作。因为蛋粉溶解度的原因，虽然营养价值差别不大，但是发泡性和乳化能力较差，使用时必须注意。

五、乳品（Milk）

西点制作过程中乳制品种类主要有牛奶、炼乳、淡奶、奶粉、酸奶、奶酪等。它们在西点制作过程中能改善蛋糕组织结构，提高营养价值，优化西点的色、香、味、型等风味特征。

（一）牛奶（Milk）

牛奶也称牛乳，营养价值很高，含有丰富的蛋白质、脂肪及多种维生素和矿物质，经消毒处理的新鲜牛奶有全脂、半脱脂和脱脂三种类型。

新鲜牛奶应为乳白色或略带浅黄，无凝块，无杂质，有乳香味，清新自然，品尝时略带甜味，无酸味。

牛奶保存时一般采取冷藏法。如短期储存可放在–1~ –2℃的冰柜中冷藏；长期保管需要放在–10 ~ –18℃的冷库中。

（二）炼乳（Condensed milk）

炼乳是“浓缩奶”的一种。炼乳是将鲜乳经真空浓缩或其他方法除去大部分的水分，浓缩至原体积25%~40%的乳制品。炼乳加工时由于所用的原料和添加的辅料不同，可以分为加糖炼乳（甜炼乳）、淡炼乳、脱脂炼乳、半脱脂炼乳、花色炼乳、强化炼乳和调制炼乳等。

（三）淡奶（Evaporated milk）

淡奶也称奶水、蒸发奶、蒸发奶水等，是将牛奶蒸馏除去一些水分后的产品，有时也用奶粉和水以一定比例混合后代替。

（四）奶粉（Milk powder）

奶粉是将牛奶除去水分后制成的粉末，它适宜保存。其主要品种有：

（1）全脂奶粉（Whole milk powder） 它基本保持了牛奶的营养成分，适用于所有消费者。

（2）脱脂乳粉（Skim milk powder） 牛奶脱脂后加工而成，口味较淡，适于中老年、肥胖和不适于摄入脂肪的消费者。

（3）速溶奶粉（Instant milk powder） 与全脂奶粉相似，具有分散性、溶解性好的特点，一般为加糖速溶大颗粒奶粉或喷涂卵磷脂奶粉。

（4）加糖奶粉（Milk powder with sugar） 由牛奶添加一定量的蔗糖加工而成，适于全体消费者，多具有速溶特点。

（五）酸奶（Yogurt）

它是以新鲜的牛奶为原料，经过巴氏杀菌后再向牛奶中添加有益菌（发酵剂），经发酵后，再冷却灌装的一种牛奶制品。目前市场上酸奶制品多以凝固型、搅拌型和添加各种果汁果酱等辅料的果味型为多。酸奶不但保留了牛奶的所有优点，而且某些方面经加工过后还扬长避短，成为更加适合于人类的营养保健品。在蛋糕制作过程中主要用于特殊风味西点的配比。

（六）奶酪（Cheese）

奶酪是用动物奶（主要是牛奶和羊奶）为原料制作的奶制品。

奶酪的种类很多，目前世界上的奶酪有上千种，其中法国产的种类较多。此外，意大利、荷兰生产的奶酪也很著名。优质的奶酪切面均匀致密，呈白色或淡黄色，表皮均匀，细腻，无损伤，无裂缝和脆硬现象。切片整齐不碎，具有本品特有的醇香味。奶酪应存放在2~6℃，相对湿度在88%~90%的冰箱中冷藏，存放时最好用纸包好。

奶酪的种类非常多，在这里我们主要介绍在烘焙中比较常用到的几种奶酪：

（1）奶油奶酪（cream cheese） 奶油奶酪是最常用到的奶酪，它是鲜奶经过细菌分解所产生的奶酪及凝乳处理所制成的。奶油奶酪在开封后极容易吸收其他味道而腐坏，所以要尽早食用。奶油奶酪是乳酪蛋糕中不可缺少的重要材料。

（2）马士卡彭奶酪（Mascarpone cheese） 马士卡彭奶酪产于意大利，是一种将新鲜牛奶发酵凝结、继而去除部分水分后所形成的“新鲜乳酪”，其固形物中乳酪脂肪成分80%。软硬程度介于鲜奶油与奶油奶酪之间，带有轻微的甜味及浓郁的口感。马士卡彭奶酪是制作提拉米苏的主要材料。

（3）莫苏里拉奶酪（Mozzarella Cheese） Mozzarella是意大利坎帕尼亚那不勒斯地方产的一种淡味奶酪，其成品色泽淡黄，含乳脂50%，经过高温烘焙后奶酪会熔化拉丝，所以是制作比萨的重要材料。

（4）帕玛森奶酪（Parmesan Cheese） 一种意大利硬奶酪，经多年陈熟干燥而成，色淡黄，具有强烈的水果味道，一般超市中有盒装或铁罐装的粉末状帕玛森奶酪出售。帕玛森奶酪用途非常广泛，不仅可以擦成碎屑，作为意式面食、汤及其他菜肴的调味品，还能制成精美的甜食。

六、食盐（Salt）

在西点制作过程中，通常选用精盐，用量不宜大于 3 %（调整味道），主要用于降低蛋糕甜度，使之适口。因为不加盐的蛋糕甜味重，食后生腻，而盐不但能降低甜度，还能带出其他独特的风味。面包中食盐的添加量一般占面粉总量的1%~1.5%，主食面包的用盐量可稍多些，但不宜超过3%。

盐还能调节酵母的生理机能。适量的食盐，有利于酵母生长，过量的盐会抑制酵母生长，如果酵母直接和食盐接触，会很快地被食盐灭活。因此，在调制面团时，宜将盐和面粉拌和，再与酵母和其他物质拌和，或者将食盐用水充分稀释再与酵母液混合制成面团。

但是必须注意食盐的使用量。完全没有加盐的面团发酵较快速且发酵情形极不稳定，尤其在天气炎热时，更难控制正常的发酵时间，容易发生发酵过度的情形，面团因而变酸。因此盐可以说是一种“稳定发酵”作用的材料。此外，食盐能够起到增加内部洁白，加强面筋结构的作用。

在西点制作过程中，选择食盐时一定要看纯度，其次是溶解速度。通常要选择精制盐和溶解速度最快的。

食盐的主要成分是氯化钠，种类较多，根据不同的分类方法，区别如下：

（一）根据其来源的不同分类

（1）海盐（Sea salt） 海水晒取而成，主要产于我国辽宁、河北、山东、江苏、浙江、广西、广东、台湾等地。在法国布列塔尼南岸，有上千年历史的Guerande盐田区，以其当地独有的气候水域和自然条件结晶而成的天然海盐，不仅使菜肴的味道柔美清澈，让食材原味充分显露，比一般海盐有更多的微量元素，而且结晶形状为中空的倒金字塔形，且带有奇异的紫罗兰香味，使这款盐之花在法国当代的顶级餐饮中有一股神秘超然的气息。

（2）井盐（Well Salt） 地下卤水熬制结晶而成，我国主要产于云南、四川等省。

（3）池盐（Lake salt） 又称湖盐，咸水湖中提取的，我国主要产于陕西、山西、甘肃、宁夏、青海、新疆等地。

（4）其他（Other salt）

① 岩盐（Rock salt）：直接开采地下的盐层。

② 崖盐（Cliff salt）：裸露在地上的矿盐。

（二）根据其加工工艺的不同分类

（1）原盐（粗盐）（Crude salt） 利用自然条件晒制，结构紧密，色泽灰白，纯度约为94%的颗粒，此盐不常用于西点。

（2）精盐（Salt） 以原盐为原料，采用化盐卤水净化，真空蒸发、脱水、干燥等工艺，色洁白，呈粉末状，氯化钠含量在99.6%以上，适合于烹饪调味。

（3）低钠盐（Low sodium salt） 普通食盐中，钠含量高，钾含量低，易引起膳食钠、钾的不平衡，而导致高血压的发生。低钠盐的钠、钾比例合理，能降低血中胆固醇，适于高血压和心血管疾病患者食用。

（4）加碘盐（Iodized salt） 为防治碘缺乏症，在普通食盐中，添加一定剂量的碘化钾和碘酸钾。这是一种最科学、最直接最有效、最简单、最经济的防治碘缺乏症的补碘方法。主要用于缺碘地区居民补碘而研制的，可防治地方性甲状腺肿、克汀病。

（5）加锌盐（Plus zinc salt） 锌元素有“生命之花”的美称，缺锌会引起食欲不振、发育迟缓、智力迟钝、脱发秃顶、免疫功能降低等疾患。用葡萄糖酸锌与精盐均匀掺兑而成，可治疗儿童因缺锌引起的发育迟缓、身材矮小、智力减低及老年人食欲不振、衰老加快等症状。

（6）补血盐（Raising blood salt） 用铁强化剂与精盐配制而成，可防治缺铁性贫血，适用于妇女、儿童。

（7）防龋盐（Prevention of dental caries salt） 在食盐中加入微量元素，对防治龋齿有很好的作用，适用于小儿、青少年食用。

（8）维盐（V_{B2} salt） 在精制盐中，加入一定量的维生素B_2（核黄素），色泽橘黄，味道与普通盐相同。经常食用可防治维生素B_2缺乏症。

（9）加铁盐（Plus ferric salt） 铁是人体必需的微量元素，是构成血红蛋白、肌红蛋白和细胞色素的主要物质，是人体内氧的载体，可提高机体的免疫功能。在精制盐中，加入一定量的铁盐，以达到补铁的目的。

（10）加硒盐（Plus selenium salt） 合理补充硒元素，能抵抗砷、汞、铅等元素对人体的毒害，可促进免疫机能，保护心脏，预防因缺乏硒而导致的克山病、肿瘤等。

（11）加钙盐（Plus calcium salt） 钙是构成人体骨骼及牙齿的主要成分，长期食用加钙盐能有效补充人体钙质不足，对预防缺钙及过敏性疾病有重要作用。

（12）营养盐（Nutrition salt） 为近年新开发的盐类品种，它是在精制盐中混合一定量的薹菜汁，经蒸发、脱水、干燥而成，具有防溃疡和防治甲状腺肿大的功能，并含有多种氨基酸和维生素。

（13）平衡健身盐（Balanced salt） 以低钠盐为基础，加入钾、镁、钙和铁、碘等营养素，长期食用可维持人体体液的锌、钙、钠、镁离子平衡，具有显著的保健作用，对高血压、心脑血管疾病具有一定的预防及辅助治疗作用。

（14）风味盐（Flavor salt） 在精制盐中加入芝麻、辣椒、五香面、虾米粉、花椒面等，可制成风味别具的五香辣味盐、麻辣盐、芝麻盐、虾味盐等，以增加食欲。

七、水（Water）

水是人体所必需的，在自然界中广泛存在，水的硬度、pH和温度对西点面团的形成和特点起着重要甚至关键性的作用。

（一）水的种类与硬度

水的硬度是指溶解在水中的盐类物质的含量，即钙盐与镁盐含量的多少。1升水中含有钙镁离子的总和相当于10毫克时，称为1“度”。通常根据硬度的大小，把水分成硬水与软水：8度以下为软水，8~16度为中水，16度以上为硬水，30度以上为极硬水。

① 软水（Soft water）：含矿物质量较少，如蒸馏水、雨水等。

② 硬水（Hard water）：含矿物质较多，如泉水、井水等。

③ 自来水（Running water）：自来水的矿物质含量介于软水与硬水之间，目前多使用自来水。

生产面包的水通常为中水。水质硬度高，虽然有利于面团面筋的形成，但是会影响面包面团的发酵速度，而且使面包成品口感粗糙；水质过软虽然有利于面粉中的蛋白质和淀粉的吸水涨润，可促进淀粉的糊化，但是又极不利于面筋的形成，尤其是极软水能使面筋质趋于柔软发黏，从而降低面筋的筋性，最终影响面包的成品质量。

（二）水的pH

水的pH是表示水中氢离子的负对数值，所以pH有时也称为氢离子指数。由水中氢离子的浓度可知道水溶性是呈碱性、酸性还是中性。由于氢离子浓度的数值往往很小，在应用上不方便，所以就用pH这一概念来作为水溶液酸、碱性的判断指标，而且离子浓度的负对数值恰能表示出酸性、碱性的变化幅度数量级大小，这样应用起来就十分方便，并由此得到：

① 中性水溶液 pH =7。

② 酸性水溶液 pH<7，pH越小，表示酸性越强。

③ 碱性水溶液 pH>7，pH越大，表示碱性越强。

在面包面团发酵过程中，淀粉酶分解淀粉为葡萄糖和酵母菌繁殖适合于偏酸的环境（pH为5.5左右），如果水的酸性过大或碱性过大，都会影响淀粉酶的分解和酵母菌的繁殖，不利于发酵，遇此情况，需加入适量的碱或酸性物质以中和酸性过高或碱性过大的水。

（三）水的温度

水的温度对于面包面团的发酵大有影响。酵母菌在面团中的最佳繁殖温度为28℃，水温过高或过低都会影响酵母菌的活性。

例如：把老面肥掰成若干小块加水与面粉掺和，夏季用冷水，春、秋季用40℃左右温水，冬季用60~70℃热水调面团，盖上湿布，放置暖和处待其发酵。如果老面肥较少，可先用温水加面肥调成厚糊状，待糊起泡后再和多量面粉调成面团待发酵。面团起发的最佳温度是27~30℃，只要能保持这个条件，面团在2~3小时内便可发酵成功。

（四）水的作用

① 面粉内的蛋白质吸收水分，形成面筋，构成面包骨架结构。

② 水使面包制作材料混合形成均匀面团。

③ 使用水、热水控制面包面团理想温度，使酵母适当繁殖、发酵。

④ 水能控制面团适当硬度，使操作容易。

⑤ 面粉内的淀粉吸水过热糊化，使人体易于消化吸收。

⑥ 增加烘焙产品的柔软性。

第二节 辅助原料

一、淀粉（Starch）

淀粉主要是指以谷类、薯类、豆类及各种植物为原料，不经过任何化学方法处理，也不改变淀粉内在的物理和化学特性而生产的原淀粉。下面主要介绍西点中常常使用的淀粉原料。

（1）玉米淀粉（Corn starch） 又称粟米淀粉、粟粉、生粉，是从玉米粒中提炼出的淀粉。而在糕点制作过程中，在调制糕点面糊时，有时需要在面粉中掺入一定量的玉米淀粉。玉米淀粉溶水加热至65℃时即开始膨化产生胶凝特性，在做派馅时也会用到，如克林姆酱或奶油布丁馅。另外，玉米淀粉按比例与中筋粉相混合是蛋糕面粉的最佳替代品，用以降低面粉筋度，增加蛋糕松软口感。

（2）马铃薯淀粉（Potato starch） 马铃薯淀粉又称太白粉，加水遇热会凝结成透明的黏稠状，也经常用于西式面包或蛋糕中，可增加产品的湿润感。

（3）小麦淀粉（Wheat starch） 小麦淀粉主要从小麦粉中提取出来的，可以代替玉米淀粉使用。

二、玉米粉（Corn powder）

黄色的玉米粉是玉米直接研磨而成，有非常细的粉末的称为玉米面粉（Corn Flour），颜色淡黄。粉末状的黄色玉米粉在饼干类（Biscuits）的使用上比例要高些，它是淡黄色非常细致的粉末。

另一种较粗粒，像细砂似的玉米粉称为Corn Meal，细颗粒状的玉米粉大多用来作杂粮口味的面包或糕点，它也常用来撒在烤盘上，作为面团防沾之用，如烤比萨时用玉米面作为防粘之用。

三、巧克力（Chocolate）

（1）硬质巧克力（Hard chocolate） 通常经加热软化成浓稠状淋饰在烘焙制品表面，作为脆皮巧克力，或用于刮巧克力花、削克力卷，画圆线等蛋糕表面装饰，也可以和乳或油混合打发作为装饰或夹心。

（2）软质巧克力（Soft chocolate） 能直接用于烘焙制品之表面披覆涂抹，可制作巧克力或搅拌打发作为蛋糕装饰。

（3）巧克力米（Chocolate rice） 分颗粒大小形状不同的纯色巧克力米，以及七彩颜色的巧克力米，一般用于烘焙产品的表面装饰。

四、咖啡粉（Coffee powder）

咖啡味醇香浓，酸甘适中，品种繁多，风味特殊。经水洗的咖啡豆，是颇负盛名的优质咖啡，常单品饮用，也可以用几种咖啡组配成综合咖啡。在西点制作中常常用于调色和调味。

五、绿茶粉（Green tea powder）

绿茶粉是采用幼嫩茶叶经脱水干燥后，在低温状态下将茶叶瞬间粉碎成200目以上的纯天然茶叶超微细粉，常用在蛋糕、面包、饼干或冰淇淋中以增加产品的风味。

六、吉士粉（Custard powder）

吉士粉又称卡士达粉，是一种混合型的佐助料，呈淡黄色粉末状，具有浓郁的奶香味和果香味，系由疏松剂、稳定剂、食用香精、食用色素、奶粉、淀粉和填充剂组合而成。吉士粉原在西点中主要用于制作糕点和布丁。

七、果品（Fruits）

果品是西点制作的重要辅料，果品的使用方法是在制品加工中将其加入面团、馅心或用于装饰表面。

西点常用的果品有籽仁、果仁、干果、果脯、蜜饯、果酱、干果泥、新鲜水果、罐头水果等。

（一）籽仁与果仁（Seeds and nuts）

（1）花生仁（Peanut） 花生仁是指去掉花生壳的那部分，也称花生米。花生仁的食品营养价值很高，不但含有丰富的脂肪、蛋白质、碳水化合物，而且还含有多种维生素和无机盐。其用途甚广，常常烤制或炒制后去红衣，用于点心制作。

（2）芝麻仁（Sesame seeds） 芝麻按颜色分为白芝麻、黑芝麻、其他纯色芝麻和杂色芝麻等。白芝麻的种皮为白色、乳白色的芝麻在95%以上；黑芝麻的种皮为黑色的芝麻在95%以上；其他纯色芝麻的种皮为黄色、黄褐色、红褐色、灰色的芝麻在95%以上；不属于以上三类的芝麻均为杂色芝麻。

芝麻用于点心时，需要经过炒熟或去皮。用于点心外表的芝麻不需要炒熟，用于做馅心的芝麻需要炒熟。

（3）核桃仁（Walnut） 核桃又称胡桃，去除外壳后即为核桃仁。在西点制作中需要核桃仁外衣，并炒熟使用。

（4）甜杏仁（Sweet almond） 杏仁是杏子核的内果仁，肉色洁白，有甜杏仁和苦杏仁之分。苦杏仁含有氢氰酸较高而不宜直接食用，但是其香味较为浓烈。

西点使用的杏仁主要是美国和澳大利亚的杏仁，杏仁加工的制品有杏仁瓣、杏仁片、杏仁条、杏仁粒、杏仁粉等。

（5）松子仁（Pine nuts） 松子仁是松子的籽仁，有明显的松脂芳香味，制成的焙烤点心具有独特的风味。优质的松子仁要求粒型饱满，色泽洁白不泛黄，入口微脆带肥，不软，无哈喇味。使用前要求除去外皮。

（6）榛子仁（Hazelnut） 榛子为高大乔木的种子，焙炒后去除榛子外衣得榛子仁，颜色可从灰白至棕色，根据焙炒程度而异，其肉质较硬，有较好的香味。

（7）橄榄仁（Olive kernel） 橄榄取其果核，破核得仁即为橄榄仁，仁状如梭，外有薄衣，焙炒后皮衣很容易脱落。仁色白而略带牙黄色，仁肉细嫩，富有油香味。

（8）椰蓉和椰丝（Minced coconut and shredded coconut） 椰丝是由椰子的果肉，即黄色硬壳内除椰汁外的白色果肉部分加工而成的。含有丰富的维生素、矿物质和微量元素，以及椰子果实里绝大多数的蛋白质，是很好的氨基酸来源。

椰蓉是椰丝和椰粉的混合物，用来做糕点、面包等的馅料和撒在蛋糕、面包等的表面，以增加口味和装饰表面。原料是把椰子肉切成丝或磨成粉后，经过特殊的烘干处理后混合制成，色泽洁白，口感松软。

（二）干果与水果（Dried fruit and fruit）

（1）干果（Dried fruit） 干果有时候也叫果干，是水果脱水干燥之后制成的产品。水果在干燥的过程中，水分大量减少，蔗糖转化为还原糖，可溶性固形物与碳水化合物含量有较大的提高。西点中常用的干果有葡萄干、山楂等，多用于馅料加工，有时也作装饰用。有些西点品种如水果蛋糕、水果面包等，果干直接加入到面团或面糊中使用。

① 葡萄干（Raisins）：葡萄干是由无核葡萄经过自然干燥或通风干燥而成的干果食品。优质葡萄干质地柔软，肉厚干燥，味甜含糖分多。

② 山楂（Hawthorn）：果实酸甜可口，能生津止渴，具有很高的营养和药用价值。山楂除鲜食外，可制成干山楂片、山楂糕等。在西点中主要以干山楂片、山楂糕等为原料制馅。

（2）水果（fruit） 新鲜水果与罐头水果在西点中使用较多，主要做高档西点的装饰料和馅料，如水果塔、苹果派等。常见水果品种有：

① 樱桃（Cherry）：樱桃属于蔷薇科落叶乔木果树，成熟时颜色鲜红，玲珑剔透，味美形娇，营养丰富。在西点制作中，主要使用的是樱桃罐头制品，便于保管贮存。例如：红、绿樱桃等。

② 杨桃（Carambola）：杨桃为酢酱草科植物杨桃的果实。杨桃外观为五菱型，未熟时绿色或淡绿色，熟时黄绿色至鲜黄色，单果重80克左右。皮薄如膜、纤维少、果脆汁多、甜酸可口、芳

香清甜。装饰时用刀切成薄薄的五角星片即可。

③ 草莓（Strawberry）：草莓又称红莓、洋莓、地莓等，是一种红色的水果。草莓是对蔷薇科草莓属植物的通称，属多年生草本植物。草莓的外观呈心形，鲜美红嫩，果肉多汁，含有特殊的浓郁水果芳香。在西点中主要以新鲜草莓做装饰。

④ 黄桃（Yellow peach）：黄桃俗称黄肉桃，属于桃类的一种。果皮、果肉均呈金黄色至橙黄色，肉质较紧致密而韧，营养丰富，主要加工成罐头制作使用。

⑤ 菠萝（Pineapple）：菠萝原名凤梨，含有大量的果糖、葡萄糖、维生素A、B族维生素、维生素C、磷、柠檬酸和蛋白酶等物。味甘性温，具有解暑止渴、消食止泻之功，为夏令医食兼优的时令佳果。菠萝果形美观，汁多味甜，有特殊香味，深受人们的喜爱。装饰点心时候，可以使用新鲜菠萝或是其罐头制品。

⑥ 猕猴桃（Kiwi fruit）：猕猴桃，又称奇异果，是猕猴桃科植物猕猴桃的果实。一般是椭圆形的。深褐色并带毛的表皮一般不食用，而其内则是呈亮绿色的果肉和一排黑色的种子。猕猴桃的质地柔软，味道有时被描述为草莓、香蕉、菠萝三者的混合，营养丰富。用于装饰时，颜色艳丽，能与其他水果和谐搭配，起到意想不到的装饰效果。

⑦ 蜜柑（Honey orange）：蜜柑属宽皮柑橘类，又称无核橘。果实硕大，色泽鲜艳，皮松易剥，肉质脆嫩，汁多化渣；味道芳香甘美，食后有香甜浓蜜之感，风味独特，饮誉中外。装饰点心时候，可以使用新鲜蜜柑或是其罐头制品。

⑧ 蓝莓（Blueberry）：蓝莓，一种小浆果，果实呈蓝色，色泽美丽、悦目、蓝色并被一层白色果粉包裹，果肉细腻，种子极小。蓝莓果实平均重0.5~2.5克，最大重5克，可食率为100%，甜酸适口，且具有香爽宜人的香气，为鲜食佳品。

蓝莓果实中除了常规的糖、酸和维生素C外，富含维生素E、维生素A、B族维生素、SOD、熊果苷、蛋白质、花青苷、食用纤维以及丰富的K、Fe、Zn、Ca等矿物质元素。蓝莓主要用在果冻、果酱与派上，也会加入蛋糕中烘培。

（三）蜜饯与果脯（Candied and preserved fruit）

蜜饯是以干鲜果品、瓜蔬等为主要原料，经过糖渍、蜜制或者盐渍加工而成的食品；果脯是用新鲜水果去皮去核后，切成片形或块状，经糖泡制、烘干而成的半干状态的果品。在西点中多直接加入面团或面糊中使用或用于装饰。

蜜饯与果脯几乎没有区别。蜜饯是用蜜、浓糖浆等浸渍后制成的果品。一般情况下，习惯把带汁的果品称为蜜饯，不带汁的果品称为果脯。

（1）糖渍蜜饯类（Candied fruit） 原料经糖渍蜜制后，成品浸渍在一定浓度的糖液中，略有透明感，如蜜金橘、糖桂花、化皮榄等。

（2）返砂蜜饯类（Candied fruit） 原料经糖渍糖煮后，成品表面干燥，附有白色糖霜，如糖冬瓜条、金丝蜜枣、金橘饼等。

（3）果脯类（Preserved fruit） 原料以糖渍糖制后，经过干燥，成品表面不粘不燥，有透明感，无糖霜析出，如杏脯、菠萝（片、块、心）、姜糖片、木瓜（条、粒）等。

（4）凉果类（Preserved fruit） 原料在糖渍或糖煮过程中，添加甜味剂、香料等，成品表面呈干态，具有浓郁香味，如丁话梅、八珍梅、梅味金橘等。

（5）甘草制品（Licorice Products） 原料采用果坯，配以糖、甘草和其他食品添加剂浸渍处理后，进行干燥，成品有甜、酸、咸等风味，如话梅、甘草榄、九制陈皮、话李。

（6）果糕（Concentrated fruit cake） 原料加工成酱状，经浓缩干燥，成品呈片、条、块等形状，如山楂糕、开胃金橘、果丹皮等。

（四）花料与果酱（果泥）（Flower material and jam）

（1）花料（Flower material） 花料是鲜花制成的糖渍类果料。主要有糖桂花、甜玫瑰等。常常用于制作馅心和装饰。

① 糖桂花（Sweet-scented osmanthus）：糖桂花是用鲜桂花和白砂糖精加工而成，广泛用于汤圆、稀饭（粥）、月饼、麻饼、糕点、蜜饯、甜羹等糕饼和点心的辅助原料，色美味香。在西点中主要用于制作馅心。

② 甜玫瑰（Sweet rose）：甜玫瑰是将鲜玫瑰花进行挑选，除去花心后，用糖揉搓，腌渍而成。主要用于制作馅心。

（2）果酱（果泥）（Jam） 果酱包括苹果酱、桃酱、杏酱、草莓酱、什锦果酱等。干果泥主要则有枣泥、莲蓉、豆沙等，果酱和果泥大都用来制作面包或蛋糕等点心的馅料。

① 苹果酱（Apple jam）：苹果酱是以新鲜苹果为原料，经去籽、破碎或打浆、加糖浓缩等工艺制作而成。

② 草莓酱（Strawberry jam）：草莓酱是以新鲜草莓为原料，经去茎蒂、破碎或打浆、加糖浓缩等工艺制作而成。

③ 豆沙（Sweetened bean paste）：一般而言是指红豆沙，做法是将红豆煮熟，磨成细沙，加入砂糖和油，用中小火熬制而成。主要用于西点个别品种的馅心。

第三节 食品添加剂

食品添加剂是指用于改善食品品质、延长食品保存期、便于食品加工和增加食品营养成分的一类化学合成或天然粉质。在使用食品添加剂时，必须严格遵守GB2760—2012《食品添加剂使用标准》中的规定。西点制作中常用的食品添加剂主要有下列几种。

一、膨松剂（Ferment）

（一）酵母（Yeast）

酵母是西点常用膨大剂之一。在发酵过程中，酵母使面团膨大，糖分的加入可以增加酵母的活动力。酵母在低温时呈休眠状态，温度升高活动力越强，但温度若高于40℃，酵母细胞受到破坏而死亡。

酵母的种类不同，使用方法和用量也有所不同。常用于烘焙的酵母种类有四种。

（1）液体酵母（Liquid yeast） 由发酵罐中抽取的未经过浓缩的酵母液。这种酵母使用方便，但保存期较短，也不便于运输。

（2）鲜酵母（Fresh yeast） 鲜酵母也称压榨酵母或浓缩酵母，是将酵母液除去一部分水后压榨而成，其固形物含量达到30%。由于含水量较高，此类酵母应保持在2~7℃的低温环境中，并应尽量避免暴露于空气中，以免流失水分而干裂。一旦由冰箱中取出置于室温一段时间后，未用完部分不宜再用。新鲜酵母因含有足够的水分，发酵速度较快，将其与面粉一起搅拌，即可在短时间内产生发酵作用。由于操作非常迅速方便，很多面包生产业者多采用它。

（3）干性酵母（Dried yeast） 干性酵母又称活性酵母，是将新鲜酵母压榨成短细条状或细小颗粒状，并用低温干燥法脱去大部分水分，使其固形物含量达92%~94%。酵母菌在此干燥的环境中处于休眠状态，不易变质，保存期长，运输方便。此类酵母的使用量约为新鲜酵母的一半，而且使用时必须先以4~5倍酵母量的30~40℃的温水，浸泡15~30分钟，使其活化，恢复新鲜状态的发酵活力。干性酵母的发酵耐力比新鲜酵母强，但是发酵速度较慢，而且使用前必须经过温水活化以恢复其活力，使用起来不甚方便，故目前市场上使用并不普遍。

（4）速效干酵母（Available dried yeast） 速效干酵母又称即发干酵母。由于干性酵母的颗粒较大，使用前必须先活化，使用不便，所以进一步将其改良成细小的颗粒。此类酵母在使用前无须活化，可以直接加入面粉中搅拌。因速效酵母颗粒细小，类似粉状，在酵母低温干燥时处理迅速，故酵母活力损失较小，且溶解快速，能迅速恢复其发酵活力。速效干酵母发酵速度快，活性高，使用量比干性酵母可以略低。此类酵母对氧气很敏感，一旦空气中含氧量大于0.5%，便会丧失其发酵能力。因此，此类酵母均以锡箔积层材料真空包装。如发现未开封的包装袋已不再呈真空状态，此酵母最好不要使用。若开封后未能一次用完，则须将剩余部分密封后再放于冰箱中储存，并最好在3~5天内用完。

（二）泡打粉（Baking powder）

泡打粉的成分是“小苏打+酸性盐+中性填充物（淀粉）”，其中酸性盐分有强酸和弱酸两种：强酸——快速发粉（与水就发）；弱酸——慢速发粉（要遇热才发）；而混合发粉——双效泡打粉，最适合蛋糕用。

（三）苏打粉（Soda powder）

苏打的化学名为碳酸氢钠，呈细白粉末状，遇水和热或与其他酸性中和，可放出二氧化碳，一般用于酸性较重的蛋糕及小西饼中，尤其在巧克力点心中使用，可酸碱中和，使产品颜色较深。

（四）臭粉（Smelly powder）

臭粉的化学名为碳酸氢氨，遇热产生二氧化碳气体，使之膨胀。

（五）塔塔粉（Tartar powder）

塔塔粉的化学名为酒石酸钾，在打发蛋白时添加，可增强蛋白的韧性，使打好的蛋白更加稳定。它是制作戚风蛋糕必不可少的原材料之一。

戚风蛋糕它是利用蛋清来起发的，蛋清是偏碱性，pH达到7.6，而蛋清在偏酸的环境下也就是pH在4.6~4.8时才能形成膨松安定的泡沫，起发后才能添加大量的其他配料下去。戚风蛋糕正是将蛋清和蛋黄分开搅拌，蛋清搅拌起发后需要拌入蛋黄部分的面糊下去，如果没有添加塔塔粉的蛋清虽然能打发，但是要加入蛋黄面糊下去则会下陷，不能成形。所以可以利用塔塔粉的这一特性来达到最佳效果。制作过程中它的添加量是全蛋的0.6%~1.5%，与蛋清部分的砂糖一起拌匀加入。

二、面团改良剂（Dough improvers）

面团改良剂是由酶制剂、乳化剂和强筋剂复合而成的一种生产面包的辅料。简单地说，面包改良剂是用于面包制作可促进面包柔软和增加面包烘烤弹性，并有效延缓面包老化、延长货架期的一种烘焙原料。改良剂的组成和特点如下：

（1）钙盐（Calcium salt） 钙盐主要成分为碳酸钙、硫酸钙和磷酸氢钙，用于改善水质和pH，有增强面筋筋性，帮助发酵，增强面包体积的特点。

（2）铵盐（Ammonium salt） 主要有如氯化铵、硫酸铵、磷酸铵等，调整pH，帮助酵母进行发酵。

（3）还原剂和氧化剂（Reductant and oxidant） 还原剂如L–盐酸胱氨酸，适量使用可以使调粉时间缩短，还能改善面团的加工性能、西点色泽及组织结构和抑制西点产品的老化。

氧化剂如L–抗坏血酸溴酸钾，使面团保气性、筋力增强，延伸性降低，也能抑制面粉蛋白酶的分解作用，因此能减少面筋的分解和破坏。

（4）酶制剂（Enzyme） 酶制剂主要有淀粉酶和蛋白酶。淀粉酶主要分解淀粉为麦芽糖和葡萄糖，提供酵母营养，并发酵产生二氧化碳，使面包体积膨大。蛋白酶在面包面团中主要降低面筋强度，减少面团的硬脆性，增加面团的延展性，使在滚圆、整形时容易操作，能够改善面包的颗粒及组织结构。

三、乳化剂（Emulsifier）

能改变两种不互溶液体（如油及水）的性质，使其不相互分离而互溶在一起的物质，称为乳化剂，又称界面活性剂。

乳化剂使面团强化，使面包组织柔软，老化较慢；可以降低蛋糕面糊的比重，增加蛋糕之体积；可以提高小西饼之扩大率，减少油脂之用量，保持品质，节省成本。

乳化剂的主要品种有：单甘油酯、大豆磷脂、脂肪酸蔗糖酯、丙二醇脂肪酸酯、硬脂酰乳酸钙、山梨醇酐脂肪酸酯等。

例如：蛋糕油又称蛋糕乳化剂或蛋糕起泡剂，主要成分为单酸甘油酯和棕榈油。目前主要产品有SP蛋糕油等。它在海绵蛋糕的制作中起着缩短制作时间，形成成品外观和使组织更加漂亮和均匀细腻，入口更润滑的作用。蛋糕油的添加量一般是鸡蛋的3%~5%。因为它的添加是紧跟鸡蛋走的，每当蛋糕的配方中鸡蛋增加或减少时，蛋糕油也须按比例加大或减少。

四、香精和香料（Flavors and spices）

（一）食用香精（Food flavor）

食用香精是指由各种食用香料和许可使用的附加物（包括载体、溶剂、添加剂）调和而成，可使食品增香的一大类食品添加剂。随着食品工业的发展，食用香精的应用范围已扩展到饮料、糖果、乳肉制品、焙烤食品、膨化食品等各类食品的生产中。

食用香精按剂型可分为液体香精和固体香精。液体香精又分为水溶性香精、油溶性香精和乳化香精；固体香精分为吸附型香精和包埋型香精。在西点中多选择橘子、柠檬等果香型香精，以及奶油、巧克力香精等。天然香料对人体无害，合成香料则不能超过0.15%~0.25%。

(二)香料(Spices)

香料主要是将香料植物的根、茎、叶、花、果实、种子等进行干燥制作而成的，通常有粉末状、颗粒状和自然成形的形状等。

(1)香叶(Bay-leaf) 香叶又称桂叶，是桂树的叶子。香叶可分为两种，一种是月桂树(又称天竺桂)的叶子，形椭圆，较薄，干燥后色淡绿。另一种是细叶桂，其叶较长且厚，背面叶脉突出，干燥后颜色淡黄。

香叶是西餐中特有的调味品，其香味十分清爽又略含微苦，干制品、鲜叶都可使用，用途广泛。

(2)番红花(Saffron) 用作香料的番红花是干燥的红花蕊雌蕊，其原产地为欧洲南部和小亚细亚地区，我国早年经西藏走私入境，故又称藏红花。在欧洲，番红花的主要产地是西班牙，意大利南部也栽培有少量的番红花。在西点中主要用于沙司的调色调味。

(3)肉桂(Cinnamon) 桂皮是肉桂树的树皮，是经由卷成条状干燥后所制成的。

肉桂的外形有粉状、片状两种，片状的肉桂可直接用来炖煮汤及菜肴，可去除肉类的腥味，或是当作咖啡的搅拌棒；而肉桂粉多使用在甜点上，是做苹果派时不可缺少的必备香料。

上好的桂皮皮细肉厚，颜色乌黑或呈茶褐色，断面呈紫红色，油性大，味道香醇。

(4)小茴香(Anise) 小茴香为伞形科多年生草本植物小茴香的干燥成熟果实。产于地中海，质地温和，有着温暖怡人的独特浓郁气味，但尝起来味道有点苦，且略微辛辣，有助于提神、开胃。小茴香在西点中主要加工成粉末状使用，增加烘焙点心的香味。

(5)马佐林(Majoram) 马佐林也称牛膝草，常用于制作混合香料，用于烹调意大利粉、干酪等。其味道能与番茄及蒜头十分相配；制作比萨饼(Pizza)更是必不可少。

(6)阿里根奴(Oregano) 阿里根奴俗称“牛至”，原产于地中海沿岸、北非及西亚。目前在英国、西班牙、摩洛哥、法国、意大利、希腊、土耳其、美国、阿尔巴尼亚、前南斯拉夫、葡萄牙、墨西哥及中国均有生产。在不同的国家及地区则有不同的名称。如在英国，种植于野外的俄力冈称为野马郁兰。惟在地中海地区生长的野马郁兰则被称为阿里根奴。也是制作比萨饼(Pizza)必不可少的香料。

(7)罗勒(Basil) 罗勒也称甜紫苏，味甜而有一种独特的香味，和番茄的味道极其相似，是制作意大利面不可缺少的调味品。

(8)百里香(Thyme) 百里香亦叫麝香草，常用于比萨饼(Pizza)和馅心的调味。

(9)迷迭香(Rosemary) 迷迭香叶子带有颇强烈的香味，主要用于西点中馅心的调味。

五、色素(Food pigment)

食用色素分为天然色素和人工合成色素两种。

(一)天然色素(Natural pigment)

天然色素主要从植物组织中提取，也包括来自动物体内微生物的一些色素，主要品种有叶绿素、番茄色素、胡萝卜素、叶黄素、红曲、焦糖、可可粉、咖啡粉、姜黄、虫胶色素、辣椒红素、甜菜红等。但是常用于西点中的天然色素为可可粉、焦糖和姜黄等。

(1)可可粉(Cocoa powder) 可可粉是用可可豆加工而成的棕褐色粉状制品，具有浓烈的可可香气。可可粉按其含脂量分为高、中、低脂可可粉；可直接用于巧克力和饮料的生产。在西点制作中常常添加于奶油膏、白马糖中，用于蛋糕和饼干的表面装饰或和入面团中用于制作可可拉花、黑白酥、可可华夫饼干等。

（2）焦糖（Caramel） 焦糖也称糖色、酱色。工业生产是以饴糖、糖蜜或其他糖类为原料，在110~180℃高温下加热使之焦糖化制作而成的，为深褐色液体，常常用于杏仁酱、花生酱、蛋白膏等调色用。在刷面蛋液中加入少量焦糖，可使产品具有金黄色。

（3）姜黄（Turmeric） 姜黄是多年生草本植物——姜科植物姜黄的干燥根茎。冬季茎叶枯萎时采挖，洗净，煮或蒸至透心，晒干，除去须根。磨成粉后，即为姜黄粉，由此可提炼出天然色素——姜黄素。

（二）人工合成色素（Synthetic pigment）

人工合成色素是指用人工化学合成方法所制造的有机色素，主要品种有苋菜红、胭脂红、柠檬黄、日落黄和靛蓝等。合成色素色彩鲜艳、着色力好，而且价格便宜，所以人工合成色素在食品中被广泛应用。但应严格遵守《食品添加剂使用标准》（GB2760—2012）中使用规定。

例如：柠檬黄、日落黄的最大用量为0.1g/kg；苋菜红、胭脂红的最大用量为0.05g/kg；靛蓝的最大用量为0.0259g/kg。另外，色素应配成溶液使用，不可直接用粉末，否则易造成混合不匀，形成色素斑点，同时用量也不易控制。

六、增稠剂（Thickener）

增稠剂又称胶凝剂，是改善或稳定食品的物理性质或组织状态的添加剂，它可以增加食品黏度，使食物黏滑可口。西点中使用的增稠剂主要有啫喱和羧甲基纤维素钠。

（一）啫喱（Gelatine & Jelly）

啫喱是英文Gelatine或Jelly的译音，又译成介力、吉力、吉利，也称明胶或鱼胶等。分植物型和动物型两种，植物型是由天然海藻抽提胶复合而成的一种无色无味的食用胶粉；动物型是由动物皮骨熬制成的有机化合物，呈无色或淡黄色的半透明颗粒、薄片或粉末状。多用于鲜果点心的保鲜、装饰及胶冻类的甜食制品。

（1）植物型啫喱（Plant-based jelly） 琼脂是由海藻类的石花菜所提炼制成，有条状及粉状，需在热水中加热溶解后使用，当温度降至40℃以下后会开始凝结胶体；做出的成品口感较脆硬且不透明，放置室温下不会溶化，常用在一些中式冻类甜点中。

（2）动物型啫喱（Animal-based jelly） 动物型啫喱是从动物的骨头（多为牛骨或鱼骨）提炼出来的胶质，主要成分为蛋白质。

①鱼胶粉（Gelatine powder）：亦称吉利丁粉，是动物胶，由动物的骨骼中提炼出来的蛋白质胶质，常用于冷冻西点、慕斯蛋糕类的胶冻之用，需用4~5倍冷水浸泡吸水软化后再隔水融化使用。

②鱼胶片（Gelatine slice）：亦称吉利丁片，半透明黄褐色，有腥臭味，需要泡水去腥，经脱色去腥精制的吉利丁片颜色较透明，价格较高。吉利丁片须存放于干燥处，否则受潮会粘结。使用时先要浸泡在冰水中软化后，挤干水分再融化使用。

（二）羧甲基纤维素钠（Carboxymethylcellulose）

羧甲基纤维素钠为白色纤维状或颗粒状粉末，无臭无味，有吸湿性，易分散于水中呈胶体状。

在西点应用中不仅是良好的乳化稳定剂、增稠剂，而且具有优异的冻结、熔化稳定性，并能提高点心产品的风味，延长贮藏时间。在豆奶、冰淇淋、雪糕、果冻、饮料中的用量为1%~1.5%，在西点中，其添加量为面粉的0.1%~0.5%。

七、营养添加剂（Nutritional additives）

营养添加剂又称营养强化剂，其主要作用是增强和补充食品的营养。西点是由面粉、糖、黄油、牛奶等主要原料制成，本来就含有各种营养成分。但是由于各种西点所使用的原料在品种上和数量上均有一定的差别，因此有可能存在某些营养成分的不平衡，如缺乏某些维生素、氨基酸和矿物质等。此外，在加工和烘烤过程中，某些营养成分还会受到一定的损失。为了增加产品的营养价值，就需要在西点产品制作中加入一些营养成分。

常用的营养添加剂有维生素、氨基酸和矿物质等。

（1）维生素（Vitamin） 西点中常常添加的维生素主要有：维生素A、维生素B_2、维生素C等。维生素A使用量为0.01g/kg；维生素B_2的使用量为5~6mg/kg；维生素C的使用量为0.4~0.6g/kg。

（2）氨基酸（Amino acids） 西点中常常添加的氨基酸主要有赖氨酸，在和面时加入，相对稳定，使用量为2g/kg。

（3）矿物质（Minerals） 西点中常常添加的矿物质主要有：碳酸钙、磷酸氢钙、葡萄糖酸钙和乳酸钙等。使用量除碳酸钙为1.2%外，其余均为1%。

思考题

1. 西点的基本原料有哪些?（主要介绍3种）
2. 西点的辅助原料有哪些?（主要介绍5种）
3. 西点的食品添加剂原料有哪些?（主要介绍5种）
4. 面粉原料如何分类? 各有什么用途?
5. 油脂原料有哪几种? 各有什么用途?
6. 乳制品原料有哪几种? 各有什么用途?
7. 西点中蛋制品原料有哪几种? 各有什么用途?
8. 西点中糖与糖浆原料有哪几种? 各有什么用途?
9. 盐如何分类? 各有什么用途?
10. 淀粉原料有哪几种? 各有什么用途?
11. 果品原料有哪几种? 各有什么用途?
12. 酵母原料有哪几种? 各有什么用途?
13. 食用香精与香料有哪几种? 各有什么用途?
14. 增稠剂有哪几种? 各有什么用途?
15. 营养添加剂有哪几种? 各有什么用途?

CHAPTER 4

第四章

西点制作基础

西点品种繁多，每一种西点都有自己相对固定的配方、不一样的成形技法、不同的成熟方法以及各具个性的装饰手段。因此，我们应该全面掌握西点制作的基础知识，为以后熟练制作具体品种做一个良好的铺垫。

第一节 烘焙计算

在西点制作过程中，使用的原料品种繁多，而且每一种原料的性质和作用都不尽相同，同时每种原料的用量也不一样，这就要求我们掌握烘焙的一些计算方法。

一、常用称量单位的换算

在历史发展的长河中，每个国家都会形成自己的一套称量单位。目前国际上把国际单位制作为通用的标准，但是因为烘焙起源于古老的欧洲，所以现在西点配方中用到的都是英制单位磅、英寸、华氏度等，就像中药药方里用的是中国古代单位两、钱、分一样。

下面是常见单位和它们的英文或者缩写，在原料包装盒上、西点配方表里，或者称量用具的标注中经常能看到。

1. 体积单位（表4-1）

表4-1

中文名	英文名	换算
杯	cup（c）	1杯等于16汤勺，约相当于240毫升
汤勺，大勺	tablespoon	1汤勺等于3茶勺，约相当于15（14.786764）毫升
茶勺，小勺	teaspoon（tsp、t）	1茶勺约相当于5（4.92892161）毫升
撮	pinch	1撮约相当于1毫升
毫升	milliliter（ml）	1毫升=1立方厘米
立方厘米	centimeter（cc、cm^3）	
升	liter（l）	1升等于1000毫升
品脱	pint（pt）	1品脱约相当于473（473.176475）毫升
夸脱	quart（qt）	1夸脱等于2品脱，约相当于946（946.35295）毫升
加仑	gallon（gal）	1加仑等于4夸脱，约相当于3.8（3.785411）升。

2. 长度单位（表4-2）

表4-2

中文名	英文名	换算
英寸	inch（in）	1英寸相当于2.54厘米
英尺	foot（ft）	1英尺等于12英寸，约相当于30.48厘米
码	yard（yd）	1码等于3英尺，约相当于0.9144米。

3. 重量单位（表4-3）

表4-3

中文名	英文名	换算
磅	pound，libra（lb）	1磅等于16盎司，约相当于454（453.59237）克
盎司，安士	ounce（oz）	1盎司约相当于28（28.3495231）克

4. 个数单位（表4-4）

表4-4

中文名	英文名	换算
打	dozen	1打是12个
半打	1/2dozen	半打是6个

5. 温度单位（表4-5）

表4-5

中文名	英文名	换算	备注
摄氏度	Centigrade（℃）	在标准大气压下，冰水混合物为0摄氏度，沸水为100摄氏度	中间等分成100个刻度
华氏度	Fahrenhite（℉）	在标准大气压下，冰水混合物为32华氏度，沸水为212华氏度	中间等分成180个刻度

6. 西点制作中常见换算关系（表4-6）

表4-6

品名	量杯量匙	重量（克）	品名	量杯量匙	重量（克）
粉类			**粉类**		
高筋面粉	1大匙	7.5 克	高筋面粉	1杯	120 克
低筋面粉	1大匙	6.9 克	低筋面粉	1杯	100 克
奶粉	1大匙	6.25 克	奶粉	1杯	100 克
玉米粉	1大匙	8 克	澄粉	1杯	130 克
太白粉	1大匙	10 克	太白粉	1杯	160 克
甘薯粉	1杯	170 克	糕仔粉	1杯	120 克
可可粉	1大匙	6 克	椰子粉	1杯	70 克
塔塔粉	1茶匙	3.9 克			
胶质			**胶质**		
吉利丁粉	1大匙	10~12 克	吉利丁粉	一包	7~8 克
吉利丁片	一片	2.5~3 克			
膨大剂			膨大剂		
苏打粉 B.S	1茶匙	4.7 克	泡打粉 B.P	1茶匙	3.5 克
干酵母	1茶匙	3.3 克	干酵母	1大匙	10 克
调味料			**调味料**		
细盐	1茶匙	4.35克	细盐	1大匙	13 克
味精	1茶匙	3.7 克	胡椒粉	1茶匙	2 克
代糖	一包	1 克	糖粉（过筛）	1杯	140 克
细砂糖	1大匙	12.5克	细砂糖	1杯	180~200克
粗砂糖	1大匙	13.5克	粗砂糖	1杯	200~220克
绵白糖（过筛）	1杯	130 克			
糖浆			**糖浆**		
糖浆	1大匙	21 克	糖浆	1杯	340 克
果糖	1大匙	20 克	麦芽糖	1大匙	20 克
蜂蜜	1大匙	20 克			

续表

品名	量杯量匙	重量（克）	品名	量杯量匙	重量（克）
香料					
香草片	1片	0.3 克			
液体			**液体**		
鸡蛋（大）	1个	60克左右	鸡蛋（小）	1个	55克左右
蛋黄（大）	1个	18克左右	蛋黄（小）	1个	15克左右
蛋白（大）	1个	38克左右	蛋白（小）	1个	35克左右
奶油	1大匙	14.2克	奶油	1杯	227 克
奶油	1磅	454 克	花生油	1杯	220 克
玉米油	1杯	220 克	麻油	1大匙	13.13克
麻油	1杯	210 克	清水	1茶匙	5 克
清水	1大匙	15 克	清水	1杯	236 克
坚果、豆类			**坚果、豆类**		
瓜子仁	1杯	110 克	小红豆	1杯	200 克
芝麻仁	1杯	130 克	绿豆仁	1杯	219 克
松子仁	1杯	150 克	橄榄仁	1杯	125 克

二、华氏温度与摄氏温度之间的换算

（1）华氏温度与摄氏温度之间的换算公式

华氏温度 = 摄氏温度 × 9 ÷ 5+32 即为F=C × 9 ÷ 5+32

摄氏温度 =（华氏温度− 32）÷ 9 × 5 即为C=5/9（F − 32）

（2）常见温度换算表（表4–7）

表4–7

温度/℉	温度/℃	温度/℉	温度/℃
32	0	270	132
50	10	300	149
70	21	330	166
90	32	360	182
120	49	390	199
150	66	420	216
180	82	450	232
210	99	480	249
240	116	500	260

三、烘焙计算公式

西点烘焙产品所用的材料种类繁多，每一种材料的性质功能都不尽相同，同时每种材料的用量也不一样，这就要求我们都要掌握烘焙计算公式。

（1）烘焙百分比=（材料重量÷面粉重量）×100%

（2）材料重量=面粉重量×材料烘焙百分比

（3）实际百分比=（烘焙百分比÷配方总百分比）×100%

（4）烘焙百分比=（实际百分比÷面粉实际百分比）×100%

（5）实际百分比=（材料重量÷配方材料总量）×100%

（6）总烘焙百分比=（面团重量÷面粉重量）×100%

（7）产品总量=产品面包重×数量

（8）面团总量=产品总量÷[（100%－发酵损耗）×（100%－烘焙损耗）]

（9）面粉重量=（某种原料重量÷某原料烘焙百分比）×100%

（10）发酵损耗百分比=[（发酵前面团重量－发酵后面团重量）÷发酵前面团重量]×100%

（11）烘焙损耗百分比=[（发酵面团重－成品面团总重）÷发酵后面团总重]×100%

以上是材料和生产的计算，在实际生产中我们还会遇到温度控制方面的问题，下面再将加冰等方法的计算作一介绍：

（12）最适水温=要求面团温度×3（如二次法则为4）－（室温+糖温+摩擦升温）

（13）摩擦升温=搅拌后面团温度×3（如二次法则为4）－（室温+粉温+水温）

（14）加冰量=总加水量×（自来水－实用水温）÷（80＋自来水温）

（15）最后加冰量=总水量－加冰量

四、烘焙的百分比与实际百分比

烘焙百分比是烘焙工业的专业百分比，它是根据面粉的重量来推算其他材料所占的比例。它与一般我们所用的实际百分比有所不同。在实际百分比中，总百分比为100%，而在烘焙百分比中，则配方中的面粉永远是100%，它的总百分比超过100%（表4-8）。

表4-8

原料	重量	烘焙百分比	实际百分比
面粉	300克	100%	56.72%
食盐	6克	2%	1.2%
酵母	9克	3%	1.7%
清水	186克	62%	35.6%
砂糖	12克	4%	2.3%
油脂	9克	3%	1.7%
总量	522克	174%	±100%

五、和面水温的计算方法

一般面包类的产品，搅拌完毕的面团温度为25~28℃，我们可以通过调节配方中水的温度，使搅拌好的面团达到我们所希望的理想温度。

（一）机器摩擦增高温度的求法

机器摩擦增高温度=搅拌后面团温度×3（如二次法则为4）–（室内温度+面粉温度+水的温度）

（二）直接法、中种面团适用水温求法

适用水温=面团理想温度×3（如二次法则为4）–（室内温度+面粉温度+摩擦增高温度）

（三）中种法主面团适用水温求法

适用水温=面团理想温度×4–（室内温度+面粉温度+摩擦增高温度+发酵后中种面团温度）

（四）需要冰的量的计算

在夏季，尤其我国南方地区，室温能高达30℃以上，用水温度也大大高于面团所需的水温。因此，用水不能控制面团温度，需用冰或冰水来控制面团的实用温度。

加冰量=总加水量×（自来水温–适用水温）÷（80+自来水温）

备注：80为冰的溶解热，1克的冰变为1克的水要吸收80卡的热量。

六、配方平衡

成功制作西式点心的诀窍之一是原料的分量和比例要严格遵守配方，它不像做菜肴加调料，可以边尝边调节，也不像中式面点，可以依赖经验和感觉，所以，制作西点要注意各种原料之间的平衡。

但在西点实际制作过程中，各类西点的配方是根据条件和需要在一定范围内进行变动。这种变动并非随意的，须遵循一定的原则即配方平衡原则。各种原辅料应有适当的比例，以达到产品的质量要求。

配方平衡原则建立在原料功能作用的基础上，原料按其功能作用的不同可分为以下几组：

第一组：干性原料，主要包括面粉、奶粉、泡打粉、可可粉等。

第二组：湿性原料，主要包括鸡蛋、牛奶、水等。

第三组：强性原料，主要包括面粉、鸡蛋、牛奶等。

第四组：弱性原料，主要包括糖、油、泡打粉等。

因为干性原料需要一定量的湿性原料润湿，才能调制成面团和浆料。强性原料含有高分子的蛋白质，特别是面粉中的面筋蛋白质，它们具有形成及强化制品结构的作用。弱性原料是低分子成分，它们不能成为制品结构的骨架，相反，具有减弱或分散制品结构的作用，同时需要强性原料的携带。

配方平衡原则的基本点是：在一个合理的配方中应该满足干性原料和湿性原料之间的平衡；强性原料和弱性原料之间的平衡。

（一）干湿平衡

不同品种在调制浆料或面团时所需的液体量不同。总的来说，浆料的含水量大于面团的含水

量，调制时需要更多的液体。按液体比例从多到少可将浆料和面团作如下分类：稀浆（如海绵蛋糕）、浓浆（如油脂蛋糕）、软面团（如面包）、硬面团（如酥点心）。

例如：蛋糕液体的主要来源是蛋液，蛋液与面粉的基本比例为1∶1，即面粉约需等量的蛋液来润湿。由于海绵蛋糕主要表现为泡沫体系，而气泡可以增加浆料的硬度。此外，鸡蛋蛋白质在结构方面的作用也可以平衡因液体增加对结构和成形的不利作用，所以海绵蛋糕在上述蛋、粉基本比例的基础上，还可以增加较多的蛋液。而油脂蛋糕则主要表现为乳化体系，水太多不利于油、水乳化且使浆料过稀，故蛋液的加入量一般不超过面粉量。

再如：面包面团形成时，面筋需要充分吸水膨润和扩展，故加水量较多，相当于面筋蛋白质及淀粉吸水量的总和。而酥点心面团吸水因受到油脂限制，且需要减少面筋的生成，所以加水量较少。

各类主要制品液体量的基本比例（对面粉百分比）见表4-9。

表4-9 部分西点制品加水量比例表

西点品种	加水量参考
海绵蛋糕	加蛋量100%～200%或更多（相当于加水量75%～150%或更多）
油脂蛋糕	加蛋量约100%（相当于加水量75%）
面包	加水量50%左右
松酥点心	加水量10%～15%

此外，干湿平衡的调整还应注意以下几点：

第一，在制作低档蛋糕时，蛋量的减少可用水或牛奶来补充液体量，但总加水量不应超过面粉量。

第二，根据油、糖对吸水作用的影响，当配方中的油和糖增加时，加水量则相应减少。一般每增加1%的油脂，应降低1%的加水量。另外，配方中如增加了其他液体如鸡蛋、糖浆、果汁等，加水量也相应减少。

第三，配方中的总液体量大于糖量时有利于糖的溶解。

第四，由于各种液体的含水量不同，故它们之间的换算不是等量关系。例如：1000克面粉要用1000克鸡蛋，如减少一半鸡蛋由牛奶代替，所补充的牛奶是430克而不是500克。因为鸡蛋含水约75%，牛奶含水约87.5%。

第五，在制作可可型蛋糕时，可可粉的加入方式是代替原配方中的部分面粉。其加入量一般不应低于面粉量的4%。由于可可粉比面粉具有更强的吸水性，所以需要补充等量的牛奶或适量的水来调节干湿平衡。例如，原配方中面粉为1000克，加入40克可可粉后，配方调整为：面粉960克，可可粉40克，牛奶40克，泡打粉2克（其他原料不变）。

（二）强弱平衡

1. 油脂和糖的平衡

强弱平衡考虑的主要问题是油脂和糖对面粉的比例。不同特性的制品所加油脂量不同。一般而言，酥性制品（如油脂蛋糕和松酥点心）中油脂量较多，而且油脂越多，起酥性越好。但油脂量一般不超过面粉量，否则制品会过于酥散而不能成形。非酥性制品（如面包和海绵蛋糕）中油脂量较少，否则会影响制品的气泡结构和弹性。在不影响制品品质的前提下，根据甜味的需要，可适当调节糖的用量。同时，由于糖有较高的渗透压，能抑制细菌生长，还有较强的吸湿性和保水性，能使蛋糕保持柔润的质地，延长蛋糕的货架期。

在西点制作过程中，调节强弱平衡的基本规律是：当配方中增加了强性原料时，应相应增加弱性原料来平衡，反之亦然。例如：油脂蛋糕配方中如增加了油脂量，在面粉量与糖量不变的情况下要相应增加蛋量来平衡。此外，蛋量增加时，糖的量一般也要适当增加。在海绵蛋糕制作中，糖能维持鸡蛋打发所形成的泡沫的稳定性。而在油脂蛋糕制作中，油脂打发时，糖（特别是细粒糖）能促进油脂的充气膨松。在高比蛋糕（即高糖、高液蛋糕）配方中，太多的糖会加大对制品结构的散开作用，可由增加有收紧作用的牛奶来平衡。此外，针对过多的液体，应采用吸水性强的高比面粉和乳化性强的高比油脂。

再如：可可粉和巧克力都含有一定量的可可脂，而可可脂的起酥性约为常用固体脂的一半，因此，根据可可粉或巧克力的加入量，可适当减少原配方中的油脂量。

各类主要制品油脂和糖量的基本比例（对面粉百分比）大致如表4-10所示。

表4-10 部分西点糖油量比例表

西点品种	糖油量参考
海绵蛋糕	糖80%~110%，油脂0
奶油海绵蛋糕	糖80%~110%，油脂10%~50%
油脂蛋糕	糖25%~50%，油脂40%~70%
面包	糖0%~20%，油脂0%~15%

2. 泡打粉的平衡

泡打粉（又称发酵粉）是一种化学膨松剂，常用于蛋糕、点心、饼干等制品中，协助或部分代替鸡蛋的发泡作用或油脂的酥松作用。因而在下列情况下应补充泡打粉：蛋糕中蛋量有所减少，油脂蛋糕和松酥点心中油脂或糖量有所减少。此外，配方中有牛奶加入时，可加适量的泡打粉使之平衡。

当海绵蛋糕配方中蛋量减少时，除应补充其他液体外，还应适当加入或增加少量泡打粉以弥补膨松不足。同时蛋减少得越多，泡打粉相应增加得也越多。一般而言，蛋与面粉之比超过150%时，可以不加泡打粉。高、中档蛋糕的泡打粉用量为面粉量的0.5%~1.5%。较低档蛋糕（蛋量少于面粉量）的泡打粉用量为面粉量的2%~4%。以上原则也适用于加油脂较多的酥性制品如油脂蛋糕、松酥点心、饼干等。即油脂减少得越多，泡打粉增加得也越多。但必须指出的是，蛋量或油脂量过少，泡打粉过多将会影响制品质量。

此外，牛奶具有使制品结构收紧的作用，需要用具有相反作用的糖或泡打粉来平衡，以维持制品适当的酥松度。

（三）配方失衡对制品质量的影响

1. 液体

一方面，液体太多会使蛋糕最终呈“锅底”形状。在热的烤炉中看不到过量液体产生的后果，因为这时液体以蒸汽的形式存在。然而一旦冷却后，蒸汽便重新凝结为液体，并沉积在蛋糕底部，形成一条“凹塘”，甚至使部分糕体随之坍塌，制品体积缩小。

另一方面，液体量不足则会使成品出现一个紧缩的外观，且内部结构粗糙，质地硬而干。

2. 糖和泡打粉

糖和泡打粉过多会使蛋糕的结构变弱，造成顶部塌陷，形成“凹塘”状。在泡打粉和糖同时使用的情况下，有时难以判断究竟是糖还是泡打粉所引起的后果。如蛋糕口感太甜且发粘，可知是糖加得太多；泡打粉过多时，可能引起蛋糕底部发黑。糖和泡打粉不足则会使蛋糕质地发紧，不疏松，顶部突起太高甚至破裂。

3. 油脂

油脂太多也能弱化蛋糕的结构，致使顶部下陷，且糕心油亮，口感油腻。如油脂不足，同糖不足一样，蛋糕发紧，顶部突起甚至裂开。

第二节 西点成形的基本方法

西点的制作是一项技术要求较高的工艺，操作者既要了解原料及辅料的特点及操作的基本要求，又应根据西点配方中所含原料的变化差异来合理调配比例，根据个人的审美观念，合理的操作手法，制作出精美的成品。

俗话说西点的制作是“三分原料，七分手艺”。下面就西点的成形方法及面包操作的手法给予简单的介绍，其目的是使西点师根据几种方法能得到启迪，举一反三，发挥丰富想象力，制作出更精美、可口的产品。

一、手工成形

（一）和

和是将粉料与水分或其他辅料掺和在一起揉成面团的过程，它是整个点心制作中最初的一道工序，也是一个重要的环节。和面的好坏直接影响成品的质量，影响点心制作工艺能否顺利进行。

（1）和的方法　和面的具体方法，大体可分为抄拌、调和两种手法。

①抄拌法：将面粉放入缸或盆中，中间掏一个坑，放入七八成的水，双手伸入缸中，从外向内，由上而下反复抄拌。抄拌时用力要均匀，待成为雪片状时，加入剩余的水，双手继续抄拌，至面粉成为结实的块状时，可将面搓、揉成面团。

② 调和法：先将面粉放在案台上，中间开个“窝塘”，再将鸡蛋、油脂、糖等物料倒入中间，双手五指张开，从外向内进行调和，再搓、揉成面团（如混酥面）。

（2）和的技法操作注意事项

① 要掌握液体配料与面粉的比例。

② 要根据面团性质的需要，选用面筋含量不同的面粉，采用不同的和面手法。

③ 动作要迅速，干净利落，面粉与配料混合均匀，不夹粉粒。

④ 面光、手光、案板（或缸）光。

（二）揉

揉主要用于面包制品，目的是使面团中的淀粉膨润黏结，气泡消失，蛋白质均匀分布，从而产生有弹性的面筋网络，增加面团的劲力。揉均、揉透的面团，内部结构均匀，外表光润爽滑，否则影响质量。

（1）揉的方法　揉可分为单手揉和双手揉两种。

① 单手揉：单手揉适用于较小的面团，其方法是先将较小的面团分成小剂，置于工作台上，再将五指合拢，手掌扣住面剂，朝着一个方向旋转揉动。面团在手掌间能够自然滚动的同时要挤压，使面剂紧凑，光滑变圆，内部气体消失，面团底部中间呈旋涡形，收口向下。这样揉成的面坯再放置到烤盘上进行烤制。

② 双手揉：双手揉适用于较大的面团。其方法是用一只手压住面剂的一端，另一只手压住面剂的另一端，用力向外推揉，再向内使劲卷起，双手配合，反复揉搓，使面剂光滑变圆。待收口集中后，最后压紧，收口向下放置到烤盘上进行烤制。

（2）揉的技法操作注意事项

① 揉面时用力要轻重适当，要有“浮力”，俗称“揉得活”。特别是发酵膨松的面团更不能死揉，否则会影响成品的膨松。

② 揉面要始终保持一个光洁面，不可无规则地乱揉，否则面团外观不完整，无光洁，还会破坏面筋网络的膨松。

③ 揉面的动作要利落，揉匀、揉透，揉出光泽。

④ 使用两种方法的揉面动作要越快越好，否则面团会因时间过长受手的体温影响面团粗糙、发黏，影响质量。

（三）搓

搓是将揉好的面团运用手掌的压力改变成长条状，或将面粉与油脂融合在一起的操作手法。

（1）搓的方法　搓面团时先将揉好的面团改变成长条状，双手的手掌基部摁在条上，双手同时施力，来回地揉搓，边推边搓，前后滚动数次后面条向两侧延伸，成为粗细均匀的圆形长条。

搓油脂与面粉时，手掌向前，使面粉和油脂均匀地混合在一起。但不宜过多搓揉，以防面筋网络的形成，影响质量。

（2）搓的技法操作注意事项

① 双手动作要协调，用力均匀。

② 要用手掌的基部，按实推揉，双手同时施力，前后搓动，边搓边推。

③ 搓的时间不宜过长，用力不宜过猛，否则面团容易断裂、发黏。

④ 搓条要紧，粗细均匀，条面圆滑是品质的基本保证。

⑤ 保持双手的干燥，否则面团不光泽，同时出现发黏的现象。

（四）擀

擀是西点整形的常用手法，将面团放在工作台上运用擀面棍等工具将面团压平或压薄的方法称为擀。面团经过擀制成平或薄的状态后，直接涂抹上或包入馅料即可成形。有的造型则是在包馅完成后再擀制成形，擀好的面团可利用折叠、卷等方法做出形态各异的造型，变化无穷。

（1）擀的方法　擀是将坯料放在工作台上，擀面棍置于坯料之上，用双手的中部摁住擀面棍，向前滚动的同时，向下施力，将坯料擀成符合要求的厚度和形状。如清酥面的擀制。用水调面团包入黄油后，擀制时要用力适当，掌握平衡。清酥面的擀制是较难的工序，冬季好擀，夏季擀制较困难，擀的同时还要利用冰箱来调节面团的软硬度。擀制好的成品起发高、层次分明、体轻个大；擀不好会造成跑油，层次混乱，虽硬不酥。

（2）擀的技法操作注意事项

① 擀制面团时应干净利落，施力均匀。

② 擀制品要平，无断裂。

③ 擀制品一般要厚薄均匀，表面光滑。

（五）包

包是将滚圆稍微醒制的面团，用手将其轻轻的压扁后，立即包入馅料的成形技法。

（1）包的方法　包制时，将分割、滚圆的面团，轻轻压扁，馅料较干的可视其需要先制成均等的若干小块，然后将面团拿起放在手掌上将馅料放在面团的中央包入。较稀的馅料则需借助工具将馅料放在手掌托起的面团中央部位。馅料放入后，运用右手拇指与食指拉取周围的面团包入馅料。再运用捏的手法将封口捏紧。

（2）包的技法操作注意事项

① 包制时一般将面皮压扁，中间略厚，周围稍薄。

② 包馅时应注意馅料不要沾在面片的边缘，否则封口难以捏紧，出现裂开现象，影响造型的美观。

（六）挤

挤又称裱型，是对西点制品进行美化、再加工的过程。通过这一过程增加制品的风味特点，以达到美化外观，丰富品种的目的。

（1）挤的方法

① 布袋挤法：先将布袋装入裱花嘴，用左手虎口抵住裱花袋的中间，翻开内侧，用右手将所需材料装入袋中，切忌不要装得过满，装半袋为宜。材料装好后，即将口袋翻回原状，同时把口袋卷紧，内侧空气自然被挤出，使挤花袋结实硬挺。适时右手虎口捏住挤袋上部，同时手掌紧握花袋，左手轻扶挤花袋，并以45° 角对着蛋糕表面挤出，此时原料经由花嘴和操作者的手法动作，自然形成花纹。

② 纸卷挤法：将纸剪成三角形，卷成一头小，一头大的喇叭形圆锥筒，然后装入原料，用右手的拇指、食指和中指纸卷的上口用力挤出。

（2）挤的技法操作注意事项

① 双手配合要默契，动作要灵活，只有这样才能挤出自然美观的花纹。

② 用力要均匀，装入的物料要软硬适中，捏住口袋上部的右手虎口要捏紧。

③ 要有正确的操作姿势。

④ 图案纹路要清晰，线条要流畅，大小均匀，薄厚一致。

（七）搅打

搅打是将奶油、蛋清类原料，加入白糖后，用打蛋器进行搅打，使之成为体积膨松的装饰料的过程。

（1）搅打的方法　在缸或盆中加入奶油、蛋清类原料，加入白糖后，用打蛋器顺时针进行搅打，使之体积膨松为原来的4~5倍即可。

（2）搅打的技法操作注意事项

① 搅打前，缸或盆等容器中，不要有油脂类的物质。

② 搅打时用力要均匀。

③ 搅打时要兼有“挑”的动作，使空气能够更快地充入，形成均匀的泡沫。

（八）捏

捏是以拇指与食指抓住面团的动作称为捏，面团包入馅料以后需运用捏的方法使其封口，捏紧收口是为了防止馅料溢出或因面团的膨胀封口松开，捏与包的动作是连贯统一的，捏好包紧是成形的关键。面团包馅后的形状是由捏的形态决定的，包入馅料的面团可捏成圆形、长形，甚至三角形，或者做成各种栩栩如生的实物形态。

捏是一种有较高艺术性的手法，西点制作常以细腻的杏仁膏为原料，捏成各种水果（如梨、香蕉、绿色的葡萄等）和小动物（如猪、狗等）。捏不只限于手工成形，还可以借助工具成形，如刀子、剪子等。

（1）捏的方法　由于制品原料不同，捏制的成品有两种：一种是实心的；一种是包馅的。实心的为小型制品，其原料全部由杏仁膏构成，根据需要点缀颜色，有的浇一部分巧克力。包馅的一般为较大型的制品，它是用蛋糕坯与蜂蜜调成团后，做出所需的形状，然后用杏仁膏包上一层。捏是一种艺术性强、操作比较复杂的手法，用这种手法可以捏糖花、面人、寿桃及各种形态逼真的花鸟、瓜果、飞禽走兽等。例如捏一朵马司板原料的月季花，其操作手法是：首先把马司板分成若干小剂，滚圆后放在保鲜纸或塑料纸中，用拇指搓成各种花瓣，然后将大小不一的花瓣捏为一体，即可形成一朵漂亮的月季花。

（2）捏的技法操作注意事项

① 捏制时，用力要均匀，面皮不能破损。

② 制品封口时，要不留痕迹。

③ 制品要美观，形态要逼真。

（九）卷

卷是西点的成形手法之一，也是擀制的下一步骤，面团经擀制成薄的状态后，利用双手以滚动的方法将涂抹或包入馅料的面片由外向里，或由两头向中间卷制成一个或两个圆筒形条状的造型方式，卷的面料既不可松懈，又不可太紧而破坏面筋网络。

（1）卷的方法　需要卷制的品种较多，方法也不尽相同，有的品种要求熟制以后卷，有的是在熟制以前卷，无论哪种都是从头到尾用手以滚动的方式，由小而大地卷成。

卷有单手卷和双手卷两种形式。卷的方式很多，可视造型需要加以变化。

① 单手卷：单手卷（如清酥类的羊角素酥）是用一只手拿着形如圆锥形的模具，另一只手将面坯拿起，在模具上由小头向大头轻轻地卷起，双手的配合一致，把面条卷在模具上，卷的层次均匀。

② 双手卷：双手卷（如蛋糕卷）是将蛋糕薄坯置于工作台上，涂抹上配料，双手向前推动卷起成形。卷制不能有空心，粗细要均匀一致。例如：羊角面包的卷制则是将面团先用手搓成头大

尾小的长形，用擀面棍擀制成一头大一头小的尖形片，然后用左手拉着尾端右手捏着前端，向外拉长，使右手掌向里卷起形成一个一个的环节，卷到最后，尾端正好置于中间。

（2）卷的技法操作注意事项

① 被卷的坯料不宜放置过久，否则卷起的面团松懈影响质量。

② 用力均匀，双手配合要协调一致。

（十）抹

抹是将调制好的糊状原料，用工具平铺均匀，使制品平整光滑的操作方法。

（1）抹的方法　抹是西点制作和装饰的技法之一。如制作蛋卷时则采用抹的方法，不仅把蛋糊均匀地平抹在烤盘上，制品成熟后还要将果酱、打发的奶油等抹在制品的表面进行卷制。

抹又是对蛋糕做进一步装饰的基础，蛋糕在装饰之前先将所用的抹料（如打发鲜奶油或黄油酱等）平整均匀地抹在蛋糕表面上，为成品的造型和美化创造有利的条件。

（2）抹的技法操作注意事项

① 刀具掌握要平稳，用力要均匀。

② 正确掌握抹刀的角度，保证制品的光滑平整。

（十一）淋

淋是将溶化的巧克力、果酱以及其他酱料，均匀地浇裹在具体西点品种上的技法。

（1）淋的方法　淋是西点制作和装饰的技法之一。例如：在蛋糕装饰过程中，可以将溶化的巧克力、果酱以及其他酱料，浇淋在糕体的表面，形成纵横流淌、边角悬挂的艺术效果。

（2）淋的技法操作注意事项

① 酱体要溶化均匀，稠度一致。

② 浇淋时要用力均匀，手法熟练。

（十二）折叠

折叠是将擀制均匀的面皮，根据西点具体品种的要求，进行折叠成形的一种技法。

（1）折叠的方法　折叠是西点制作成形的技法之一。例如：在制作清酥制品时，在每一次擀制后，将面片进行二叠、三叠或四叠处理，最后熟制后才能形成分层的效果。

（2）折叠的技法操作注意事项

① 擀制后要厚薄均匀，折叠方正。

② 折叠要整齐，尺寸要一致。

（十三）拉

拉是能够使面团增长或增宽，并配合整形变化的技法。

（1）拉的方法　有的制品是将面团拉长或拉宽后利用各种手法动作来整形，有些品种是将面团擀薄后再拉长。拉的动作须利用各种手法及造型的需要加以实施。

（2）拉的技法操作注意事项

① 需要拉长或宽的面团需有足够的松弛时间，否则面团易断裂。

② 拉时要用力均匀，防止面团断裂。

（十四）转

转是以双手捏住面团的两端，左手向里，右手向外的扭转，如此可使面团增加变化，制成各种品种。

（1）转的方法　有些制品是以先扭转成形，再配合拉、卷等其他的动作造型。部分品种的扭转则是以两种或两种以上颜色不同面团合为一体后，再扭转成形，花色更为奇制新颖。

（2）转的技法操作注意事项

① 转时要用力均匀，防止面团断裂。

② 需要转的面团需有足够的松弛时间，否则面团易断裂。

（十五）割

割是在被加工的坯料表面划裂口，并不切断的成形方法。制作某些面包品种时常采用割面团的方法，目的是为了西点制品烘烤后，表面应膨胀而呈现爆裂的效果。

（1）割的方法　为满足有些制品坯料在进行烘烤后更加美观，有的制品需先割出一个造型美观的花纹，然后经烘烤，使花纹处掀起，成熟后添入各种馅料，以丰富制品的造型和口味。具体方法是：右手拿刀，左手扶稳坯料，在坯料表面快速划上花纹即可。还有一种方法，是分割面坯，即将面坯搓成长条，左手扶面，由右手拿刮刀，将面坯分割。

（2）割的技法操作注意事项

① 割裂制品的工具锋刃要快，以免破坏制品的外观。

② 根据制品的工艺要求，确定割裂口的深度。

③ 割的动作要准确，用力要均匀。

④ 掌握割的时机。因为有些制品是在面团整形后进行，有些面包则是在完成最后醒发后进行的。

（十六）切

切是将大面团利用工具将其分成若干均等的小面团，然后运用其他的操作手法施以整形的第一步。分割成小面团整形的面坯同样可用切的方式制作出各种形态各异的形状。或将各个切好的小面团依据个人的创意组合成独特的造型，可配合造型的需要灵活掌握运用。

切可分为直刀切、推拉切、斜刀切等，以直刀切、推拉切为主。不同性质的制品，运用不同的切法，是提高制品质量的保证。

（1）切的方法　推拉切是刀与制品处于垂直状态，在向下压的同时前后推拉，反复数次后切断的切法。切酥脆类、绵软类的制品都采用此种方法，目的是保证制品的形态完整。

直刀切是把刀垂直放在要切的制品上面，向下施力使之分离的切法。

斜刀切是将刀面与案板成45° 角，用推拉的手法将制品切断的切法。这种方法是在制作特殊形状的点心时使用。

（2）切的技法操作注意事项

① 直刀切是用笔直的向下切，切时刀不前推，也不后拉，着力点在刀的中部。

② 推拉切是在刀由上往下压的同时前推后拉，互相配合，力度应根据制品质地而定。

③ 斜刀切一定要掌握好刀的角度，用力要均匀一致。

④ 在切制成品时，应保证制品形态完整，要切得直，切得匀。

二、机械成形

（一）机器和面

机器和面是通过和面机搅拌桨的旋转，将主、辅料搅拌均匀，并经过挤压、揉捏等作用，使粉粒互相粘结成坯。在搅拌的作用下，分布在面粉中的蛋白质吸水胀润，胀润后的蛋白质颗粒互相连接形成面筋，多次搅拌后形成大量的面筋网络，即蛋白质骨架。经过搅拌器的剪切、揉挤等作用，面粉中的糖类（淀粉和纤维素）和油脂等调辅料均匀分布在蛋白质骨架之中，形成面坯。

（二）分割面团

借助分割机将大块面团分成若干块等量小面团。

（三）面剂滚圆

通过滚圆机将经分割机处理过的小面团反复揉搓，使粉料与辅料更为调和均匀，形成柔润光滑、外观一致、密度相同、表面光洁的小圆球。其目的是使面团中经醒发后的气体消失，重新充入空气，使其成为结实并有光泽、形态完整、内部组织蛋白质均匀分布的面团。

（四）面团整形

通过整形机把经中间发酵后已松弛的面团，压成薄片并卷成设定的大小，以方便放入烤盘中。

（五）压面成形

通过压面机将面团压成面片或擀压酥层，厚度由调节器控制。

（六）面包切片

面包切片机作为吐司面包切片之用。刀距为12毫米，能迅速将吐司切成30片，刀片锋利，经久耐用。操作过程中可将切割厚薄控制在设定的范围内，使成片厚薄一致。

（七）搅打成形

主要利用大型搅拌机、鲜奶油小型搅拌机、手提式搅拌机等，搅打蛋糕坯料浆糊和奶油浆料，其作用是将蛋糕坯料或奶油经快速旋转搅打充气，改变其内部物理性状结构，形成新的性状稳定组织，并能提高产值和口感，有利于稳定蛋糕装饰造型。

三、模具成形

模具成形是利用各种食品模具压印制作成形的方法。模具有各种各样的造型，比如：鸡心、桃叶、梅花、佛手、花卉、鸟类、蝶类、鱼类等。用模具制作面点的特点是形态逼真，栩栩如生，使用方便，规格一致。在使用模具时，不论是先入模后成熟还是先成熟后压模成形，都必须先将模具抹上熟油，以防粘连。

第三节 西点的熟制方法

西点的熟制方法是利用加热方法使制品生坯成熟的一道工序。不同的西点品种通常熟制方法也不一样，而且有些面点是先成熟后成形，例如：糕点中的裱花蛋糕、夹心奶油蛋糕等。在日常生活中，大多数面点都是先成形后成熟的。这些制品的形态、特点基本上都在熟制前一次或多次定型，熟制中除了部分品种在体积上略有增大、色泽上有所改变外，基本上没有什么“形”的变化。

西点的熟制方法很多，主要可以分为蒸、煮、炸、煎、烙和烤六种。凡是采用其中一种方法使制品成熟的就称之为单加热法；凡是采用两种或两种以上方法使制品成熟的，就称为复加热法。具体采用单加热法或者复加热法要根据实际品种而定。

一、烘烤

烘烤又称烤，烤是利用烤炉中的辐射、对流和传导的方式使制品成熟的一种方法。

烤制品的特点是：色泽金黄、外部酥香、内部松软、富有弹性。它适应于蓬松面团、油酥面团制品等，在西点制作中是一种常用的熟制方法。

（一）烤制的原理

当炉内温度升高到200℃左右时，生坯在辐射、对流的环境中；首先表面受热后，水分剧烈蒸发，淀粉转化为糊精，并发生糖分焦化，使制品形成色泽鲜明、韧脆的外壳；其次，当表面温度逐步传导制品内部时，温度不再保持原来的高温，降为100℃左右，这样的淀粉仍可使淀粉糊化变为黏稠状，使蛋白质变为胶体，再加上内部气体的作用，水分散发少，这样就形成了内部松软、外部焦嫩、富有弹性的熟制品。

（二）烤的要领

1. 炉温

在烤制面点时，绝大部分面点表面受热温度在150~200℃为宜，即炉温应该保持在180~250℃，过高过低都会影响制品质量。过高，制品表面容易焦煳；过低既不能形成金黄色的表面光泽，也不能促使制品内部成熟，此时如增加烤制时间，则制品水分蒸发过多，就会出现干裂，失去内部松软的特色。

2. 烤制时间

制品烤制时间应根据具体品种而定；若制品的体积较小较薄则时间要短；体积厚、大的时间要长。此外，由于点心特色不同，在烤制时间上也有很大差别；如制品质地松软的烤制时间要短；质地较实的则烤制时间长些。

（三）烤制操作方法

现在一般烤制都用烤箱，具体方法是：将烤盘擦净，在烤盘底抹上一层油，然后将制品生坯整齐摆入烤盘内；把烤箱内部温度调节好后将烤盘连同生坯放在烤箱内，根据制品所需烤制时间，准时出炉。为了掌握烤制程度，有些制品烤制到一定时间，就要注意观察其外表，检查制品成熟与否（检查时可用一根小竹签插入制品中，拔出后竹签上没有粘着的糊状物为成熟）。

二、煎

煎是利用少量油的热传导使制品成熟的一种方法。

（一）煎制的原理

在油煎过程中，温度上升到180~200℃，生坯通过辐射、对流受热，表面水分蒸发，淀粉转化为糊精，并发生焦糖化反应，使制品形成金黄的色泽和酥脆的口感；在水油煎过程中，除了底部发生焦糖化反应之外，还会因为产生水蒸气，使制品上部发生淀粉的糊化作用，形成软糯的口感。这样就形成了内部松软、外部金黄酥脆的熟制品。

（二）煎的要领

煎分为油煎和水油煎两种，煎饼等是利用水油煎法成熟的。水油煎是将锅内放入少量油脂，烧热以后将制品放入，待煎至底面焦黄后再加入少量水，盖上锅盖，将这部分水烧开变为蒸汽，然后，以蒸汽传热的形式使制品成熟。馅饼、煎吐司等则是利用油煎法直接成熟的。这样单一煎法的油量适当要多些，但不能超过摆放制品厚度的一半。这种煎法不盖锅盖，不能煎制一面，要使两面都受热，煎制时间要长于炸。锅底的火力对煎影响很大，为了均匀受热，必须转动锅的位置，防止局部焦煳。

（三）煎制操作方法

煎制时采用平锅，一般在锅底刷上一层油脂，温度在200℃左右，可正反两面煎，让制品两面都均匀受热，产生金黄色。另外，在煎制过程中，待煎至底面焦黄后再加入少量水，盖上锅盖，边煎边蒸成熟即可。

三、炸

炸是以油为传热介质使制品成熟的一种熟制方法。

（一）炸制的原理

油炸是将成形后的点心生坯投入已加热到一定温度的油内进行炸制成熟的过程。它具有两个特点：一是油量多；二是油温高。油炸时的热量传递，主要是以热传导的方式进行，其次是对流传热。油脂通常被加热到160~180℃时，热量首先从热源传递到油炸容器，油脂从容器表面吸收热量，再传递到制品的表面，然后通过导热把热量由制品外部逐步传向制品内部。在油炸过程中，被加热的油脂与点心进行剧烈的热对流循环，浮在油面的点心制品，受到沸腾的油脂强烈的对流作用，一部分热量被点心制品吸收，而使其内部温度逐渐上升，水分则不断受热蒸发。

油炸过程中热传导是主要的传热方式，同水相比，油脂的温度可达到160 ℃以上，点心被油脂四周包围同时受热，在这样高的温度下，点心被很快地加热至熟，而且色泽均匀一致。油脂不仅起着传热作用，其本身也被吸附在点心内部，成为点心的营养成分之一。

热量传递到点心内部的快慢，随着油温、制品厚薄的不同而有所不同。油温越高，制品中心温度上升越快，油温越低，制品中心温度上升越慢；制品越厚，内部温度上升越缓慢，炸制时间也稍长，制品越薄，内部温度上升越快，炸制时间也稍短。

（二）炸的要领

1. 注意油脂的清洁

炸制品所用的油脂必须清洁，若油脂不洁，会严重影响制品的质量和色泽，影响卖相，并且会影响热的传导和污染制品，使制品不易成熟。如使用植物油时应该事先熬制才能使用，这样才能去掉生油味道，保证制品的风味质量。如用已炸过食品的老油，则要经常清除杂质，以保证油质清洁。

在炸制制品时一般选用花生油。花生油透明晶亮、色淡黄，不生烟（少量的烟）、不起沫，可使制品着色均匀。此外还可通过调节油温来改变制品的着色程度，并使之具有花生的芳香气味。

2. 掌握火力，控制油温

不同的制品需要不同的油温，有的需要温度较高的热油，有的需要温度较低的温热油，有的需要先高后低或先低后高，情况极为复杂。油温的高低直接影响制品的质量，如油温过高，就会炸焦炸煳，或外焦里不熟；油温过低，色淡，不酥不脆，耗油量大。因此，要根据制品所要求的口感、色泽及制品的体积大小、厚薄程度等灵活掌握油温。一般情况下，需要颜色浅的或个体较大的品种，油温要低些，炸制时间要略长；需要颜色较深或制品体积小而薄的油温可稍高，而炸制时间相应的应该缩短。

（三）炸制操作方法

在油炸炉或锅中加入适量油，烧热至预先设定的温度，放入生坯，浸入油中加热，根据具体品种的不同，控制油炸温度和炸制时间。炸制时用的油量较多，油温较高，制品一般都具有清香、酥脆、色泽美观等特点。

四、煮

煮是把成形的生坯投入水锅中，以水为传热介质使制品成熟的一种熟制方法。

（一）煮制的原理

煮是利用锅中的水作为传热介质产生热对流作用使制品生坯成熟的一种方法。沸水通过热对流将热量传递给生坯，生坯表面受热，通过热传导的方式，使热量逐渐向内渗透，最后制品内外均受热成熟。在成熟的过程中，制品中蛋白质的热变性和淀粉的糊化作用在不同温度阶段发生变化，随着温度的不断升高，蛋白质最后变性凝固，淀粉颗粒吸水膨胀、糊化，其成熟原理与蒸制基本相同。

煮制法具有两个特点：一是熟制较慢，加热时间较长；二是制品较黏实，熟后重量增加。由于煮制是以水为介质的传热，而水的沸点较低，在正常气压下。沸水温度为100℃，是各种熟制法中温度最低的，传热的能力不足。因而，制品成熟较慢，加热时间较长。另外，制品在水中受热，直接与大量水分子接触，淀粉颗粒在受热的同时，能充分吸水膨胀，因而，煮制的制品较湿润、蛋白质吸水溶胀使吃口劲爽，熟后重量增加。在熟制过程中应严格控制成品出锅时间，避免制品因煮制时间过长而变糊变烂。

（二）煮的要领

1. 开水下锅

煮制时一般事先将水烧沸，然后才能把生坯下锅。因为坯皮中的淀粉、蛋白质在水温60℃以上才吸水膨胀和发生热变性，并在较短的时间内受热成熟，所以，沸水下锅才不会使点心出现破裂和粘糊。

2. 制品下锅数量要适当

同一锅中煮制制品的数量要适当，数量过多（水量不足）易造成制品沾锅、粘连、糊化、破裂等现象。煮制时应该边下制品边用勺推动，以防制品粘连在一起，受热不均等现象的产生。

3. 掌握煮制时间和火力

在煮制过程中，要根据制品的特点掌握好煮制时间和火力。适时点几次水，使锅中的水“沸而不腾”，这样能防止爆裂开口，而且可使制品内外皆熟，保证制品的质量。

（三）煮制操作方法

煮制时将面点成形生坯，直接投入沸水锅中，利用沸水的热对流作用将热量传给生坯，使生坯成熟。煮的使用范围较广，一般适用于冷水面团制品等，其特点是清润、滑爽、有汤汁、有咬劲。

五、蒸

蒸是指在常压或高压的情况下，利用水蒸气传导使制品成熟的一种熟制方法。

（一）蒸制的原理

制品生坯入笼蒸制，制品表面很快同时受热，制品外部的热量通过导热，向制品内部低温区推进，使制品内部逐层受热成熟。蒸制时，传热空间热传递的方式主要是通过对流，而制品内部的热量传递主要是通过热传导。

制品在蒸制成熟过程中，制品生坯受热后蛋白质与淀粉发生变化。淀粉受热后膨胀糊化（50℃开始膨胀，65℃开始糊化，67.5℃全部糊化），糊化过程中，淀粉吸收水分变为黏稠胶体，出笼后，温度下降，冷凝成凝胶体，使成品表面光滑。另外，面粉中所含蛋白质在受热后开始热变性凝固（一般在45~55℃时热凝变性），并排出其中的“结合水”，随着温度的升高，变性速度加快，直至蛋白质全部变性凝固，此时，制品的分子内部结构基本稳定，制品外型基本定型。在蒸制生物膨松面坯制品或其他膨松面坯时，受热后会产生大量气体，或者本身内部所含的气体受热膨胀，气体在面筋网络的包裹下，不能逃逸，从而形成大量的气泡，带动制品的体积增大，制品内部呈现出多孔、疏松、富有弹性的海绵膨松结构。

蒸制品的成熟程度和成熟速度，是由蒸气温度和气压决定的，而蒸气的温度和压力与加热火力及蒸笼（蒸柜）的密封程度相关，压力越大，蒸汽量越足，制品成熟的速度越快。蒸是温度高、湿度大的熟制方法，一般来说，蒸气的温度大都在100℃以上，即高于煮的温度，而低于炸、烤的温度。蒸锅的湿度，特别是盖严笼盖后，可达到饱和状态. 即高于炸、烤的湿度，而低于煮的湿度，所以，根据这些特点，在对待不同的蒸制品时，要选择合适的蒸制方法。

（二）蒸的要领

1. 蒸锅内加水量以六七成满为适宜

蒸汽是由蒸锅中的水产生的，所以水量的多少，直接影响蒸汽的大小。水量多，则蒸汽足；水量少，则蒸汽弱。因此，蒸锅中水量要充足。但是也要注意，水量过大时，水沸腾向上翻滚，容易浸湿制品，直接影响制品质量；过少时，蒸汽产生不足，则会使生坯死板不膨松，影响成熟效果。

2. 掌握制品的醒发要求

凡是膨松类制品在成形以后必须静置一段时间进行醒发，使制品生坯继续膨胀，以达到蒸后松软的目的。但要掌握好醒发的温度、湿度和时间、以免影响质量。醒发时一般温度控制在30℃左右，时间在10~30分钟（要根据不同品种，适当掌握）。

3. 生物膨松类制品要掌握好蒸制前的醒发时间和生坯摆放距离

生物膨松面团制品成形后，一般要在适宜的环境中放置一段时间，使坯内的酵母菌生长繁殖，产生二氧化碳气体，使生坯在成熟前含有足够的气体，成熟后制品继续膨松，从而达到膨松类制品产品质量要求。将醒发好的制品生坯按一定间隔距离，整齐地摆入蒸屉，其间距应使生坯在蒸制过程中有膨胀的余地。间距过密，会使制品相互粘连，影响制品形态。

4. 必须水开汽足，盖严笼盖（或关严蒸柜门）

无论蒸制什么制品，都要求火旺汽足以后再上笼（或上柜）。在蒸制过程中要始终保持旺火，锅中水量要足，笼盖要盖严（蒸柜门关严），否则会出现制品不易胀发膨松，或产生粘牙、瘫瘪、塌陷、僵皮等现象。

5. 灵活掌握蒸制时间

根据点心品种、质量要求等的不同掌握好蒸制时间。

（三）蒸制操作方法

在蒸锅或蒸柜产生饱和蒸汽时，将上笼的制品，放入蒸制成熟即可。经过蒸制的点心吃口松软、馅嫩卤多、味道纯正，并能够保持制品的营养成分不被破坏，是一种使用较为广泛的熟制方法。蒸制的点心很多，最典型的品种有各种布丁等。

思考题

1. 烘焙计算公式有哪些？各有什么应用？
2. 西点制作中手工成形的方法有哪些？各有什么应用？
3. 西点制作中机械成形的方法有哪些？各有什么应用？
4. 西点的熟制方法有哪些？各有什么应用？
5. 简述西点制作中烘烤的原理、要领和方法。
6. 简述西点制作中煎的原理、要领和方法。
7. 简述西点制作中炸的原理、要领和方法。
8. 简述西点制作中煮的原理、要领和方法。
9. 简述西点制作中蒸的原理、要领和方法。

Piece 2

第二篇

西点制作工艺

CHAPTER 5

第五章 面包制作工艺

第一节 面包的概念、分类及特点

一、面包的概念

面包是一种经过发酵的烘焙点心。它是以小麦粉、酵母、盐和水为基本原料，添加适量糖、油脂、乳品、鸡蛋、果料、食品添加剂等，经过搅拌、发酵、成形、醒发、烘焙而制成的组织松软的方便食品。

二、面包的分类

面包的品种繁多，目前世界上市场销售的面包种类至少有300多种。面包通常有如下分类方法：

（一）按照面包的柔软度分类

主要分为两大类：一为软式面包，以日本、美国、东南亚地区为代表；一为硬式面包，以德、英、法、意等欧洲各国，及亚洲的新加坡、越南等国为代表。

（1）软式面包　这种面包讲求式样漂亮，组织细腻，以糖、油或蛋为主要配方，以便达到香酥松软的效果。软式面包以日本制作的最为典型，面包的刀工、造型与颜色，均十分讲究，尤以内馅香甜，外皮酥软滑口而吸引人；至于美国面包，则是重奶油与高糖。软式面包多采用平盘烤箱烘烤。

（2）硬式面包（欧式面包）　欧洲人把面包当主食，偏爱充满咬劲的“硬面包”。硬式面包的配方简单，注重烘焙过程控制，表皮松脆芳香，内部柔软又具韧性，一股浓郁的麦香，愈嚼愈有味道。硬式面包最普遍有德国面包、法国面包、英式茅屋面包、意大利面包等多种。欧式面包则采用旋转烤箱，因此于烘焙初段时可喷蒸汽，除可使面包内部保水率增加外，还能防止面包表面干硬。

（二）按照各国面包配方特点分类

（1）美式面包　美式面包主要富含砂糖、油脂和鸡蛋等辅助原料，具有高糖、高热量、高蛋白，质地柔软等特点。

（2）欧式面包　欧式面包大量采用谷物、果仁和籽作为面团材料。谷物含有丰富的纤维素和矿物质，有助提高新陈代谢，而果仁和籽则有丰富的不饱和脂肪，有益身体健康。欧式类面包源自于欧洲古老的世纪，是欧洲人的主食，一般更注重天然、低糖、营养、健康。欧式面包的吃法很多，既可用以开胃，也可当作甜点。对多数人来说，面包是一日三餐的主食。三明治、吐司、面包屑都来源于面包，有时做汤也用到它，如法国洋葱汤、大蒜汤等。还可用面包制成水果奶油布丁、面包布丁及法国吐司。非新鲜出炉的面包可制成面包干、面包屑，还可制成馅料和面包汤。

（3）日本面包　日本面包的品种和花色虽然较多，但配料基本在一定的范围内变化。需要指出的是主食面包和学生营养餐面包的糖、油脂和鸡蛋等的添加量都受到严格的控制。如果主食面包的含糖量超过10%，就归入花色面包类。例如：豆沙面包是主要的日本传统花色面包，豆沙与小麦粉的比例在（5∶5）~（4∶6）。普通花色面包与高级花色面包的主要区别在于糖、鸡蛋、盐和酵母的添加量不同。高级面包添加的糖、酵母和鸡蛋较多，但盐含量较低。

（三）按照烘焙方法分类

（1）装模烘焙的面包；

（2）在烤盘上烘焙的面包；

（3）直接在烤炉上烘烤的面包。

（四）按照消费习惯分类

（1）主食面包　主食面包，顾名思义，即当作主食来消费的，配方中辅料较少，进餐时食用的面包。

（2）点心面包　点心面包主要指配方中油脂、砂糖、鸡蛋、乳品含量较高，代替点心食用的面包。

（五）按照面包风味分类

（1）主食面包　主食面包的配方特征是油和糖的比例较其他的产品低一些。根据国际上主食面包的惯例，以面粉量作基数计算，糖用量一般不超过10%，油脂低于6%。其主要根据是主食面包通常是与其他副食品一起食用，所以本身不必要添加过多的辅料。主食面包主要包括平顶或弧顶枕形面包、大圆形面包、法式面包。

（2）花色面包　花色面包的品种甚多，包括夹馅面包、表面喷涂面包、油炸面包圈及因形状而异的品种等几个大类。它的配方优于主食面包，其辅料配比属于中等水平。以面粉量作基数计算，糖用量12%~15%，油脂用量7%~10%，还有鸡蛋、牛奶等其他辅料。与主食面包相比，其结构更为松软，体积大，风味优良，除面包本身的滋味外，尚有其他原料的风味。

（3）调理面包　属于二次加工的面包，烤熟后的面包再一次加工制成，主要品种有：三明治、汉堡包、热狗等三种。实际上这是从主食面包派生出来的产品。

（4）酥油面包　这是近年来开发的一种新产品，由于配方中使用较多的油脂，又在面团中包入大量的固体脂肪，所以属于面包中档次较高的产品。该产品既保持面包特色，又近于馅饼（Pie）及千层酥（Puff）等西点类食品。有明显层次及膨胀感，入口酥脆，含油量高。其特性为产品面团中裹入很多有规则层次油脂，加热汽化形成一层层又松又软的酥皮，外观呈金黄色，内部组织为一层层松酥层次。产品问世以后，由于酥软爽口，风味奇特，更加上香气浓郁，备受消费者的欢迎，近年来获得较大幅度的增长。

三、面包的特点

面包在世界人民的生活中，占有重要地位，它既可以当主食，也可以做点心，广泛受到人们的欢迎。面包具有如下几个特点：

（一）具有一定的营养价值

面包是一种营养丰富、松软可口、易于消化，又便于携带的食品。

面包是以小麦面粉为主要原料，以白糖、鸡蛋、饴糖、乳品、油脂为辅料，经液体酵母二次发酵、再经成形、醒发、烘烤而制成。一般面包所用的主料和辅料均有很高的营养价值。加上面包中含有大量酵母，当面包烘烤完成后，酵母体也就成为面包中的营养素中含有大量易被消化的蛋白质和丰富的B族维生素。每克酵母中含有维生素B_1 80~150微克，维生素B_2 50~65微克。

表5-1所示为部分面包品种含有的营养素。

表5-1　部分面包的营养素含量表

食物（100克）	能量（千卡）	蛋白质（克）	糖类（克）	脂肪（克）	水分（克）	纤维（克）	灰分（克）
面包	312	8.3	58.1	5.1	27.4	0.5	0.6
面包（多维）	318	8.8	51.9	8.4	30.9	0	0
面包（法式牛角）	375	8.4	53.1	14.3	21.3	1.5	1.4
面包（法式配餐）	282	10	57.7	1.2	28.3	1	1.8
面包（果料）	278	8.5	56.2	2.1	31.2	0.8	1.2
面包（黄油）	329	7.9	54.7	8.7	27.3	0.9	0.5
面包（麦胚）	246	8.5	50.8	1	38	0.1	1.6
面包（麦维）	270	8.3	48.5	4.7	37.7	0.1	0.7
面包（维生素）	279	8.8	48.3	5.6	36.1	0.3	0.9
面包（咸）	274	9.2	50.5	3.9	34.1	0.5	1.8
面包（椰圈）	320	9.5	59.6	4.8	25.1	0.3	0.7

（二）易于消化吸收

面包的消化吸收率也较高，其中糖的消化吸收率为97%，脂肪为93%，蛋白质为85%。面包的消化吸收率高，主要有以下几方面的原因：第一，面包的结构疏松，内部有大量的蜂窝，显著地增加它的面积，扩大了消化器官中各种酶与面包的接触面，从而促进消化吸收过程。第二，面包经两次发酵过程后，淀粉等物质在酶作用下，分解成结构更简单，更易于消化的物质。第三，面包色、香、味俱全，可以引起人们的食欲，令口腔中大量分泌唾液，提高对面包的消化和吸收率。

（三）便于储存

面包是经过烘焙的食品，其含水量仅为35%~42%，加上经过高温烘烤，杀菌比较彻底，因此容易保管储存，具有较长的货架期。

（四）食用方便

面包的食用方法有多种多样，可以用作主食和点心，还可以与其他菜肴、小吃、饮品等搭配食用；冷食和热食均可。

第二节 面包制作的膨松原理

一、发酵原理

面包面团的发酵原理，主要是由构成面包的基本原料（面粉、水、酵母、盐）的特性决定的。

面粉是由蛋白质、碳水化合物、灰分等成分组成的，在面包发酵过程中，起主要作用的是蛋白质和碳水化合物。面粉中的蛋白质主要由麦胶蛋白、麦谷蛋白、麦清蛋白和麦球蛋白等组成，其中麦谷蛋白、麦胶蛋白能吸水膨胀形成面筋质。这种面筋质能随面团发酵过程中二氧化碳气体的膨胀而膨胀，并能阻止二氧化碳气体的溢出，提高面团的保气能力，它是面包制品形成膨胀、松软特点的重要条件。面粉中的碳水化合物大部分是以淀粉的形式存在的。淀粉中所含的淀粉酶在适宜的条件下，能将淀粉转化为麦芽糖，进而继续转化为葡萄糖供给酵母发酵所需要的能量。面团中淀粉的转化作用，对酵母的生长具有重要作用。

酵母是一种生物膨胀剂，当面团加入酵母后，酵母即可吸收面团中的养分生长繁殖，并产生二氧化碳气体，使面团形成膨大、松软、蜂窝状的组织结构。酵母对面包的发酵起着决定的作用，但要注意使用量。如果用量过多，面团中产气量增多，面团内的气孔壁迅速变薄，短时间内面团持气性很好，但时间延长后，面团很快成熟过度，持气性变劣。因此，酵母的用量要根据面筋品质和制品需要而定。一般情况，鲜酵母的用量为面粉用量的3%~4%，干酵母的用量为面粉用量的1.5%~2%。

水是面包生产的重要原料，其主要作用有：水可以使面粉中的蛋白质充分吸水，形成面筋网络；水可以使面粉中的淀粉受热吸水而糊化；水可以促进淀粉酶对淀粉进行分解，帮助酵母生长繁殖。

盐可以增加面团中面筋质的密度，增强弹性，提高面筋的筋力，如果面团中缺少盐，醒发后面团会有下塌现象。盐可以调节发酵速度，没有盐的面团虽然发酵的速度快，但发酵极不稳定，容易发酵过度，发酵的时间难于掌握。盐量多则会影响酵母的活力，使发酵速度减慢。盐的用量一般是面粉用量的1%~2.2%。

综上所述，面包面团的四大要素是密切相关，缺一不可的，它们的相互作用才是面团发酵原理之所在。其他的辅料（如糖、油、奶、蛋、改良剂等）也是相辅相成的，它们不仅能改善风味特点，丰富营养价值，对发酵也有着一定的辅助作用。糖是供给酵母能量的来源，糖的含量在5%以内时能促进发酵，超过6%会使发酵受到抑制，发酵的速度变得缓慢；油能对发酵的面团起到润滑作用，使面包制品的体积膨大而疏松；蛋、奶能改善发酵面团的组织结构，增加面筋强度，提高面筋的持气性和发酵的耐力，使面团更有张力，同时供给酵母养分，提高酵母的活力。

二、影响面团发酵的因素

面团发酵，一是要保持旺盛的产生二氧化碳的能力；二是面团必须保持好气体，不使之逸散，即形成具有良好伸展性、弹性和可以持久地包住气泡的结实的膜。影响面团发酵的主要因素如下：

（一）糖（碳水化合物）

酵母在发酵过程中只能利用单糖。一般情况下，面粉中的单糖很少，不能满足面团发酵的需要。酵母发酵所需的单糖主要来自两方面：一是面粉中淀粉经一系列水解成单糖，二是配料中加入的蔗糖经酶水解成单糖。

在发酵过程中，淀粉在淀粉酶的作用下水解成麦芽糖。酵母本身可分泌麦芽糖酶和蔗糖酶，将麦芽糖和蔗糖水解成相应的单糖。在整个面团发酵过程中，酵母利用这些糖类及其他营养物质进行有氧呼吸和无氧发酵，促使面团发酵成熟。

面粉中不含乳糖，只有加入乳及乳制品时才含有乳糖。酵母不能分解乳糖，故发酵过程中，乳糖保持不变，但它对面包的着色起着良好的作用。只有在面团中含有乳酸菌引起乳酸发酵时，乳糖含量才减少。在面团发酵中，各种糖被利用的次序是不同的。当葡萄糖与果糖共存时，酵母首先利用葡萄糖，只有葡萄糖被大量消耗后，果糖才被利用。当葡萄糖、果糖、蔗糖三者共存时，葡萄糖先被利用，然后利用蔗糖转化生成的葡萄糖，其结果是蔗糖比最初存在于面团中的果糖先被利用。这样，随着发酵的进行，葡萄糖、蔗糖量降低，而果糖的浓度则有所增加。但当浓度达到一定时，受酵母强烈发酵作用的影响，果糖的含量也会减少。

麦芽糖与上述三种糖共存时，大约需1小时后才能被利用发酵。因此可以说麦芽糖是发酵后期才起作用的糖。

（二）温度

温度是酵母生命活动的重要因素。面包酵母的最适宜温度为25~28℃。如果发酵温度低于25℃，会影响发酵速度而延长生产周期；如果提高温度，虽然缩短了发酵时间，但温度过高会给杂菌生长创造有利条件，进而影响产品质量。例如，醋酸菌最适宜温度是35℃，乳酸菌最适宜温度是37℃，这两种菌生长繁殖会提高面包酸度，降低制品质量。另考虑到面团发酵过程中，酵母菌代谢活动也会产生一定的热量而提高面团温度，故发酵温度应控制在25~28℃为宜，最高不超过35℃。

（三）酵母的质量和数量

在面团发酵过程中，酵母发酵力对面团发酵有着很大的影响，它也是酵母质量的重要指标。在酵母用量相同的情况下，用发酵力高的酵母发酵速度快，否则发酵速度慢。所以，一般要求鲜酵母发酵力在650毫升以上，活性干酵母的发酵力在600毫升以上。

在酵母发酵力相同的情况下，适当增加酵母的用量可以加快发酵速度，并且酵母用量与面粉质量有一定关系。用标准粉制造面包时，酵母用量为0.8%~1%；用精粉生产面包时，酵母用量为1%~2%。需注意的是酵母用量并非越多越好，若酵母量太高，则酵母的繁殖率反而下降。只有在发酵面团中酵母数量恰当时，其繁殖率才最高。

（四）酸度

在酵母发酵的同时，也发生着其他发酵反应，如乳酸发酵、醋酸发酵、丁酸发酵、酪酸发酵等。

乳酸发酵是面团中经常发生的过程，面团在发酵中受乳酸菌污染，在适宜条件下乳酸菌便生长繁殖，分解单糖而产生乳酸。面包中约60%的酸度来自于乳酸，其次是醋酸。乳酸虽然增加了面团酸度，但可以与乙醇发酵中产生的乙醇发生酯化反应，改善面包风味。

醋酸发酵是由醋酸菌将酵母发酵过程中产生的乙醇氧化成醋酸过程，醋酸会给面包带来刺激性酸味，在面包生产中就尽量避免这类发酵作用。

丁酸发酵是丁酸菌将淀粉或单糖分解成丁酸和二氧化碳，丁酸菌含有很多酶，并具有很强的淀粉酶活力，可直接利用淀粉质原料发酵。

酪酸发酵的条件是乳酸的积蓄，正常条件下酪酸发酵极微，当发酵温度较高、时间较长时，会发生酪酸发酵，带来异臭味。

面团在发酵过程中酸度增高是由这些杂菌繁殖引起的，它们主要混杂于鲜酵母中，故保持酵母的纯度非常重要；面团中加入酵母数量的多少，也是影响到面团酸度的重要因素，面团酸度也会随着酵母用量的增加而升高。同时，作为酵母营养液而加入的氯化铵分解后，氨被酵母所利用，而残存的盐酸也具有提高面团的酸度的作用。另外，这些产酸菌主要是嗜温性菌，所以要严格控制面团的发酵温度，以防止产酸菌的生长和繁殖。

综上所述，在面团pH为5.5时，对气体保持能力最合适，体积最大，这是因为在等电点时蛋白质充分显露出两性性质，蛋白质分子易于互相结合，形成面筋网络。但随着发酵的进行，pH降到5.0以下时，偏离等电点（5.5），气体保持能力会急速恶化，面团体积就越小。所以，在面团发酵管理上，一定控制面团pH在4~6。

（五）加水量

酵母的芽孢增长率因面团中水分多少而异。在一定范围内，面团内含水量越多，酵母芽孢增殖越快，反之越慢。

正常情况下，加水量多的面团面筋水化和结合作用越容易进行，容易被二氧化碳气体所膨胀，加快面团的发酵速度，因此气体保持力也好，但要是超过了一定限度，加水过多，面团的膜的强度会变得软弱，气体保持力也会下降。同时，较软的面团（加水多的面团），易受酶的分解作用，所以气体保持力很难长久。加水量少的面团对气体的抵抗力较强，从而抑制了面团的发酵速度。所以面团适当调得软些，对发酵是有利的。

面团中加水量要根据面粉的吸水能力和面粉中蛋白质含量多少而定。不同种类面粉的蛋白质含量及其吸水率（表5–2）：

表5-2　不同面粉蛋白质含量及其吸水率表

面粉种类	蛋白质含量%	吸水率/%
软质小麦粉	11.00	47.8
硬质小麦粉	18.15	51.8

从表5-2可知，面粉中蛋白质含量高则吸水率高，反之，则吸水率低。所以在调粉时，一般要根据测得的面粉面筋含量来决定水量。

（六）面粉

来自面粉的影响主要是面粉中面筋和酶及其新陈程度的影响。

1. 面筋

面团发酵过程中产生大量二氧化碳气体，需要用强力面筋形成的网络包住，才能使面团膨胀形成海绵状结构。如果面粉中含弱力面筋时，在面团发酵中产生的大量气体不能被保住而逸，易造成面包坯塌架。所以生产面包时要选择面筋含量高且筋力强的面粉。

2. 酶

酵母在发酵过程中，需要淀粉酶将淀粉不断地分解成单糖供酵母利用。如果使用已变质或者经过高温处理的面粉，淀粉酶的活力受到抑制，会降低淀粉的糖化能力，影响面团正常发酵。此时，可以添加一些淀粉酶作为改良剂，也有用麦芽粉或麦芽糖汁作为面团改良剂来弥补上述不足的，但用量不能过多，否则面团变软、面包发黏。

3. 面粉的新陈程度

面粉不管是太新或是太陈，气体保持能力都会下降。如果属于新粉，那么延长发酵时间或使用氧化剂等方法可以调整，如果太陈，则比较困难。即使蛋白质很多，但等级低的面粉，也就是麸皮多的面粉，气体保持力也小。

4. 调粉

当小麦粉的品质一定，掌握好调粉的程度是得到理想面团的保证。调粉不足和过度，都会引起面团气体保持能力下降。但是当调粉时面团的结合不够理想时，可以通过增加发酵时间，使面团在发酵过程中结合扩展，提高气体保持力。当采用快速发酵法时，调粉就成为面团气体保持力形成的决定因素。

5. 翻面

翻面也称揿粉。即当面团发酵到一定程度时，将发酵槽的面团向下按压，将四周的面拉向中间来的操作过程。这样不仅放跑面团中气体，而且使各部分互相掺和。一般做中种面团时不用翻面，直到第二次调粉时进行。但直接发酵法，当面团发酵到一定程度时需要翻面，否则，面团变得易脆裂，保气性差。翻面的主要作用：① 使面团温度均匀，发酵均匀；② 混入新鲜空气，以降低面团内二氧化碳的浓度，因为当二氧化碳在面团内浓度太大时会抑制发酵；③ 促进面团面筋的结合和扩展，增加面筋对气体的保持力，这是翻面最重要的作用。直接法面团发酵到一定程度，如不翻面，发酵产生的二氧化碳会漏失。但如适时翻面，介入新鲜氧气，不仅会刺激发酵，而且气体保留性会增加，翻面之后面团膨胀增快。因此，翻面的主要目的不在于产生气体，而在于增加气体保留性。

第三节 面包的生产方法

一、面包制作流程

面包的生产制作方法很多，采用哪种方法主要应以工厂的设备、工厂空间、原料的情况甚至以顾客的口味要求等因素来决定，所谓生产方法不同是指发酵工序以前各工序的不同，从整形工序以后都是相同的。目前世界各国普遍使用的基本方法有五种，即一次发酵法或称直接发酵法、二次发酵法或称中种发酵法、快速发酵法、基本中种面团发酵法、连续发酵法（液体发酵法）等，其中以一次发酵法和二次发酵法为最基本的生产法。

1. 一次发酵法面包生产工艺流程

原料选择与处理→面团调制→发酵→分块→搓圆→中间醒发→压片→成形→装盘、装听→最后醒发→烘焙→冷却→切片→包装

一次发酵法或称为直接法。这种方法被使用最普遍，无论是较大规模生产的工厂或家庭式的面包房都可采用一次发酵法制作各种面包，这种方法的优点：

① 只使用一次搅拌，节省人工与机器的操作。

② 发酵时间较二次发酵法短，减少面团的发酵损耗。

③ 使面包具有更佳的发酵香味。

但一次发酵法也有缺点，主要表现在酵母用量大，生产灵活性差，产品质量不如二次法。

2. 二次发酵法面包生产工艺流程

原料选择与处理→种子面团调制→发酵→主面团搅拌→延续发酵→分块→搓圆→中间醒发→压片→成形→装盘、装听→最后醒发→烘焙→冷却→切片→包装

二次发酵法是使用二次搅拌的面包生产方法。第一次搅拌时将配方中60%~80%的面粉，55%~60%的水，以及所有的酵母，改良剂全部倒入搅拌缸中慢速搅匀成表面粗糙而均匀的面团，此面团就称做中种面团（接种面团）。然后把中种面团放入发酵室内发酵至原来面团体积的4~5倍，再把此中种面团放进搅拌缸中，与配方中剩余的面粉、水、糖、盐、奶粉和油脂等一齐搅拌至面筋充分扩展，再经过短时间的延续发酵（一般为20~30分钟）就可做分割和整形处理。“这第二次搅拌而成的面团”称为主面团，材料则称为主面团材料，采用二次发酵法比一次发酵法有如下优点：

① 在接种面团的发酵过程中，面团内的酵母有理想条件来繁殖，所以配方中的酵母的用量较一次发酵法节省20% 。

② 用二次发酵法所做的面包，一般体积较一次发酵法的要大，而且面包内部结构组织均细密柔软，面包的发酵香味好。

③ 一次发酵法的工作时间固定，面包发好后须马上分割整形，不可稍有耽搁，但二次发酵法发酵时间弹性较大，发酵后的面团如因遇其他事故不能立即操作时可以在下一工序补救处理。

但二次发酵法也有缺点，它需要较多的劳力来作二次搅拌和发酵工作，需要较多和较大的发酵设备和场地。

二、关键环节说明（以二次发酵法为例）

（一）原料选择与处理

（1）原材料处理　直接关系到面团调制、发酵，成品质量。

（2）小麦粉的处理　在投料前小麦粉应过筛，除去杂质，使小麦粉形成松散而细小的微粒，还能混入一定量的空气，有利于面团的形成及酵母的生长和繁殖，促进面团发酵成熟。在过筛的装置中要安装磁铁，以利于清除磁性金属杂质。

（3）酵母的处理　压榨酵母、活性干酵母，在搅拌前一般应进行活化；如使用压榨酵母，则加入酵母重量5倍、30℃左右的水；如使用干酵母，则加入酵母重量10倍的水，水温40~44℃，活化时间为10~20分钟。活化期间不断搅拌。

为了增强发酵力，也可在酵母分散液中加5%的砂糖，以加快酵母的活化速度。酵母溶解后应在30分钟内使用，如有特殊情况，溶解后不能及时使用，要放在0℃的冰箱中或冷库中短时间储存；使用高速搅拌机时，酵母不需活化而直接投入搅拌机中。即发活性干酵母不需进行活化，可直接使用。

（二）种子面团调制

将配方中60%~80%的面粉，55%~60%的水，以及所有的酵母，改良剂全部倒入搅拌缸中慢速搅匀成表面粗糙而均匀的面团，此面团就叫做中种面团（接种面团）。

（1）搅拌投料顺序

① 先将水、糖、蛋、面包添加剂置于搅拌机中充分搅拌，使糖全部溶化，面包添加剂均匀地分散在水中，能够与面粉中的蛋白质和淀粉充分作用；

② 将奶粉、即发酵母混入面粉中，然后放入搅拌机中搅拌成面团；

③ 当面团已经形成，面筋还未充分扩展时加入油脂；

④ 最后加盐，一般在面团中的面筋已经扩展，但还未充分扩展或面团搅拌完成前的5~6分钟加入。

（2）搅拌时间的控制　影响面团搅拌的因素很多，如小麦粉的质量，搅拌机的转速，加水率，水质，面团温度和pH，辅助材料，添加剂等。

搅拌时间应根据搅拌机的种类来确定：搅拌机不变速，搅拌时间15~20分钟；变速搅拌机，10~20分钟。防止搅拌不足和搅拌过度。

（3）面团温度的控制　适宜的面团温度是面团良好形成的基础，又是面团发酵时所要求的必要条件。因此应根据加工车间情况和季节的变化来适当调整面团的温度。

影响面团温度的因素：面粉和主要辅料的温度、室温、水温、搅拌时增加的温度等。面包面团的理想温度为26~28℃。

（三）发酵

发酵即中种面团的发酵，当配方中所使用的酵母（新鲜）量为2%左右，在温度26℃，相对湿度为75%的发酵环境中，如果搅拌后的中种面团温度为25℃时，所需的时间为2~3.5小时。观察接种面团是否完成发酵，可由面团的膨胀情况和两手拉扯发酵中面团的筋性来决定。主要特征如下：

① 发好的面团体积为原来搅拌好的面团体积的4~5倍。

② 完成发酵后的面团顶部与缸侧齐平，甚至中央部分稍微下陷，此下陷的现象在烘焙学中称为“面团下陷”，表示面团已发酵好；

③ 用手拉扯面团的筋性进行测试。可用中、食指捏取一部分发酵中的面团向上拉起，如果在轻轻拉起时很容易断裂，表示面团完全软化，发酵已完成；如拉扯时仍有伸展的弹性，则表示面筋未完全成熟，尚需要继续发酵。

④ 面团表面干燥。

⑤ 面团内部会发现很多规则的网状结构，并有浓郁的酒精香味。

影响发酵的因素很多，如配方中酵母用量过多，水分过多，搅拌后中种面团温度过高，发酵室内温度过高，均会影响面团的发酵。这些因素之一或全部，会使面团膨胀及很快下陷，如果只由观察的判断可以认为面团至此已完成发酵。可是如果用手拉扯面团则会发现面筋仍有强韧的伸展性，如果以此来做面包，则不会得到良好的产品，因为面筋尚未完全软化，所以上述因素，对于基本发酵是很重要的，良好的发酵必须使面团达到膨胀的极限（面团下陷）和面团成熟的程度同时完成。

（四）主面团搅拌

再把发酵至原来面团体积的4~5倍的中种面团放进搅拌缸中，与配方中剩余的面粉、水、糖、盐、奶粉和油脂等一齐搅拌至面筋充分扩展。

（五）延续发酵

延续发酵即主面团的发酵。第二次搅拌完成后的主面团不可立即分割整形，因为刚搅拌好的面团面筋受机器的揉动像拉紧的弓弦一样，必须有适当的时间松弛，这是主面团延续发酵的作用。一般主面团延续发酵的时间必须根据接种面团和主面团粉的使用比例来决定，原则上85/15（接种面团85%，主面团面粉15%）需要延续发酵15分钟，75/25的则需要25分钟，60/40的为30分钟。

（六）分块

分块就是按照面包成品的质量要求，把发酵好的大块面团分割成小面团，并进行称量。

（七）搓圆

（1）搓圆的作用

① 使分割的面团有一光滑的表皮，在后面操作过程中不会发黏，烤出的面包表皮光滑好看。

② 新分割的小块面团，切口处有黏结性，搓圆施以压力，使皮部延伸将切口处覆盖或使分割得不整齐的小块面团变成完整的球形。

③ 分割时面筋的网状结构被破坏而紊乱，搓圆可以恢复其网状结构。

④ 排出部分二氧化碳，使各种配料分布均匀，便于酵母的进一步繁殖和发酵。

（2）搓圆方法　搓圆分为手工搓圆或机械搓圆。

（八）中间醒发

（1）中间醒发的作用

① 使搓圆后的紧张面团，经中间醒发后得到松弛缓和，以利于后道工序的压片操作。

② 使酵母产气，调整面筋的延伸方向，让其定向延伸，压片时不破坏面团的组织状态，又增强持气性。

③ 使面团的表面光滑，持气性增强，不易黏附在成形机的辊筒上，易于成形操作。

（2）中间醒发的工艺要求

①温度：以27~29℃最为适宜，温度过高会促进面团迅速老熟，持气性下降；温度过低，面团冷却，醒发迟缓，延长中间醒发时间。

② 相对湿度：适宜的相对湿度为70%~75%。太干燥，面包坯表面易结成硬壳，使烤好的面包内部残存硬面块，组织差；湿度过大，面包坯表面结水使黏度增大，影响下一工序的成形操作。

③ 中间醒发时间：12~18分钟。

④ 中间醒发适宜程序的判别：中间醒发后的面包坯体积相当于中间醒发前体积的0.7~1倍时为合适。

（九）压片

压片是提高面包质量，改善面包纹理结构的重要手段，压片的主要目的是把面团中原来的不均匀大气泡排除掉，使中间醒发时产生的新气体在面团中均匀分布，保证面包成品内部组织均匀，无大气孔。

压片和不压片的面包最主要的区别就在于前者内部组织均匀，而后者则不均匀，气孔多，气孔大。一般采用压片机。技术参数：转速为140~160转/分钟，辊长220~240毫米，压辊间距0.8~1.2厘米。压片时，面团在压辊间辊压，同时用手工拉、抻。每压一次，需折叠一次，如此反复，直至面片光滑、细腻为止。

（十）成形

成形是把压片后的面团薄块做成产品所需要的形状，使面包外观一致，式样整齐。成形分为手工和机械成形两种方式。我国大多数面包厂采用手工或半手工、半机械化成形方法。一般情况下，手工成形多用于花色面包和特殊形状面包的制作。而机械成形多用于主食面包的制作，形状简单，产量大。

（十一）装盘、装听

装盘（听）就是把成形后的面团装入烤盘或烤听内，然后送入醒发室醒发。

（1）烤盘刷油和预冷　在装入面团前，烤盘或烤听必须先刷一层薄薄的油，防止面团与烤盘黏连，不易脱模。刷油前应将烤盘（听）先预热到60~70℃。

（2）烤盘（听）规格及预处理　需特别注意烤听的体积和面团大小相匹配。体积太大，会使面包成品内部组织均匀，颗粒粗糙；体积太小，则影响面包体积膨胀和表面色泽，并且顶部胀裂的太厉害，易变形。

（十二）最后醒发

（1）醒发的目的　面团经过压片、整形后处于紧张状态，醒发可以增强其延伸性，以利于体积充分膨胀；使面包坯膨胀到所要求的体积；改善面包的内部结构，使其疏松多孔。

（2）醒发的影响因素　醒发的温度、时间、湿度以及面粉中面筋的含量和性能等。温度

38~40℃，相对湿度80%~90%，以85%为宜。醒发的时间：60~90分钟。

（3）面团醒发时的注意事项

① 温度可凭室内的温度计控制。湿度主要靠观察面团表面干湿程度来调节。正常的湿度应该是面团表面呈潮湿、不干皮状态。

② 根据烘焙进度及时上下倒盘，使之醒发均匀，配合烘焙，如果已醒发成熟，但不能入炉烘焙时，可将面团移至温度较低的架子底层或移出醒发室，防止醒发过度。

③ 从醒发室取盘烘焙时，必须轻拿轻放，不得振动和冲撞，防止面团跑气塌陷。

④ 特别注意控制湿度，防止滴水。醒发适度的面团表皮很薄，很弱。如果醒发室相对湿度过大，水珠直接滴到面团上，面团表皮会很快破裂，跑气塌陷，而且烘焙时极不易着色。

（十三）烘焙

烘烤是面包加工的关键工序，由于这一工序的热作用，使生面包坯变成结构疏松、易于消化、具有特殊香气的面包。在烘烤过程中，面包发生一系列变化。

（1）面包的烘烤原理　面团醒发入炉后，在烘烤过程中，由热源将热量传递给面包的方式有传导、对流和辐射。这三种传热方式在烘烤中是同时进行的，只是在不同的烤炉中主次不一样。

① 传导：传导是热源通过物体把热量传递给受热物质的传热方式。其作用原理是物料固体内部分子的相对位置不变，较高温度的分子具有较大的动能，通过激烈振动，把热量通过传导方式传给温度较低的分子。即通过烤盘或模具传给面包底部或两侧。在面包内部，表皮受热后的热量也是通过一个质点传给另一个质点的方式进行的。传导是面包加热的主要方式。传导加热的特点是火候小，对面包内部风味物质的破坏少，烘烤出的食品香气足、风味正。至今，在法国巴黎以及哈尔滨的秋林公司食品厂等，仍用木炭加热的砖烤炉烘烤面包。

② 对流：对流是依靠气体或液体的流动，即流体分子相对位移和混合来传递热量的传热方式。在烤炉中，热蒸汽混合物与面包表面的空气发生对流，使面包吸收部分热量。没有吹风装置的烤炉，仅靠自然对流所起的作用是很小的。目前，有不少烤炉内装有吹风装置，强制对流，对烘烤起着重要作用。

③ 辐射：辐射是用电磁波来传递热量的过程。热量不通过任何介质，像光一样直接从热源射出，即热源把热量直接辐射给模具或面包。例如，目前在全国广泛使用的远红外烤炉以及微波炉，即是现代化烤炉辐射加热的重要手段。

（2）面包在烘烤过程中的温度变化　在烘烤过程中，面包内外温度的变化，主要是由于面包内部温度不超过100℃，而表皮温度超过100℃。在烘烤中，面包内的水分不断蒸发，面包皮不断形成与加厚以至面包成熟。烘烤过程中面包温度变化情况如下：

① 面包皮各层的温度都达到并超过100℃，最外层可达180℃以上，与炉温几乎一致。

② 面包皮与面包心分界层的温度，在烘烤将近结束时达到100℃，并且一直保持到烘烤结束。

③ 面包心内任何一层的温度直到烘烤结束均不超过100℃。

（3）面包在烘烤过程中的水分变化　在烘烤过程中，面包中发生的最大变化是水分的大量蒸发，面包中水分不仅以气态方式与炉内蒸汽交换，而且也以液态方式向面包中心转移。当烘烤结束时，使原来水分均匀的面包坯，成为水分不同的面包。

当冷的面包坯送入烤炉后，热蒸汽在面包坯表面很快发生冷凝作用，形成了薄薄的水层。这层水中的一部分将被面包坯所吸收。这个过程大约发生在入炉后的3~5分钟。因此，面包坯入炉后

5分钟之内看不见蒸发的水蒸气。主要原因是在这段时间内面包坯内部温度才只有大约40℃。同时，面包有一个增重过程，但随着水分蒸发，面包重量迅速下降。

面包皮的形成过程如下：在200℃的高温下，面包坯表面剧烈受热，很短时间内，面包坯表面几乎失去了所有的水分，并达到了与炉内温度相适应的水分动态平衡。这样就开始形成了面包皮。

当面包坯表层与炉内达到平衡温、湿度时，就停止了蒸发，因而这层就很快加热到100℃以上，故面包皮的温度都超过100℃。由于面包表皮与瓤心的温差很大，表皮层的水分蒸发很强烈，而里层向外传递的水分小于外层的水分蒸发速度，因而在面包坯表面开始形成了一个蒸发区域（或称蒸发层或干燥层），随着烘烤的进行，这个蒸发层就逐渐向内转移，使蒸发区域慢慢加厚，最后就形成了一层干燥无水的面包皮。蒸发层的温度总是保持在100℃，它外面的温度高于100℃，里边的温度接近100℃。

同时，面包皮的厚度受烘烤温度和时间的影响。由于面包的水分蒸发层是平行面包表面向里推进的，它每向里推进一层，面包皮就加厚一层。故烘烤进行越长，面包皮就越厚。为了保证面包质量，在烘烤过程中，必须遵守烘烤温度和时间的规定。

烘烤时间不同，面包各部位的含水量变化也不同。炉内的湿度越高、温度越低以及面包坯的温度越低，则冷凝时间越长，水的凝聚量越多；反之，冷凝时间越短，凝聚量越少。随后不久，当面包表面的温度超过露点时，冷凝过程便被蒸发过程所取代。

随着面包表面水分的蒸发，形成了一层硬的面包皮。这层硬的皮阻碍着蒸汽的散失，加大了蒸发区域的蒸汽压力；也由于面包瓤内部的温度低于蒸发区域的温度，加大了内外层的蒸汽压差。于是，就迫使蒸汽向面包内部推进，遇到低温就冷凝下来，形成一个冷凝区。随着烘烤时间的延长，冷凝区域逐渐向中心转移。这样，面包外层的水分便逐渐移向中心。

（4）面包在烘烤过程中的体积变化　体积是面包的最重要质量指标。面包坯入炉后，面团醒发时积累的二氧化碳和入炉后酵母最后发酵产生的二氧化碳、水蒸气、酒精等受热膨胀，产生蒸汽压，使面包体积迅速增大，这个过程大致发生在面包坯入炉后的5~7分钟，即入炉初期的面包起发膨胀阶段。因此，面包坯入炉后，应控制上火，即上火不要太大，应适当提高底火温度，促进面包坯的起发膨胀。如果上火大，就会使面包坯过早形成硬壳，限制了面包体积的增大，还会使面包表面断裂，粗糙、皮厚有硬壳，体积小。

将面包坯放入烤炉后，面包的体积便有显著的增大，随着温度提高，面包体积的增大速度减慢，最后停止增大。面包体积的这种变化是由于它产生的物理、微生物和胶体化过程而引起的。

面包在烘烤中的体积变化，可分为两个阶段：第一个是体积增大阶段；第二个是体积不变阶段。在第二阶段中，面包体积的不再增大，显然是受面包皮的形成和面包瓤加厚的限制。

在烘烤中，当面包皮形成以后，开始丧失延伸性，降低了透气性，形成了面包体积增大的阻力。而且蛋白质凝固和淀粉糊化构成的面包瓤的加厚，也限制了里边面包瓤层的增大。

所以，烘烤开始时，如果温度过高，很快停止了面包体积的增大，就会使面包体积小或造成表面的断裂。如果炉温过低而过多地延长了体积变化的时间，将会引起面包外形的凹陷或面包底部的粘连。由于没有遵守操作规程，都会导致面包质量变坏。

面包的重量越大，它们单位体积越小，听型面包比非听型面包的体积增长值要大些。

用喷水湿润的烤炉制出来的面包，由于面包皮形成慢，厚度小，使面包的高度和体积都有所增加。此外，影响面包体积变化的还有烤炉温度，面团的产气能力和面团的稠度等。

（十四）冷却

面包冷却不可少，因为面包刚出炉时表皮干脆而内心柔软，还要让其在常温下自然散热。如果用电风扇直接的吹，会使面包表皮的温度急速下降，面内部的水分不能自然排出，水分就会回流而使底部含水量不稳定，最终会使面包粘牙及保质期变短（底部发霉）。当面包充分冷却后就要及时进行包装。

（十五）切片

一些面包在充分冷却后，还要进行切片操作，例如切片面包等。因为刚刚烤好的面包表皮高温低湿，硬而脆，内部组织过于柔软易变形，不经冷却，切片操作会十分困难。

（十六）包装

一是为了卫生避免在运输、储存和销售过程中受到污染；二是可以防止面包的水分过分损失，防止面包老化，使面包保鲜期延长；三是美观漂亮的包装也能增加消费者的食欲。

第四节 面包制作案例

一、主食面包（Staple bread）

1. 法国面包（法棍）（图5-1）

法国面包（baguette），因外形像一条长长的棍子，所以俗称法棍，是世界上独一无二的法国特产的硬式面包。其被作为主食面包的特点就是低糖量、低脂肪，而且表皮香脆，内里松软，弹性佳，咬劲十足，渐渐被人们接受和喜爱。

原料配方：高筋粉800克，低筋粉200克，酵母12克，盐20克，改良剂10克，水640克。

制作工具或设备：和面机，笔式测温计，西餐刀，醒发箱，擀面杖，烤盘，烤箱。

制作过程：

① 搅拌：将所有材料放入搅拌，搅拌好的面团温度在26℃左右，法式面团要控制搅拌时间，面筋不必完全扩展。

② 醒发：面团基本发酵30分钟，温度设定28℃，相对湿度40%。面团在28~30℃内醒发，如室内温度高，可直接放在外面，为避免表面干燥，上盖塑料袋。由于法国面包面团中不含糖、蛋、油脂等柔性材料，为了使面团更为柔软，整形时容易延展，所以基本醒发时要进行的柔和，在28℃环境内醒发60分钟。过度的搅拌会使面团过度伸展，以致使烤制好的面包味道过于清淡。延长醒发以求保持面团的最低膨胀度，最大限度地发挥出材料原有的风味，使法国面包具有独特的麦香味。

③ 分割滚圆：分割每个面团重量为350克，共可分割5个面团。滚圆时面团不要滚太紧，避免成形时面团难以延伸。分割滚圆后面团松弛30分钟，根据面团的收缩伸展状况以及面团筋性的强弱可适度延长松弛时间。

④ 成形：棍状面包的长度一般为55厘米左右，接缝处下放入烤盘。

⑤ 发酵：面团最后醒发60分钟左右。

⑥ 烤焙：发酵好的面团需割刀后再烘烤，所划刀数没有规定，但要从面团的一端到另一端均

匀分布。割刀时刀片45度角，第一刀刀尾的前1/3，是第二刀的刀头，两刀之间的间隔不超过1厘米。进炉喷蒸汽，法国面包急速膨大，表皮由于蒸汽喷入，形成一层薄薄的焦皮，面包烤至成熟时焦皮就会变得很脆，出炉后表面会有龟裂现象，面包进炉如果不是喷入蒸汽，而是采用喷水，会使烤炉内热能减少温度降低，面包的体积膨胀性变差，表面坚硬而非酥脆，也不会有龟裂。

焙烤温度：上火190℃，下火210℃，喷蒸汽6~10秒，25~30分钟。

⑦ 面包出炉，自然冷却即可。

风味特点：**表皮香脆，内里松软，弹性佳，咬劲十足。**

2. 意大利面包（图5-2）

原料配方：色拉油5克，黄油15克，发酵粉5克，高筋粉450克，温水200毫升，砂糖5克，盐5克，茴香0.5克，洋葱粒15克。

制作工具或设备：小碗，和面机，笔式测温计，西餐刀，醒发箱，擀面杖，烤盘，烤箱。

制作过程：

① 把发酵粉、糖、50毫升水倒入小碗中搅拌均匀，发酵5分钟。

② 将剩下的温水中倒入搅拌桶中，加入色拉油、发酵粉水、盐、高筋粉。用搅拌机搅拌均匀，搅到水与面粉融合。

③ 用保鲜膜封好，放置1小时左右。（如果室温低可以延长发酵时间。）

④ 在烤盘内涂上色拉油，把发酵好的面团放到烤盘里，用手把面团压扁，烤盘多大就把面团按成多大。静放10分钟，再按一遍，再次发酵20分钟。

⑤ 在面胚上刷上黄油，撒上用色拉油浸湿的茴香、洋葱粒。

⑥ 放入烤箱中层，175℃，烤制25分钟左右。用手指敲一敲面包顶部，听起来好像内部中空了，就可以把面包拿出烤箱了，冷却10分钟后切块。

风味特点：**具有轻微焦黄的外皮和淡淡的咸味，非常香脆，却又有嚼头。**

3. 荷兰面包

原料配方：温水280毫升，活性干酵母5克，牛奶50克，鸡蛋1个，白糖20克，盐7克，黄油15克，高筋面粉450克，米粉100克，鲜酵母8克，色拉油40克。

制作工具或设备：和面机，笔式测温计，西餐刀，醒发箱，擀面杖，烤盘，烤箱。

制作过程：

① 面包面团制作。将鲜牛奶倒入微波碗中，高火加热1分30秒。取出放凉至室温，放入5克活性干酵母搅匀，静置8分钟。高筋粉加上发酵奶、盐3克、温水200 毫升、白糖5克揉成面团，15分钟加入黄油揉至扩展阶段。

② 脆皮米浆制作。先将15克白糖和鲜酵母溶解于80毫升温水中，再加入米粉拌匀，温度为30℃，发酵30分钟，再加入色拉油40克和盐4克拌匀。

③ 面包面团分割成坯，刷上厚厚一层米浆，再入醒发箱继续醒发10分钟左右，即可放入蒸汽烤箱烘烤。

④ 210℃，烤制30分钟，出炉后自然冷却。

风味特点：**色泽浅黄，表面具有龟裂条纹。**

4. 维也纳面包

原料配方：高筋面粉1000克，糖80克，盐20克，奶粉50克，干酵母13克，改良剂3克，黄油50克，鸡蛋2个，水550克。

制作工具或设备：和面机，笔式测温计，西餐刀，醒发箱，擀面杖，烤盘，烤箱。

制作过程：

① 搅拌过程。将高筋面粉、糖、盐、奶粉、干酵母、改良剂等放入搅拌桶，用搅拌机慢速搅拌1分钟，加入黄油、鸡蛋和水再搅拌2分钟，后改用快速搅拌7分钟至完成。

② 基本发酵。环境26℃，相对湿度75%~80%，基本发酵时间60分钟，分割，滚圆。

③ 中间醒发。时间20分钟，造型按需要而定。

④ 最后醒发。温度32℃，相对湿度85%，最后醒发时间60分钟。

⑤ 烘烤温度：上火210℃，下火210℃（重量100克面团）烘烤时间：30分钟。

风味特点：**少油、少糖、少盐，具有麦子的香味。**

5. 英国白面包

原料配方：高筋面粉1000克，砂糖40克，食盐15克，植物油50克，脱脂奶粉30克，酵母25克，改良剂10克，蜂蜜100克，水550克，酵母营养液10克。

制作工具或设备：和面机，笔式测温计，西餐刀，醒发箱，擀面杖，烤盘，烤箱。

制作过程：

① 将原料放在一起先用慢速搅拌4~5分钟，再用快速搅拌6~7分钟，面团温度在27℃左右。

② 在28℃条件下发酵2小时，面团温度达到28~29℃。

③ 切块、揉圆、成形后在37~38℃条件下醒发40~45分钟。

④ 在200~205℃条件下，烘烤35~40分钟（面包较大，一般350~400克重）。

风味特点：**味甜香，松软可口，易于消化，营养丰富。**

6. 德国黑面包

原料配方：粗磨黑麦粉500克，小麦粉500克，糖5克，温水500克，黄油乳浆或者奶渣浆25克，盐10克。

制作工具或设备：和面机，笔式测温计，西餐刀，醒发箱，擀面杖，烤盘，烤箱。

制作过程：

① 先将两种面粉进行搅拌，和匀，在中央挖一个洞，加入发面，用干净毛巾包住面团，在温暖的地方放置20分钟。

② 加入剩下的温水、酵母、盐，和面20分钟，将面团塑成想要的形状，再放置1小时。

③ 随后将其放入烤箱，记住烤盘底一定要抹上一层油，用中温烘烤约1.5小时。

④ 将火慢慢关小。热腾腾的面包可以就着黄油和蜂蜜一并食用。

风味特点：**松脆外皮、营养丰富。**

7. 日本主食面包

原料配方：高筋面粉1000克，鲜酵母20克，砂糖50克，油脂40克，食盐20克，脱脂奶粉20克，乳化剂3克，酵母营养剂3克，水650克。

制作工具或设备：和面机，笔式测温计，西餐刀，醒发箱，烤盘，烤箱。

制作过程：

① 第一次调粉用70%面粉，60%水和全部酵母及酵母营养液，搅拌5分钟，面团温度24℃左右。调好的面团在26℃左右发酵3.5~4小时。

② 第二次调粉搅拌14分钟，面团温度27℃，在室温下静置20~30分钟。

③ 切块、揉圆后的面团在25~27℃条件下预醒发10~15分钟。

④ 整形后在38℃，相对湿度85%条件下最后醒发30~50分钟。

⑤ 在230℃条件下烘烤15分钟。

风味特点：**膨松酥软，口味香甜。**

8. 墨西哥甜面包

原料配方：黄油50克，砂糖30克，猪油50克，富强粉500克，粟粉20克，精盐5克，香兰素0.05克，水200克，鸡蛋1个。

制作工具或设备：和面机，笔式测温计，西餐刀，醒发箱，烤盘，烤箱。

制作过程：

① 将黄油、砂糖粉放入搅拌桶，搅拌至白色，加入猪油、精盐，再继续搅拌至白色，此时加入余下的全部用料，充分混合均匀形成面团。

② 将面团搓成圆形，醒发后在面包坯面扫上鸡蛋浆，待自然干后，将部分面坯原料，贴在面包坯上，成螺旋形，然后入炉用烘烤，面火175℃，底火185℃。

③ 烘烤30分钟，出炉后自然晾凉。

风味特点：**色泽微红带白色，有明显的砂皮面，油润绵软，酥香美味。**

9. 俄罗斯面包

原料配方：高筋面粉350克，低筋面粉250克，清水100克，三花淡奶40克，啤酒50克，鸡蛋2个，白糖3克，改良剂5克，奶粉20克，酵母6克，黄油40克，精盐3克，葡萄干20克，核桃仁35克，白兰地酒20克。

制作工具或设备：和面机，笔式测温计，西餐刀，醒发箱，烤盘，烤箱。

制作过程：

① 把葡萄干先用白兰地酒浸渍约2小时，把核桃仁用油炸香备用。

② 将清水、三花淡奶、啤酒、鸡蛋、白糖和精盐放入搅拌桶拌匀。

③ 再加入高筋面粉、低筋面粉、奶粉、改良剂和酵母搅拌均匀，加入黄油搅拌均匀取出。

④ 经过压面机，压至光滑，分割面团（分割重量：250克），滚圆，松弛40分钟。

⑤ 把松弛好的面团擀开，放入葡萄干和核桃仁卷成圆桶形放入烤盘醒发，焙烤之前刷蛋液，切口。

⑥ 烘烤温度上火170℃；下火170℃，烘烤30分钟。

风味特点：**色泽金黄，外脆内软。**

10. 比利时皇冠面包

原料配方：高筋面粉1000克，水250克，干酵母12~15克，盐15克，白糖100克，鸡蛋200克，改良剂3~5克，高级无水黄油250克。

制作工具或设备：和面机，笔式测温计，西餐刀，醒发箱，烤盘，烤箱。

制作过程：

① 把配方中的所有原料混合，用搅拌机低速搅拌4分钟，然后用高速搅拌6分钟；再转低速搅拌，此时慢慢加入黄油，一直搅拌至形成一个光滑的面团，搅拌完成时面团的理想温度为28℃。

② 让面团松弛20分钟，然后分割、滚圆。

③ 放在容器里再松弛20分钟。

④ 皇冠环状造型，最后醒发90分钟，醒发温度为35℃，相对湿度为75%~80%。

⑤ 烘烤温度，上火200℃，下火180℃。

⑥ 面包出炉后，自然晾凉。

风味特点：**色泽金黄，形状美观。**

11. 阿拉伯口袋面包

原料配方：高筋面粉1700克，低筋面粉300克，盐15克，牛奶1400克，糖75克，黄油140克，酵母25克。

制作工具或设备：和面机，笔式测温计，西餐刀，醒发箱，擀面杖，烤盘，烤箱。

制作过程：

① 除黄油外其余原料一起，放入搅拌桶，用搅拌机搅拌至筋性完成后再加入软化的黄油后慢速拌匀。

② 基本发酵50分钟后，每个分割成150克左右。

③ 用擀面杖将面团擀制成圆形。

④ 烘烤温度，上火180℃，下火200℃。

⑤ 烘烤完成充填各式馅心。

风味特点：**色泽金黄，形似口袋。**

12. 意大利面包杖

原料配方：高筋面粉250克，乳酪粉15克，糖5克，速发酵母3克，温水（45℃）150克，橄榄油3克，芝麻粒10克，鸡蛋1个。

制作工具或设备：搅拌桶，笔式测温计，西餐刀，醒发箱，擀面杖，烤盘，烤箱。

制作过程：

① 将高筋面粉放在搅拌桶内混合均匀，中间面粉往四周拨开成一凹坑，加入温水、糖、最后撒上酵母粉。

② 用筷子将高筋面粉逐渐拨入与水搅拌，拨到一半时加入一大匙橄榄油，继续搅拌成一面团。

③ 将面团在搅拌桶内搅拌两三分钟，等较不黏之后放在桌面上（可撒少许面粉）摔揉5~10分钟。揉5分钟之后若觉得太过湿黏才加入少许面粉，揉成表面光滑面团即可。在揉制过程中，面团可用双手揉成条状，再转向折卷成团状，揉数下成均匀团状之后，再重复搓揉成长条再卷起，偶尔在桌面摔一摔使表面光滑，这样比较快揉出筋。

④ 取另一搅拌桶，抹少许橄榄油，将面团放入，翻面，让整个面团都沾到薄薄一层油，盖上湿布巾或保鲜膜（戳数个洞），让面团发酵3倍大（28℃，50~60分钟）。

⑤ 预热烤箱至200℃，将面团放桌面上，切成两半，用擀面杖擀制成四方形，撒上芝麻粒，再用轮刀切成长条状。

⑥ 烤盘铺上烘焙纸，将条状面条搓揉成细长条形之后排盘（间隔至少1.5倍距离），面包杖面团不需最后发酵。

⑦ 面条杖表面刷上蛋液，入炉烘烤15分钟左右，若要完全干则再用低温闷至干。

⑧ 面包出炉后晾凉。

风味特点：**色泽金黄，口感酥脆。**

13. 牛奶硬面包

原料配方：高筋面粉300克，低筋面粉30克，糖40克，酵母5克，盐3克，牛奶125毫升，鸡蛋1个，奶粉20克，淡奶油125克。

制作工具或设备：搅拌桶，笔式测温计，西餐刀，醒发箱，擀面杖，烤盘，烤箱。

制作过程：

① 将牛奶加热到沸腾，晾温后化开酵母和砂糖，静置10分钟。

② 将所有的原料和酵母液混合，和成光滑的面团，静置到面团发酵至原来的2倍大。

③ 面团用手揉扁，分割成8份，滚圆，盖保鲜膜静置15分钟。

④ 取一份面团，擀成一个长条的面片，然后三折，折叠后翻过去，再擀成一个细长的条，再翻过来，把长条卷起来。

⑤ 折叠好的面团放入烤盘，每个面团之间要保留很大的空隙，盖上保鲜膜静置到面团发酵到原来的2倍大。

⑥ 烤箱预热至1210℃，面团表面刷上一层蛋液，放入烤箱烘烤20~25分钟。

⑦ 面包出炉，自然晾凉即可。

风味特点：**色泽金黄，口感膨松。**

14. 牛奶鸡蛋面包（图5-3）

原料配方：高筋面粉550克，奶粉35克，鸡蛋两个，盐5克，干酵母10克，温水175克，糖25克，黄油40克，牛奶35克。

制作工具或设备：搅拌桶，笔式测温计，西餐刀，醒发箱，擀面杖，烤盘，烤箱。

制作过程：

① 将糖放入温水化开，再把酵母倒入温水中搅拌后静置5分钟左右。

② 将高筋面粉等原料，放入搅拌桶，加入酵母液，中速和成面团，搅拌至表面光滑。

③ 分割成16份，滚圆，放到抹了黄油的烤盘里。

④ 放入28℃，相对湿度85%环境中，发酵20分钟。

⑤ 在面团表面刷牛奶和蛋液。

⑥ 烤箱预热至175℃，放入面团烘烤20分钟。

⑦ 面包出炉，自然晾凉即可。

风味特点：**色泽金黄，口感松软。**

15. 面包圈（图5-4）

原料配方：高筋面粉250克，低筋面粉50克，酵母7克，蜂蜜10克，奶粉25克，鸡蛋1只，黄油30克，温水140克，豆沙馅150克，芝麻仁15克，椰蓉10克。

制作工具或设备：搅拌桶，笔式测温计，西餐刀，醒发箱，擀面杖，烤盘，烤箱。

制作过程：

① 除黄油外的全部材料拌匀，和成面团，这时把黄油一点点地揉进面里，揉至成团起膜，手工揉面30分钟左右。

② 第一次发酵。揉好的面团装进保鲜袋裹上，放入醒发箱保温保湿，发酵一个小时成原体积2倍多。

③ 将发好的面团分成4份，轻轻地将里面的空气排出，盖温布静置20分钟。

④ 将一份醒好的面团，用擀面杖稍擀压将红豆馅包进面团里，稍压扁后再擀成长舌形，长舌面包坯上划十几条口子，别切断了，将面包坯翻个面，卷成长条圆柱状，圆柱收口处捏紧，弯成圆型头尾相交捏紧。码放在加有烘焙纸的烤盘上，这样一个面包卷就做好了，其他3只按步骤做好后，放进醒发箱里第二次发酵，以湿手指轻按表面不弹起为发酵好了。

⑤ 发酵好的面包坯抹蛋黄液，撒上椰蓉。

⑥ 烤箱预热至180℃，放入面团烤制30分钟左右，时间过半观察其上色后，上扣烤盘继续烤好为止。

⑦ 面包出炉，自然晾凉即可。

风味特点：**色泽金黄，形状美观，馅心味美。**

16. 鲜奶油吐司面包（图5-5）

原料配方：高筋面粉300克，鲜奶油30克，牛奶30克，酵母10克，鸡蛋2个，白糖30克，盐4克，奶粉20克，黄油25克，水150克。

制作工具或设备：面包机，笔式测温计，西餐刀，醒发箱，擀面杖，吐司模，烤盘，烤箱。

制作过程：

① 汤种制作。将20克高筋面粉加上100克清水拌成糊，放火上熬到能搅拌出圈痕，汤种晾凉后，用保鲜膜封口，保持水分（汤种是将面粉与水一起加热，让淀粉糊化，使得吸水量增多，这样做出来的面包组织柔软，具有弹性，保湿性好）。

② 在面包机中放入30克鲜奶油、30克牛奶、10克酵母、鸡蛋2个、汤种，再加入280克高筋面粉、30克白糖、4克盐、20克奶粉、50克水，启动面包机甜面包程序。

③ 15分钟后，面团已经成形，将25克黄油切碎放入，35分钟之后关停，然后再次启动该程序，同样是35分钟。

④ 揉好的面团放入醒发箱容器中发酵。第一次发酵好的面团，用手指头戳一下，小坑不反弹就是发酵成功了。

⑤ 把面团拿出来，轻轻压压，排出空气，用保鲜膜包裹好，放在室温下中发酵15分钟，面团再次膨松。

⑥ 将面团轻轻拍压出气体，分割成两个面团，用擀面杖擀成牛舌饼状。

⑦ 将牛舌饼折叠，翻转使折叠处朝下，擀成长条再次翻转，从一头卷起来成短粗圆筒状，放入吐司模中。

⑧ 将吐司模放入醒发箱中，第二次发酵，面包坯子涨到吐司盒边上，表面刷上牛奶蛋液。

⑨ 烤箱预热至185℃，烤制30分钟。

⑩ 面包出炉晾凉脱模即可。

风味特点：**色泽金黄，形似枕头，膨松软绵。**

17. 白吐司面包（图5-6）

原料配方：高筋面粉500克，酵母6克，水220毫升，糖15克，牛奶50毫升，盐10克，改良剂5克，黄油30克。

制作工具或设备：搅拌桶，笔式测温计，西餐刀，醒发箱，擀面杖，吐司模，烤盘，烤箱。

制作过程：

① 将除了黄油之外的原料，放入搅拌桶中慢速搅拌至均匀，理想面团温度26℃，发酵3小时。

② 在发好酵的面团中加入黄油，最后搅拌至面筋扩展，理想面团温度26℃，进行基本发酵。

③ 将面团分割成小块，揉搓成形，放入吐司模，置入醒发箱最后发酵，刷上蛋液。

④ 放入烤箱，以210℃烘烤25分钟。

⑤ 面包出炉后晾凉即可。

风味特点：**色泽金黄，松软香甜。**

18. 牛奶吐司面包（图5-7）

原料配方：高筋面粉450克，酵母6克，白糖15克，食盐7克，鸡蛋50克，炼乳25克，牛奶270毫升，黄油50克。

制作工具或设备：搅拌桶，和面机，笔式测温计，西餐刀，醒发箱，擀面杖，吐司模，烤盘，烤箱。

制作过程：

① 除黄油外将其他材料放入搅拌桶内，用和面机进行搅拌，低速3分钟，中低速8分钟，加入黄油继续搅拌，低速3分钟，中低速5分钟。面团温度为27℃。

② 调制后的面团在温度28℃，湿度75%的条件下发酵1.5小时。

③ 将面团分割成小块，揉搓成形，放入吐司模，放入醒发箱在温度30℃，湿度80%的条件下发酵45分钟。

④ 刷上蛋液，在200℃下烘烤28~30分钟。

⑤ 面包出炉后晾凉即可。

风味特点：**色泽金黄，刚刚烤好的制品散发出浓郁的奶香，质地柔软。**

19. 红豆吐司面包（图5-8）

原料配方：高筋面粉300克，细砂糖35克，盐4克，全蛋30克，牛奶100克，汤种120克，奶粉15克，快速干酵母5克，无盐黄油25克，蜜红豆120克。

制作工具或设备：搅拌桶，和面机，笔式测温计，西餐刀，醒发箱，擀面杖，吐司模，烤盘，烤箱。

制作过程：

① 汤种制作，参见鲜奶油吐司面包。

② 将除黄油外的原料依顺序放入和面机内搅拌成团有筋性后，加入黄油搅拌至完全阶段。

③ 基本发酵约40分钟，手指沾粉插入不会回弹即可。

④ 分割成两份面团滚圆，中间发酵15分钟。

⑤ 整形为擀卷一次法，擀开后收口朝上铺上蜜红豆，卷起，收口朝下放入烤模，发至九分满。

⑥ 刷上蛋液即可入炉烘烤，以175℃，烤制35分钟。

⑦ 发现上色后就要加盖锡纸，防止色泽变黑。

⑧ 面包出炉后，晾凉即可。

风味特点：**色泽金黄，暄软膨松，蜜豆香甜。**

20. 咸吐司面包

原料配方：

种子面团原料：高筋面粉700克，酵母10克，水450克。

主面团原料：高筋面粉300克，盐20克，水200克，糖50克，黄油80克，奶粉20克，面包改良剂3克。

制作工具或设备：搅拌桶，和面机，笔式测温计，西餐刀，醒发箱，擀面杖，吐司模，烤盘，烤箱。

制作过程：

① 种子面团制作。将高筋面粉、酵母和水放入搅拌桶，用搅拌机搅拌，低速3分钟，中低速8分钟，然后放入醒发箱，以26℃，发酵1~3小时，至原体积2倍大。

② 主面团制作。在种子面团中添加高筋面粉、盐、水、糖、黄油、奶粉和面包改良剂，继续搅拌8分钟，至表面光滑。以28℃，发酵20~30分钟，至原体积2倍大。

③ 将面团分割成小块，揉搓成形，放入吐司模。

④ 最后醒发。温度36℃，相对湿度85%~90%，时间45~60分钟。

⑤ 烘烤温度180~200℃，时间30~40分钟。

⑥ 面包出炉后冷却，包装。

风味特点：**色泽金黄，暄软味咸。**

21. 白面包

原料配方：高筋面粉300克，盐6克，鲜酵母9克，温水174克，黄油50克。

制作工具或设备：搅拌桶，和面机，笔式测温计，西餐刀，醒发箱，擀面杖，吐司模，烤盘，烤箱。

制作过程：

① 把除盐和黄油以外的所有材料搅拌均匀，放入搅拌机打成面团，然后加入盐，最后一点一点放进黄油，面团最后要打到拉起来有薄膜，面团温度26℃。

② 简单滚成圆形或者放在面包模具中。（烤盘或者面包模具都要涂一层油）

③ 发酵。通常是在温度37~38℃，相对湿度75%~85%的醒发箱中发酵45分钟。

④ 烤箱预热到220℃，烤30分钟左右。

⑤ 出炉后要放在晾架上散热。

风味特点：**色泽金黄，暄软味咸。**

22. 奶酪面包

原料配方：

面团配方：高筋面粉250克，砂糖35克，盐2克，鸡蛋50克，酵母4克，温水110克，黄油25克。

奶酪馅配方：奶油奶酪200克，砂糖75克，黄油50克，鸡蛋1只，玉米粉10克。

香酥粒配方：砂糖25克，低筋面粉50克，奶油35克。

制作工具或设备：搅拌桶，和面机，笔式测温计，西餐刀，醒发箱，擀面杖，烤盘，烤箱。

制作过程：

① 面团制作。把除盐和黄油以外的所有材料搅拌均匀，放入搅拌机打成面团，然后加入盐，最后一点一点放进黄油，以能拉出薄膜为止。在温度26℃，相对湿度75％的醒发箱中发酵30分钟。

② 奶酪馅制作。将奶酪、砂糖充分拌匀，加入黄油搅拌均匀，分次加入鸡蛋，拌至硬性发泡，最后加入玉米粉拌匀即成奶酪馅。

③ 香酥粒制作。将砂糖和黄油拌匀后加入低筋面粉，用叉子碾碾搓匀呈颗粒，即成香酥粒。

④ 面团成形、发酵。将面团用擀面杖擀开和烤盘大小一致，放入烤盘整理平整，在面团上扎洞，最后进醒发箱发酵，温度35℃，相对湿度75％。

⑤ 面团上馅、烘焙。将奶酪馅倒在发酵好的面团上，用刮板将奶酪馅抹平整，撒上香酥粒，入烤箱中层，170℃烘烤15~20分钟。

⑥ 出炉后要放在晾架上散热。

风味特点： **色泽金黄，奶酪味香。**

23. 椰丝芝麻面包

原料配方：

种子面团配方：高筋面粉400克，糖50克，水250克。

主面团配方：高筋面粉100克，糖50克，盐6克，奶粉30克，鸡蛋1个，水20克，黄油50克，芝士粉（即奶酪粉）6克。

椰子馅配方：黄油15克，糖35克，鸡蛋15克，椰丝35克。

芝麻馅配方：芝麻75克，糖25克，黄油25克。

制作工具或设备：搅拌桶，和面机，笔式测温计，西餐刀，醒发箱，擀面杖，烤盘，烤箱。

制作过程：

① 种子面团调制。将所有种子面团配方中的原料放入搅拌桶中，用搅拌机搅拌、揉搓至拉开破裂处呈锯齿状的扩张阶段，放入醒发箱发酵至体积两倍大。

② 主面团调制。将除黄油外的主面团材料放入另一搅拌桶中，加入分成小块的中种面团，揉搓均匀，然后加入黄油揉至面团可以拉出薄膜的完成阶段，滚圆继续发酵至两倍大。

③ 将面团分成大小一样的小面团（大小按自己的烤箱大小及喜好定）分别滚圆，松弛约15分钟。

④ 椰子馅调制。将黄油，糖放入搅拌桶中用打蛋器打匀，将鸡蛋分次加入，最后加入椰丝拌匀，即可。

⑤ 芝麻馅调制。将芝麻淘洗干净，炒熟，趁热擀成末，然后加上白糖拌匀，最后拌入黄油即可。

⑥ 将松弛好的小面团压扁，包入适量的芝麻馅，摆入烤盘，注意要留有空隙让面团最后发酵至1.5倍大。

⑦ 将最后发酵好的面包坯，刷上蛋液，并均匀地撒上椰子馅。

⑧ 入烤箱160℃，烤制40分钟。

⑨ 面包出炉后，自然晾凉即可。

风味特点：**色泽金黄，椰丝芝麻味香甜。**

24. 芝麻面包棒

原料配方：高筋面粉400克，低筋面粉50克，黄油50克，细砂糖35克，盐5克，干酵母10克，水250毫升，黑白芝麻各25克。

制作工具或设备：搅拌桶，和面机，笔式测温计，西餐刀，醒发箱，擀面杖，烤盘，烤箱。

制作过程：

① 将除黄油外的原料放入搅拌桶中，揉搓均匀，然后加入黄油揉至面团可以拉出薄膜的完成阶段，滚圆继续发酵至两倍大。

② 发好的面团挤压出空气来盖上保鲜膜静置松弛20~30分钟；然后将面团平均分成2份滚圆，再次盖上保鲜膜静置松弛10分钟。

③ 用擀面杖把面擀成厚度约1厘米的长方形薄片，撒少许高筋面粉，切割成1厘米宽的长条状，排列在烤盘上。抹上蛋清液，撒黑白芝麻，略扭转后盖保鲜膜，静置20分钟最后发酵。

④ 烤箱预热180℃，在烤炉的内壁喷水产生水气，然后把面团放进烤箱，烤制30分钟。

⑤ 面包出炉后，自然晾凉即可。

风味特点：**色泽金黄，微咸酥脆。**

25. 荞麦芝麻面包

原料配方：荞麦面粉100克，高筋面粉150克，黑芝麻粉20克，速溶燕麦片25克，酵母3克，黄油25克，鸡蛋1个，盐3克，糖30克，温水120克。

制作工具或设备：搅拌桶，笔式测温计，西餐刀，醒发箱，擀面杖，烤盘，烤箱。

制作过程：

① 将荞麦、面粉、芝麻粉、一半的麦片，混合在一起，加入盐，鸡蛋混合。

② 酵母放入少许温水（大概60毫升左右）溶解，放入糖溶化，慢慢倒入面粉里面，边倒入边搅拌，看看面粉的浓稠度，如果觉得面粉太硬可以再加温水，最后加入黄油揉搓，揉成光滑的面团，盖上保鲜膜，放入醒发箱发酵到体积2倍大。

③ 面团发酵好取出，用擀面杖压出里面的气泡，分成适合大小的圆堆。

④ 烤盘涂油，将面坯放在烤盘上，再放入醒发箱发酵30分钟，在表面撒上燕麦片。

⑤ 烤箱预热170℃，上下火烤8分钟，改下火150℃烤5分钟，直到烤熟为止。

风味特点：**色泽金黄，口感酥脆，营养搭配合理。**

26. 井字葵花面包

原料配方：高筋面粉400克，低筋面粉50克，黄油50克，细砂糖35克，盐5克，干酵母10克，牛奶250毫升，椰蓉25克，红豆馅100克。

制作工具或设备：搅拌桶，笔式测温计，西餐刀，醒发箱，擀面杖，烤盘，烤箱。

制作过程：

① 将除黄油、椰蓉和红豆馅外的原料放入搅拌桶中，揉搓均匀，然后加入黄油揉至面团可以拉出薄膜的完成阶段，滚圆继续发酵至2倍大，等手指按下去不反弹即可。

② 发好的面团挤压出空气来盖上保鲜膜静置松弛20~30分钟；然后将面团平均分成2份滚圆，再次盖上保鲜膜静置松弛10分钟。

③ 用擀面杖把面擀成厚度约1厘米的长方形薄片，撒少许高筋面粉，包进红豆馅，揉搓成圆面包状。

④ 切"井"字葵花样，刷上蛋液，撒上椰蓉。

⑤ 静置，待其二次发酵，发成2倍大小，烤盘上铺锡纸，放上生面坯，置烤箱上下火180℃，烤制28分钟。

⑥ 面包出炉后，自然晾凉即可。

风味特点：**色泽金黄，形状美观。**

27. 十字花小面包

原料配方：高筋面粉380克，低筋面粉70克，黄油50克，细砂糖35克，盐5克，干酵母10克，牛奶250毫升，黑芝麻25克，红豆馅100克。

制作工具或设备：搅拌桶，笔式测温计，西餐刀，醒发箱，擀面杖，烤盘，烤箱。

制作过程：

① 将除黄油、黑芝麻和红豆馅外的原料放入搅拌桶中，揉搓均匀，然后加入黄油揉至面团可以拉出薄膜的完成阶段，滚圆继续发酵至2倍大，等手指按下去不反弹即可。

② 发好的面团挤压出空气来盖上保鲜膜静置松弛20~30分钟；然后将面团平均分成2份滚圆，再次盖上保鲜膜静置松弛10分钟。

③ 用擀面杖把面擀成厚度约1厘米的长方形薄片，撒少许高筋面粉，包进红豆馅，揉搓成圆面包状。

④ 切十字花样，刷上蛋液，撒上黑芝麻。

⑤ 静置，待其二次发酵，发成2倍大小，烤盘上铺锡纸，放上生面坯，置烤箱上下火200℃，烤制20分钟。

⑥ 面包出炉后，自然晾凉即可。

风味特点：**色泽金黄，形状美观。**

28. 日本口袋面包

原料配方：高筋面粉800克，低筋面粉200克，改良剂3克，酵母10克，清水580克，砂糖25克，食盐20克，黄油20克。

制作工具或设备：搅拌桶，笔式测温计，西餐刀，醒发箱，擀面杖，烤盘，烤箱。

制作过程：

① 将高筋面粉、酵母、砂糖、食盐放置于搅拌桶中搅拌均匀待用。

② 倒入水至桶中搅拌，先用慢速2分钟、中速12分钟，黄油加入的再慢速2分钟、中速4分钟，搅拌至面团之面筋完全扩展为止，搅拌后面团温度为24~25℃。

③ 每个面团分割为60~70克，将面团滚圆，松弛15分钟。

④ 面团用擀面杖压延，厚度为2.2~2.5 毫米。

⑤ 最后发酵温度28℃、相对湿度80%~85%，时间40分钟。

⑥ 烤焙温度上火200~220℃，下火190℃。

⑦ 面包出炉后，自然晾凉即可。

风味特点：**色泽金黄，形似口袋。**

29. 不带盖红豆吐司

原料配方：高筋面粉380克，温开水250克，盐4克，糖25克，脱脂奶粉10克，黄油30克，酵母2克，鸡蛋1只，蜜红豆150克。

制作工具或设备：搅拌桶，笔式测温计，西餐刀，醒发箱，擀面杖，吐司模，烤盘，烤箱。

制作过程：

① 除黄油、红豆外其余原料一起，放入搅拌桶，用搅拌机搅拌至筋性完成后再加入软化的黄油后慢速拌匀。

② 面团搅拌完成后，加入红豆，以慢速搅拌均匀（不可将红豆粒打碎）。

③ 分割面团，每个150克共6个，滚圆放置，“中间发酵”15分钟。

④ 整形方式，擀卷两次。

⑤ 将每个面团放入模具中排列整齐，进行“最后发酵”（55~60分钟），发酵至面团与模具同高。

⑥ 表面刷蛋水、放入烤箱烘烤。

⑦ 炉温上火180℃，下火200℃，放进炉里，上火关掉，烤至表面着色。

⑧ 出炉后，趁热脱模，防止面包收缩，表面均匀刷油。

风味特点：**色泽金黄，质地松软，蜜红豆香甜。**

30. 带盖全麦吐司面包（图5-9）

原料配方：高筋面粉220克，全麦面粉150克，温开水240克，盐3克，糖20克，脱脂奶粉12克，奶油30克，酵母2克。

制作工具或设备：搅拌桶，笔式测温计，西餐刀，醒发箱，擀面杖，吐司模，烤盘，烤箱。

制作过程：

① 除黄油外的其余原料一起放入搅拌桶中，用搅拌机搅拌至筋性完成后再加入软化的黄油后慢速拌匀。

② 基本发酵，用手指压入面团，不弹回即表示完成。

③ 分割重量，200克共15个，滚圆放置“中间发酵”15分钟。

④ 整形方式，面团擀开，卷成长条形状，放置松弛约10分钟（擀一次）。

⑤ 第二次擀开后，再卷成短圆筒状。

⑥ 取5个面团，接口朝下，平均排列于烤模中，进行“最后发酵”（55~60分钟）。

⑦ 面团发酵至模具九分满，盖上盖子，放入烤箱烘烤。

⑧ 炉温210℃，面包烤焙约30分钟后熄火，焖10分钟，共烤40分钟。

⑨ 出炉后趁热立即脱模，倒在架上冷却。

风味特点：**色泽金黄，质地松软。**

31．五瓣面包（图5-10）

原料配方：高筋面粉400克，红薯泥180克，糖40克，盐4克，酵母5克，牛奶150克，黄油40克。

制作工具或设备：搅拌桶，笔式测温计，西餐刀，醒发箱，擀面杖，烤盘，烤箱。

制作过程：

① 除黄油外的其余原料一起放入搅拌桶中，用搅拌机搅拌至筋性完成后再加入软化的黄油后慢速拌匀。

② 面团搅拌好后，放置基本发酵（面团基本发酵时间60分钟，是装饰用面团，因较好成形搓长。若要食用时，基本发酵时间90分钟，口感会较佳。），完成后分割100克×20个，用手搓滚圆球形，排至烤盘内，用塑料袋或保鲜膜盖上，放置“中间发酵”15~20分钟。

③ 取滚圆面团，用手搓成长条状后，用擀面棍擀开成长椭圆形扁平状。擀成扁平椭圆状，稍松弛后，用手边挤紧边卷成长条状，再用手前后搓动至长度为40~43厘米防止稍微松弛备用。

④ 整形取5条，面带先行排成扇子形状，接头处依序用力黏压在一起，不可松脱。

⑤ 编辫口诀1：2上3，将第2条压过第3条。

⑥ 编辫口诀2：5上2，将第5条压过第2条。

⑦ 编辫口诀3：1上3，将第1条压过第3条。

⑧ 依口诀1，2，3，重复动作完成五瓣面包。注意面团上下的接头要紧密，但编结成瓣时不可太紧，否则发酵后易爆裂开来。

⑨ 编完后，选定最佳辫纹当做表面，切忌编辫时要紧密不要有空洞产生，表面先刷一次蛋液，待干。

⑩ 烤盘刷油，面包入烤炉前再刷一次蛋液，烤出的成品会较光亮。

⑪ 面包入烤箱以210℃，烤制20分钟。

⑫ 出炉后趁热立即脱模，倒在架上冷却。

风味特点：**色泽金黄，形似辫子。**

32．沙菠萝面包（图5-11）

原料配方：

面团配方：高筋面粉 400克，低筋面粉 100克，细砂糖100克，盐7.5克，酵母20克，奶粉20克，鸡蛋40克，水270克，黄油35克，豆沙馅150克。

香酥粒配方：砂糖25克，低筋面粉50克，黄油35克。

制作工具或设备：搅拌桶，笔式测温计，西餐刀，醒发箱，擀面杖，烤盘，烤箱。

制作过程：

① 香酥粒制作。将砂糖和黄油拌匀后加入低筋面粉，用叉子碾碾搓匀呈颗粒，即成香酥粒。

② 除黄油和豆沙馅外的其余原料一起放入搅拌桶中，用搅拌机搅拌至筋性完成后再加入软化的黄油后慢速拌匀。

③ 面团搅拌好放置基本发酵完成后，分割60克×15个，用手搓滚圆，取塑料袋或保鲜膜盖好，中间发酵15~20分钟完成。

④ 取出搓圆面团，左手轻柔压扁，将豆沙馅心放上去用右手将面皮口包紧。

⑤ 包好馅心搓圆，表面刷蛋水，稍等一下使蛋液与面皮产生黏性，再将香酥粒蘸于表面，排

列于烤盘上，放进最后发酵箱至2.5~3倍大后，取出放入烤焙。

⑥ 以185℃，烤制25分钟，完成出炉后，在架上轻敲使剩余气体排出即可。

风味特点：**色泽金黄，表面酥脆。**

33. 菠萝甜面包

原料配方：

种子面团配方：高筋面粉300克，白砂糖40克，酵母10~15克，水175克。

主面团配方：高筋面粉600克，白砂糖100克，黄油60克，鲜奶50克，水280克，改良剂3克，盐3克。

菠萝皮料配方：面粉100克，白砂糖50克，黄油30克，鸡蛋30克，碳酸氢钠2克，碳酸氢氨0.5克，黄色素0.005克，菠萝香精0.005克，刷面蛋20克，植物油10克。

制作工具或设备：搅拌桶，笔式测温计，西餐刀，醒发箱，擀面杖，烤盘，烤箱。

制作过程：

① 制菠萝皮调制。按配方将面粉置于操作台上，围成圈，投入糖、蛋、疏松剂搅拌溶化，再投入已溶化的黄油充分搅拌混合，再加入面粉，调制成软硬适宜的酥性面团，将面团分成10块备用。

② 种子面团调制。将高筋面粉、酵母和水放入搅拌桶，用搅拌机搅拌，低速3分钟，中低速8分钟，然后放入醒发箱，以26℃，发酵1~3小时，至原体积2倍大。

③ 主面团制作。在种子面团中添加高筋面粉、盐、水、糖、黄油、鲜奶和面包改良剂，继续搅拌8分钟，至表面光滑。以28℃，发酵20~30分钟，至原体积2倍大。

④ 将面团分割成小块，揉搓成形，备用。

⑤ 桌面撒粉轻轻将菠萝皮压匀后。分割称重，每个称重30克预备使用。

⑥ 包菠萝面包时，左手取皮，右手拿面包坯，将面团黏在菠萝皮上，用右手由外往内挤捏压紧，最后用手指收口完成。

⑦ 将包好的菠萝面包间隔排放，排列在烤盘中，表面用西餐刀，切出交叉纹路格子后，表面刷蛋液，放入“最后发酵”，发酵膨胀率2.5~3倍的体积。

⑧ 调整好炉温，上火150℃，底火185℃。烤成表面金黄色，底面褐色，熟透出炉，冷却包装，即为成品。

风味特点：**色泽金黄，形似菠萝。**

34. 墨西哥面包（图5-12）

原料配方：

面团配方：高筋面粉220克，低筋面粉50克，奶粉20克，细砂糖40克，盐1/2茶匙，鸡蛋30克，水85克，汤种80克，快速干酵母6克，无盐黄油25克，奶酥馅150克。

墨西哥糊配方：无盐黄油50克，糖粉40克，全蛋1个，盐1克，低筋面粉50克。

制作工具或设备：搅拌桶，搅拌机，笔式测温计，西餐刀，醒发箱，擀面杖，烤盘，烤箱。

制作过程：

① 除黄油和奶酥馅外的其余原料一起放入搅拌桶中，用搅拌机搅拌至筋性完成后再加入软化的黄油后慢速拌匀。

② 面团搅拌好，放置“基本发酵”完成。

③ 分割面团，用手搓滚圆取塑料袋或保鲜膜盖好，“中间发酵”15~20分钟。

④ 取面团轻轻滚圆，稍微压扁后，将25克奶酥馅心放在左手面团上，用右手将馅心包入，在进行“最后发酵”55~60分钟。

⑤ 墨西哥糊调制。将无盐黄油加上糖粉，用搅拌机打发，加入鸡蛋打匀，最后加上过筛的盐和低筋面粉低速拌匀即可。

⑥ 将墨西哥面糊装入裱花袋中，在发酵完成的面团上挤成螺旋状，约占表面积的2/3。

⑦ 放入烤箱，以185℃，烤制25分钟。

⑧ 烘烤完成后取出自然晾凉。

风味特点：**色泽金黄，外酥脆内松软。**

35. 杂粮吐司

原料配方：高筋面粉700 克，水480 克，酵母15 克，盐10 克，白糖80 克，鸡蛋150克，杂粮面包预拌粉300克，改良剂10克，高级黄油80克。

制作工具或设备：搅拌桶，搅拌机，笔式测温计，西餐刀，醒发箱，擀面杖，烤盘，烤箱。

制作过程：

① 将配方中所有原料（除黄油外）一起用搅拌机低速搅拌均匀直至成光滑面团，然后加入黄油拌匀，再改用高速搅拌至面筋完全扩展。

② 基本醒发20分钟，分割、滚圆，再松弛15分钟。

③ 造型。装入吐司模具，最后醒发100分钟，醒发温度38℃，相对湿度75%，直至体积涨大与模具齐平。

④ 烘烤温度，上火220℃，下火200℃，时间为50分钟左右。

风味特点：**色泽金黄，甜香松软。**

36. 黄豆吉士吐司

原料配方：高筋面粉1500 克，黄豆面包预拌粉500克，吉士粉60克，水1200克，白砂糖300克，鸡蛋200克，盐10克，酵母20克，改良剂8克，黄油200克。

制作工具或设备：搅拌桶，搅拌机，笔式测温计，西餐刀，醒发箱，擀面杖，烤盘，烤箱。

制作过程：

① 将配方中所有原料（黄油除外）用搅拌机慢速搅拌至面筋形成，然后加入黄油搅拌均匀。

② 转高速搅拌至面筋完全扩展，面团理想温度为28℃。

③ 基本发酵25分钟，分割、滚圆，再松弛20分钟。

④ 造型，装入吐司模具，最后醒发100分钟，醒发温度38℃，相对湿度75%~80%，直至体积涨大与模具齐平。

⑤ 烘烤，上火190℃，下火190℃。

风味特点：**色泽金黄，甜香松软。**

37. 卡布基诺面包

原料配方：

面团配方：高筋面粉2000克，低筋面粉250克，酵母25克，盐25克，白糖400克，高级黄油200

克，鸡蛋100克，奶粉60克，超软改良剂8克，水1200克。

卡布基诺馅配方：即溶吉士粉250克，水250克，高级无水酥油400克，松饼粉200克，鸡蛋80克，色拉油80克，即溶咖啡10克。

制作工具或设备：搅拌桶，搅拌机，笔式测温计，西餐刀，醒发箱，擀面杖，烤盘，烤箱。

制作过程：

① 将配方中所有原料（除黄油外）一起用低速搅拌2分钟，然后转高速搅拌4分钟，面筋扩展至80%。

② 加入黄油用低速搅拌均匀，使面筋扩展至95%~100%，面团温度为28℃。

③ 让面团松弛20分钟，分割、滚圆、再松弛30分钟（最好放置在低温环境5℃左右）。

④ 揉搓成圆形，最后醒发90分钟（温度35℃，相对湿度75%~80%），备用。

⑤ 卡布基诺馅心调制。高级无水酥油放入搅拌桶搅打膨松，分次加入鸡蛋打发，然后加入搅拌均匀的即溶吉士粉和水，最后加入松饼粉、色拉油和即溶咖啡搅拌均匀。

⑥ 将馅心装入裱花袋，在面包坯表面挤注成双"S"形状装饰。

⑦ 烘烤，上火200℃，下火180℃，时间约25分钟。

风味特点：**色泽金黄，外脆里嫩。**

38. 黑麦面包

原料配方：高筋面粉150克，黑裸麦粉150克，水 130克，酵母 5克，改良剂2克，砂糖10克，盐5克，葡萄干100克，核桃仁 100克，糖粉15克。

制作工具或设备：搅拌桶，搅拌机，笔式测温计，西餐刀，醒发箱，擀面杖，烤盘，烤箱。

制作过程：

① 先将核桃切碎，备用。

② 将高筋粉、黑裸麦粉、酵母、改良剂、水、盐、糖混合在一起，搅拌均匀。

③ 放入搅拌机中混合好然后20分钟搅打3次。第3次时加入核桃碎至面团表面光滑即可。

④ 盖上保鲜膜放入醒发箱醒发50分钟左右，至原来体积2倍大。

⑤ 将面团分成2份，擀长，铺上葡萄干，卷成长条放入烤盘。

⑥ 继续放入醒发箱醒发30分钟左右，至原来体积2倍大。

⑦ 在面包坯上撒上糖粉，用刀在表面划出格子花纹即可烘烤。

⑧ 温度180℃，烤20分钟左右，出炉后自然晾凉。

风味特点：**色泽红亮，富含纤维素，口感略粗糙。**

39. 胚芽面包

原料配方：高筋面粉470克，胚芽粉30克，酵母10克，糖10克，奶粉20克，水300毫升，黄油30克，盐2克。

制作工具或设备：搅拌桶，搅拌机，笔式测温计，西餐刀，醒发箱，擀面杖，烤盘，烤箱。

制作过程：

① 面团的调制与发酵。将全部材料放入立式调粉机中进行搅拌，低速10分钟，中速2分钟，面团温度为24℃。调制后的面团在温度26~27℃，相对湿度65%~70%的条件下发酵45分钟，进行揿粉后继续发酵45分钟。

② 面团的分割与成形。经发酵的面团进行分割，大制品每块400克，小制品每块100克，分别搓圆后在室温下静置20分钟，然后成形为长方形，封口向下摆放在烤盘上。

③ 成形发酵与烘烤。成形后的面包坯在温度28℃，相对湿度80%的条件下发酵1小时。放入已经喷入蒸汽的烤炉中进行烘烤。在230℃下烘烤25分钟后，将炉温调整至190~180℃，继续烘烤10分钟。

④ 面包出炉后自然晾凉即可。

风味特点：**色泽金黄，口感膨松。**

40. 全麦面包

原料配方：高筋面粉220克，全麦面粉150克，干酵母5克，糖20克，盐5克，温水180克，黄油35克。

制作工具或设备：搅拌桶，搅拌机，笔式测温计，西餐刀，醒发箱，擀面杖，烤盘，烤箱。

制作过程：

① 酵母溶于温水，除黄油以外的其他材料放到一起，搅拌成面团，再将黄油加入，慢慢搅拌进面团。

② 将面团盖上保鲜膜，放到醒发箱进行第一次发酵，发酵至原来的2.5~3倍大（用手指沾干面粉，插进面团，若小坑很快回缩则发酵未完成，反之则发酵完成），即可。

③ 发酵好的面团，取出，滚圆，盖上保鲜膜松弛15分钟。

④ 松弛好的面团取出，给搓圆，放到烤盘上，用手轻轻压扁，然后放到醒发箱进行二次发酵，至原来2~2.5倍左右，即可。

⑤ 二次发酵完成，面团取出，用锋利的刀，在面包顶部交叉划四刀，在面团上撒一层薄薄的全麦面粉。

⑥ 烤箱预热200℃，放入烤箱中层，烤制25分钟左右。

风味特点：**色泽金黄，口感膨松，营养全面。**

二、花色面包（Fancy bread）

1. 奶油夹心包

原料配方：

面团配方：面粉500克，水250克，酵母5克，盐5克，糖100克，鸡蛋50克，奶粉25克，改良剂15克。

馅心配方：鲜奶油100克，吉士粉100克，糖粉25克。

制作工具或设备：和面机，笔式测温计，西餐刀，醒发箱，擀面杖，烤盘，烤箱。

制作过程：

① 馅料调制。将鲜奶油、糖粉15克和即溶吉士粉搅拌均匀成奶油吉士馅。

② 面团调制。把面团配方中所有原料（改良剂除外）放入搅拌桶中，一起用低速搅拌5分钟，然后用高速搅拌8分钟。加入改良剂再用低速搅拌2分钟，高速搅拌5分钟，形成均匀光滑的面团，搅拌完成的面团理想温度为28℃。

③ 将面团盖上保鲜膜放入醒发箱基本醒发20分钟，至原来面团体积的2~3倍。

④ 将面团揉匀，分割成60 克/个，搓圆后松弛15分钟。

⑤ 将面团揉匀，搓成长条形并拧扭成形，放入醒发箱继续发酵（温度30℃，相对湿度80%）。

⑥ 在面包坯表面刷上蛋液，放入烤箱以上火190℃，下火190℃，烤制15分钟。

⑦ 冷却后，将面包切开一边口，挤入奶油吉士馅，撒上糖粉。

风味特点：**色泽金黄，馅心嫩黄，膨松细腻。**

2. 布鲁面包

原料配方：

面团配方：高筋面粉500克，低筋面粉100 克，盐6克，白糖100克，酵母7克，蛋黄100 克，黄油50克，改良剂5克，水250克。

馅心配方：低筋面粉200 克，鸡蛋80克，色拉油80克，蓝莓酱180克。

制作工具或设备：和面机，笔式测温计，西餐刀，醒发箱，擀面杖，烤盘，烤箱。

制作过程：

① 馅料调制。将鸡蛋打开，略打发膨松，加入低筋面粉拌匀，然后加入蓝莓酱和色拉油调拌均匀。

② 面团调制。将配方中所有原料（除黄油外）一起用低速搅拌3分钟，然后转高速搅拌7分钟，面筋扩展至80%，最后加入黄油，用低速搅拌均匀，使面筋扩展至95%~100%，面团温度为28℃。

③ 将面团盖上保鲜膜放入醒发箱醒发20分钟。

④ 将面团分割、搓匀，再松弛20分钟。

⑤ 再次搓匀，滚圆造型，最后醒发30分钟，温度35℃，相对湿度75%~80%，至原来面团体积的2倍。

⑥ 在面包坯表面用西餐刀划一刀，在其中挤注馅心填充装饰。

⑦ 放入烤箱烘烤，上火200℃，下火180℃，时间约15分钟。

风味特点：**色泽金黄，馅嫩味美。**

3. 柠檬奶露面包

原料配方：高筋面粉500 克，水250克，酵母5克，盐5克，白糖90克，黄油50克，鸡蛋50克，奶粉15克，改良剂2克。

馅心配方：即溶吉士粉50克，黄油100克，牛奶200克。

制作工具或设备：和面机，笔式测温计，西餐刀，醒发箱，擀面杖，烤盘，烤箱。

制作过程：

① 馅料调制。把即溶吉士粉放到牛奶中快速搅拌，放置10分钟让其充分吸水，然后快速搅拌至光滑面糊；然后将在室温下化软的黄油加入其中，快速搅拌成光滑面糊，即可。

② 面团调制。将面团部分的所有原料（黄油除外）一起搅拌均匀，先高速搅拌4分钟，加入黄油用慢速拌匀，然后用高速搅拌2分钟，直至面筋充分扩展。

③ 将面团盖上保鲜膜，放入醒发箱基本发酵20分钟。

④ 将面团取出分割成面剂子，滚圆，松弛20分钟。

⑤ 将搓匀的面剂子造型，最后继续放入醒发箱醒发90分钟。

⑥ 烘烤前用西餐刀在面包坯上划几道纹路，放入烤箱烘烤，上火180℃，下火190℃，烤制25分钟。

⑦ 出炉后趁热用裱花袋挤注馅心于面包表面，即可。

风味特点： **色泽金黄，面包松软，馅心软嫩。**

4. 草莓忌廉包

原料配方：

面团配方：高筋面粉500克，水250克，酵母5克，盐5克，糖90克，鸡蛋50克，黄油50克，奶粉15克，改良剂3克。

馅心配方：即溶吉士粉50克，黄油100克，草莓果酱200克，牛奶150克。

制作工具或设备： 和面机，笔式测温计，西餐刀，醒发箱，擀面杖，烤盘，烤箱。

制作过程：

① 馅料调制。把即溶吉士粉放到牛奶中快速搅拌，放置10分钟让其充分吸水，然后快速搅拌至光滑面糊；然后将在室温下化软的黄油和草莓果酱加入其中，快速搅拌成光滑面糊，即可。

② 面团调制。所有原料（黄油除外）一起用低速搅拌2分钟，然后用高速搅拌4分钟；加入黄油用低速拌匀，再转高速搅拌1分钟，直至面筋充分扩展，面团理想温度为28℃。

③ 让面团放入醒发箱发酵20分钟，分割、滚圆、再发酵20分钟。

④ 将面包剂子搓圆造型，最后醒发100分钟，醒发温度为38℃，相对湿度80%。

⑤ 烘烤前用西餐刀在面包坯上划几道纹路，放入烤箱烘烤，上火200℃，下火180℃，烤制时间约18分钟。

⑥ 出炉后趁热用裱花袋挤注馅心于面包表面，即可。

风味特点： **色泽金黄，面包松软，馅心软嫩。**

5. 香蕉味面包

原料配方：

面团配方：高筋面粉500克，水250克，酵母5克，盐5克，糖90克，黄油40克，鸡蛋50克，奶粉15克，改良剂3克。

表面装饰馅心配方：玉米淀粉15克，低筋面粉10克，黄油200克，盐1克，水110克，香蕉果馅180克，即溶吉士馅100克。

制作工具或设备： 和面机，笔式测温计，西餐刀，醒发箱，擀面杖，烤盘，烤箱。

制作过程：

① 馅料调制。将玉米淀粉、即溶吉士馅、低筋面粉、黄油、盐拌匀，再分次加入水拌匀，最后加入香蕉果馅搅拌均匀待用。

② 面团调制。将所有原料（除黄油）一起用低速搅拌2分钟，高速搅拌4分钟，然后加入黄油用低速拌匀，再用高速搅拌1分钟，直至面筋充分扩展，面团温度为28℃。

③ 让面团放入醒发箱发酵20分钟，分割、滚圆、再发酵20分钟。

④ 将面包剂子搓圆造型，最后醒发100分钟，醒发温度为38℃，相对湿度80%。

⑤ 烘烤前用西餐刀在面包坯上划几道纹路，放入烤箱烘烤，上火200℃，下火180℃，烤制时

间约18分钟。

⑥ 出炉后趁热用裱花袋挤注馅心于面包表面，即可。

风味特点：**色泽金黄，面包松软，馅心软嫩。**

6. 奶酪豌豆面包

原料配方：高筋面粉350克，牛奶70毫升，盐3克，糖15克，酵母8毫升，奶粉30克，黄油30克，水150克，奶酪片25克，豌豆粒15克，色拉油15克。

制作工具或设备：微波炉，和面机，笔式测温计，西餐刀，醒发箱，擀面杖，烤盘，烤箱。

制作过程：

① 汤种调制。将50克高筋面粉加上150克开水拌匀，微波炉里转10秒取出搅拌，再转10秒，直到拌出纹路为止。

② 依次往搅拌机里放牛奶、盐、糖、高筋面粉、酵母、奶粉、全量汤种，搅拌15分钟后，放入黄油，再次搅拌成光滑的面团。

③ 让面团盖上保鲜膜放入醒发箱发酵20分钟，直至按一个坑不反弹就取出来。

④ 将面团取出揉匀，揉成长条，分成八个小剂，滚圆，用西餐刀片割一个大口子，放在烤盘上，喷些清水，放入醒发箱继续发酵20分钟。

⑤ 奶酪片切成小丁，与切碎的豌豆粒拌匀，撒在面包剂的刀口子上，再用少许牛奶和色拉油拌匀后涂抹在面包坯上。

⑥ 烤箱预热后，以上下火190℃，烤20分钟左右。

风味特点：**色泽金黄，奶酪和豌豆味香。**

7. 意大利黑橄榄面包

原料配方：高筋面粉500克，橄榄油30克，盐渍黑橄榄100克，温水250克，干酵母3克，盐3克。

制作工具或设备：搅拌桶，和面机，笔式测温计，西餐刀，醒发箱，擀面杖，烤盘，烤箱。

制作过程：

① 把干酵母溶于温水中，以手感觉温度差不多即可，不可超过40℃，以免把酵母烫死。

② 将除黄油、黑橄榄外的其他原料放入搅拌桶中，用手搅拌直至面筋出现，最后加入黄油搅拌光滑。

③ 将面团放入醒发箱发酵，至面团变大1.5倍后取出，稍微揉圆，松弛10分钟。

④ 把黑橄榄略微切碎，然后揉到面团里。揉好后，把面团分成2份，每一份都擀匀成椭圆形的饼。

⑤ 盖保鲜膜，静置至面团体积增大一倍，至面皮完全没有弹性（以手指轻触，不回弹）。

⑥ 刷上全蛋液放入预热至175℃的烤箱烘焙，约18分钟。

⑦ 面包出炉，自然晾凉即可。

风味特点：**色泽金黄，膨松香甜。**

8. 双色面包

原料配方：

白面团配方：高筋面粉125克，奶粉15克，糖15克，干酵母2克，盐1.5克，牛奶50克，汤种40克，黄油15克。

可可面团配方：高筋面粉125克，奶粉15克，糖15克，干酵母2克，盐1.5克，牛奶60克，汤种40克，可可粉15克，黄油15克。

制作工具或设备： 搅拌桶，和面机，笔式测温计，西餐刀，醒发箱，擀面杖，烤盘，烤箱。

制作过程：

① 汤种调制。另取20克高筋面粉与100克冷水调匀，小火加热，不停搅拌，熬制成面糊，搅拌的时候会有纹路出现即可，称量出两份40克，分别加入到白面团和可可面团中。

② 白面团配方中除黄油以外的所有材料揉成面团，再将黄油加入揉进面团，至面团光滑到完成阶段。可可面团同白面团一样操作。

③ 分别将揉好的面团放到醒发箱中进行第一次发酵至原来面团体积的2.5~3倍。

④ 分别将发酵好的面团取出，擀成两个长方片，白色的比可可色稍大一点点，然后把可可色的面片放在白色面片上，卷起。

⑤ 卷好的面团放到醒发箱中进行第二次发酵至原来面团体积的2~2.5倍。

⑥ 烤箱预热185℃，面团表面刷全蛋液，放入烤箱中层烤制15分钟左右。

风味特点： **双色双味，质地膨松。**

9. 酒香葡萄面包

原料配方： 高筋面粉350克，奶粉25克，白糖50克，干酵母5克，汤种95克，鸡蛋60克，牛奶85克，盐2克，红酒25克，葡萄干50克。

制作工具或设备： 搅拌桶，和面机，笔式测温计，西餐刀，醒发箱，擀面杖，烤盘，烤箱。

制作过程：

① 酒香葡萄泡制。将葡萄干洗净，用红酒泡制20分钟。

② 汤种调制。另取20克高筋面粉与100克冷水调匀，小火加热，不停搅拌，熬制成面糊，搅拌的时候会有纹路出现即可。汤种晾凉后，用保鲜膜封口，保持水分。

③ 先在和面机中放入全部汤种、鸡蛋、牛奶、盐、再放高筋面粉、奶粉、白糖、干酵母，进行搅拌15分钟，然后将30克黄油切碎放入，继续搅拌揉面，35分钟之后停止，此时面团光滑、面筋形成。

④ 将揉好的面团盖上保鲜膜，放入醒发箱发酵，直至用手指头戳一下，小坑不反弹就是发酵成功了。

⑤ 把面团拿出来，轻轻压压，排出空气，用保鲜膜包裹好，放在室温下中间发酵15分钟。

⑥ 将面团取出，轻轻按压，再次排气，然后分割成四个面剂，取其中之一擀成长条状，将酒香葡萄撒在长面片上。

⑦ 从面片一头卷起成圆桶状，再轻轻擀大一点，将两头翻转捏死封口即可，烤盘上垫锡纸，将面包坯子放入醒发箱进行第二次发酵。

⑧ 取出，刷上蛋黄液。

⑨ 烤箱预热，200℃，烤20分钟即可。

风味特点： **色泽金黄，充满酒香。**

10. 荞麦芝麻面包

原料配方： 荞麦面粉100克，高筋面粉150克，黑芝麻粉20克，速溶燕麦片15克，酵母3克，黄油25克，鸡蛋1个，盐3克，糖30克，温水75克。

制作工具或设备： 搅拌桶，和面机，笔式测温计，西餐刀，醒发箱，擀面杖，烤盘，烤箱。

制作过程：

① 酵母放入少许温水（60毫升左右）溶解，静置10分钟，备用。

② 将荞麦面粉、高筋面粉、芝麻粉和一半的麦片放入搅拌桶中，混合在一起，加入盐、鸡蛋混合均匀，然后加入酵母水，放入糖溶化，慢慢倒入面粉里面，边倒入边搅拌，最后加入黄油搅拌，直至形成面筋而且表面光滑的面团。

③ 将面团盖上保鲜膜，放入醒发箱开始湿温发酵到原来体积的2倍。

④ 面团发酵好取出，用擀面杖压出里面的气泡，分割成适合大小的面剂子。

⑤ 烤盘内涂油，将搓圆的面包坯间隔地放在烤盘上，再放入醒发箱发酵30分钟，表面上面撒上燕麦片。

⑥ 烤箱预热170℃，上下火烤8分钟，改下火150℃烤5分钟，直至烤熟为止。

风味特点： **色泽金黄，表面粗糙厚重，内部松软。**

11. 咖啡核桃仁面包

原料配方： 高筋面粉300克，温水60毫升，即溶咖啡100毫升，红糖20克，盐1.5克，酵母3克，黄油25克，核桃仁50克。

制作工具或设备： 搅拌桶，和面机，笔式测温计，西餐刀，醒发箱，擀面杖，烤盘，烤箱。

制作过程：

① 酵母放入温水里面搅拌充分溶解后静置10分钟备用。

② 在搅拌桶中加入高筋面粉、即溶咖啡、红糖和盐慢慢拌匀，加入酵母水，用搅拌机低速搅拌均匀，然后高速搅打出面筋，最后加入黄油低速搅拌均匀形成光滑的面团。

③ 放在醒发箱中发酵到2倍大，时间根据温度而定。

④ 将面团取出用手挤压出里面的气泡，揉5分钟，分成2块，用擀面杖擀开，撒上核桃碎仁，然后卷起来，两头收口。

⑤ 烤盘里面涂油，将面包坯间隔放入，上面用西餐刀割几道痕，再发酵成原来面团体积的2倍大，发酵好了，上面撒上少许面粉。

⑥ 烤箱预热180℃，烤制20分钟。

风味特点： **色泽咖啡色，口感粗糙膨松。**

12. 香菜芝士面包

原料配方： 高筋面粉400克，糖20克，盐2克，酵母3克，牛奶200克，鸡蛋1个，黄油30克，芝士碎20克，香菜15克，椒盐3克，黑胡椒2克，芝麻15克，蛋液25克。

制作工具或设备： 搅拌桶，和面机，笔式测温计，西餐刀，醒发箱，擀面杖，烤盘，烤箱。

制作过程：

① 在搅拌桶中加入高筋面粉、糖、盐、酵母、牛奶、鸡蛋等原料，用搅拌机搅拌均匀，先低速搅拌3分钟，后高速搅拌10分钟，最后加入黄油，低速搅拌均匀形成光滑的面团。

② 取一张保鲜膜盖在面团上，在醒发箱中发酵到原来面团体积的1.5~2倍。

③ 香菜洗净，沥干水分，切成小段，备用。

④ 将面团取出揉匀，擀成长方形，涂上一层色拉油，撒上椒盐和黑胡椒粉，再撒上一层芝士，最后撒上香菜末。

⑤ 分切成差不多8等分长条，分别卷起来。

⑥ 烤盘里面涂油，将面包坯间隔放入，再次发酵到原来面团体积的1.5~2倍。

⑦ 表面刷上鸡蛋液，均匀地撒上芝麻。

⑧ 入烤箱170℃，烤15~20分钟，表面金黄色即可。

风味特点：**色泽金黄，口味咸鲜，更具有香菜的异香。**

13. 健康面包

原料配方：全麦粉150克，高筋粉150克，牛奶130克，鸡蛋1个，橄榄油35克，木糖醇50克，发酵粉3克，黑芝麻25克。

制作工具或设备：搅拌桶，和面机，笔式测温计，西餐刀，醒发箱，擀面杖，烤盘，烤箱。

制作过程：

① 发酵粉用少许牛奶溶解后静置10分钟，鸡蛋打散备用。

② 将全麦粉、高筋面粉、牛奶、溶解的发酵粉、蛋液和木糖醇放在一起搅拌均匀。

③ 加入橄榄油和黑芝麻继续搅拌，直到把面团搅拌到非常均匀，延展性很好时才行。

④ 面团放入醒发箱发酵1小时，至原来面团体积的2倍大。

⑤ 将发酵好的面团用手挤压，排出空气，分割成3块，揉成圆球继续发酵15分钟。

⑥ 二次发酵好的面团再一分为二，将每一小块面擀成牛舌状，卷起，再擀开，卷好后放入烤盘，共做6个面包坯。

⑦ 将码好面包坯的烤盘放入醒发箱发酵1小时。

⑧ 将烤盘取出，把蛋液刷在面包坯的表面，撒上少许芝麻。

⑨ 将烤箱预热到180℃，烤20分钟左右即可。

风味特点：**色泽金黄，口感膨松，芝麻味香。**

14. 椰蓉提子面包

原料配方：高筋面粉300克，糖50克，盐3克，干酵母2克，牛奶75克，椰奶45克，黄油50克，鸡蛋2只，椰蓉15克，提子干35克。

制作工具或设备：搅拌桶，和面机，笔式测温计，西餐刀，醒发箱，擀面杖，烤盘，烤箱。

制作过程：

① 馅心调制。将提子干切碎加上碎椰蓉和鸡蛋1只，黄油15克，糖15克，搅拌成馅。

② 将牛奶、椰奶放在一起，用微波炉转20秒，温热，加糖、酵母，搅拌溶化，静置10分钟备用。

③ 将面粉过筛，加盐加鸡蛋，用溶好的牛奶和面，搅拌成面团以后，取35克黄油分几次加入，一直搅拌至光滑。

④ 然后将面团盖上保鲜膜放在醒发箱中发酵至原来面团体积的2倍大。

⑤ 将面团取出揉匀，放出气泡，分割成面剂子。

⑥ 用擀面杖将面剂子擀开，放上馅心包好，卷成圈成形。

⑦ 将面包坯放入醒发箱再次发酵至原来面团体积的2倍。

⑧ 烤箱预热，180℃，烤20分钟即可。

风味特点： 色泽金黄，馅心味香。

15. 一口面包

原料配方： 高筋面粉350克，砂糖30克，盐4克，酵母粉5克，汤种50克，水125克，鸡蛋45克，熟甘薯泥80克，炼乳18克，黄油30克，红豆沙馅50克，黑白芝麻15克。

制作工具或设备： 搅拌桶，和面机，笔式测温计，西餐刀，醒发箱，擀面杖，烤盘，烤箱。

制作过程：

① 将水放在碗中，用微波炉转20秒温热，然后加糖和酵母，搅拌溶化，静置10分钟备用。

② 将除黄油、红豆沙馅、黑白芝麻外其他所有原料放入搅拌桶中，用搅拌机进行搅拌，直至形成面筋，最后加入黄油搅拌成光滑的面团。

③ 将面粉过筛，加盐加鸡蛋，用溶好的牛奶和面，搅拌成面团以后，分几次加入黄油，一直搅拌至光滑。

④ 然后将面团盖上保鲜膜放在醒发箱中发酵至原来面团体积的2倍。

⑤ 将面团取出揉匀，放出气泡，分割成面剂子。

⑥ 用擀面杖将面剂子擀开，抹上豆沙馅心包好，卷成圈成形。

⑦ 将面包坯放入醒发箱再次发酵至原来面团体积的2倍。

⑧ 烘烤前刷蛋黄液两次，撒上黑白芝麻。

⑨ 烤箱预热，180℃，烤20分钟即可。

风味特点： 色泽金黄，松软香甜。

16. 芝士条面包

原料配方：

面团配方：高筋面粉500克，芝士粉10克，细砂糖90克，盐8克，酵母粉6克，水225克，鸡蛋100克，无盐黄油60克。

表面装饰材料配方：芝士丝25克，色拉酱50克，干燥青葱末10克。

制作工具或设备： 搅拌桶，和面机，笔式测温计，西餐刀，醒发箱，擀面杖，烤盘，烤箱。

制作过程：

① 将高筋面粉、芝士粉、糖、盐、酵母粉等放入搅拌桶中，用低速搅拌均匀。

② 然后加入水、鸡蛋低速拌成团，改用高速打到面筋扩展阶段。

③ 无盐黄油加入用低速拌匀，再改用中速打到完成（拉起呈薄膜状）。

④ 将面团盖上保鲜膜，放入醒发箱进行发酵大约60分钟。

⑤ 将面团分割成每个面剂子70克，然后滚圆，静置15分钟。

⑥ 将面剂子搓成长条状，间隔地放入烤盘中，放入醒发箱最后发酵为60分钟，至原来面团体积的2.5~3倍。

⑦ 烘烤前表面刷上鸡蛋液，放上芝士丝，挤上色拉酱。

⑧ 放入烤箱用190℃，烤制10分钟。

风味特点： 色泽金黄，芝士味香，色拉酱油润细腻。

17. 松软甜面包

原料配方：高筋面粉250克，低筋面粉50克，奶粉18克，干酵母3克，黄油60克，温水150克，糖60克，盐2克，鸡蛋1个。

制作工具或设备：搅拌桶，和面机，笔式测温计，西餐刀，醒发箱，擀面杖，烤盘，烤箱。

制作过程：

① 把干酵母溶于温水中，以手感觉温度差不多即可，静置10分钟，备用。

② 将除黄油外其他原料放入搅拌桶中，用搅拌机低速搅拌均匀，放入酵母水搅拌均匀，然后高速搅拌，使面团形成面筋，最后加入黄油，用低速搅拌形成光滑的面团。

③ 将面团盖上保鲜膜，放入醒发箱发酵，到面团体积变大1~2倍。

④ 取出面团，稍微揉圆，松弛10分钟。

⑤ 将面团分割成每份40~50克，并且逐个揉圆，放入醒发箱二次发酵，至面皮完全没有弹性（以手指轻触，不回弹）。

⑥ 刷上全蛋液放入预热至175℃的烤箱烘焙，约18分钟即可。

风味特点：**色泽金黄，松软香甜。**

18. 雪花面包

原料配方：高筋面粉250克，鲜酵母2.5克，糖10克，黄油25克，水130克，盐2克，奶粉10克，熟马铃薯25克。

制作工具或设备：搅拌桶，和面机，笔式测温计，西餐刀，醒发箱，擀面杖，烤盘，烤箱。

制作过程：

① 先将熟马铃薯捣烂，将配方中所有原料（黄油、马铃薯除外）放入搅拌机内用慢速搅拌2分钟，然后高速搅拌5分钟，最后将黄油和马铃薯加入后改用中速将面筋拌至扩展阶段，注意勿使面筋搅断。

② 面团搅拌后盖上保鲜膜，放入醒发箱，基本发酵2小时左右。

③ 将面团分割成每个30克，滚圆后使松弛15分钟。

④ 再滚圆后放在烤盘上，间隔距离不需太大，放入醒发箱经最后发酵25分钟。

⑤ 在每个面包坯表面划十字形裂口，再在表面撒一层由100%高筋面粉与10%盐拌匀的混合面粉。

⑥ 继续发酵后进炉烘焙，烤炉温度210℃，烘焙12~15分钟即可。

风味特点：**表面色泽粉白，具有马铃薯的香味。**

19. 葱油面包

原料配方：

面团配方：高筋面粉320克，低筋面粉80克，糖80克，盐3克，奶粉16克，鸡蛋1个，软化黄油40克，干酵母3克，温水180克。

馅心配方：软化黄油30克，盐3克，咖喱粉2克，葱末15克。

制作工具或设备：搅拌桶，和面机，笔式测温计，西餐刀，醒发箱，擀面杖，烤盘，烤箱。

制作过程：

① 将软化黄油、盐、咖喱粉、葱末放在一起，充分搅拌均匀，即成葱油馅心。

② 将酵母放入40℃左右温水中，拌匀使其溶化，静置10分钟备用。

③ 在酵母水中加上除黄油外的其他原料，用搅拌机搅拌均匀，形成面筋扩展的面团。

④ 最后加入黄油搅拌成光滑的面团。

⑤ 揉圆用保鲜膜盖好，放醒发箱中基本发酵2.5小时。

⑥ 分割成12份滚圆，放醒发箱中进行中间发酵15分钟。

⑦ 每份都整形成两头尖的长形，表面涂蛋液后纵切一刀，放温暖处发酵55分钟到刀口完全打开即可涂葱油馅。

⑧ 烤箱预热190℃，放下层烤12分钟即可。

风味特点：**色泽金黄，具有葱油和咖喱的香味。**

20. 肉桂苹果面包

原料配方：

面团配方：高筋面粉320克，低筋面粉80克，糖80克，盐3克，奶粉16克，鸡蛋1个，软化黄油40克，干酵母3克，温水180克。

馅心配方：苹果1个，肉桂粉3克，面粉15克，黄油25克，盐2克，糖25克。

制作工具或设备：搅拌桶，和面机，笔式测温计，西餐刀，醒发箱，擀面杖，烤盘，烤箱。

制作过程：

① 将苹果一个去皮切丁，加上肉桂粉、面粉、黄油、盐、糖等混合均匀。

② 将酵母放入40℃左右温水中，拌匀使其溶化，静置10分钟备用。

③ 在酵母水中加上除黄油外的其他原料，用搅拌机搅拌均匀，形成面筋扩展的面团。

④ 最后加入黄油搅拌成光滑的面团。

⑤ 揉圆用保鲜膜盖好，放醒发箱中基本发酵2.5小时。

⑥ 分割成12份滚圆，放醒发箱中进行中间发酵15分钟。

⑦ 面团放醒发箱中发酵55分钟，完成后表面涂一层软化黄油。

⑧ 烤箱预热175℃，放上层烤约10分钟。取出在表面撒苹果丁馅心，烤15分钟至肉桂奶油碎呈金黄色即可。

风味特点：**色泽金黄，具有苹果肉桂的清醇香味。**

21. 奶油花生面包（图5-13）

原料配方：面粉350克，花生150克，发酵粉3克，牛奶150毫升，鸡蛋2个，黄油50克，糖25克，盐3克。

制作工具或设备：搅拌桶，和面机，笔式测温计，西餐刀，醒发箱，擀面杖，烤盘，烤箱。

制作过程：

① 将花生用粉碎机打碎，与面粉一起混合在一起放进搅拌桶中，加入发酵粉、鸡蛋、糖、盐和略微加热的温牛奶（40℃以下），搅拌均匀后形成面筋扩展表面光滑的面团。

② 盖上保鲜膜放入醒发箱，发酵至原来面团体积的2倍。

③ 将面团分成小份，每个小面团重约50克，可以任意将面团捏成你喜爱的形状。

④ 放在刷油的烤盘上，用保鲜膜盖好，放置大约2小时，等待面团发酵膨胀。

⑤ 烤箱预热到200℃。再打一个鸡蛋，把鸡蛋均匀地刷在面包坯上，放进烤箱烤15~20分钟，

直到面包坯表面呈金黄色为止。

风味特点：**松软香甜，而且营养丰富。**

22. 奶酪小面包

原料配方：高筋面粉200克，奶油奶酪100克，鸡蛋1个，牛奶120克，糖40克，盐1克，酵母3克。

制作工具或设备：搅拌桶，和面机，笔式测温计，西餐刀，醒发箱，擀面杖，烤盘，烤箱。

制作过程：

① 将所有材料放入搅拌桶中混合搅拌揉到扩展阶段即可，用保鲜膜包好放入醒发箱中等待基础发酵至两倍大。

② 滚圆松弛10分钟，擀成一厘米厚的面饼，用模具刻出面包的花型。

③ 将面包坯间隔地放入刷油的烤盘上，继续发酵至原来面团体积的2倍。

④ 烤箱预热185℃，烤盘放置中层，烤20分钟左右。

风味特点：**色泽金黄，奶酪味香。**

23. 奶油圆锥形面包

原料配方：

面团配方：高筋面粉280克，牛奶150克，盐3克，低筋面粉120克，鲜酵母10克，黄油25克，糖15克，鸡蛋25克。

馅心配方：黄油100克，牛奶50克，鸡蛋50克，糖100克。

制作工具或设备：搅拌桶，和面机，笔式测温计，西餐刀，醒发箱，擀面杖，烤盘，烤箱。

制作过程：

① 馅心调制。将黄油放入搅拌桶加入白糖进行搅拌，形成膨松羽毛状的酱体，逐个加入鸡蛋打匀，最后加入牛奶搅拌均匀，即形成膨松的奶油馅心。

② 鲜酵母放入温牛奶中搅匀。将鸡蛋加入白糖和盐搅匀后放入牛奶中，再加进高筋面粉和低筋面粉，和成软面团。

③ 将面团放进醒发箱，30分钟之后面团涨发。

④ 将发酵好的面团滚压成长方形面片。

⑤ 将长方形面片再切成长30厘米、宽25厘米的长条，静置10~15分钟，将圆锥形铁筒预热、刷油，将面条从锥头卷起，将末头按入圆锥筒内封紧。

⑥ 放入醒发箱，醒发至面团体积增加1倍时取出，表面刷上蛋水。

⑦ 炉温180℃左右烤至金黄色即可。

⑧ 面包冷却后脱模，将奶油馅心用裱花袋挤入圆锥筒内即成圆锥夹馅面包。

风味特点：**色泽金黄，形似圆锥，馅心细腻香甜。**

24. 草莓酱面包

原料配方：高筋面粉500克，白糖100克，鸡蛋25克，温水270克，人造黄油50克，干酵母8克，食盐5克，草莓酱100克。

制作工具或设备：搅拌桶，和面机，笔式测温计，西餐刀，醒发箱，擀面杖，烤盘，烤箱。

制作过程：

① 除人造黄油外的其余原料一起放入搅拌桶，用搅拌机搅拌至筋性完成后再加入软化的黄油后慢速拌匀。

② 搅拌好的面团放到醒发箱里进行第一次发酵至原来2.5~3倍。

③ 发酵好的面团取出，分割成8份，每份约75克，滚圆，盖上保鲜膜松弛10分钟。

④ 将发好的面团揿扁擀成椭圆形薄片，表面涂上溶化的奶油，然后将面团对折用刀切成条状，随即摊开静置3分钟。将松弛的面团稍拉长（拉长时用力不能过猛以免拉断），拉长的面团即以反方向动作绞起，绞时不宜过紧。将绞起的面团两头连接一起，在接头处稍压一下以免松落，然后放在烤盘中。

⑤ 放到醒发箱里进行第二次发酵至原来2~2.5倍。

⑥ 面包坯表面刷上蛋液。

⑦ 放入烤箱，以炉温180℃，烤至表面呈金黄色即可出炉。

风味特点：**馅甜酸，组织松软、有弹性。**

25. 奶油草莓面包

原料配方：

面团配方：高筋面粉500克，糖70克，鸡蛋2只，盐4克，奶粉30克，酵母粉10克，温水200克。

馅心配方：草莓300克，鲜奶油150克，白糖50克。

制作工具或设备：搅拌桶，和面机，笔式测温计，西餐刀，醒发箱，擀面杖，烤盘，烤箱。

制作过程：

① 将酵母粉溶解于温水中，静置10分钟备用。

② 将高筋面粉、糖、鸡蛋、盐、奶粉、酵母粉等放入搅拌桶中，揉成光滑可拉出薄膜的面团。

③ 面团盖上保鲜膜，放入醒发箱基本发酵到原来面团体积的2倍。

④ 将完成基本发酵的面团分割成每个70克，搓圆静置松弛15分钟。

⑤ 将每个面团擀成长椭圆形（长度约20厘米），横放卷起，进行45分钟的最后发酵。

⑥ 最后发酵完成后，在面包坯表面用西餐刀划一长刀口，入烤箱以上火200℃、下火160℃烤15分钟左右即可。

⑦ 烤焙出炉后待冷却，在刀口处裱注鲜奶油和白糖一起打发的奶油膏，最后将草莓洗净切片点缀其上即可。

风味特点：**色泽艳丽，面包的黄、奶油的白、草莓的红相映成趣，口感相互协调。**

26. 杏仁面包

原料配方：高筋面粉500克，即发酵母50克，盐10克，白砂糖50克，鸡蛋100克，黄油100克，杏仁60克，牛奶100~150克，无核葡萄干35克，红糖15克，柠檬果脯25克。

制作工具或设备：搅拌桶，和面机，笔式测温计，西餐刀，醒发箱，擀面杖，烤盘，烤箱。

制作过程：

① 先将面粉和酵母在搅拌桶中混合，再加入白砂糖、盐、鸡蛋、溶化的黄油和热牛奶，先低速搅拌2分钟，再高速搅拌5分钟，然后将搅拌好的面团在醒发箱中醒发直到体积膨胀到原来的2倍。

② 将面团取出揉匀，分割成每份70克，搓圆后松弛10分钟。

③ 逐个将搓圆的面坯擀薄，包入由切碎的杏仁、无核葡萄干、柠檬果脯和红糖拌匀的馅心。

④ 然后在醒发箱发酵直到体积再次膨胀到原来的2倍。

⑤ 在表面刷一层浓缩牛奶，撒上红糖和剩余的杏仁。

⑥ 把它放入预热到180~200℃的烤炉中烘烤25分钟。

风味特点：**色泽焦黄，香甜柔软，营养丰富。**

27. 奶油豆沙小餐包

原料配方：

面团配方：高筋面粉180克，温水80克，干酵母3克，面包改良剂1克，黄油20克，奶粉10克，糖10克，盐2克，豆沙馅50克。

蛋糖浆配方：蛋黄1个、枫糖浆15克。

制作工具或设备：搅拌桶，和面机，笔式测温计，西餐刀，醒发箱，擀面杖，烤盘，烤箱。

制作过程：

① 先将面粉和酵母在搅拌桶中混合，再加入糖、盐、面包改良剂、奶粉和温水，先低速搅拌2分钟，再高速搅拌5分钟，最后加入黄油继续搅拌2分钟，形成面筋扩展表面光滑的面团。

② 然后将搅拌好的面团在醒发箱中醒发直到体积膨胀到原来的2倍。

③ 完成基本发酵后取出，分割滚圆成10等份，中间发酵15分钟。

④ 擀开包入豆沙馅心收口朝下，以适当的间隔排入已涂油的烤盘，进烤箱最后发酵0.5小时（烤箱打开1分钟关掉保温）。

⑤ 烤箱预热180℃，涂上蛋糖浆（由蛋黄和枫糖浆拌匀制成），放中层烤约10分钟。

⑥ 烤至表皮金黄时取出再涂一层蛋糖浆，撒上白芝麻，再烤，此时可关掉下火，烤至表皮棕红色即可。

风味特点：**色泽棕红，馅心味美，口感膨松。**

28. 甜面包圈

原料配方：高筋面粉180克，低筋面粉20克，温牛奶75克，干酵母2克，发粉1克，糖15克，盐2克，蛋1只。

制作工具或设备：搅拌桶，和面机，笔式测温计，西餐刀，醒发箱，擀面杖，烤盘，烤箱。

制作过程：

① 先将面粉和干酵母在搅拌桶中混合，再加入糖、盐、鸡蛋、发粉和温牛奶，先低速搅拌2分钟，再高速搅拌5分钟，最后加入黄油继续搅拌2分钟，形成面筋扩展表面光滑的面团。

② 然后将搅拌好的面团在醒发箱中醒发直到体积膨胀到原来的2倍。

③ 完成基本发酵后取出，用擀面杖擀成0.8厘米厚的面皮。

④ 用两个大小不同的盖子印出若干个圆环，剩下的面皮重复以上步骤再印出圆环。

⑤ 圆环和中间的小球排在撒了干粉的盘上，放醒发箱最后发酵30分钟。

⑥ 烧热半锅油，用小火炸至两边金黄即可捞起沥油即可。

风味特点：**色泽棕红，口味香甜，口感有弹性。**

29. 蜜饯小面包

原料配方：高筋面粉220克，鸡蛋1个，蜂蜜30克，盐2克，酵母2克，牛奶110克，黄油25克，各种蜜饯50克，椰蓉15克。

制作工具或设备：搅拌桶，和面机，笔式测温计，西餐刀，醒发箱，擀面杖，烤盘，烤箱。

制作过程：

① 先将面粉和干酵母在搅拌桶中混合，再加入糖、盐、鸡蛋、发粉和温牛奶，先低速搅拌2分钟，再高速搅拌5分钟，最后加入黄油继续搅拌2分钟，形成面筋扩展表面光滑的面团。

② 然后将搅拌好的面团在醒发箱中醒发直到体积膨胀到原来的2倍。

③ 发酵好的面团平均分成9份，滚圆松弛15分钟。

④ 在松弛面团的时间内，将蜜饯切碎，烤盘抹黄油备用。

⑤ 松弛好的面团擀开，铺上少许蜜饯，卷起滚圆，放入烤盘中进行最后发酵。

⑥ 发酵至八分满时，表面刷蛋液，撒椰蓉装饰。

⑦ 烤箱180℃，中下层，上下火，烤制20分钟。

风味特点：**色泽金黄，口感松软。**

30. 一字形小面包（图5-14）

原料配方：高筋面粉380克，白糖50克，姜粉1克，豆蔻粉1克，肉桂粉1克，盐2克，鸡蛋2个，牛奶180毫升，干酵母5克，无盐黄油50克，清水50克。

制作工具或设备：搅拌桶，和面机，笔式测温计，西餐刀，醒发箱，擀面杖，烤盘，烤箱。

制作过程：

① 牛奶用微波炉加热到40~50℃（约45秒），加入干酵母，搅拌均匀后静置10分钟待用。等待时，将黄油也用微波炉熔化。

② 将除黄油外的所有材料放入搅拌桶中，用搅拌机低速搅拌成团，然后高速搅拌5分钟，最后加入黄油低速搅拌形成光滑的面团，可以拉出薄膜。

③ 面团盖上保鲜膜，放到醒发箱，发酵到原来体积的2倍。

④ 取出面团，用手按出气泡，分成12等份，排在烤盘内。盖上保鲜纸，再次发酵成2倍大。

⑤ 烤箱预热190℃。将剩余的一个蛋黄打散，加入适量清水，搅拌均匀。用西餐刀在面包上划出一字形（划深一点，约0.5厘米）。

⑥ 在面包上刷上蛋液，入烤箱烤20分钟。

风味特点：**色泽金黄，造型简单，口感膨松。**

31. 法国小面包

原料配方：

面团配方：高筋面粉220克，干酵母3克，盐2克，糖15克，啤酒120克，黄油15克。

表面装饰配方：蛋液15克，白芝麻15克，蒜盐5克，粗盐（以上四种口味任选）。

制作工具或设备：搅拌桶，和面机，笔式测温计，西餐刀，醒发箱，擀面杖，烤盘，烤箱。

制作过程：

① 将干酵母与啤酒一起搅拌后，再加入其他材料（除黄油外）一起搅拌至光滑。

② 加入软化黄油一起揉至面筋扩展后，将面团放搅拌桶中用保鲜膜包好，放醒发箱中发酵60

分钟后翻面，再进行延续发酵20分钟。

③ 将面团分割成每份70克的小面团。

④ 将小面团逐个搓成细长条，圈成圆形，尾端左右交叉扭成螺旋状后，往中间放在圈形上。

⑤ 烤盘上刷油，放上整形好的面团，用保鲜膜覆好，发酵20分钟，涂上蛋液，撒上白芝麻、蒜盐或粗盐。

⑥ 入烤箱，烤箱预热180℃，烤12分钟。

风味特点：**色泽金黄，口味众多，松软富有弹性。**

32. 核桃香草小面包

原料配方：高筋面粉180克，黑麦粉90克，麦麸粉15克，干酵母 5克，无糖酸奶100克，汤种 115克，红糖 25克，海盐 6克，黄油7克，干迷迭香碎1克，新鲜百里香2根，核桃仁 6个。

制作工具或设备：搅拌桶，和面机，笔式测温计，西餐刀，醒发箱，擀面杖，烤盘，烤箱。

制作过程：

① 酸奶加热至温，倒进和面机的搅拌桶中，倒入酵母，静置3分钟，备用。

② 然后加入高筋面粉、黑麦粉、麦麸粉，最后放糖、盐和汤种，先低速搅拌3分钟，均匀成团，然后高速搅拌5分钟，形成面筋，最后加入黄油和干迷迭香碎、新鲜百里香，搅拌形成一光滑面团。

③ 把搅拌桶从和面机中取出，上面盖上保鲜膜或湿毛巾，室温发酵40分钟。

④ 取出面团，在撒了面粉的案板上把面团压扁，核桃仁碎揉到面团里。

⑤ 分割成12个小面团，滚圆，盖上中间发酵10分钟。

⑥ 取出小面团再次滚圆，收口朝下放入烤盘每个表面划一个口，深一点。

⑦ 放入醒发箱最后发酵40分钟。

⑧ 面团表面喷水，入烤箱180℃，烤制25分钟。

风味特点：**色泽金黄，具有香草和核桃的香味。**

33. 糖渣小面包

原料配方：高筋面粉450克，干酵母5克，白糖50克，葡萄干50克，鸡蛋75克，香草粉1克，黄油30克，牛奶150克，水75克。

制作工具或设备：搅拌桶，和面机，笔式测温计，西餐刀，醒发箱，擀面杖，烤盘，烤箱。

制作过程：

① 先将面粉250克过筛，再与溶化好的干酵母和水在搅拌桶中混合均匀，用湿布盖上在30℃醒发箱醒发5小时，面团比原体积发起2倍表面有塌陷现象即好。

② 将发好的一次发酵面团与剩余的面粉200克、白糖50克、鸡蛋75克、黄油30克、香草粉和适量的牛奶、水混合，用搅拌机搅拌使之细腻有韧劲，用湿布盖上在30℃的醒发箱里醒发4小时，面团比原体积发起约2倍表面有塌陷，再在上面撒点面粉将盆周边的面按下去稍揣一揣再次发起。

③ 将发好的面团在面板上分成15个小面剂，再将葡萄干50克分别包在15个小面剂中，用手搓成小圆团面球，接口朝下放入抹油的铁烤盘上，在光滑的上表面上撒上白糖。

④ 然后送入30℃温室醒发至原来体积的1倍。

⑤ 送入180℃烤炉里，烘烤15分钟至表面呈黄色即可。

风味特点： 色泽金黄，焦香膨松。

34. 苹果糖酱小面包

原料配方： 高筋面粉200克，低筋面粉50克，糖40克，盐2克，酵母3克，鸡蛋25克，牛奶130克，黄油25克，苹果糖酱100克，卡士达馅150克。

制作工具或设备： 搅拌桶，搅拌机，笔式测温计，西餐刀，醒发箱，擀面杖，烤盘，烤箱。

制作过程：

① 将配方中除黄油、苹果糖酱以外的原料放入搅拌机，先放牛奶、蛋液，再放糖、盐，然后将面粉平稳地铺在牛奶上，不要全部没到牛奶里面去。最后在面粉中用手指或小勺挖一个洞，把酵母放进小洞里。搅拌10来分钟后把黄油放进去，一直到面团揉至扩展阶段，面团能拉出薄膜来。

② 放入醒发箱，发至原体积的2倍。

③ 把发酵好的面团放在案板上，分成10块面剂，揉成面团放在木板上，醒10分钟。

④ 把面团翻过面来，底朝上用擀面杖擀一下，在中间抹一点苹果糖酱，把面合拢，将果浆裹在里边，呈半圆形。用刀在外圈剁四道小口，放在抹油的烤盘上，送入醒发箱醒发，发至体积超一倍时，取出，刷一层鸡蛋液。

⑤ 把卡士达馅装入带小圆嘴子的裱花袋里，在小面包坯表面挤上花纹。送入200℃烤炉。大约10分钟，烤上金黄色，熟透出炉。

风味特点： 色泽金黄，表面有漂亮的花纹，质地有弹性。

35. 朗姆酒面包

原料配方： 高筋面粉450克，水230克，干酵母5克，糖70克，改良剂4克，奶粉20克，鸡蛋40克，盐4克，黄油30克，野莓味朗姆酒15克，葡萄干25克。

制作工具或设备： 搅拌桶，搅拌机，笔式测温计，西餐刀，醒发箱，擀面杖，烤盘，烤箱。

制作过程：

① 先将高筋面粉、糖、改良剂、酵母、奶粉、鸡蛋放在搅拌桶中，分次加入水，用搅拌机搅拌。要根据面的湿度放水，如果感觉还是很干，则再逐步放剩下的水，搅拌到面团光滑不沾手。

② 在面团中加入黄油，继续搅拌，将黄油充分与面团揉匀后，加入盐，继续揉，直到可以拉出面筋，光滑不沾手。

③ 将其切成12等份，揉圆，盖上保鲜膜或湿布，静止10分钟。

④ 将面团面朝下，底朝上用手压扁，将空气排出，放入用朗姆酒浸过的葡萄干，将口捏紧，揉圆。

⑤ 揉好后，再将其放入保鲜膜下，盖上湿布静置发酵。至其膨胀到原先面团体积的2倍大时，刷上蛋液。

⑥ 放入已预热180℃的烤箱，烘烤15分钟。

风味特点： 色泽金黄，酒香浓郁。

36. 葡萄干面包

原料配方： 高筋面粉150克，细砂糖25克，盐2克，酵母2克，奶粉10克，牛奶40克，原味酸奶30克，蛋黄30克，无盐黄油25克，葡萄干50克。

制作工具或设备： 搅拌桶，搅拌机，笔式测温计，西餐刀，醒发箱，擀面杖，烤盘，烤箱。

制作过程：

① 将高筋面粉、细砂糖、酵母、奶粉、牛奶、原味酸奶、蛋黄等放在搅拌桶中，分次加入水，用搅拌机搅拌，形成面筋扩展的面团。

② 加入黄油继续搅拌成光滑的面团。

③ 再加入葡萄干慢速搅拌均匀。

④ 面团盖上保鲜膜放入醒发箱发酵90分钟，滚圆松弛15分钟。

⑤ 将面团用擀面杖擀成长28厘米，宽14厘米，从一边卷成圆柱体，再圈成圈，放入烤盘内。

⑥ 最后发酵60分钟，至面包坯变为原来体积的2倍。

⑦ 在面包坯表面均匀地刷上蛋液。

⑧ 放入已预热的烤箱中，以180℃烘烤约30分钟。

风味特点：**色泽金黄，葡萄干香甜，面包松软。**

37. 核桃仁面包

原料配方：高筋面粉300克，温水60毫升，牛奶100毫升，白糖20克，盐2克，酵母3克，黄油25克，核桃仁50克。

制作工具或设备：搅拌桶，搅拌机，笔式测温计，西餐刀，醒发箱，擀面杖，烤盘，烤箱。

制作过程：

① 酵母放入温水里面搅拌充分溶解后，加入白糖搅拌再次充分溶解，盐放入高筋面粉，先慢慢一边搅拌一边倒入高筋粉里面，倒完了再慢慢倒入牛奶，先用低速搅拌成团，然后高速搅拌形成面筋，最后加入黄油，搅拌成光滑的面团。

② 放在醒发箱中发酵到原来面团体积的2倍大，时间根据温度而定。

③ 拿出来用手挤压出里面的气泡，揉5分钟，分成2块，用擀面杖擀开，撒上核桃碎仁，然后卷起来，两头收口。

④ 烤盘内部涂油，将面包坯放入烤盘，上面用西餐刀割几道痕，再发酵成原来体积的2倍，发好以后在上面撒上面粉。

⑤ 烤箱预热180℃，烤15分钟。

风味特点：**色泽金黄，具有核桃坚果和面粉的香味。**

38. 马铃薯面包

原料配方：马铃薯全粉20克，高筋面粉100克，水60克，鲜酵母2克，盐2克，糖10克，黄油20克。

制作工具或设备：搅拌桶，和面机，笔式测温计，西餐刀，醒发箱，擀面杖，烤盘，烤箱。

制作过程：

① 马铃薯全粉、面粉过筛，酵母放在2~3倍的30℃水中活化，盐、糖溶于水。

② 一次发酵法是将除黄油外所有原料放入和面机内先缓慢搅拌2分钟左右，加油后再中速搅拌约15分钟至面团光滑，取出放在温度26~28℃的发酵室发酵2~3小时。

③ 将发酵成熟后的面团分块，搓圆，静置15分钟左右使面团松弛。

④ 小圆面包可在分块、搓圆后直接装烤盘。在温度 38℃、相对湿度 85%的条件下醒发40分钟。棍子面包的成形方法：将搓成圆形的面团压片、折叠2~3次，将压成薄片的面团卷成圆柱形，要

求卷紧，双手将面团再搓动几下便成为长棒状，要求搓好的面包坯粗细基本一样，然后放入烤盘醒发。

⑤ 醒发好的面包坯于表面切裂口后送入烤炉。

⑥ 在面包坯表面喷水以增加湿度，一般为185℃，焙烤10~30分钟。

⑦ 出炉后的面包趁热于表面刷油，晾至室温后包装。

风味特点：**色泽金黄光亮，口感松软。**

39. 意大利番茄面包

原料配方：高筋面粉300克，干酵母2克，糖12克，盐1克，奶粉10克，黑胡椒1克，色拉油15克，番茄酱50克，温水150克。

制作工具或设备：搅拌桶，和面机，笔式测温计，西餐刀，醒发箱，擀面杖，烤盘，烤箱。

制作过程：

① 酵母溶于温水，将除番茄酱、黑胡椒外的所有材料混合成面团，再搅拌15~20分钟。

② 面团盖上保鲜膜，放温暖潮湿处发酵至2.5倍大。

③ 发酵好的面团，分割成12个面剂子，逐个擀薄，抹上番茄酱，撒上黑胡椒，卷成卷，盖保鲜膜，松弛10分钟。

④ 整理形状，放到烤盘上，表面刷牛奶，进行二次发酵。

⑤ 烤箱预热180℃，中下层，烤制20分钟左右即可。

风味特点：**色泽金黄，具有番茄的甜香味。**

40. 瑞士水果面包

原料配方：高筋面粉350克，干酵母2克，白糖15克，盐2克，奶粉10克，黄油15克，温水160克，苹果 1个，菠萝 4片，葡萄干15克，红糖15克，肉桂粉1克。

制作工具或设备：搅拌桶，和面机，笔式测温计，西餐刀，醒发箱，擀面杖，烤盘，烤箱。

制作过程：

① 将高筋面粉、干酵母、白糖、盐、奶粉等材料按顺序放进和面机做成面团，20分钟后加入软化的黄油，搅拌成面筋扩展表面光滑的面团。

② 将做好的面团拿出揉去气泡，擀成长方形的大面片。

③ 把肉桂粉撒在面片上，铺上苹果、菠萝、葡萄干。

④ 把面皮从宽边片卷起来，像做蛋糕卷一样。

⑤ 左右两端接起来，放进烤盘中。

⑥ 发酵1小时左右，刷上蛋液，入180℃，烤30分钟左右。

风味特点：**色泽金黄，具有各种水果的香味。**

三、调理面包（Conditioning bread）

1. 基本比萨（图5-15）

原料配方：

饼皮配方（基本饼皮可以制作11寸/1个、8寸/2个、5寸/5个）：干酵母3克，温水165克，普通面粉300克，糖15克，盐2克，软化黄油30克。

基本比萨汁配方：洋葱1/4个，大蒜头1瓣，黄油10克，番茄酱50克，水100克，盐3克，黑胡椒粉2克，比萨香草2克，糖10克，马苏里拉奶酪80克。

制作工具或设备： 煮锅，搅拌机，笔式测温计，轮刀，西餐叉，醒发箱，比萨烤盘，烤箱。

制作过程：

① 酵母与水、面粉、糖、盐等放入搅拌桶中，搅拌成面团。

② 加入软化黄油基本10分钟到表面光滑有弹性，然后放在醒发箱中盖好发酵2小时（冬天要3小时），面团体积比原来大一倍就好。

③ 案板上撒上干面粉，把发好的面团倒在上面分成需要的份数，再发酵15分钟。

④ 擀成圆饼，铺在比萨烤盘上，整理好形状，边缘要厚点。

⑤ 用叉子在饼皮上刺洞，以免烤时鼓起。

⑥ 基本比萨汁调制。把洋葱和大蒜头去皮剁碎；炒锅加热，加黄油炒香洋葱、蒜末；加入剩下的番茄酱、盐、黑胡椒粉、比萨香草、糖、水等炒匀，烧开煮浓即可。

⑦ 烤箱预热210℃，放在烤箱下层，烤20~25分钟，取出撒上乳酪丝，继续烤5~10分钟即可。

风味特点： **色泽艳丽，口味多样。**

附：

6寸比萨原料组合配方：

饼皮配方（干酵母1克，中筋面粉75克，糖5克，盐2克，黄油8克，温水35克），比萨汁调味料包（黄油8克，糖5克，盐2克，黑胡椒粉1克，比萨香草1克）以及刨成丝的马苏里拉奶酪40克。

8寸比萨原料组合配方：

饼皮配方（干酵母2克，中筋面粉150克，糖10克，盐3克，黄油15克，温水75克），比萨汁调味料包（黄油10克，糖8克，盐3克，黑胡椒粉1.5克，比萨香草1.5克）以及刨成丝的马苏里拉奶酪80克。

9寸比萨原料组合配方：

饼皮配方（干酵母3克，中筋面粉200克，糖15克，盐4克，黄油25克，温水110克），比萨汁调味料包（黄油15克，糖10克，盐4克，黑胡椒粉2克，比萨香草2克）以及刨成丝的马苏里拉奶酪100克。

2. 家常比萨

原料配方：

饼皮配方（8英寸PIZZA盘）：干酵母2克，温水90克，中筋面粉150克，糖10克，盐3克，橄榄油 10克。

比萨汁配方：洋葱1/4个，蒜头3瓣，橄榄油8克，番茄沙司50克，水110克，糖10克，盐3克，胡椒1克，比萨香草2克。

比萨饼面材料：马苏里拉奶酪80克，红椒丝35克，火腿丝75克，甜玉米粒50克，青椒丝35克。

制作工具或设备： 煮锅，搅拌机，笔式测温计，轮刀，西餐叉，醒发箱，比萨烤盘，烤箱。

制作过程：

① 温水溶于酵母，搅拌均匀，静置10分钟备用。

② 与面粉、糖、盐等放入搅拌桶中搅拌混合成面团，再将橄榄油揉进面团。

③ 加了油揉好的面团，盖上保鲜膜，放醒发箱中发酵。

④ 比萨汁的调制。将洋葱蒜头剁碎；炒锅加热，放入橄榄油，将剁碎的洋葱，蒜头放入，炒香（颜色开始变黄）；将番茄沙司、水、糖、盐、黑胡椒粉、比萨香草全部加入，烧开煮浓，关火即成比萨汁。

⑤ 面团取出，滚圆，放比萨烤盘上松弛10分钟。

⑥ 待面团松弛完成，用手推匀，直到将其推到盖满比萨烤盘，成一个饼。边上稍注意一点，给推个边起来，上面用牙签扎孔。

⑦ 将比萨汁淋到面饼上，边缘就不抹了。抹好之后，铺一些奶酪丝和红椒丝、火腿丝、甜玉米粒、青椒丝等饼面材料。

⑧ 饼皮边缘刷上鸡蛋液。

⑨ 烤箱预热200℃。

⑩ 将比萨入烤箱中下层，以200℃，上下火，烤制15分钟，取出，将剩余的奶酪丝铺上，入烤箱，再烤5分钟左右，奶酪丝化掉，即可。

风味特点： 色泽艳丽，口味多样。

3. 什锦海鲜比萨（图5-16）

原料配方：

饼皮配方（6英寸PIZZA盘）：干酵母1克，中筋面粉75克，糖5克，盐2克，黄油8克，水35克。

比萨汁配方：黄油8克，糖5克，盐2克，黑胡椒粉1克，比萨香草1克。

饼面材料：马苏里拉奶酪40克，各种海鲜共300克。

制作工具或设备： 煮锅，搅拌机，笔式测温计，轮刀，西餐叉，醒发箱，比萨烤盘，烤箱。

制作过程：

① 饼皮调制。把面团配方中所有原料（黄油除外）放入搅拌桶中，一起用低速搅拌5分钟，然后用高速搅拌8分钟。加入黄油再用低速搅拌2分钟，高速搅拌5分钟，形成均匀光滑的面团，搅拌完成的面团理想温度为28℃。将面团盖上保鲜膜放入醒发箱基本醒发20分钟，至原来面团体积的2~3倍大。

② 案板上撒上干面粉，把发好的面团倒在上面分成需要的份数，再发酵15分钟；然后擀成圆饼，铺在比萨烤盘上，整理好形状，边缘要厚点；用叉子在饼皮上刺洞，以免烤时鼓起。

③ 比萨汁调制。将洋葱蒜头剁碎；炒锅加热，放入黄油，将剁碎的洋葱，蒜头放入，炒香（颜色开始变黄）；将番茄沙司、水、糖、盐、黑胡椒粉、比萨香草全部加入，烧开煮浓，关火即成比萨汁。

④ 面皮做好刺洞，抹上比萨汁，边缘不涂。虾仁洗净挑去泥肠、新鲜干贝横切片、蟹肉、蛤蜊烫过、墨鱼切成短条、蟹肉棒撕碎。任选海鲜共300克排在饼皮上，铺上一部分奶酪丝。

⑤ 将比萨入烤箱中下层，以200℃，上下火，烤制15分钟，取出，将剩余的奶酪丝铺上，入烤箱，再烤5分钟左右，奶酪丝化掉，即可。

风味特点： 色泽艳丽，海鲜味浓。

4. 火腿橄榄比萨

原料配方：

饼皮配方（8英寸PIZZA盘）：干酵母2克，中筋面粉150克，糖10克，盐2克，黄油12克，水75克。

比萨汁配方：黄油8克，糖5克，盐2克，黑胡椒粉1克，比萨香草1克。

饼面材料：马苏里拉奶酪40克，美式火腿片100克，黑橄榄、绿橄榄各8粒，蘑菇40克，青椒60克。

制作工具或设备：煮锅，搅拌机，笔式测温计，轮刀，西餐叉，醒发箱，比萨烤盘，烤箱。

制作过程：

① 饼皮调制。把面团配方中所有原料（黄油除外）放入搅拌桶中，一起用低速搅拌5分钟，然后用高速搅拌8分钟。加入黄油再用低速搅拌2分钟，高速搅拌5分钟，形成均匀光滑的面团，搅拌完成的面团理想温度为28℃。将面团盖上保鲜膜放入醒发箱基本醒发20分钟，至原来面团体积的2~3倍大。

② 案板上撒上干面粉，把发好的面团倒在上面分成需要的份数，再发酵15分钟；然后擀成圆饼，铺在比萨烤盘上，整理好形状，边缘要厚点；用叉子在饼皮上刺洞，以免烤时鼓起。

③ 比萨汁调制。将洋葱蒜头剁碎；炒锅加热，放入黄油，将剁碎的洋葱，蒜头放入，炒香（颜色开始变黄）；将番茄沙司、水、糖、盐、黑胡椒粉、比萨香草全部加入，烧开煮浓，关火即成比萨汁。

④ 面皮做好刺洞，抹上比萨汁，边缘不涂；火腿切成小三角形，橄榄、蘑菇切片，青椒切丝，排在饼皮上，再铺上一部分奶酪丝。

⑤ 将比萨入烤箱中下层，以200℃，上下火，烤制15分钟，取出，将剩余的奶酪丝铺上，入烤箱，再烤5分钟左右，奶酪丝化掉，即可。

风味特点： **色泽艳丽，火腿橄榄味浓。**

5. 辣椒牛肉丸比萨

原料配方：

饼皮配方（9英寸PIZZA盘）：干酵母3克，中筋面粉200克，糖15克，盐2克，黄油15克，水85克。

比萨汁配方：黄油8克，糖5克，盐2克，黑胡椒粉1克，比萨香草1克。

饼面材料：马苏里拉奶酪40克，牛肉糜180克，鸡蛋1个，盐3克，黑胡椒粉2克，红辣椒3根，蘑菇40克，黑橄榄6粒。

制作工具或设备：煮锅，搅拌机，笔式测温计，轮刀，西餐叉，醒发箱，比萨烤盘，烤箱。

制作过程：

① 饼皮调制。把面团配方中所有原料（黄油除外）放入搅拌桶中，一起用低速搅拌5分钟，然后用高速搅拌8分钟。加入黄油再用低速搅拌2分钟，高速搅拌5分钟，形成均匀光滑的面团，搅拌完成的面团理想温度为28℃。将面团盖上保鲜膜放入醒发箱基本醒发20分钟，至原来面团体积的2~3倍大。

② 案板上撒上干面粉，把发好的面团倒在上面分成需要的份数，再发酵15分钟；然后擀成圆饼，铺在比萨烤盘上，整理好形状，边缘要厚点；用叉子在饼皮上刺洞，以免烤时鼓起。

③ 比萨汁调制。将洋葱蒜头剁碎；炒锅加热，放入黄油，将剁碎的洋葱，蒜头放入，炒香（颜色开始变黄）；将番茄沙司、水、糖、盐、黑胡椒粉、比萨香草全部加入，烧开煮浓，关火即成比萨汁。

④ 面皮做好刺洞，抹上比萨汁，边缘不涂。

⑤ 牛肉糜加上鸡蛋、盐、黑胡椒粉搅拌均匀，做成40个肉丸，排列在饼面上，再将红辣椒、

蘑菇、黑橄榄等切片排上，再铺上一部分奶酪丝。

⑥ 将比萨入烤箱中下层，以200℃，上下火，烤制15分钟，取出，将剩余的奶酪丝铺上，入烤箱，再烤5分钟左右，奶酪丝化掉，即可。

风味特点：**色泽艳丽，具有各种蔬菜和肉丸的香味。**

6. 培根洋葱比萨

原料配方：

饼皮配方（9英寸PIZZA盘）：干酵母3克，中筋面粉200克，糖15克，盐2克，黄油15克，水85克。

比萨汁配方：黄油8克，糖5克，盐2克，黑胡椒粉1克，比萨香草1克。

饼面材料：马苏里拉奶酪40克，培根100克，洋葱100克。

制作工具或设备：煮锅，搅拌机，笔式测温计，轮刀，西餐叉，醒发箱，比萨烤盘，烤箱。

制作过程：

① 饼皮调制。把面团配方中所有原料（黄油除外）放入搅拌桶中，一起用低速搅拌5分钟，然后用高速搅拌8分钟。加入黄油再用低速搅拌2分钟，高速搅拌5分钟，形成均匀光滑的面团，搅拌完成的面团理想温度为28℃。将面团盖上保鲜膜放入醒发箱基本醒发20分钟，至原来面团体积的2~3倍大。

② 案板上撒上干面粉，把发好的面团倒在上面分成需要的份数，再发酵15分钟；然后擀成圆饼，铺在比萨烤盘上，整理好形状，边缘要厚点；用叉子在饼皮上刺洞，以免烤时鼓起。

③ 比萨汁调制。将洋葱蒜头剁碎；炒锅加热，放入黄油，将剁碎的洋葱，蒜头放入，炒香（颜色开始变黄）；将番茄沙司、水、糖、盐、黑胡椒粉、比萨香草全部加入，烧开煮浓，关火即成比萨汁。

④ 面皮做好刺洞，抹上比萨汁，边缘不涂；培根100克，洋葱100克切片，铺在饼上，再铺上一部分奶酪丝。

⑤ 将比萨入烤箱中下层，以200℃，上下火，烤制15分钟，取出，将剩余的奶酪丝铺上，入烤箱，再烤5分钟左右，奶酪丝化掉，即可。

风味特点：**色泽艳丽，具有洋葱的甜香味。**

7. 鸡丝芙蓉比萨

原料配方：

饼皮配方（9英寸PIZZA盘）：干酵母3克，中筋面粉200克，糖15克，盐2克，黄油15克，水85克。

比萨汁配方：黄油8克，糖5克，盐2克，黑胡椒粉1克，比萨香草1克。

饼面材料：马苏里拉奶酪40克，鸡脯肉100克，蘑菇50克，鸡蛋2个，豌豆25克，玉米15克，胡萝卜丁15克，盐3克，黑胡椒粉2克。

制作工具或设备：煮锅，搅拌机，笔式测温计，轮刀，西餐叉，醒发箱，比萨烤盘，烤箱。

制作过程：

① 饼皮调制。把面团配方中所有原料（黄油除外）放入搅拌桶中，一起用低速搅拌5分钟，然后用高速搅拌8分钟。加入黄油再用低速搅拌2分钟，高速搅拌5分钟，形成均匀光滑的面团，搅拌完成的面团理想温度为28℃。将面团盖上保鲜膜放入醒发箱基本醒发20分钟，至原来面团体积的2~3倍大。

② 案板上撒上干面粉，把发好的面团倒在上面分成需要的份数，再发酵15分钟；然后擀成圆饼，铺在比萨烤盘上，整理好形状，边缘要厚点；用叉子在饼皮上刺洞，以免烤时鼓起。

③ 比萨汁调制。将洋葱蒜头剁碎；炒锅加热，放入黄油，将剁碎的洋葱，蒜头放入，炒香（颜色开始变黄）；将番茄沙司、水、糖、盐、黑胡椒粉、比萨香草全部加入，烧开煮浓，关火即成比萨汁。

④ 面皮做好刺洞，抹上比萨汁，边缘不涂；鸡肉切细丝，蘑菇切片和鸡蛋、豌豆、玉米、胡萝卜丁、盐、黑胡椒粉等搅拌均匀，撒在面皮上，再铺上一部分奶酪丝。

⑤ 将比萨入烤箱中下层，以200℃，上下火，烤制15分钟，取出，将剩余的奶酪丝铺上，入烤箱，再烤5分钟左右，奶酪丝化掉，即可。

风味特点：**色泽艳丽，具有鸡肉的香味。**

8. 煎锅比萨

原料配方：

饼皮配方（9英寸PIZZA盘）：干酵母3克，中筋面粉200克，糖15克，盐2克，黄油15克，水85克。

辅料配方：芝士50克，鸡肉35克，火腿25克，玉米50克，胡萝卜35克，碗豆50克，红葱头35克，泰式酸甜酱100克。

制作工具或设备：煎锅，搅拌机，笔式测温计，轮刀，西餐叉，醒发箱。

制作过程：

① 辅料加工调制。将鸡肉切粒，火腿切粒，红葱切块；锅里放少许油爆红葱头，放入全部用料倒入甜辣酱炒熟待用。

② 饼皮调制。把面团配方中所有原料（黄油除外）放入搅拌桶中，一起用低速搅拌5分钟，然后用高速搅拌8分钟。加入黄油再用低速搅拌2分钟，高速搅拌5分钟，形成均匀光滑的面团，搅拌完成的面团理想温度为28℃。将面团盖上保鲜膜放入醒发箱基本醒发20分钟，至原来面团体积的2~3倍大。

③ 案板上撒上干面粉，把发好的面团倒在上面分成需要的份数，再发酵15分钟；然后擀成圆饼，铺在比萨烤盘上，整理好形状。

④ 锅里放油烧热，用小火先煎一面，再反面煎放料这边，上面撒少许芝士。

⑤ 再把炒熟的用料抹平放在饼上，再撒芝士，用锅盖盖着焗一会儿，待芝士溶化即可切件装盘。

风味特点：**色泽艳丽，具有各种原料的香味和芝士香味。**

9. 爱情比萨

原料配方：

饼皮配方（9英寸PIZZA盘）：干酵母3克，中筋面粉200克，糖15克，盐2克，黄油15克，水85克。

辅料配方：番茄酱120克，洋葱丝50克，火腿片35克，玉米粒50克，豌豆粒35克，奶酪丝65克，番茄35克。

制作工具或设备：煎锅，搅拌机，笔式测温计，轮刀，西餐叉，醒发箱，比萨烤盘，烤箱。

制作过程：

① 饼皮调制。把面团配方中所有原料（黄油除外）放入搅拌桶中，一起用低速搅拌5分钟，

然后用高速搅拌8分钟。加入黄油再用低速搅拌2分钟，高速搅拌5分钟，形成均匀光滑的面团，搅拌完成的面团理想温度为28℃。将面团盖上保鲜膜放入醒发箱基本醒发20分钟，至原来面团体积的2~3倍大。

② 案板上撒上干面粉，把发好的面团倒在上面分成需要的份数，再发酵15分钟；然后擀成圆饼，铺在比萨烤盘上，整理好形状。

③ 在发酵好的面皮上先用叉子叉几下，然后抹上一层番茄酱，再铺上玉米粒、豌豆粒、火腿片、洋葱丝、番茄丝，最后撒上厚厚的一层奶酪丝（根据个人口味），烤箱预热180℃，烤20分钟左右即可。

风味特点：**色泽艳丽，具有爱情般的味道。**

10. 绿花椰三角比萨

原料配方：

饼皮配方（9英寸PIZZA盘）：干酵母3克，中筋面粉200克，糖15克，盐2克，黄油15克，水85克。

辅料配方：盐3克，绿花椰菜750克，熟熏肉200克，番茄糊150克，现磨黑胡椒1/2茶匙，现磨的瑞士艾门塔勒乳酪100克，葵花籽3汤匙，涂在烤盘上的奶油25克。

制作工具或设备：煎锅，搅拌机，笔式测温计，轮刀，西餐叉，醒发箱，比萨烤盘，烤箱。

制作过程：

① 饼皮调制。把面团配方中所有原料（黄油除外）放入搅拌桶中，一起用低速搅拌5分钟，然后用高速搅拌8分钟。加入黄油再用低速搅拌2分钟，高速搅拌5分钟，形成均匀光滑的面团，搅拌完成的面团理想温度为28℃。将面团盖上保鲜膜放入醒发箱基本醒发20分钟，至原来面团体积的2~3倍大。

② 案板上撒上干面粉，把发好的面团倒在上面分成需要的份数，再发酵15分钟；然后擀成圆饼，铺在比萨烤盘上，整理好形状。

③ 利用发面团的时间，煮4000毫升的水，并在水中加入2汤匙盐。清洗绿花椰菜，切成纽扣大小的小花球后，置于煮沸的盐水中烫2分钟。取出花椰菜，浸入冷水后，沥干。将熏肉切成小丁块。

④ 将烤箱调至220℃，预热。在烤盘上涂匀一层奶油。将面皮平铺于烤盘上。在番茄糊中加入1茶匙盐和黑胡椒后，均匀涂刷于面皮上。接着摆绿花椰菜，在其间铺上熏肉丁，最后撒上磨碎的瑞士艾门塔勒乳酪。

⑤ 将比萨放入烤箱中，以200℃先烤10分钟左右；取出比萨，撒上葵花籽，再烤10分钟。

⑥ 将烤好的比萨切成小块的三角形，可随意热食或冷食。

风味特点：**色泽艳丽，具有浓烈的黑胡椒和奶酪的味道。**

11. 河虾仁比萨

原料配方：

饼皮配方（9英寸PIZZA盘）：干酵母3克，中筋面粉200克，糖15克，盐2克，黄油15克，水85克。

比萨汁配方：番茄3个，黄圆葱0.5个，植物油30克，盐2克，糖15克、黑胡椒粉3克。

饼面材料配方：河虾仁75克，青豆50克，青红椒丝各25克，马苏里拉奶酪50克。

制作工具或设备：煎锅，搅拌机，笔式测温计，轮刀，西餐叉，醒发箱，比萨烤盘，烤箱。

制作过程：

① 饼皮调制。把面团配方中所有原料（黄油除外）放入搅拌桶中，一起用低速搅拌5分钟，然后用高速搅拌8分钟。加入黄油再用低速搅拌2分钟，高速搅拌5分钟，形成均匀光滑的面团，搅拌完成的面团理想温度为28℃。将面团盖上保鲜膜放入醒发箱基本醒发20分钟，至原来面团体积的2~3倍大。

② 案板上撒上干面粉，把发好的面团倒在上面分成需要的份数，再发酵15分钟；然后擀成圆饼，铺在比萨烤盘上，整理好形状，边缘要厚点；用叉子在饼皮上刺洞，以免烤时鼓起。

③ 比萨汁调制。植物油烧热后放入圆葱碎炒香变色，然后放番茄丁翻炒均匀，放盐、糖和黑胡椒粉搅匀，一直大火搅动防止烟底直至汤汁收干，盛出来放凉备用。

④ 面皮做好刺洞，抹上比萨汁，边缘不涂；饼上均匀的涂一层酱，然后放一层马苏里拉奶酪。之后撒上青豆、青红椒丝和虾仁段，上面再撒一层马苏里拉奶酪。在面皮边缘刷上牛奶，对折面皮边缘并捏出花纹。

⑤ 将比萨入烤箱中下层，以200℃，上下火，烤制15分钟，取出，将剩余的奶酪丝铺上，入烤箱，再烤5分钟左右，奶酪丝化掉，即可。

风味特点：**色泽艳丽，具有河虾仁的清香味。**

12. 经典比萨

原料配方：

饼皮配方（9英寸PIZZA盘）：干酵母3克，中筋面粉200克，糖15克，盐2克，黄油15克，水85克。

比萨汁配方：番茄3个，黄圆葱0.5个，植物油30克，盐2克，糖15克、黑胡椒粉3克。

饼面材料配方：马苏里拉奶酪110克，腊肉肠100克，火腿30克，洋葱15克，青椒15克，蘑菇10克，黑橄榄5克。

制作工具或设备：煎锅，搅拌机，笔式测温计，轮刀，西餐叉，醒发箱，比萨烤盘，烤箱。

制作过程：

① 饼皮调制。把面团配方中所有原料（黄油除外）放入搅拌桶中，一起用低速搅拌5分钟，然后用高速搅拌8分钟。加入黄油再用低速搅拌2分钟，高速搅拌5分钟，形成均匀光滑的面团，搅拌完成的面团理想温度为28℃。将面团盖上保鲜膜放入醒发箱基本醒发20分钟，至原来面团体积的2~3倍大。

② 案板上撒上干面粉，把发好的面团倒在上面分成需要的份数，再发酵15分钟；然后擀成圆饼，铺在比萨烤盘上，整理好形状，边缘要厚点；用叉子在饼皮上刺洞，以免烤时鼓起。

③ 比萨汁调制。植物油烧热后放入圆葱碎炒香变色，然后放番茄丁翻炒均匀，放盐、糖和黑胡椒粉搅匀，一直大火搅动防止煳底直至汤汁收干，盛出来放凉备用。

④ 面皮做好刺洞，抹上比萨汁，边缘不涂；饼上均匀的涂一层酱，然后放一层马苏里拉奶酪。

⑤ 奶酪搓成细丝，腊肉肠切成薄片，火腿切成小丁，洋葱、青椒切成细丝，蘑菇切成薄片，黑橄榄切成薄片，然后均匀撒上饼面，上面再撒一层马苏里拉奶酪。在面皮边缘刷上牛奶，对折面皮边缘并捏出花纹。

⑥ 将比萨入烤箱中下层，以200℃，上下火，烤制15分钟，取出，将剩余的奶酪丝铺上，入烤箱，再烤5分钟左右，奶酪丝化掉，即可。

风味特点： 色泽艳丽，具有奶酪的香味。

13. 玛格丽特比萨

原料配方：

饼皮配方（9英寸PIZZA盘）：干酵母3克，高筋面粉100克，低筋面粉100克，干酵母粉，温水85克，橄榄油15克，盐2克，白砂糖15克。

比萨汁配方：番茄500克，蒜蓉25克，洋葱碎150克，白糖25克，植物油100克，香叶1片，精盐3克，胡椒粉2克，鲜汤500克。

饼面材料配方：洋葱丝50克，番茄丝35克，芦笋25克，马苏里拉奶酪50克。

制作工具或设备： 煎锅，搅拌机，笔式测温计，轮刀，西餐叉，醒发箱，比萨烤盘，烤箱。

制作过程：

① 饼皮调制。将干酵母粉放入小碗中，用温水拌匀。将高低粉过筛放入搅拌桶中，加入酵母水拌匀，再加入橄榄油、盐、白砂糖、蛋黄，混合后揉成面团。将和好的面团反复揉搓，封上保鲜膜，放入醒发箱，进行基本发酵约35分钟。待面团明显膨胀为2倍大时，将面团取出擀成扁圆面皮，中央用叉子叉出一个个的小洞，放在刷好油的烤盘上等待再次发酵约30分钟。

② 案板上撒上干面粉，把发好的面团倒在上面分成需要的份数，再发酵15分钟；然后擀成圆饼，铺在比萨烤盘上，整理好形状，边缘要厚点；用叉子在饼皮上刺洞，以免烤时鼓起。

③ 比萨汁调制。番茄去皮绞成番茄酱，植物油放入锅中烧热，先下蒜蓉和洋葱碎炒香，再倒入番茄酱，掺入鲜汤，调入白糖、精盐、胡椒粉，接下来放入香叶，待小火将水分收干后，拣去香叶，即成。

④ 将小番茄切块；洋葱切粒；芦笋焯熟备用；奶酪刨丝备用。

⑤ 面皮做好刺洞，抹上比萨汁，边缘不涂；饼上均匀的涂一层酱，然后放一层马苏里拉奶酪。摆上芦笋、番茄块、洋葱粒，上面再撒一层马苏里拉奶酪。在面皮边缘刷上牛奶，对折面皮边缘并捏出花纹。

⑥ 将比萨入烤箱中下层，以200℃，上下火，烤制15分钟，取出，将剩余的奶酪丝铺上，入烤箱，再烤5分钟左右，奶酪丝化掉，即可。

风味特点： 色泽艳丽，具有番茄和芦笋的清香味。

14. 黑胡椒火腿比萨

原料配方：

饼皮配方（9英寸PIZZA盘）：干酵母3克，中筋面粉200克，糖15克，盐2克，黄油15克，水85克。

比萨汁配方：番茄酱120克。

饼面材料配方：番茄酱 2汤匙，奶酪100克，火腿50克，口蘑50克，香菇30克，洋葱20克，黑胡椒3克，黄油15克。

制作工具或设备： 煎锅，搅拌机，笔式测温计，轮刀，西餐叉，醒发箱，比萨烤盘，烤箱。

制作过程：

① 饼皮调制。牛奶中加入40毫升清水，加热至40℃，放入干酵母，搅拌均匀后静置10分钟。将面粉、盐和白砂糖混合后，加入酵母水，揉成面团，加入黄油继续揉到面团光滑，盖上保鲜膜醒置2小时，之后擀成需要的饼底即可。

② 案板上撒上干面粉，把发好的面团倒在上面分成需要的份数，再发酵15分钟；然后擀成圆饼，铺在比萨烤盘上，整理好形状，边缘要厚点；用叉子在饼皮上刺洞，以免烤时鼓起。

③ 火腿切成小片。口蘑洗净切片。香菇洗净后切丝。洋葱洗净切碎，奶酪切成细丝。

④ 面皮做好刺洞，抹上番茄酱，边缘不涂，然后放一层马苏里拉奶酪。再依次撒上火腿片，洋葱碎、香菇丝、口蘑片和黑胡椒，上面再撒一层马苏里拉奶酪。在面皮边缘刷上牛奶，对折面皮边缘并捏出花纹。

⑤ 将比萨入烤箱中下层，以200℃，上下火，烤制15分钟，取出，将剩余的奶酪丝铺上，入烤箱，再烤5分钟左右，奶酪丝化掉，即可。

风味特点：**色泽艳丽，具有各种黑胡椒的香味。**

15. 汉堡包（图5–17）

原料配方：高筋面粉500克，面包改良剂2.5克，酵母5克，白糖50 克，奶粉15克，鸡蛋1个，水约225克，无盐黄油50克，盐5克。

制作工具或设备：搅拌机，笔式测温计，西餐刀，醒发箱，烤盘，烤箱。

制作过程：

① 将高筋面粉、面包改良剂、酵母、白糖、奶粉等倒入搅拌桶里混合拌匀，再加入鸡蛋和水慢速拌成面团再用慢速搅拌3~5分钟加入无盐黄油和盐搅拌至面团光滑有弹性（搅拌至面筋扩展，用手撑开有薄膜即可）静置松弛15分钟。

② 将面团取出分割成12个小面团，分别滚圆并将面团内的大气泡压出，覆盖上保鲜膜或湿毛巾静置松弛10~15分钟，使面筋变软。

③ 整形。用手掌将滚圆松弛后的面团略为压扁一点，表面喷水撒上芝麻放入烤盘中。

④ 将面团放入醒发箱，发酵至原面团体积的2~3倍大，要注意不要让面团表面干掉，可喷水保湿。

⑤ 烤箱预热180℃，面团表面刷蛋水入炉烘烤12~15分钟，出炉后放凉备用。

风味特点：**色泽金黄，表面芝麻均匀，质地香软。**

16. 牛肉汉堡（图5–18）

原料配方：

面团配方：高筋面粉210克，低筋面粉56克，奶粉20克，细砂糖42克，盐1/2茶匙，快速干酵母6克，全蛋30克，水85克，汤种84克，无盐牛油22克。

馅心配方：白芝麻15克，生菜9片，火腿片9片，烟熏乳酪片9片，熟汉堡肉饼9个，番茄片9片，酸黄瓜35克，番茄沙司75克。

制作工具或设备：煎锅，搅拌机，笔式测温计，西餐刀，醒发箱，烤盘，烤箱。

制作过程：

① 将高筋面粉、面包改良剂、酵母、白糖、奶粉和撕成块的汤种等倒入搅拌桶里混合拌匀，再加入鸡蛋和水慢速拌成面团再用慢速搅拌3~5分钟加入无盐黄油和盐搅拌至面团光滑有弹性（搅拌至面筋扩展，用手撑开有薄膜即可）静置松弛15分钟。

② 将面团取出分割成12个小面团，分别滚圆并将面团内的大气泡压出，覆盖上保鲜膜或湿毛巾静置松弛10~15分钟，使面筋变软。

③ 整形。用手掌将滚圆松弛后的面团略为压扁一点，表面喷水撒上芝麻放入烤盘中。

④ 将面团放入醒发箱，发酵至原面团体积的2~3倍大，要注意不要让面团表面干掉，可喷水保湿。

⑤ 烤箱预热180℃，面团表面刷蛋水入炉烘烤12~15分钟，出炉后放凉备用。

⑥ 将面包横切剖开，分别夹上煎熟的熟汉堡肉饼，叠上火腿片、烟熏乳酪片、酸黄瓜片、生菜，浇上番茄沙司，最后盖上面包盖即成。

风味特点：**色泽金黄，外表松软，内部嫩香，荤素搭配。**

17. 鸡腿汉堡

原料配方：

面团配方：高筋面粉210克，低筋面粉56克，奶粉20克，细砂糖42克，盐1/2茶匙，快速干酵母6克，全蛋30克，水85克，汤种84克，无盐牛油22克。

馅心配方：带皮去骨鸡腿肉块100克，番茄片2个，生菜条100克，沙拉酱 1瓶，姜粉2克，蒜粉2克，鸡粉2克，辣椒粉1克，胡椒粉0.3克，食盐6克，味精0.4克，酱油20克，水50克。

制作工具或设备：煎锅，搅拌机，笔式测温计，西餐刀，醒发箱，烤盘，烤箱。

制作过程：

① 将高筋面粉、面包改良剂、酵母、白糖、奶粉和撕成块的汤种等倒入搅拌桶里混合拌匀，再加入鸡蛋和水慢速拌成面团再用慢速搅拌3~5分钟加入无盐黄油和盐搅拌至面团光滑有弹性（搅拌至面筋扩展，用手撑开有薄膜即可）静置松弛15分钟。

② 将面团取出分割成12个小面团，分别滚圆并将面团内的大气泡压出，覆盖上保鲜膜或湿毛巾静置松弛10~15分钟，使面筋变软。

③ 整形。用手掌将滚圆松弛后的面团略为压扁一点，表面喷水撒上芝麻放入烤盘中。

④ 将面团放入醒发箱，发酵至原面团体积的2~3倍大，要注意不要让面团表面干掉，可喷水保湿。

⑤ 烤箱预热180℃，面团表面刷蛋水入炉烘烤12~15分钟，出炉后放凉备用。

⑥ 在制作面包坯的同时，制作馅心。首先，将姜粉、蒜粉、鸡粉、辣椒粉、胡椒粉、食盐、味精、酱油、水等制成腌汁，然后，将腌汁倒入一个干净的保鲜袋中，然后将鸡腿块放进保鲜袋，再把保鲜袋打结以防腌汁漏出，将保鲜袋反复搅动0.5小时，再静置1小时左右。最后，将腌制好的鸡腿肉于平底锅中煎熟。

⑦ 将面包横切剖开，涂上一层色拉酱，然后放上番茄片，少量生菜，再涂上少量色拉酱，放上熟的鸡腿块，涂上一点色拉酱，最后盖上一片面包。

风味特点：**色泽金黄，外软内嫩，荤素搭配，具有鸡肉的香味。**

18. 猪肉汉堡

原料配方：高筋面粉500克，面包改良剂2.5克，酵母5克，白糖50 克，奶粉15克，鸡蛋1个，水约225克，无盐黄油50克，盐5克。

馅心配方：猪肉馅200克，洋葱20克，胡萝卜10克，鸡蛋1个，番茄30克，生菜2片，料酒5毫升，盐5克，番茄酱10毫升，橄榄油10毫升。

制作工具或设备：煎锅，搅拌机，笔式测温计，西餐刀，醒发箱，烤盘，烤箱。

制作过程：

① 将高筋面粉、面包改良剂、酵母、白糖、奶粉等倒入搅拌桶里混合拌匀，再加入鸡蛋和水

慢速拌成面团再用慢速搅拌3~5分钟加入无盐黄油和盐搅拌至面团光滑有弹性（搅拌至面筋扩展，用手撑开有薄膜即可）静置松弛15分钟。

② 将面团取出分割成12个小面团，分别滚圆并将面团内的大气泡压出，覆盖上保鲜膜或湿毛巾静置松弛10~15分钟，使面筋变软。

③ 整形。用手掌将滚圆松弛后的面团略为压扁一点，表面喷水撒上芝麻放入烤盘中。

④ 将面团放入醒发箱，发酵至原面团体积的2~3倍大，要注意不要让面团表面干掉，可喷水保湿。

⑤ 烤箱预热180℃，面团表面刷蛋水入炉烘烤12~15分钟，出炉后放凉备用。

⑥ 在制作面包坯的同时，制作馅心。首先，猪肉馅中加入洋葱碎，胡萝卜碎，调入鸡蛋液，盐和料酒，用筷子沿同一方向搅打均匀，至肉馅呈黏稠状，将搅打好的肉馅分成2块，压扁成0.5厘米厚和汉堡胚面积相同的饼状；其次，中火烧热平底锅中的油，放入制好的猪肉饼煎至熟透时取出。

⑦ 将面包横切剖开，涂上一层番茄酱，夹入生菜叶，番茄圆片，煎熟的猪肉饼，再淋上番茄酱即可。

风味特点：**色泽金黄，表面芝麻均匀，质地香软。**

19. 三文鱼奶酪汉堡

原料配方：

面包配方：高筋面粉500克，面包改良剂2.5克，酵母5克，白糖50 克，奶粉15克，鸡蛋1个，水约225克，无盐黄油50克，盐5克。

馅心配方：烟熏三文鱼180克，生菜30克，番茄片40克，薯条1包，瑞士奶酪40克，黄油20克，番茄酱35克，法香枝1个。

制作工具或设备：煎锅，搅拌机，笔式测温计，西餐刀，醒发箱，烤盘，烤箱。

制作过程：

① 将高筋面粉、面包改良剂、酵母、白糖、奶粉等倒入搅拌桶里混合拌匀，再加入鸡蛋和水慢速拌成面团再用慢速搅拌3~5分钟加入无盐黄油和盐搅拌至面团光滑有弹性（搅拌至面筋扩展，用手撑开有薄膜即可）静置松弛15分钟。

② 将面团取出分割成12个小面团，分别滚圆并将面团内的大气泡压出，覆盖上保鲜膜或湿毛巾静置松弛10~15分钟，使面筋变软。

③ 整形。用手掌将滚圆松弛后的面团略为压扁一点，表面喷水撒上芝麻放入烤盘中。

④ 将面团放入醒发箱，发酵至原面团体积的2~3倍大，要注意不要让面团表面干掉，可喷水保湿。

⑤ 烤箱预热180℃，面团表面刷蛋水入炉烘烤12~15分钟，出炉后放凉备用。

⑥ 将面包分为两半，并将中心面朝上排在一起，将生菜番茄片洋葱片，放在烤好的底层面包上。将烟熏三文鱼放在有蔬菜的面包上，然后放上瑞士奶酪，最后将上片面包放在上面，将其放在盘中，配上法香枝做装饰，最后放上薯条。

风味特点：**色泽金黄，质地香软，具有奶酪的香味。**

20. 热狗面包（图5-19）

原料配方：高筋面粉200克，低筋面粉50克，干酵母3克，细砂糖25克，盐2.5克，奶粉1大匙，黄油30克，全蛋25克，牛奶130克，肉肠8根。

制作工具或设备：煎锅，搅拌机，笔式测温计，西餐刀，醒发箱，烤盘，烤箱。

制作过程：

① 将面团原料中除黄油以外所有的原料放入搅拌桶中，搅拌至面团出筋。

② 加入黄油，继续搅拌至扩展状态。

③ 将面团放入搅拌桶中，盖保鲜膜，放醒发箱中，进行基础发酵。

④ 基础发酵结束后，将面团分割成60克左右一份，滚圆后松弛15分钟。

⑤ 将面团压扁，擀成宽度与肉肠长度相同的椭圆形，再将边角拉开，成长方形。

⑥ 将肉肠一根放在中间，两边包起来捏紧。

⑦ 在包好的面团上均匀切5刀，分成6块，底边不切断，要连在一起。

⑧ 将切好的小圆形一交叉向两边翻开即成。

⑨ 排入烤盘，送入烤箱或微波炉或醒发箱进行最后发酵。（烤箱或微波炉里放一碗热水以增加湿度。）

⑩ 发酵完成的团面表面刷蛋液，送入预热180℃的烤箱，中层，上下火，烤制15分钟。

风味特点：**色泽金黄，外酥里嫩。**

21. 汤种热狗面包

原料配方：

汤种配方：高筋面粉75克，细砂糖6克，热水150克，黄油30克。

面团配方：高粉225克，细砂糖35克，牛奶110克，盐3克，酵母4.5克，鸡蛋30克，奶粉12克。

配料：热狗肠12根。

制作工具或设备：煎锅，搅拌机，笔式测温计，西餐刀，醒发箱，烤盘，烤箱。

制作过程：

① 汤种调制。将黄油切成小块，加入热水，煮至沸腾，然后加入高筋面粉和细砂糖，搅拌均匀，揉成团。放凉后表面抹油，放冰箱冷藏18~24小时。

② 将汤种面团取出回温软化。

③ 将所有原料放在搅拌桶中，加上撕成块的汤种面团，中速搅拌至扩展阶段。

④ 将面团放入醒发箱中，进行基础发酵。

⑤ 基础发酵结束后，将面团翻面排气。

⑥ 将面团分割成50克左右一份，滚圆后松弛15分钟。

⑦ 松弛好的面团擀成长椭圆形，翻面后将长底边压薄。

⑧ 自上而下卷成条状，再搓长（若不容易搓长就再松弛几分钟）。

⑨ 将面条卷在热狗肠上，两头要缠好，免得最后发酵时爆开。

⑩ 整好形的面包坯送入醒发箱，进行最后发酵。

⑪ 最后发酵结束后表面刷蛋液，撒少许芝麻。

⑫ 入预热180℃的烤箱，中层，上下火，烤制15分钟。

风味特点：**色泽金黄，口感柔软。**

22. 葱花热狗

原料配方：

面团配方：高筋面粉200克，低筋面粉100克，干酵母6克，盐6克，细砂糖30克，奶粉12克，全蛋60克，水65克，汤种75克，无盐黄油45克，脆皮热狗肠10根。

表面葱花馅配方：葱花25克，全蛋液25克，色拉油1匙，盐1／2小匙，黑胡椒粉1小匙。

制作工具或设备：煎锅，搅拌机，笔式测温计，西餐刀，醒发箱，烤盘，烤箱。

制作过程：

① 葱花馅调制。将葱花、全蛋液、色拉油、盐、黑胡椒粉等拌匀在一起即可。

② 汤种调制。面粉和水比例1：5。另取20克面粉加上100克水搅拌均匀，放入小盆中以电磁炉小火，一边加热边不断搅拌至65℃左右离火（搅拌时出现纹路，面糊略浓稠），盖上保鲜膜降至室温或冷藏24小时后使用。

③ 酵母溶入温水中搅拌均匀，静置10分钟。

④ 在搅拌桶中依次放入盐、糖、蛋液、汤种、高筋面粉、低筋面粉、奶粉，最后倒入酵母水，中速搅拌12分钟，面团搅拌成团时加入软化过的黄油，搅拌至面团光滑可拉出薄膜。

⑤ 将搅拌好的面团放到醒发箱中，进行基础发酵至原来面团体积的2~3倍大。（可以在烤箱中进行，空烤箱打开电源预热至40℃10分钟后关掉，底层放热水，中层放面团温度28℃，湿度75%，时间约1小时。）用手指沾干面粉，戳洞到面团底部，如果不回弹就表示基础发酵完成，反之则表示没完成。

⑥ 取出面团，揉匀排气，分成9个小面团，每个约60克，滚圆盖湿布，中间发酵10分钟。

⑦ 小面团收口朝下按扁，从中间往上下擀成椭圆形，翻面，收口朝上，放上热狗肠后卷成长条状，用切面刀切割4刀，不要切断。将头尾交叉错开，再将所有切割面翻朝上。

⑧ 放入醒发箱，进行最后发酵。温度38℃，相对湿度85%左右，时间约40分钟，不要超过1小时。

⑨ 发酵完成的面团刷上蛋水，放葱花馅，撒白芝麻，185℃烤15分钟左右。

风味特点：**色泽金黄，葱香浓郁。**

23. 简易热狗

原料配方：热狗香肠（或火腿肠）4根，圆白菜4片，胡萝卜半根，色拉油25克，盐3克，胡椒1克，长面包4个，黄油25克，番茄酱（根据口味也可以用蛋黄酱或调制的芥末酱）75克。

制作工具或设备：煎锅，西餐刀，烤盘，烤箱。

制作过程：

① 用刀在香肠上划出斜纹。

② 将圆白菜和胡萝卜切成丝。

③ 在平底锅中倒入两小勺油，加热后放入香肠略煎。

④ 倒入圆白菜和胡萝卜丝，略炒一下，撒上盐和胡椒。

⑤ 将长面包在微波炉中稍微加热，从中间切开，涂上黄油，夹入香肠和菜丝。

⑥ 最后将番茄酱挤在上面。

风味特点：**色泽金黄，荤素搭配。**

24. 肉松热狗

原料配方：高筋面粉500克，水300克，新鲜酵母18克，改良剂1克，细砂糖120克，盐7克，奶粉20克，全蛋60克，奶油60克，热狗肠20根，肉松200克，蛋黄酱100克。

制作工具或设备：煎锅，搅拌机，笔式测温计，西餐刀，醒发箱，烤盘，烤箱。

制作过程：

① 把除黄油外的所有面团材料搅拌成团，再加入黄油继续搅拌至面筋扩展完成阶段。

② 面团放在温暖湿润处，进行基础发酵至2~2.5倍大。

③ 将面团取出排气，分割成每个约60克的小面团，滚圆，松弛15分钟。

④ 将中间发酵完成的面团擀开成长方形；包入一根热狗后，用刀割7刀（注意要把热狗割断，但不要把面团全割断），然后两边交叉摆放，排入烤盘，在醒发箱中进行最后发酵。

⑤ 在最后发酵完成后，再在面团表面刷全蛋液。

⑥ 入预热180℃的烤箱，中层上下火，约15分钟即可。

⑦ 待冷却后，在中间挤上蛋黄酱，撒上肉松即可。

风味特点：**色泽金黄，肉松干香，热狗肠油润。**

25. 奶酪火腿三明治（图5-20）

原料配方：法棍面包1段，火腿片12片，奶酪12片，番茄片12片，生菜叶50克，芥末酱75克。

制作工具或设备：西餐刀。

制作过程：

① 将面包从横断面剖开，取底下的那片面包，在其上面抹上适量芥末酱。

② 然后依次铺上生菜叶、火腿片、奶酪片、番茄片，挤上芥末酱。

③ 最后，再用上面的那片面包将其覆盖，即可食用。

风味特点：**几何体成形，荤素搭配，营养丰富。**

26. 鸡蛋三明治（图5-21）

原料配方：咸面包片3片，鸡蛋2只，薄方火腿2片，黄油10克。

制作工具或设备：西餐刀，烤盘，烤箱。

制作过程：

① 面包片要稍厚些，先放进烤箱里烤至微黄，备用。

② 把鸡蛋打散，在平锅里放少许黄油后，将蛋液倒入铺开，放入方火腿肉，取出后用刀一分为二切开，备用。

③ 把一片面包抹上黄油，铺上方火腿鸡蛋，盖上第二片面包，再放上方火腿鸡蛋。

④ 把第三片面包抹上黄油，并油面朝下覆盖，再用刀把三明治对角切成两个三角形即成。

风味特点：**色泽鲜艳，营养丰富，美味可口。**

27. 咸肉蔬菜三明治

原料配方：面包片（白或全麦）3片，番茄片40克，烟熏咸肉100克，生菜25 克，蛋黄酱75克，薯条1包，菜丝沙拉30克，橄榄3克，法香枝1个。

制作工具或设备：西餐刀，烤盘，烤箱。

制作过程：

① 将两片烤好的面包，各在一面涂上蛋黄酱，另取一片面包，两面涂上蛋黄酱，将一片的蛋黄酱面朝上，两面都有酱的放在中央，另一片蛋黄酱向下盖在上面。

② 将一片生菜放在第一片面包上，并放上一半的番茄片及肉，并轻微调味；重复上述步骤放

在中央片上。

③ 将中央片放在第一片上，并将第三片面包蛋黄酱面朝下盖在中央片上，并使其成为三层三明治。

④ 用四根牙签分别插在12点，3点，6点，9点位置并距边1厘米，使三明治更坚固，并在牙签上端放上橄榄，切去四边，并去掉屑。

⑤ 将三明治切为4个大小相等的角，并配以薯条、菜丝沙拉及装饰法香枝。

风味特点： **色泽金黄，三角成形，美味美观。**

28. 火鸡三明治

原料配方： 法式长棍面包2条，火鸡肉500克，黄油75克，瑞士奶酪120克，盐3克，胡椒2克。

制作工具或设备： 西餐刀，烤盘，烤箱。

制作过程：

① 将火鸡肉用适量的盐、胡椒腌制后烤熟。

② 法式长面包从中间剖成两半。在面包内侧均匀地涂抹上黄油。

③ 将火鸡腿肉片摆放在面包内，并放上瑞士奶酪片，夹好后放在烤箱内烘烤3~5分钟即可。

风味特点： **色泽金黄，营养丰富，口感松软。**

29. 金枪鱼火腿三明治

原料配方： 培根火腿4片，番茄片2片，金枪鱼碎200克，生菜5大片，全麦面包3片，色拉酱75克。

制作工具或设备： 西餐刀，烤盘，烤箱。

制作过程：

① 将全麦面包片抹上色拉酱。

② 在一片面包上抹上金枪鱼碎，放上培根火腿、番茄片、生菜，挤上色拉酱，盖上面包片，再依次放上原料，最后盖上面包片。

③ 夹好后放在烤箱内烘烤3~5分钟即可。

风味特点： **色泽金黄，营养丰富，口感松软。**

30. 日式三明治

原料配方： 吐司面包250克，猪排500克，马铃薯125克，绿叶蔬菜125克，牛肉250克，猪扒汁75克，盐2克，辣酱油10克。

制作工具或设备： 煎锅，西餐刀，烤盘，烤箱。

制作过程：

① 将吐司面包切片，去边儿，在烤箱里微烤一下。

② 将猪排洗净，用一半猪扒汁腌制半小时，然后炸至金黄色。

③ 将马铃薯去皮洗净切块，用清水煮熟。将各色绿叶蔬菜洗净在沸水中焯一下。将马铃薯块和一半绿叶蔬菜混合，根据自己的口味加入色拉汁。

④ 将牛肉用盐和酱油腌制半小时，切块，然后在锅中炸熟。

⑤ 先放一片吐司，再在上面放上猪排和另一半猪扒汁。然后放上一层马铃薯色拉，最后再放上一层炸牛肉及蔬菜。最后再加上一片吐司即可。

风味特点： 色泽金黄，荤素搭配，营养丰富。

31. 火腿奶酪三明治

原料配方：法棍面包1段，火腿片4片，生菜5片，番茄片4片，奶酪片4片。

制作工具或设备：西餐刀。

制作过程：

① 生菜洗净，番茄洗净切片，面包横切两半。

② 在面包上依次铺上火腿片、奶酪片、番茄片、生菜即可。

风味特点： 原料简单，制作时间很短，富于营养。

32. 金枪鱼三明治

原料配方：吐司面包2片，金枪鱼罐头1听，蛋黄酱75克，鸡蛋1个，番茄片2片，生菜叶3片。

制作工具或设备：煎锅，西餐刀。

制作过程：

① 番茄洗净切片，鸡蛋煮熟切片，去掉吐司面包的四边。

② 从罐头里取出适量金枪鱼块和蛋黄酱一起拌匀，铺在一层吐司面包上。

③ 在金枪鱼上依次铺鸡蛋、生菜和番茄。

④ 盖上另一片面包，沿对角线切成两个三角形三明治。

风味特点： 口感鲜美，营养丰富。

33. 茄子三明治

原料配方：法棍面包1段，茄子片4片，盐1克，胡椒粉0.5克，鸡蛋1个，面包糠25克，番茄4片，鲜奶酪4片。

制作工具或设备：煎锅，西餐刀。

制作过程：

① 茄子、番茄洗净切薄片。

② 茄子片用盐和胡椒粉腌渍，裹鸡蛋液、面包屑炸熟。

③ 在面包上依次铺鲜奶酪、炸茄子片、番茄片即可。

风味特点： 色泽金黄，奶酪味浓。

34. 烤鸡三明治

原料配方：法棍面包1段，烤鸡肉50克，生菜3片，番茄片3片，黑胡椒3克。

制作工具或设备：煎锅，西餐刀，烤盘，烤箱。

制作过程：

① 法棍面包横切两半，烤鸡肉切薄片。

② 生菜洗净，番茄洗净切片。

③ 在面包上铺烤鸡片，根据个人口味撒适量黑胡椒。

④ 最后在烤鸡上依次铺番茄、生菜即可。

风味特点： **色泽金黄，几何体成形，方便快捷。**

35. 肉松三明治

原料配方：牛角面包1个，肉松25克，鸡蛋1个，色拉酱15克。

制作工具或设备：煎锅，西餐刀，烤盘，烤箱。

制作过程：

① 鸡蛋煮熟切片。

② 牛角面包在烤箱中略烤一下后横切两半。

③ 每片面包先涂一层色拉，然后铺上一层肉松，最后放上鸡蛋片即可。

风味特点： **色泽金黄，口感外酥里松。**

36. 火腿蛋三明治

原料配方：火腿2片，鸡蛋1个，面包片3片，生菜1片，沙拉酱25克，酸黄瓜2片。

制作工具或设备：西餐刀，微波炉。

制作过程：

① 把鸡蛋放进微波炉煎蛋器里，煎成规则的圆形煎蛋。生菜洗净，沥干水，备用。

② 把面包片切去四边备用。

③ 在一片面包上涂上色拉酱，放上生菜、煎蛋，再铺一片面包，依次放上酸黄瓜、火腿片，然后用一片面包盖在上面。

④ 最后把面包从中间切成三角形，即可。

风味特点： **色泽金黄，口感外酥里嫩。**

37. 番茄乳酪三明治

原料配方：番茄1只，乳酪2片，色拉酱15克，生菜1片，面包片3片。

制作工具或设备：西餐刀。

制作过程：

① 把番茄洗净，从中间横剖切开，切2大片备用。

② 生菜洗净，面包片切去四边备用。

③ 在一片面包上涂上色拉酱，放上生菜，再铺一片面包，依次放上乳酪片、番茄片，然后用一片面包盖在上面。

④ 最后把面包从中间切成三角形，即可。

风味特点： **色泽金黄，形似三角，制得松软。**

38. 烧烤鸡排三明治

原料配方：鸡胸肉（去骨带皮）1大块，生菜1片，番茄1片，乳酪1片，面包片3片，黑胡椒粉2克，盐3克，五香粉1克，生抽10克，蜂蜜15克。

制作工具或设备：西餐刀，烤盘，烤箱。

制作过程：

① 把鸡肉放进容器里，用黑胡椒粉、盐、五香粉、生抽腌起来，放进冰箱里，腌制1小时。

② 把腌制好的鸡肉放在烤箱（或微波炉）烤盘上，两面涂抹蜂蜜，烤熟。

③ 生菜洗净，面包片切去四边备用。

④ 在一片面包上铺上烤熟的鸡排，再铺一片面包，依次铺上乳酪、生菜和番茄片，然后用一片面包盖在上面。

⑤ 最后把面包从中间切成三角形，即可。

风味特点：**色泽金黄，味道醇厚。**

39. 牛排三明治

原料配方：牛排2大块，全麦吐司3片，蛋黄酱25克，生菜1片，番茄片3片，奶酪片1片，迷迭香香料1大匙，蒜泥1小匙，橄榄油1大匙，黑胡椒3克，盐3克。

制作工具或设备：西餐刀，烤盘，烤箱。

制作过程：

① 将牛排均匀抹上所有腌料，冷藏12小时以上腌至入味备用。

② 用平底锅（不放油）将腌好的牛排两面各煎1分钟，再放入烤箱以180℃烤8分钟至熟，备用。

③ 取1片全麦吐司，抹上蛋黄酱，依序铺上辅料，盖上第2片吐司，抹上蛋黄酱，放上香料牛排，再盖上第3片吐司便完成。

④ 在三明治的四边各插上牙签固定，用锯齿刀修去硬边，再将三明治直切或对角切成两半摆盘即可。

风味特点：**色泽金黄，牛排味香，面包松软。**

四、酥油面包（Butter bread）

1. 菲律宾香叶面包

原料配方：高筋面粉1600 克，低筋面粉400 克，酵母30 克，盐35 克，白糖400 克，高级无水酥油160 克，鸡蛋100 克，奶粉80 克，超软改良剂10克，水1000 克，丹麦酥片油550 克。

制作工具或设备：和面机，笔式测温计，西餐刀，醒发箱，烤盘，烤箱。

制作过程：

① 将配方中所有原料（无水酥油和酥片油除外）一起放入搅拌桶，用搅拌机低速搅拌2分钟，再转高速搅拌4分钟。

② 加入无水酥油用低速搅拌均匀，使面筋扩展95%，面团温度为25℃。

③ 将面团放入冷柜松弛2小时，然后取出裹入酥片油折三个3折，再放入冷柜松弛30分钟左右，最后取出造型。

④ 最后醒发90分钟，温度35℃，相对湿度75%。

⑤ 烘烤，上火200℃，下火180℃，时间约12分钟。

风味特点：**油酥松软，色泽金黄，形状如叶。**

2. 三瓣丹麦吐司（图5-22）

原料配方：高筋面粉280克，低筋面粉70克，温开水235克，盐3克，糖20克，脱脂奶粉15克，黄油50克，酵母3克，鸡蛋1只。

制作工具或设备：搅拌桶，笔式测温计，西餐刀，醒发箱，擀面杖，吐司模，烤盘，烤箱。

制作过程：

① 面团搅拌扩展成薄膜展开状，置于室温中，基本发酵15~20分钟后，放入冷冻。

② 冷冻后用手压入面团有指纹表示松弛够，取预先冷藏备好裹入黄油，包在面团内接口两边压紧，放入冰箱。

③ 将面团取出，擀开面带长度96厘米左右3折一次，再接着擀3折两次，放入冷冻25~30分钟。

④ 再次取出面团，再擀开长度96厘米左右3折第三次，再放入冷冻25~30分钟冰硬面带。

⑤ 取出擀成长40厘米，宽30厘米起酥面带，将面带除两边修整齐。

⑥ 分割成6等份，每等份360克，再切成3条（上端不要切断）。

⑦ 先将左辫放入中辫及右辫之间，将三条交叉编成麻花辫，最后将编成辫子两头对折到底部，长度与烤模长度相同。

⑧ 用手压平后放入烤模中，纹路向上，放入模中，最后放入发酵箱，发酵50~55分钟。

⑨ 取出发酵约九分满的麻花辫，表面均匀刷上蛋汁后入烤箱烘焙。

⑩ 烤焙后立即出炉，脱模，以防产品收缩变形。

风味特点：**色泽金黄，外酥脆内松软。**

3. 丹麦水果面包

原料配方：高筋面粉240克，低筋面粉60克，温水120克，酵母8克，鸡蛋1个，砂糖20克，盐5克，黄油50克，裹入用黄油200克，苹果1个，色拉酱50克，苹果酱50克。

制作工具或设备：搅拌桶，笔式测温计，西餐刀，醒发箱，擀面杖，吐司模，烤盘，烤箱。

制作过程：

① 将酵母和温水混合搅拌匀，静置10分钟备用。

② 将鸡蛋放入搅拌桶内打散，边搅拌边加入水、糖、盐搅拌到糖溶化。

③ 加入高筋面粉、低筋面粉，酵母水搅拌成面团，最后加入化软的50克黄油拌匀，继续搅拌至面团光滑，稍有筋度即可。

④ 在常温松弛30分钟，用保鲜膜包好放入冰箱冷藏1~4小时。

⑤ 案板上撒一些面粉防粘，用擀面杖敲打裹入用黄油，整形成厚1.5厘米的长方形片状。擀薄后的黄油软硬程度应该和面团硬度基本一致，经过敲打如果太软可放冰箱冷藏一会儿待用。

⑥ 从冰箱取出面团，先放置回室温15分钟，再用擀面杖擀成长方形。擀的时候四个角向外擀，这样容易把形状擀得比较均匀。擀好的面片，其宽度应与整形后的黄油的宽度一致，长度是黄油的三倍。把整形后的黄油放在面片中间。将两侧的面片包住黄油，然后将上下端捏死。

⑦ 将面片擀长至厚1.5厘米，然后像叠被子一样叠四折，包保鲜膜后放冰箱冷藏松弛20分钟；从冰箱取出面团，再擀开成1厘米厚的长方形，将面片折三折后放入冰箱再松弛20分钟，再重复一次即可。

⑧ 从冰箱取出面团，稍恢复室温后，用擀面杖将其擀成0.5厘米厚的面片。

⑨ 用直尺和轮刀将面片裁成整齐的长方形，再用轮刀切成大小均匀的正方形。

⑩ 像图片一样正方形小面片对折，在对折后的三角形两边1厘米处各切一刀，注意不要切断，然后打开三角形成正方形，将两边的切口对折成中空的菱形面皮。

⑪ 将整形面皮排入烤盘中醒发约25分钟，为使醒发的温度和湿度更合适，可以将烤盘整个放入烤箱，并同时放一盘开水关上炉门，至面团膨胀至1.5倍即可。

⑫ 水果切成片状。

⑬ 烤前刷上蛋黄液，中间挤入少量色拉酱，放上苹果片，在苹果片外再刷上一层苹果酱。

⑭ 烤箱预热200℃，放烤箱中上层，烤约15分钟即可。

风味特点：色泽金黄，酥脆甘香，果味突出。

4. 丹麦牛角面包（图5-23）

原料配方：高筋面粉240克，低筋面粉60克，水120克，黄油30克，酵母7克，砂糖20克，盐5克，鸡蛋1个，人造黄油200克。

制作工具或设备：搅拌桶，笔式测温计，西餐刀，醒发箱，擀面杖，吐司模，烤盘，烤箱。

制作过程：

① 水加热至微热，将酵母溶于水中搅拌混合，静置10分钟备用。

② 将高筋面粉、低筋面粉、糖、盐、鸡蛋加上酵母水，放入搅拌桶中，中速搅拌10分钟成团，最后再加入黄油，继续搅拌成光滑、面筋扩展的面团。

③ 将揉匀的面团用保鲜膜盖好，放在室温中松弛20分钟。

④ 放入冰箱冷藏1~4小时。

⑤ 从冰箱取出，再放置回温，用擀面棍擀开成2厘米厚的长方形。

⑥ 将人造黄油擀成面团的1/2大小，然后将人造黄油放在面团的左边摆齐。

⑦ 将面团对折，覆盖住人造黄油，用手将面团重叠口轻轻松压实捏紧。

⑧ 用擀面杖来回擀，将面团擀开成1厘米厚的长方形，擀面时力度适中以免擀穿面团。

⑨ 将面团三折后就保鲜膜包好放入冰箱冷冻20分钟。

⑩ 冷却20分钟后取出再次擀开，再将三折，再次冷冻。

⑪ 如此来回三次后把面团擀开成0.5厘米厚的长方形。

⑫ 将擀成0.5厘米厚切成适量大的等腰三角形，在三角形底边中间开一小口。

⑬ 将小口处的面块向左右两边轻轻稍微撕开，撕开的小角向内折入。

⑭ 用左手捏住三角形顶角，右手把面块从底边向顶角卷起成牛角形。

⑮ 排入烤盘，中间发酵1小时至体积为原来的3倍左右。

⑯ 烤前刷上蛋液，烤箱预热175℃，烤15分钟左右，至表面呈金黄色即可。

风味特点：色泽金黄，外皮酥脆，内部松软，形状美观。

5. 奶油螺丝卷面包

原料配方：高筋面粉250克，奶油30克，食盐3克，鲜酵母15克，白糖20克，温水20克，牛奶120克，裹入用人造奶油140克，鸡蛋25克。

馅料配方：奶油150克，牛奶90克，鸡蛋25克，白糖150克。

制作工具或设备：搅拌桶，笔式测温计，西餐刀，醒发箱，擀面杖，吐司模，烤盘，烤箱。

制作过程：

① 馅料调制。将糖、蛋和牛奶置锅中边加温边搅拌直至将沸取下自然冷却。将奶油切成小块放入圆底容器中用搅拌机打松。然后将已烧热的糖牛奶分几次倒入，搅至奶油与糖牛奶融合一体呈

细腻的油膏即成。

② 牛奶加热至沸腾，冷却至温热后，加入酵母溶解，静置10分钟备用。

③ 添加除裹入用人造奶油外的所有原料，放入搅拌桶中搅拌5分钟，形成光滑的面团，用保鲜膜包裹，放在冰箱内冷藏30分钟。

④ 取裹入用人造奶油，用刀切成小块，然后装入保鲜袋，用擀面杖压成薄片，压好后放冷藏室冷藏至硬。

⑤ 将冷藏好的面团取出，擀成长方形，把人造奶油薄片放在中央。

⑥ 把一端的面片折起来，盖在黄油上，把另一端的面片也向中间折。

⑦ 用手把一端捏死。从捏死的一端，用手贴着面片向另一端方向压，把面片里的气泡压向另一端，等气泡排出后，把另一端也捏死。

⑧ 面片收口向下放置，再一次擀开成长方形。用擀面杖向面片的四个角擀，容易擀成规则的长方形。如果在擀的过程中，发现面片里还裹有气泡，用牙签扎破，使空气放出。

⑨ 擀开后的面片三折。放入冰箱松弛20~30分钟，这是第一轮三折。

⑩ 松弛好的面片，再次擀开成长方形，进行第二轮三折。三折后再擀开成长方形，进行第三轮三折。至此三轮三折完成。如果在擀的过程中，感到面片回缩不好擀开，或者人造奶油开始融化，则可以再放到冰箱松弛20分钟。如遇天气太热人造奶油太软，可以放到冷冻室，使人造奶油冻硬后再操作。

⑪ 三轮三折后的面团，擀成长30厘米，宽25厘米的长方形面包，切成长30厘米、宽3厘米的长条共20条，放在台板上静置10分钟左右，然后卷在表面刷过黄油的锥形筒上，要求从锥头卷起，卷时不要拉紧，卷完后末端要捏紧，接着朝下逐个放在烤盘上。

⑫ 放入醒发箱，待面包坯体积增加1倍左右取出。

⑬ 表面刷蛋液即可进炉烘烤，炉温200℃烤至表面呈金黄色出炉。

⑭ 待面包冷却后从锥形模中取下。把奶油膏装入角袋中，左手拿住螺丝卷面包，右手持裱花袋将奶油膏挤入螺丝卷面包中。若没有裱花袋也可以采用小匙舀取奶油膏填入螺丝卷面包中，不过开口处形态差些。

风味特点：**呈螺丝形面包，心松软、馅细腻，奶油味浓郁。**

6. 富士苹果面包

原料配方：

面团配方：高筋面粉900克，低筋面粉100克，酵母20克，盐15克，白糖150克，无水酥油100克，鸡蛋100克，牛奶150克，面包改良剂10克，酥片油379克，水350克，富士苹果馅料配方：即溶吉士粉50克，富士苹果泥80克，牛奶100克，杏仁片15克，糖粉15克。

制作工具或设备：搅拌桶，笔式测温计，西餐刀，醒发箱，擀面杖，吐司模，烤盘，烤箱。

制作过程：

① 馅料调制。将苹果泥放入搅拌桶中，加入即溶吉士粉，加入牛奶搅拌均匀即可。

② 将配方中所有原料用低速搅拌2分钟，然后转高速搅拌8分钟，搅拌完成的面团理想温度为26℃。

③ 将面团放入2℃的冷柜中冷冻30分钟，然后取出面团裹入酥片油，折2个3折、1个2折。

④ 将面团擀成7毫米厚度和40厘米长度，卷起面团并切成蜗牛的形状，将平放好的面团轻压一下，在中间挤入富士苹果馅，封口并放入模具中。

⑤ 放入醒发箱，最后醒发60分钟，醒发温度32℃，相对湿度80%。

⑥ 烘烤，上火180℃，下火190℃，时间约20分钟。

⑦ 烘烤前刷蛋液并撒上杏仁片和糖粉。

风味特点： **色泽金黄，质地酥软，苹果味浓。**

7. 奶油咸面包

原料配方： 富强粉600克，蛋黄100克，奶油100克，食盐12克，猪油40克，干酵母5克，白糖50克，温水300克。

制作工具或设备： 搅拌桶，笔式测温计，西餐刀，醒发箱，擀面杖，吐司模，烤盘，烤箱。

制作过程：

① 将干酵母放入100克温水中溶化，静置10分钟备用。

② 将白糖、猪油、蛋黄置搅拌桶中，加入200克温水搅拌至溶化后，再倒入用温水溶化的酵母液一起搅匀；逐渐拌入面粉和成光滑的面团置醒发箱发酵。

③ 将发酵成熟的面团放在案板上，摊成长方形，擀成1厘米厚的坯皮，再将奶油放在台板上搓软平铺在坯皮上，撒些食盐将面皮摺成两摺，再擀开，折成三摺，连做3次，最后擀成1厘米厚的长方形，用刀切成30厘米长、10厘米宽的长条，拉住条子的一头双手向前推卷使成为纺锤形。逐一放在盘上进醒发箱发酵。

④ 待面包坯发至七成时表面刷蛋液。

⑤ 放入烤箱，炉温控制在200~220℃，烤制15分钟。

风味特点： **色泽金黄，皮脆心软，肥润不腻。**

8. 起酥小面包

原料配方： 高筋面粉150克，黄油10克，水60克，奶粉5克，糖10克，盐2克，鲜酵母5克，面团包油50克。

制作工具或设备： 搅拌桶，笔式测温计，西餐刀，醒发箱，擀面杖，吐司模，烤盘，烤箱。

制作过程：

① 除黄油外所有原料按规定顺序放入搅拌桶内，慢速搅拌2分钟，待拌匀后改中速搅拌至面筋扩展使面团较硬。

② 面团温度24℃，放入醒发箱，基本发酵2小时。

③ 面团发好后放在案板上用擀面杖擀成长方形，将黄油铺在面团表面2/3处，用三折法折3次后利刀切成5厘米宽的长条形，再切成小块，将切面向上放在烤盘中，置于醒发箱，进入最后发酵45分钟。

④ 烤炉温度185℃，烘焙15分钟即可。

风味特点： **色泽奶香十足，酥脆可口。**

9. 起酥甜面包（图5-24）

原料配方：

面团配方：高筋面粉250克，奶粉10克，盐2克，糖50克，鸡蛋1只，酵母8克，植物油25克。

酥皮配方：高筋面粉125克，水75克，糖5克，植物油15克，酥油100克。

制作工具或设备：搅拌桶，笔式测温计，西餐刀，醒发箱，擀面杖，吐司模，烤盘，烤箱。

制作过程：

① 面团调制。将所有面团材料放入搅拌桶中和成面团，基础发酵90分钟；将发酵好面团分成8个大小一样的面团，滚圆，15~20分钟的中间发酵；每个面团再揉好滚圆，进行40~50分钟的最后发酵。

② 酥皮调制。将高筋面粉、水、糖、植物油等放入搅拌桶中，搅拌成表面光滑的面团，松弛30分钟。

③ 将面团擀成一个长方形的面饼，酥油也擀成面饼1/3大小的薄片，将酥油放在面皮上，折三折，用擀面杖轻轻敲打，使面皮张大。

④ 折三折，放入冰箱松弛10分钟，如此反复3次，最后一次，取出后，将面擀成一个长方形的薄饼，然后修边，切成8个方块。

⑤ 在起酥皮放进冰箱第一次松弛时，将面包整好形，进行最后发酵，待面包完成最后发酵后，在面包表面刷牛奶或者鸡蛋液，盖上起酥皮，起酥皮表面也刷蛋液。

⑥ 烤箱预热，上火210℃，下火160℃，烤制20分钟。

风味特点：**色泽金黄，外皮酥松，内部松软。**

10. 丹麦肉松牛角面包

原料配方：高筋面粉120克，低筋面粉30克，水60克，无盐黄油30克，酵母4克，砂糖10克，盐3克，全蛋25克，人造黄油100克。

制作工具或设备：搅拌桶，笔式测温计，西餐刀，醒发箱，擀面杖，吐司模，烤盘，烤箱。

制作过程：

① 将酵母放入容器中，放入少量温水，搅拌匀，静置10分钟备用。

② 将鸡蛋放入搅拌桶内打散，边搅拌边加入水，糖，盐搅拌到糖溶化；然后加入高筋面粉、低筋面粉、酵母水搅拌成团，最后加入无盐黄油，继续搅拌成面筋扩展的面团。

③ 在常温松弛30分钟，用薄膜包好放入冰箱冷藏1~4小时。

④ 从冰箱取出面团，先放置回室温，再用擀面杖擀成2厘米厚的长方形，将人造黄油擀成以面团的1/2大小，人造黄油应该和面团的软硬度一致。

⑤ 人造黄油放在面团的中间，将面团对折，包住人造黄油，轻轻压实重叠处。

⑥ 用擀面杖将面团擀开成1厘米厚的长方形，将面三折放入冰箱冷冻20分钟；再次三折再冷冻，如此三次后擀开成0.5厘米厚的长方形。

⑦ 将擀成0.5厘米厚的面团用直尺定位后，用轮刀切成等腰三角形。

⑧ 三角形底边开一个小口，底部卷入一些肉松，向上卷起。

⑨ 将面包坯间隔均匀地排入烤盘中，置于醒发箱，作最后发酵1~2小时，温度35℃，相对湿度85%。

⑩ 取出面包坯，烤前刷上蛋黄液，以200℃的炉温，烤约15分钟即可。

风味特点：**色泽金黄，外皮酥脆，内部松软，馅心香咸。**

11. 丹麦玉桂柱

原料配方：高筋面粉1000克，白糖160克，精盐12克，水约500克，黄油80克，鸡蛋100克，酵母8克，改良剂3克，提子200克，玉桂粉3克。

制作工具或设备：搅拌桶，笔式测温计，西餐刀，醒发箱，擀面杖，吐司模，烤盘，烤箱。

制作过程：

① 将水、白糖、鸡蛋等放入搅拌桶中混合拌至糖溶，加入高筋面粉，酵母、改良剂搅拌成团，加入黄油，搅拌至面筋扩展。

② 面团静置，冷冻15分钟，包入面粉量50%~60%，起酵折叠3次（每次折3层），若是不好操作，可冷冻片刻。

③ 开好酥后，把面团酥开成长方形，扫一层鸡蛋液，撒上提子和玉桂粉，从一边卷起成圆柱长条形，放入冰箱冻硬，取出切段。

④ 置于醒发箱，发酵45分钟，刷上蛋液烘烤。

⑤ 放入烤箱，以220℃，下火200℃，烤制15分钟。

风味特点：**色泽金黄，形似柱状，外酥里软。**

12. 健康酥皮面包

原料配方：牛奶 150 克，鸡蛋 3 个，高筋面粉 500 克，糖 80 克，盐3克，发酵粉3克，黄油150克，碎杏仁15克。

制作工具或设备：搅拌桶，笔式测温计，西餐刀，醒发箱，擀面杖，吐司模，烤盘，烤箱。

制作过程：

① 将牛奶、鸡蛋、高筋面粉、糖、盐、发酵粉等原料，依次放入搅拌桶中，一直搅拌到面团光滑不粘手，可以撑出薄膜。

② 取出面团，滚圆，放到抹了油的盆里，转一圈，让面团表面都蘸上油，放在醒发箱中，发酵到原来面团体积的2~3倍大。

③ 发酵好的面团擀成长方形，放在大烤盘里，盖上保鲜纸，放在冰箱里1小时左右。

④ 把面团拿出来，擀成大的长方形薄片，抹上一半黄油，两面向中间折起来，把剩下的黄油抹上去，再对折。

⑤ 把面团切成3份，取其中的一份，另外两个可以包好了放在冰箱里。

⑥ 剪成3条，一头不要剪断，编成辫子，两头折到下面，放进抹了油的小吐司盘里。

⑦ 放入醒发箱，做第二次发酵，大概需要30分钟左右。

⑧ 预热烤箱到185℃。

⑨ 发酵好的面包表面刷上蛋液，撒上碎的杏仁，烤20分钟左右。

风味特点：**色泽金黄，外酥脆，内松软，油润适口。**

13. 丹麦式草莓酱面包

原料配方：富强粉500克，奶油25克，白糖60克，改良剂0.5克，鸡蛋100克，鲜酵母25克，食盐7.5克，牛奶250克，奶粉15克，裹入用人造奶油280克，草莓酱100克。

制作工具或设备：搅拌桶，笔式测温计，西餐刀，醒发箱，擀面杖，吐司模，烤盘，烤箱。

制作过程：

① 牛奶加热至沸腾，冷却至温热后，加入酵母溶解，静置10分钟备用。

② 将除裹入用人造奶油外的所有原料，放入搅拌桶中搅拌5分钟，形成光滑的面团，用保鲜膜

包裹，放在冰箱内冷藏30分钟。

③ 取裹入用人造奶油，用刀切成小块，然后装入保鲜袋，用擀面杖压成薄片，压好后放冷藏室冷藏至硬。

④ 将冷藏好的面团取出，擀成长方形，把人造奶油薄片放在中央。

⑤ 把一端的面片折起来，盖在黄油上，把另一端的面片也向中间折。

⑥ 用手把一端捏死。从捏死的一端，用手贴着面片向另一端方向压，把面片里的气泡压向另一端，等气泡排出后，把另一端也捏死。

⑦ 面片收口向下放置，再一次擀开成长方形。用擀面杖向面片的四个角擀，容易擀成规则的长方形。如果在擀的过程中，发现面片里还裹有气泡，用牙签扎破，使空气放出。

⑧ 擀开后的面片三折。放入冰箱松弛20~30分钟，这是第一轮三折。

⑨ 松弛好的面片，再次擀开成长方形，进行第二轮三折。三折后再擀开成长方形，进行第三轮三折。至此三轮三折完成。如果在擀的过程中，感到面片回缩不好擀开，或者人造奶油开始融化，则可以再放到冰箱松弛20分钟。如遇天气太热人造奶油太软，可以放到冷冻室，使人造奶油冻硬后再操作。

⑩ 取出三轮三折后的面团，将面团擀成长35厘米、宽21厘米的长方形，再切成边长7厘米的方块共15块，面团中央放一匙草莓酱，然后双手各持一角折合成菱形。

⑪ 将菱形面包坯放入刷油的烤盘中，置于醒发箱，做最后发酵1~2小时，取出后刷上蛋液。

⑫ 放入烤箱，炉温220℃，烤制18分钟左右。

风味特点：**色泽金黄，外皮酥脆，甜酸适口。**

14. 丹麦羊角面包（图5-25）

原料配方：高筋面粉1500克，鲜酵母30克，水600克，食盐25克，糖100克，黄油350~450克。

制作工具或设备：搅拌桶，笔式测温计，西餐刀，醒发箱，擀面杖，吐司模，烤盘，烤箱。

制作过程：

① 将配方中除黄油外所有原料放入搅拌桶中，先用30转/分的慢速搅拌3分钟，再用70~80转/分的高速搅拌12分钟，形成面筋扩展、光滑的面团。

② 调好的面团放在冷藏室（0℃）1~24小时。

③ 冷冻后的面团压成片，包上黄油再反复压几次。

④ 取出擀好的面团，用轮刀切成长方形面坯，斜卷成卷，呈羊角或新月状。

⑤ 成形后在室温条件下醒发90分钟，然后在38℃，相对湿度85%的条件下最后醒发10~15分钟。

⑥ 在醒发的羊角面包坯上刷上蛋液。

⑦ 在230℃条件下烘烤17分钟左右（面包重约50克）。

风味特点：**色泽金黄，形似羊角或新月，起酥好，层次分明，松软香酥。**

15. 起酥面包（图5-26）

原料配方：

面团配方：高筋面粉250克，奶粉15克，盐2克，砂糖40克，鸡蛋1只，酵母8克，黄油25克。

酥皮配方：高筋面粉500克，低筋面粉500克，黄油50克，细砂糖50克，全蛋100克，水500克，盐5克，裹入用人造黄油500克。

制作工具或设备：搅拌桶，笔式测温计，西餐刀，醒发箱，擀面杖，吐司模，烤盘，烤箱。

制作过程：

① 面团调制。将所有原料（除黄油外）一起用低速搅拌2分钟，高速搅拌4分钟，然后加入黄油用低速拌匀，再用高速搅拌1分钟，直至面筋充分扩展，面团温度为28℃；让面团放入醒发箱发酵20分钟，分割、滚圆、再发酵20分钟；把面团分割60克 /个。（里面可以包红豆、椰子、奶酥、肉松等），最后醒发100分钟，醒发温度为38℃，相对湿度为75%~80%。

② 酥皮调制。将高筋面粉、低筋面粉、酥油、细砂糖、全蛋、水、盐搅拌至微光滑，取出冷藏松弛30分钟；然后放入裹入用人造黄油500克，3折2次，冷藏松弛30分钟再3折1次，成长和宽为13厘米，厚为0.25厘米的正方形。（冷藏备用）

③ 喷水或刷全蛋表面盖上起酥皮刷全蛋，进炉烘焙。

④ 放入烤箱，以上火210℃，下火200℃，烤制25分钟。

风味特点：**小巧适度，色泽迷人，口感松脆。**

16. 起酥肉松面包

原料配方：

面团配方：高筋面粉220克，奶粉10克，盐2克，砂糖35克，鸡蛋1只，酵母8克，黄油25克。

酥皮配方：高筋面粉150克，水75克，糖5克，植物油15克，黄油100克。

馅心配方：肉松150克，葱末15克

制作工具或设备：搅拌桶，笔式测温计，西餐刀，醒发箱，擀面杖，吐司模，烤盘，烤箱。

制作过程：

① 面团调制。将所有面团材料放入搅拌桶中和成面团，置于基础发酵90分钟；将发酵好面团分成8个大小一样的面团，滚圆，15~20分钟的中间发酵；每个面团再擀薄包入肉松，收口朝下，进行40~50分钟的最后发酵。

② 酥皮调制。将高筋面粉、水、糖、植物油等放入搅拌桶中，搅拌成表面光滑的面团，松弛30分钟。

③ 将面团擀成一个长方形的面饼，黄油也擀成面饼1/3大小的薄片，将黄油放在面皮上，折三折，用擀面杖轻轻敲打，使面皮张大。

④ 折三折，放入冰箱松弛10分钟，如此反复3次，最后一次，取出后，将面擀成一个长方形的薄饼，然后修边，切成8个方块。

⑤ 在起酥皮放进冰箱第一次松弛时，将面包整好形，进行最后发酵。

⑥ 面包做好最后发酵后，在面包表面刷牛奶或者鸡蛋液，盖上起酥皮，起酥皮表面也刷蛋液。

⑦ 烤箱预热，以上下火210℃，烤制15分钟。

风味特点：**色泽金黄，外皮酥松，内部松软，肉松香咸。**

17. 咖啡起酥面包

原料配方：高筋面粉400克，低筋面粉50克，糖60克，鸡蛋2个，黄油30克，酵母5克，盐5克，奶粉40克，咖啡10克。

酥皮配方：高筋面粉450克，低筋面粉450克，黄油15克，细砂糖50克，鸡蛋75克，水500克，盐5克，裹入用人造黄油400克。

制作工具或设备：搅拌桶，笔式测温计，西餐刀，醒发箱，擀面杖，吐司模，烤盘，烤箱。

制作过程：

① 面团调制。将所有原料（除黄油）一起用低速搅拌2分钟，高速搅拌4分钟，然后加入黄油用低速拌匀，再用高速搅拌1分钟，直至面筋充分扩展，面团温度为28℃；让面团放入醒发箱发酵20分钟，分割、滚圆、再发酵20分钟；把面团分割60克/个，放入醒发箱，最后醒发100分钟，醒发温度为38℃，相对湿度为75%~80%。

② 酥皮调制。将高筋面粉、低筋面粉、酥油、细砂糖、鸡蛋、水、盐搅拌至微光滑，取出冷藏松弛30分钟；然后放入裹入用人造黄油350克，3折2次，冷藏松弛30分钟再3折1次，成长和宽为13厘米，厚为0.25厘米的正方形。（冷藏备用）

③ 喷水或刷全蛋表面盖上起酥皮刷全蛋，进炉烘焙。

④ 放入烤箱，以上火210℃，下火200℃，烤制25分钟。

风味特点：**色泽褐黄，口感松脆，具有咖啡的香味。**

18. 奶油起酥小面包

原料配方：高筋面粉300克，奶油25克，水150克，奶粉12克，糖25克，盐5克，鲜酵母15克，裹入人造奶油150克。

制作工具或设备：搅拌桶，笔式测温计，西餐刀，醒发箱，擀面杖，吐司模，烤盘，烤箱。

制作过程：

① 除奶油外的所有原料按顺序放入搅拌桶内，慢速搅拌2分钟，待拌匀后改中速搅拌至面筋扩展使面团较硬。

② 将面团放入醒发箱中，面团温度24℃，基本发酵1.75小时。

③ 面团发好后放在工作台上用擀面杖擀成长方形，将人造奶油铺在面团表面2/3处，用三折法折3次后，用利刀切成5厘米宽的长条形，再切成小块，将切面向上放在烤盘中，进入最后发酵45分钟。

④ 放入烤箱，以温度185℃，烘焙15分钟即可。

风味特点：**色泽金黄，奶香十足，酥脆可口。**

19. 泡芙蜜豆夹心面包

原料配方：

面团配方：高筋面粉220克，低筋面粉56克，奶粉20克，细砂糖42克，盐2克，干酵母6克，全蛋30克，水85克，汤种84克，黄油22克，蜜豆馅75克。

泡芙配方：鸡蛋3个，黄油75克，水或牛奶100克，高筋面粉100克。

制作工具或设备：搅拌桶，笔式测温计，西餐刀，醒发箱，擀面杖，吐司模，烤盘，烤箱。

制作过程：

① 泡芙糊调制。先将面粉过筛两次，放一旁备用，鸡蛋打成蛋液；黄油和水放入小锅中，加热至黄油融化，继续加热至水沸腾，加入过筛的面粉用木勺快速搅拌后离火（一定要快火要小，不能烟掉，通过高温让面粉断筋），继续搅拌均匀至面团不粘锅底就关火（约30秒）；面团冷却至60℃不烫手的温度时，加入鸡蛋液搅打均匀起泡成糊。

② 面团调制。将面团原料中除黄油以外的所有原料放入面包机内，揉至面团出筋，加入黄油，连摔带揉至扩展状态。

③ 取一个保鲜袋，里面抹少许植物油并抹匀，将面团揉成圆形放在里边，封好口，送入冰箱冷藏室（保鲜袋要给面团留出足够的膨胀空间，最好大点的袋子），发酵12小时。

④ 将面团取出，室温下放置1小时左右。

⑤ 将面团分割成相等的份数，滚圆后松弛15分钟。

⑥ 松弛后的面团收口向下压成圆饼，翻面后中间包上蜜豆馅料。

⑦ 将包好馅的面团收口向下放好滚圆，放入醒发箱，进行第二次发酵，约1小时。

⑧ 用裱花袋把泡芙糊装在里面，剪一个小口，在二次发酵好的小餐包上挤上泡芙糊。

⑨ 放入预热180℃的烤箱中层，上下火，烤制15分钟。

风味特点：**色泽金黄，外皮酥松，内部松软，馅心甜蜜。**

20. 丹麦面包

原料配方：高筋面粉230克，低筋面粉80克，砂糖45克，鸡蛋1个，黄油120克，奶粉20克，水140毫升，酵母3克，盐2克。

制作工具或设备：搅拌桶，搅拌机，笔式测温计，西餐刀，醒发箱，擀面杖，塔模，烤盘，烤箱。

制作过程：

① 将高筋面粉、低筋面粉过筛后和砂糖、鸡蛋、奶粉、温水化开的酵母一起放入搅拌桶中，用搅拌机搅拌成面团。

② 面团搅拌均匀后，加入20克左右提前从冰箱拿出放软的黄油继续搅拌，然后放入冰箱冷藏，15分钟后取出。

③ 面团从冰箱拿出后，擀成长方形，包入拍扁的黄油后，擀平，再三折，再擀平，如是三、四次，折好后松弛0.5小时。

④ 松弛好的面包擀成0.5厘米厚的薄片，再松弛15分钟，然后用刀割成长长的三角形，从宽的一头卷至尖的一头。

⑤ 卷好的面包坯在醒发箱中发酵至原来体积的2倍大。

⑥ 刷上蛋液入预热过的烤箱，上下火，以180℃，烤制20分钟左右。

风味特点：**色泽金黄，酥松油润。**

21. 丹麦菊花

原料配方：高筋面粉230克，低筋面粉80克，砂糖45克，鸡蛋1个，黄油120克，奶粉20克，水140毫升，酵母3克，盐2克，豆沙100克，苹果酱75克。

制作工具或设备：搅拌桶，搅拌机，笔式测温计，西餐刀，醒发箱，擀面杖，塔模，烤盘，烤箱。

制作过程：

① 将高筋面粉、低筋面粉过筛后和砂糖、鸡蛋、奶粉、温水化开的酵母一起放入搅拌桶中，用搅拌机搅拌成面团。

② 面团搅拌均匀后，加入20克左右提前从冰箱拿出放软的黄油继续搅拌，然后放入冰箱冷藏，15分钟后取出。

③ 面团从冰箱拿出后，擀成长方形，包入拍扁的黄油后，擀平，再三折，再擀平，如是三、

四次，折好后松弛0.5小时。

④ 将经过三次三叠法制成的面团薄片，用圆刻模刻成9~10厘米直径的圆片。

⑤ 在其中的半个圆上涂上豆沙将另一半圆折过来盖在豆沙上。用刀在圆弧上等距离切4刀，将刀口处分开做成菊花状。放入烤盘进醒发箱醒发至原来体积2倍时取出，在表面刷上蛋奶水。

⑥ 进炉烘烤，炉温上火200℃、下火160℃烤至表面金黄色出炉，用带圆形裱花嘴的裱花袋装入苹果酱在面包上挤上果酱即为成品。

风味特点：**色泽金黄，造型美观，形如菊花。**

22. 丹麦柠檬

原料配方：高筋面粉230克，低筋面粉80克，砂糖45克，鸡蛋1个，黄油120克，奶粉20克，水140毫升，酵母3克，盐2克，柠檬果酱75克。

制作工具或设备：搅拌桶，搅拌机，笔式测温计，西餐刀，醒发箱，擀面杖，塔模，烤盘，烤箱。

制作过程：

① 将高筋面粉、低筋面粉过筛后和砂糖、鸡蛋、奶粉、温水化开的酵母一起放入搅拌桶中，用搅拌机搅拌成面团。

② 面团搅拌均匀后，加入20克左右提前从冰箱拿出放软的黄油继续搅拌，然后放入冰箱冷藏，15分钟后取出。

③ 面团从冰箱拿出后，擀成长方形，包入拍扁的黄油后，擀平，再三折，再擀平，如是三、四次，折好后松弛半小时。

④ 将经过三次三叠法制成的面团薄片，用刀切成长10厘米、宽5厘米的长方形，在中间切一条长6厘米的刀口。

⑤ 把一头朝刀口内翻转2次，再用手将两头拉直后放入烤盘内进醒发箱醒发至原来厚度2倍时，取出在表面刷上蛋奶水在中央挤上柠檬酱料。

⑥ 进炉烘烤，炉温上火200℃、下火160℃烤至表面金黄色出炉即为成品。

风味特点：**色泽金黄，有柠檬香味，美味可口。**

23. 基础丹麦面包

原料配方：高筋面粉700克，低筋面粉300克，黄油40克，白砂糖150克，酵母30克，盐15克，冰水250克，奶粉30克，酥皮油650克，鸡蛋150克。

制作工具或设备：搅拌桶，搅拌机，笔式测温计，西餐刀，醒发箱，擀面杖，烤盘，烤箱，压面机。

制作过程：

① 将除酥皮油外的其余原料一起放入搅拌机中，充分搅拌成筋性面团即可。

② 将搅拌好的面团静置15分钟，后分割成两块，分别用保鲜膜包好后放入冰箱冷冻1小时左右。

③ 用擀面杖将其压成薄片后包入酥皮油，用擀面杖敲打及擀至适当厚度后用压面机压至7毫米厚（但不能一下压至7毫米要逐步进行），待压薄后折成3层。

④ 放入冰箱冷藏15~20分钟后再压成7毫米的薄片，再折成3层，如此反复3次（称做三次三叠法）面团制作即完成。

⑤ 将擀叠的面团，擀薄切成条状，三个一组，一起扭成麻花状两头打结捏紧。

⑥ 放入烤盘进醒发箱醒发至原来面团体积的1~2倍时取出，在表面刷上蛋奶水。但要注意蛋奶水不能刷在刀切面上以防粘结切面而影响烘烤后的层次。

⑦ 进炉烘烤，炉温上火190℃、下火160℃烤至表面棕红色且表皮较脆时取出。

风味特点：**松脆油而不腻，香味浓郁，形状美观，口味独特。**

24. 玉桂丹麦面包

原料配方：高筋面粉210克，低筋面粉60克，鸡蛋25克，盐2克，细砂糖20克，香兰素0.1克，黄油25克，鲜酵母8克，乳化剂1克，水145克，奶粉10克，面团裹入油75克，玉桂粉5克，葡萄干25克，糖粉15克。

制作工具或设备：搅拌桶，搅拌机，笔式测温计，轮刀，醒发箱，擀面杖，烤盘，烤箱。

制作过程：

① 先将酵母和部分水混合在一起溶解，静置10分钟备用。

② 在搅拌桶中加入油、糖、盐、奶粉、乳化剂，使用中速搅拌机拌至均匀混合和乳化状态。

③ 加入剩余的水和面粉，溶解的酵母加在面粉上面，先用慢速将面粉与其他液体原辅料初步混合，再改用中速将面团搅拌至形成面筋。

④ 将面团搓圆，放置于平烤盘上进入1~3℃的冰箱（柜）中松弛、低温发酵3小时以上。

⑤ 将经过3小时以上低温发酵的面团滚压成厚约3厘米的面片以备包油。

⑥ 案板上撒些面粉，面团放在上面擀成长方形。

⑦ 裹入油擀薄放中间两边面皮往里包，接口捏紧。包好放入冰箱醒发。

⑧ 取出面团轻轻、平均地擀开，再3折放冰箱醒发，取出擀开3折共折叠3次即可。盖好放冰箱冷藏2~24小时在这段时间中随时可拿出来整形烤焙。

⑨ 将面团取出，擀薄，刷上蛋液、撒上葡萄干、玉桂粉和糖粉，然后紧紧地卷起来。

⑩ 切成小块后立起，放入醒发箱，最后发酵为原来面包坯体积的2倍大。

⑪ 放入烤箱，以210℃，烤制15分钟。

风味特点：**色泽金黄，酥脆可口，玉桂飘香。**

25. 起酥三明治

原料配方：高筋面粉100克，低筋面粉100克，黄油35克，鸡蛋60克，鸡蛋黄20克，水85克，细砂糖25克，起酥油155克，吐司30克，猪肉松15克，奶酪25克，色拉酱25克，盐1克。

制作工具或设备：搅拌桶，搅拌机，笔式测温计，轮刀，醒发箱，擀面杖，烤盘，烤箱。

制作过程：

① 酥皮调制。将高筋面粉、低筋面粉、黄油、细砂糖、鸡蛋、水、盐搅拌至微光滑，取出冷藏松弛30分钟；然后放入裹入油155克，3折2次，冷藏松弛30分钟再3折1次，然后用擀面杖擀成长宽相同（35厘米×35厘米）的正方形酥皮后，再静置30分钟备用。

② 取白吐司用刀子横切成四片后，再涂抹一层沙拉酱。

③ 再把火腿片、肉松、奶酪片分层平铺在吐司片上并且相叠覆盖后，再用刀子将吐司的四边切除备用。

④ 取酥皮面皮包住三明治，并在表面刷上一层全蛋液，并戳出数个小细洞。

⑤ 放入烤箱中以上火200℃、下火180℃烤约18分钟即可。

风味特点： 色泽金黄，外皮酥脆，内部松软咸鲜。

26. 果酱小起酥

原料配方： 高筋面粉250克，黄油250克，盐2.5克，水125克，果酱50克，鸡蛋液25克，酵母3克，苹果酱45克。

制作工具或设备： 搅拌桶，搅拌机，笔式测温计，轮刀，醒发箱，擀面杖，烤盘，烤箱。

制作过程：

① 将黄油在油纸上铺成2厘米厚的方形片，放进冰箱冻结。

② 将面粉与盐和水使劲和成有弹性，筋力好的面团，然后在面团上划十字，刀口3/2深，盖上湿布静置40分钟松弛。

③ 将松弛后的面团擀成大片，将冻好的黄油包好，用擀面杖压出格子形，将油块压开并固定位置，然后擀成长方形大片，折叠，放进冰箱冷藏一会儿，再拿出擀平，再折叠，如此反复4次，成为起酥面坯。

④ 将面擀成5毫米厚的长方形大片，用刀开成6厘米正方形，当中放入10克果酱，对折成三角形，表面刷上蛋液。

⑤ 烤箱预热220℃，烤20分钟待凉即可。

风味特点： 色泽金黄，酥脆甜香。

27. 法式起酥点心面包

原料配方： 法式面包发酵面团400克，高筋面粉1000克，鲜酵母30克，麦芽浆5克，黄油500克，起酥用黄油700克，全蛋400克，蛋黄100克，脱脂乳粉30克，绵白糖130克，牛奶150克，食盐20克。

填充馅心配方：核桃仁（烤熟）1000克，蜂蜜300克，白糖300克，黄油300克，肉豆蔻2克。

制作工具或设备： 搅拌桶，搅拌机，笔式测温计，轮刀，醒发箱，擀面杖，辊压起酥机，烤盘，烤箱。

制作过程：

① 填充馅心调制。将配方中全部材料倒入煮锅中在火上加热，使其溶化，各种材料混合均匀。

② 面团的调制与发酵。除黄油外，将其余的材料放入搅拌机中进行搅拌，低速3分钟，中速10分钟，加入黄油后继续搅拌，低速2分钟，中速4分钟，面团温度为24℃。经调制的面团在温度为28℃，相对湿度75%的条件下发酵90分钟。

③ 面团的分割与起酥：发酵面团进行分割，装入保鲜袋中放入冷藏箱中保存12小时。面团从冷藏箱取出后，包入起酥用黄油，使用辊压起酥机压成薄片后进行折叠，4折2次。

④ 成形。用辊压起酥机将起酥后面团压成3毫米厚的薄片，将事先制作好的填充材料涂布在面片上，然后由一端卷成长圆柱形，用刀切成每块重量为80克的面包坯，放入模具中。

⑤ 成形发酵。成形后的面包坯放入发酵箱中进行成形发酵，温度为28℃，相对湿度为80%，发酵时间为90分钟。

⑥ 烘烤。然后放入烤炉中进行烘烤，烤炉温度上火为200℃，下火为240℃，烘烤17分钟。

风味特点： 色泽金黄，酥脆爽口，具有坚果的香味。

第五节 面包的质量鉴定与原因分析

一、面包的质量鉴定标准

由于受地区、民族习惯、原辅料来源和质量、工艺配方和设备等方面的影响，各地区、各国家生产的面包在质量上存在很大的差异。一般情况下，完整面包应具备的质量鉴定标准如下。

（1）面包表面　光滑、清洁、无明显撒粉粒，没有气泡、裂纹、粘边和变形等。

（2）面包形状　具有各品种应有的形状，两头大小应相同。

（3）面包色泽　表面呈金黄或棕黄色，色泽均匀一致，有光泽，无烧焦或发白的现象。

（4）面包内部组织　从面包断面观察，气孔细密均匀，色泽洁白，无大的孔洞，富有弹性；果子面包果料要均匀，无变色现象。

（5）面包味道　应具有产品特有的香味，无酸或其他异味。

（6）卫生情况　表面整洁，内外无杂质，符合《中华人民共和国食品安全法》的要求。

（7）面包水分　一般含水量应在30%~40%，最高不超过40%。

（8）面包酸度　发酵正常的甜面包，酸度在6度以下，咸面包则在5度以下。

二、面包的质量分析与改进措施

面包制作是一项工艺性能强，操作比较繁杂的技术活动，同时注意材料的合理搭配也十分重要，学会了解、检验和分析制品的质量，掌握解决质量问题的技巧才能不断改进工艺性能，提高面包产品的质量。

1. 面包表面部分

（1）案例　面包的体积过小

原因分析：

① 酵母用量不足。
② 酵母失去活力。
③ 面粉筋力不足。
④ 搅拌时间过长或过短。
⑤ 盐的用量不足或过量。
⑥ 缺少改良剂。
⑦ 糖分过多。
⑧ 最后醒发时间不够。

改进措施：

① 增加酵母的用量。
② 对于新购进的或贮存时间较长的酵母要在检验其发酵力后再进行使用，失效的酵母不用。
③ 选择面筋含量高的面粉。
④ 正确掌握搅拌的时间，时间短而筋打不起来，时间长易把形成的面筋打断。
⑤ 盐的用量应控制在面粉用量的1%~2.2%。
⑥ 减少配方中糖的用量配比。

⑦ 加入改良剂。

⑧ 醒发的程度以原体积的2~3倍为宜。

（2）案例　体积过大

原因分析：

① 面粉质量差，盐量不足。

② 发酵时间太久。

③ 焗炉温度过低。

改进措施：

① 选用合适的面粉品种。

② 控制发酵时间。

③ 把握烤制温度。

（3）案例　面包表皮颜色太浅

原因分析：

① 烤炉上火不足或烘烤时间不足。

② 最后发酵室温过低。

③ 面团发酵太久。

④ 整形时撒面粉太多。

⑤ 糖量不足。

⑥ 搅拌不适当。

⑦ 水质硬度太低（软水）。

⑧ 改良剂使用过多。

改进措施：

① 调整好烤箱温度，掌握好烤制时间。

② 减少改良剂的使用量。

③ 提高糖的使用量。

④ 整形时尽量减少撒面粉量。

⑤ 缩短发酵时间，同时提高最后发酵温度。

⑥ 注意整个搅拌过程。

（4）案例　面包表皮颜色过深

原因分析：

① 烤箱的温度过高，尤其是上火。

② 发酵时间不足。

③ 糖的用量太多。

④ 烤箱内的水气不足。

改进措施：

① 按不同品种正确掌握烤箱的使用温度，减少上火的温度。

② 延长发酵的时间。

③ 减少糖的用量，糖的用量应控制在面粉用量的6%~8%。

④ 烤箱内加喷水蒸气设备或用烤盘盛热水放入烤箱内以增加烘烤湿度。

（5）案例　面包头部有顶盖

原因分析：

① 使用的是刚磨出来的新面粉，或者筋度太低，或者品质不良。

② 面团太硬。

③ 发酵室内湿度太低，或时间不足。

④ 焗炉蒸汽少，或火力太高。

改进措施：

① 根据面包品种选用合适的面粉。

② 控制面包面团的软硬度。

③ 烤箱内加喷水蒸气设备或用烤盘盛热水放入烤箱内以增加烘烤湿度。

④ 掌握烤制时间。

（6）案例　表皮有气泡

原因分析：

① 面团软。

② 发酵不足。

③ 搅拌过度。

④ 发酵室湿度太高。

改进措施：

① 控制面包面团的软硬度。

② 增大酵母的用量或适当延长发酵时间。

③ 注意整个搅拌过程。

④ 减少蒸汽喷出量。

（7）案例　表皮裂开

原因分析：

① 配方成分低。

② 老面团。

③ 发酵不足，或发酵湿度、温度太高。

④ 烤焗时火力大。

改进措施：

① 严格按照面包配方制作，不要擅自增减原辅料。

② 面团存放时间不宜过长。

③ 掌握酵母的用量、发酵湿度和发酵温度。

④ 控制烤制温度。

（8）案例　表面无光泽

原因分析：

① 缺少盐。

② 配方成分低，改良剂太多。

③ 老面团，或撒粉太多。

④ 发酵室温度太高，或缺淀粉酵素。

⑤ 焗炉蒸汽不足，炉温低。

改进措施：

① 盐的用量应控制在面粉用量的1%~2.2%。

② 适量使用改良剂。

③ 面团存放时间不宜过长，减少撒粉量。

④ 调整温度，增加蒸汽喷出量。

（9）案例　表面有斑点

原因分析：

① 奶粉没溶解或材料没拌匀，或沾上糖粒。

② 发酵室内水蒸气凝结成水滴。

改进措施：

① 在调制面团的过程中，使用颗粒细，便于溶解的原辅料。

② 表面做好清洁工作。

③ 改善发酵室的设备条件。

（10）案例　面包表皮过厚

原因分析：

① 烤箱温度过低。

② 基本发酵时间过长。

③ 最后醒发不当。

④ 糖、奶粉的用量不足。

⑤ 油脂不足。

⑥ 搅拌不当。

改进措施：

① 提高烤箱的温度。

② 减少基本发酵的时间。

③ 严格控制醒发室的温度和湿度，醒发的时间过久或无湿度醒发，表皮会因失水过多而干燥。

④ 加大糖及奶粉的用量。

⑤ 增加油脂4%~6%。

⑥ 注意搅拌的程序。

2. 面包内部部分

（1）案例　面包内部组织粗糙

原因分析：

① 面粉筋力不足。

② 搅拌不当。

③ 造型时使用干面粉过多。

④ 面团太硬。

⑤ 发酵的时间过长。

⑥ 油脂不足。

改进措施：

① 使用高筋面粉。

② 将面筋充分打起，并正常掌握搅拌时间。

③ 造型、整形时所使用的干面粉越少越好。

④ 加入足够的水分。

⑤ 注意调整发酵所需的时间。

⑥ 加入4%~6%的油脂润滑面团。

（2）案例　面包内部有硬质条纹

原因分析：

① 面粉质量不好或没有筛匀，与其他材料如酵母搅拌不匀，撒粉多。

② 改良剂、油脂用量不当。

③ 烤盘内涂油太多。

④ 发酵湿度大或发酵效果不好。

改进措施：

① 选用优质原辅料，按照配方制作。

② 适量使用改良剂和油脂。

③ 减少烤盘内涂油。

④ 控制发酵全过程。

（3）案例　面包内部有空洞

原因分析：

① 刚磨出的新粉。

② 水质不合标准。

③ 盐少或油脂硬、改良剂太多。

④ 搅拌不均匀，过久或不足，速度太快。

⑤ 发酵太久或靠近热源，温度、湿度不正确。

⑥ 撒粉多。

⑦ 烤焗温度不高，或烤盘大。

⑧ 整形机滚轴太热。

改进措施：

① 选用优质面粉原料。

② 改善水质，控制软硬度。

③ 改用优质辅料。

④ 控制面团搅拌全过程。

⑤ 把握发酵全过程。

⑥ 减少撒粉。

⑦ 选择合适的机械设备。

⑧ 合理使用设备。

（4）案例　面团发酵缓慢

原因分析：

① 酵母用量不足，处理不当或品质不佳。

② 盐、糖的使用量过多。

③ 奶粉的使用量过多或品质不佳。

④ 水分不足或水质不合。

⑤ 油脂的使用量过多。

⑥ 搅拌不足。

⑦ 面团本身温度太低。

⑧ 发酵室温度过低。

改进措施：

① 增加酵母的使用量，正确掌握酵母的使用方法，同时注意酵母的质量。

② 相应减少糖、盐、油脂的使用量。

③ 增加水的用量，同时也要注意水质。

④ 搅拌要充分。

⑤ 提高发酵室的温度，但不能过高。

⑥ 控制好面团的温度，可通过加温水的方法来提高面团温度。

（5）案例　面团发酵太快

原因分析：

① 酵母用量太多。

② 改良剂用量太多。

③ 食盐用量太多。

④ 搅拌过度。

⑤ 面团本身温度太高。

⑥ 发酵室温度过高。

改进措施：

① 减少酵母、改良剂的用量。

② 相应增加盐的用量。

③ 掌握好搅拌程度。

④ 控制面团温度，可通过加冰的方法来降低面团的温度。

⑤ 适当降低发酵室的温度。

（6）案例　面团太粘手

原因分析：

① 面粉筋度太差。

② 糖的使用量太足。

③ 食盐使用量太少。

④ 水分使用过量。

⑤ 油脂用量不足。

⑥ 鸡蛋用量过多。

⑦ 搅拌不足。

改进措施：

① 尽量使用高筋面粉。

② 适当减糖、奶粉以及水的用量。

③ 增加盐、油脂的用量。

④ 搅拌要充分。

3. 面包整体部分

（1）案例　面包在入烤箱前或进烤箱初期下陷

原因分析：

① 面粉筋力不足。

② 酵母用量过大。

③ 盐太少。

④ 缺少改良剂。

⑤ 糖、油脂、水的比例失调。

⑥ 搅拌不足。

⑦ 面包的醒发时间过长。

⑧ 移动时拌动太大。

改进措施：

① 选用高筋面粉。

② 减少酵母的用量。

③ 增加盐的用量。

④ 增加改良剂。

⑤ 糖油为柔性材料，有降低面筋的骨架作用，应正确掌握其比例。

⑥ 增加搅拌时间将面筋打起。

⑦ 缩短最后醒发的时间。

⑧ 面包在入烤箱时动作要轻。

（2）案例　面包的口味不佳

原因分析：

① 原材料质量不佳。

② 发酵所需的时间不足或过长。

③ 最后醒发过度。

④ 生产用具不清洁。

⑤ 面包变质。

改进措施：

① 应选用品质较好的新鲜原材料。

② 根据不同制品的要求正确掌握发酵所需的时间。如发酵的时间不足则无香味，发酵过度则产生酸味。

③ 严格控制醒发的时间及面团胀发的程度，一般面团醒发后的体积以原体积的2~3倍为宜。

④ 经常清洗生产用具。

⑤ 注意面包的储藏温度及存放的时间。

（3）案例　不易储藏，易发霉

原因分析：

① 面粉质劣或储放太久。

② 糖、油脂、奶粉用量不足。

③ 面团不软或太硬，搅拌不均匀。

④ 发酵湿度不当，湿度高，时间久。

⑤ 撒粉太多。

⑥ 烤焗出炉冷却太久，烤炉温度低，缺蒸汽。

⑦ 包装、运输条件不好。

改进措施：

① 选用优质原料制作。

② 按照配方制作，不随意增减原辅料。

③ 掌握面包面团的软硬度。

④ 控制发酵湿度环境。

⑤ 减少撒粉。

⑥ 掌握烤制整个过程。

⑦ 改善包装、运输条件。

思考题

1. 面包的概念是什么？
2. 面包如何分类？
3. 面包的特点有哪些？
4. 简述面包的发酵原理。
5. 影响面包面团发酵的因素有哪些？如何理解？
6. 简述面包制作的一般流程。
7. 简述面包的烘焙原理。
8. 面包的质量鉴定标准有哪些？

CHAPTER 6

第六章 蛋糕制作工艺

第一节 蛋糕的概念、分类及特点

一、蛋糕的概念

蛋糕是由面粉、鸡蛋和砂糖等材料经过搅拌而成含气泡的均一分散组织，并可添加油脂、牛奶、坚果或水果等辅料，经过烘烤后形成色泽鲜艳，口感膨松香甜，造型美观的一类点心。

二、蛋糕的分类

蛋糕的种类很多，根据使用原料、搅拌方法和面糊性质不同，常见的有海绵蛋糕、油脂蛋糕等两种基本类型，以及由此变化而来的各种花式蛋糕、装饰蛋糕等。

（一）海绵蛋糕

海绵蛋糕是利用蛋白起泡性能，使蛋液中充入大量的空气，加入面粉烘烤而成的一类膨松点心。因为其结构类似于多孔的海绵而得名。国外又称为泡沫蛋糕，国内称为清蛋糕（Plain Cake）。海绵蛋糕不含或含有少量的油脂，组织疏松，口感绵软。

在蛋糕制作过程中，蛋白通过高速搅拌使其中的球蛋白降低了表面张力，增加了蛋白的黏度，因黏度大的成分有助于泡沫初期的形成，使之快速地打入空气，形成泡沫。蛋白中的球蛋白和其他蛋白，受搅拌的机械作用，产生了轻度变性。变性的蛋白质分子可以凝结成一层皮，形成十分牢固的薄膜将混入的空气包围起来，同时，由于表面张力的作用，使得蛋白泡沫收缩变成球形，加上蛋白胶体具有黏度和加入的面粉原料附着在蛋白泡沫周围，从而形成均匀的面糊，经过烤制后达到膨松的效果。

由于海绵蛋糕中所使用的鸡蛋成分不同，有些只用蛋清，有些用全蛋，有些又加重蛋黄的用量，因此，又可分为天使蛋糕、戚风蛋糕和全蛋海绵蛋糕等。

（二）油脂蛋糕

油脂蛋糕，是用鸡蛋、黄油、面粉、白糖等搅拌、烘烤而成。油脂蛋糕则含有较多的固体油脂，其弹性和柔软度不如海绵蛋糕，组织相对较紧密，吃口细腻滑润，油润感、饱腹感强，别具特色。

在制作过程中，空气通过搅拌进入油脂形成气泡，使油脂膨松、体积增大；当蛋液加入到打发的油脂中时，蛋液中的水分与油脂即在搅拌下发生乳化。乳化对油脂蛋糕的品质有重要影响，乳化越充分，制品的组织越均匀，口感也越好；为了改善油脂的乳化，在加蛋液的同时可加入适量的蛋糕油，可使油和水形成稳定的乳液，使蛋糕烤制后质地更加细腻。

（三）花式蛋糕

花式蛋糕是指各式各样的小型蛋糕，可以看作是以上两类基本蛋糕变化的另一种形式，它小巧玲珑、美观大方、便于携带而且食用方便。制作时，可以将蛋糕先烤制成长条形或大块蛋糕胚，然后再加工成小型的各种形状或图案的蛋糕品种。

（四）装饰蛋糕

装饰蛋糕的品种很多，按用途及工艺特点通常分为两大类：一类是一般装饰蛋糕，如奶油裱花蛋糕、水果蛋糕、巧克力装饰蛋糕等；另一类是艺术造型蛋糕，这类蛋糕工艺难度大，欣赏价值高，多用于装饰橱窗、宴会、各种大型活动的布景及客人的特殊需要。

装饰蛋糕通常以海绵蛋糕或油脂蛋糕为坯料，其装饰料则据制品需要灵活选择。一般常用的装饰原料有：奶油膏、糖粉膏、巧克力、干鲜果、杏仁膏、各式水果罐头及胶冻类原料等。

三、蛋糕的特点

（一）富有营养

蛋糕多以乳品、蛋品、糖类、油脂、面粉、干鲜水果等为常见原料，而这些原料含有丰富的蛋白质、脂肪、糖及维生素等营养物质，它们是人体健康所必不可少的营养素。

（二）色泽漂亮

在蛋糕的制作过程中，由于配料中使用了白糖等糖类，在烤制成熟时发生了焦糖化反应，使之形成了漂亮的金黄色或褐黄色，刺激消费者的食欲。

（三）口味清香

同样由于蛋糕所用的主料为面粉、乳品、干鲜水果等，这些原料本身具有芳香的味道，而且这些原料在烘烤过程中发生美拉德反应等形成了特异的香气，更不用说个别蛋糕添加少量的香精提香了，所以，蛋糕在口味上往往显现出清香的特点。

（四）口感松软

在蛋糕制作过程中，无论是利用鸡蛋膨松、油脂膨松或是其他添加剂膨松等技法，生产出来的蛋糕产品，都有膨松的口感，从而形成了蛋糕的另一特色。

（五）工艺简洁

蛋糕从选料到搅拌、从灌模到烘烤、从脱模到造型、从整理到装饰，每一个线条到图案，每一种色调，都清晰可辨，简洁明快，给人赏心悦目的感受。

总之，蛋糕都具有丰富的营养，漂亮的色泽，清香的风味，松软的口感和简洁的制作工艺。

第二节 蛋糕制作的基本原理

一、海绵蛋糕的制作原理

（一）空气的作用

在海绵蛋糕制作过程中，蛋白通过高速搅拌，使之快速地打入空气，形成泡沫。同时，由于表面张力的作用，使得蛋白泡沫收缩变成球形，加上蛋白胶体具有黏度和加入的面粉原料附着在蛋白泡沫周围，使泡沫变得很稳定，能保持住混入的气体，加热的过程中，泡沫内的气体又受热膨胀，使蛋糕制品疏松多孔并具有一定的弹性和韧性。

（二）膨松剂的作用

在海绵蛋糕制作过程中，为了使蛋糕制品膨松，通常要添加一些膨松剂，如小苏打、泡打粉等，在加热时会产生二氧化碳气体，此外，还可产生阿摩尼亚及水蒸气，这都可使烘焙产品体积膨胀。

这一类的膨松剂虽然都有使蛋糕膨松的特性，但是过量的使用反而会使成品组织粗糙，影响风味甚至外观，因此使用上要注意分量。

（三）水蒸气的作用

在海绵蛋糕烘焙制作过程中，常会加入水，水在烘焙时会因受热而变成水蒸气，亦即会产生蒸气压，使产品体积膨大。

（四）油脂的乳化作用

在海绵蛋糕烘焙制作过程中，经常会加入一些油脂，改善蛋糕的口感。这些油脂最后搅拌后，会形成水包油型（油分散在水中）的乳化液，在烘焙初期，当温度达到40℃时，油脂中的气泡会转移到水相中，然后在水蒸气的作用下，形成膨松的效果。

二、油脂蛋糕的制作原理

（一）油脂的搅拌打发作用

油脂的打发即油脂的充气膨松。在搅拌作用下，空气进入油脂形成气泡，使油脂膨松、体积增大。油脂膨松越好，蛋糕质地越疏松，但膨松过度会影响蛋糕的成形。

油脂的打发膨松与油脂的充气性有关。此外，细粒砂糖有助于油脂的膨松。

(二)油脂与蛋液的乳化作用

当蛋液加入到打发的油脂中时，蛋液中的水分与油脂即在搅拌下发生乳化。乳化对油脂蛋糕的品质有重要影响，乳化越充分，制品的组织越均匀，口感也越好。

(三)蛋糕油的乳化作用

为了改善油脂的乳化，在加蛋液的同时可加入适量的蛋糕油(为面粉量的3%~5%)。蛋糕油作为乳化剂，可使油和水形成稳定的乳液，蛋糕质地更加细腻，并能防止产品老化，延长其保鲜期。

第三节 蛋糕的生产方法

一、制作流程

蛋糕制作流程主要体现在以下几个方面：

蛋糕的选料→搅拌打蛋→拌面粉→灌模成形→烘烤(或蒸)→冷却脱模→裱花装饰→包装储存

二、关键环节说明

(一)蛋糕的选料

选料对于蛋糕制作十分重要，制作蛋糕时，应根据配方选择合适的原料，准确配用，才能保证蛋糕产品的规格质量。

以制作一般海绵蛋糕选料为例：原料主要有鸡蛋、白糖、面粉及少量油脂等，其中新鲜的鸡蛋是制作海绵蛋糕的最重要的条件，因为新鲜的鸡蛋胶体溶液稠度高，能打进气体，保持气体性能稳定；存放时间长的蛋不宜用来制作蛋糕。制作蛋糕的面粉常选择低筋粉，其粉质要细，面筋要软，但又要有足够的筋力来承担烘焙时的胀力，为形成蛋糕特有的组织起到骨架作用。如只有高筋粉，可先进行处理，取部分面粉上笼熟，取出晾凉，再过筛，保持面粉没有疙瘩时才能使用，或者在面粉中加入少许玉米淀粉拌匀以降低面团的筋性。制作蛋糕的糖常选择蔗糖，以颗粒细密、颜色洁白者为佳，如绵白糖或糖粉。颗粒大者，往往在搅拌时间短时不容易溶化，易导致蛋糕质量下降。

(二)搅拌打蛋

搅拌打蛋是蛋糕制作的关键工序，是将蛋液、砂糖、油脂等按照一定的次序，放入搅拌机中搅拌均匀，通过高速搅拌使砂糖融入蛋液中并使蛋液或油脂充入空气，形成大量的汽泡，以达到膨胀的目的。蛋糕成品的好坏与打蛋时间、蛋液温度、蛋液质量，搅拌打蛋方法等相互关联。

1. 海绵蛋糕的搅拌打蛋方法

(1)蛋白、蛋黄分开搅拌法　蛋白、蛋黄分开搅拌法其工艺过程相对复杂，其投料顺序对蛋糕品质更是至关重要。通常需将蛋白、蛋黄分开搅打，所以最好要有两台搅拌机，一台搅打蛋白；另一台搅打蛋黄。先将蛋白和糖打成泡沫状，用手醮一下，竖起，尖略下垂为止；另一台搅打蛋黄与糖，并缓缓将蛋白泡沫加入蛋糊中，最后加入面粉拌和均匀，制成面糊。在操作的过程中，为了解决吃口较干燥的问题，可在搅打蛋黄时，加入少许油脂一起搅打，利用蛋黄的乳化性，将油与蛋黄混合均匀。

（2）全蛋与糖搅打法　蛋糖搅拌法是将鸡蛋与糖搅打起泡后，再加入其他原料拌和的一种方法。其制作过程是将配方中的全部鸡蛋和糖放在一起，入搅拌机，先用慢速搅打2分钟，待糖、蛋混合均匀，再改用中速搅拌至蛋糖呈乳白色时，用手指勾起，蛋糊不会往下流时，再改用快速搅打至蛋糊能竖起，但不很坚实，体积达到原来蛋糖体积的3倍左右，把选用的面粉过筛，慢慢倒入已打发好的蛋糖中，并改用手工搅拌面粉（或用慢速搅拌面粉），拌匀即可。

（3）乳化法　乳化法是指在制作海绵蛋糕时加入了乳化剂的方法。蛋糕乳化剂在国内又称为蛋糕油，能够促使泡沫及油、水分散体系的稳定，它的应用是对传统工艺的一种改进，尤其是降低了传统海绵蛋糕制作的难度，同时还能使制作出的海绵蛋糕中能溶入更多的水、油脂，使制品不容易老化、变干变硬，吃口更加滋润，所以它更适宜于批量生产。

其操作时，在传统工艺搅打蛋糖时，使蛋糖打匀，即可加入面粉量的10%的蛋糕油，待蛋糖打发白时，加入选好的面粉，用中速搅拌至奶油色，然后可加入 30%的水和15%的油脂搅匀即可。

2. 油脂蛋糕的搅拌打蛋方法

（1）糖、油搅打法　首先，将油脂（奶油或人造黄油）与糖一起搅打至呈淡黄色、膨松而细腻的膏状。其次，蛋液呈缓缓细流分次加入上述油脂与糖的混合物中，每次均须充分搅拌均匀。再次，将筛过的面粉轻轻混入浆料中，混匀即止。注意不能有团块，不要过分搅拌以尽量减少面筋生成。最后加入液体（水或牛奶），如有果干或果仁也可在这一步加入，混匀即可。注意如果配方中有奶粉、泡打粉等干性原料，可与面粉一起混合过筛。如有色素和香精，可溶入液体中一并加入，也可在第一步加入。

（2）粉、油搅打法　首先，将油脂与等量的面粉（事先过筛）一起搅打成膨松的膏状。其次，将糖与蛋搅打起发成泡沫状。第三，将糖、蛋混合物分次加入到油脂与面粉的混合物中，每次均须搅打均匀。第四，将剩余的面粉加入浆料中，混匀至光滑、无团块为止。最后加入液体、果干、果仁等，混匀即可。

（3）混合搅打法　首先，将所有的干性原料包括面粉、糖、奶粉、泡打粉、可可粉等一起过筛。其次，将过筛后的干性原料与油脂一起搅拌混合至呈“面包渣”状为止，注意不要过分搅拌成糊状。再次，将所有湿性原料包括蛋液、水（或牛奶）等混合在一起。最后，边搅拌边将混合液呈缓缓细流状逐渐加入到干性原料与油脂的混合物中，搅拌至无团块、光滑的浆料为止。

（4）糖油—糖蛋搅拌法　该法是将糖分为两部分、一部分与油脂一起搅打，另一部分与糖一起搅打。

首先，将油脂与一半糖打发。其次，将另一半糖与蛋一起打发（可加面粉量3%~5%的蛋糕油），再加入一半面粉混匀。最后，将另一半面粉与糖蛋交替加入打发的糖和油中，并用慢速混匀。

制作过程中，机器操作应注意：凡属于搅打的操作宜用中速；凡属于原料混合的操作宜用慢速；须随时将黏附在桶边、桶底和搅拌头上的糊料刮下，再让其参与搅拌，使整个糊料体系均匀。

以上四种方法中以粉、油搅打法及糖油—糖蛋搅打法制成的蛋糕质地最好，但操作过程稍复杂。混合搅打法操作较简便，适用于机器生产。糖、油搅打法是种传统的油脂蛋糕制作方法，既适用于机器生产，也适用于手工制作。

（三）拌面粉

拌面粉是搅拌打蛋后的一道工序。制作时先将面粉过筛，然后均匀拌入蛋浆或油浆中。在拌入面粉的过程中，搅拌速度宜采用中速，搅拌时间不宜过长，以拌至见不到生面粉为止，防止面粉“上劲”。也可根据配方，加入部分熟面粉或玉米粉，减少面筋的拉力，使蛋糕制品膨松。

（四）灌模成形

蛋糕原料经调搅均匀后，一般应立即灌模进入烤炉烘烤。蛋糖调搅法应控制在15分钟之内，乳化法则可适当延长些时间。蛋糕的形状是由模具的形状来决定的。

1. 模具的选择

蛋糕的成形一般都是借助于模具来完成的。一般常的用模具有马口铁、不锈钢、白铁皮、金属铝以及耐热玻璃材料制成。其形状圆形、长方形、花边形、鸡心形、正方形等。边沿还可分为高边和低边两种。选用时要依据蛋糕的配方不同、相对密度不同、内部组织状况的不同，灵活进行选择。海绵蛋糕因其组织松软，易于成熟而可以灵活地进行选择模具，一般可依据成品的形状来选择模具。

2. 蛋糕糊灌模的要求

为了使烘烤的蛋糕很容易地从模具中取出，避免蛋糕黏附在烤盘或模具上，面糊在装模前必须使模具清洁，还要在模具四周及底部铺上一层干净的油纸，在油纸上还要均匀地涂上一层油脂。如能在油脂上撒一层面粉则效果更佳。

蛋糕依据打发的膨松度和蛋糖面粉的比例不同而不同，一般以填充模具的七八成满为宜。在实际操作中，以烤好的蛋糕刚好充满烤盘，不溢出边缘，顶部不凸出，这时装模面糊容量就恰到好处。如装的量太多，烘烤后的蛋糕膨胀溢出，影响制品美观，造成浪费。相反，装的量太少，则在烘烤过程中由于水分过多地挥发而降低蛋糕的松软性。

（五）烘烤（或蒸）

正确设定蛋糕烘烤的温度和时间。烘烤的温度对所烤蛋糕的质量影响很大。温度太低，烤出的蛋糕顶部会下陷，内部较粗糙；烤制温度太高，则蛋糕顶部隆起，中央部分容易裂开，四边向里收缩，糕体较硬。通常烤制温度以180~220℃为佳。烘烤时间对所烤蛋糕质量影响也很大。正常情况下，烤制时间为30分钟左右。如时间短，则内部发黏，不熟；如时间长，则易干燥，四周硬脆。烘烤时间应依据制品的大小和厚薄来进行决定，同时可依据配方中糖的含量进行灵活调节。含糖高，温度稍低，时间长；含糖量低，温度则稍高，时间长。

如果蒸制蛋糕，则先将水烧开后再放上蒸笼，大火加热蒸2分钟后，在蛋糕表面结皮之前，用手轻拍笼边或稍振动蒸笼以破坏蛋糕表面气泡，避免表面形成麻点；待表面结皮后，火力稍降，并在锅内加少量冷水，再蒸几分钟使糕坯定型后加大炉火，直至蛋糕蒸熟。出笼后，撕下白细布，表面涂上麻油以防粘皮。冷却后可直接切块销售，也可分块包装出售。

（六）冷却脱模

出炉前，应鉴别蛋糕成熟与否，比如观察蛋糕表面的颜色，以判断生熟度。用手在蛋糕上轻轻一按，松手后可复原，表示已烤熟，不能复原，则表示还没有烤熟。还有一种更直接的办法，是用一根细的竹签插入蛋糕中心，然后拔出，若竹签上很光滑，没有蛋糊，表示蛋糕已熟透；若竹签上粘有蛋糊，则表示蛋糕还没熟。如没有熟透，需继续烘烤，直到烤熟为止。

如检验蛋糕已熟透，则可以从炉中取出，从模具中取出，将蛋糕立即翻过来，放在蛋糕架上，使正面朝下，使之冷透，然后包装。蛋糕冷却有两种方法，一种是自然冷却，冷却时应减少制品搬动，制品与制品之间应保持一定的距离，制品不宜叠放；另一种是风冷，吹风时不应直接吹，防止制品表面结皮。

（七）裱花装饰

在蛋糕冷却之后，就可以根据需要选用适当的装饰料对蛋糕制品进行美化加工。所需要的装饰料和馅料应提前准备好。

（八）包装储存

为了保持制品的新鲜度，可将蛋糕放在2~10℃的冰箱里冷藏。需要出品时可以采用制作精制的纸盒或塑料盒等。

第四节 蛋糕制作案例

一、海绵蛋糕类（Sponge cakes）

1. 普通海绵蛋糕（图6-1）

原料配方：鸡蛋500克，白糖250克，低筋粉250克，色拉油50克，脱脂牛奶50克。

制作工具或设备：搅拌机，面筛，烘焙纸，烤模，烤盘，烤箱，案板。

制作过程：

① 预热烤箱至180℃（或上火180℃，下火165℃）备用。

② 将鸡蛋打入搅拌桶内，加入白糖，上搅拌机搅打至泛白并成稠厚乳沫状。

③ 将低筋粉用筛子筛过，轻轻地倒入搅拌桶中，并加入溶化且冷却的色拉油和脱脂牛奶，搅和均匀成蛋糕糊。

④ 将蛋糕糊装入垫好烘焙纸，放在烤盘里的烤模内，并用手顺势抹平，进烤箱烘烤。

⑤ 约烤30分钟，待蛋糕完全熟透取出，趁热覆在案板上，冷却后即可。

风味特点：**色泽金黄，口感松软。**

2. 瑞士卷

原料配方：全蛋8个，砂糖 100克，色拉油50克，橘汁 70克，香精2滴，低筋面粉120克，泡打粉2克，盐1克，塔塔粉 2克，蓝莓果酱250克。

制作工具或设备：搅拌机，面筛，烘焙纸，烤盘，烤箱，案板。

制作过程：

① 预热烤箱至180℃（或上火180℃，下火165℃）备用。

② 分开蛋清与蛋黄备用。

③ 橘汁加上色拉油搅拌，打到油和水溶合，分两次加入蛋黄；加入过筛的低筋面粉、泡打粉、

香精。

④ 搅拌桶中放蛋清、塔塔粉、盐分次加入细砂糖，中速打到中性发泡。（所谓中性发泡就是把蛋白用刮刀挑起来，有个尖，并且有点颤动的感觉）。

⑤ 将蛋清糊分次放蛋黄糊中，轻轻混合均匀。

⑥ 烤盘里面垫好烘焙纸，将蛋糊倒入盘中，快速抹平。

⑦ 放烤箱前轻轻磕一下烤盘，消除里面的空气。

⑧ 用180℃烤15分钟。

⑨ 出炉稍凉，然后从烤盘上倒出。放在一张烘培用的烘焙纸上，蛋糕表皮冲下，底冲上，撕去烤制时粘在蛋糕底部的烘焙纸，再放上一张烘焙纸，然后把蛋糕反转过来，这时表皮应该冲上。

⑩ 放凉一点后，可以把表层烘烤的蛋糕皮用刀削去，这样卷起后的效果会漂亮。

⑪ 涂果酱。（最好在涂果酱前涂一层打发的黄油。如果直接涂果酱，果酱会浸染蛋卷，外表看起来不够漂亮。涂一层打发黄油，起到一个保护层的作用。当然，这步不是必需的，可以省略）。涂完果酱后，可以用刀在蛋卷上轻轻划几道痕迹，比较有利于卷起。放擀面杖于纸后，协助卷蛋糕卷。

⑫ 卷成卷，切成片状食用。

风味特点：**线条美观，口感柔绵。**

3. 巧克力海绵蛋糕

原料配方：鸡蛋250克，白糖120克，低筋粉120克，可可粉25克，黄油25克，脱脂牛奶25克。

制作工具或设备：搅拌机，面筛，烘焙纸，蛋糕模，烤盘，烤箱。

制作过程：

① 预热烤箱至180℃（或上火180℃，下火165℃）备用。

② 将鸡蛋打入搅拌桶内，加入白糖，上搅拌机搅打至干性发泡。

③ 将低筋粉、可可粉用筛子筛过，轻轻地倒入搅拌桶中，并加入溶化的黄油和脱脂牛奶，搅和均匀成蛋糕糊。

④ 将蛋糕糊装入垫好烘焙纸，放在烤盘里的蛋糕模内，并用抹刀顺势抹平。

⑤ 进烤箱烘烤30分钟，待蛋糕完全熟透取出，趁热覆在案板上，冷却即可。

风味特点：**色泽棕褐，口感松软。**

4. 海绵卷（图6-2）

原料配方：低筋面粉100克，鸡蛋250克，白砂糖100克，巧克力香精2滴。

制作工具或设备：搅拌机，面筛，烘焙纸，蛋糕模，烤盘，烤箱。

制作过程：

① 预热烤箱至180℃备用。

② 搅拌桶中放鸡蛋，加入细砂糖，中速打到中性发泡。

③ 加入过筛的低筋面粉、香精，切拌均匀。

④ 烤盘里面垫好烘焙纸，倒入盘中，快速抹平。

⑤ 放烤箱前轻轻磕一下烤盘，消除里面的空气。

⑥ 放在烤箱中，烤15分钟。

⑦ 出炉稍晾，然后从烤盘上倒出。放在一张烘焙纸上，蛋糕表皮冲下，底冲上，撕去烤制时黏在蛋糕底部的烘焙纸，再放上一张烘焙纸，然后把蛋糕反转过来，这时表皮应该朝上。

⑧ 卷成卷，切成片状食用。

风味特点：**口感柔软，线条优美。**

5. 巧克力原木

原料配方：全蛋10个，砂糖 150克，色拉油50克，鲜牛奶 70克，香精2滴，低筋面粉150克，泡打粉3克，盐1克，塔塔粉 3克，果酱250克，牛奶巧克力500克。

制作工具或设备：搅拌机，面筛，烘焙纸，烤盘，烤箱，案板，餐叉。

制作过程：

① 预热烤箱至180℃（或上火180℃，下火165℃）备用。

② 分开蛋清与蛋黄备用。

③ 鲜牛奶加上色拉油搅拌，打到油和水溶合，分两次加入蛋黄；加入过筛的低筋面粉、泡打粉、香精。

④ 搅拌桶中放蛋清、塔塔粉、盐分次加入细砂糖，中速打到中性发泡。

⑤ 将蛋清糊分次放蛋黄糊中，轻轻混合均匀。

⑥ 烤盘里面垫好烘焙纸，倒入盘中，快速抹平。

⑦ 放烤箱前轻轻磕一下烤盘，消除里面的空气。

⑧ 用170~180℃烤15分钟。

⑨ 出炉稍晾，然后从烤盘上倒在案板上，表面涂果酱，卷成卷，备用。

⑩ 牛奶巧克力隔水煮溶，浇在蛋糕卷上，稍晾时，用餐叉来回刮出纹理，类似树皮的模样。

风味特点：**酷似树木，口感柔绵。**

6. 香草海绵蛋糕（图6-3）

原料配方：鸡蛋250克，白糖125克，香兰素或香草粉2克，低筋粉125克，色拉油100克，脱脂淡奶25克。

制作工具或设备：刮刀，搅拌机，面筛，烘焙纸，蛋糕模，蛋糕板。

制作过程：

① 将鸡蛋加入白糖和香兰素或香草粉，放在搅拌机上搅打至稠厚并干性发泡。

② 轻轻地向搅拌桶内拌入筛过的面粉，稍加拌匀后，加入色拉油及脱脂淡奶，继续搅拌均匀形成蛋糕糊。

③ 将蛋糕模铺好烘焙纸，倒入蛋糕糊，放在烤盘里，并用刮刀抹平，入烤箱180℃烘烤，约烤30分钟。

④ 蛋糕完全熟透取出，趁热覆在蛋糕板上，冷却后即可。

风味特点：**蛋糕松软，具有香草的香味。**

7. 可可海绵蛋糕

原料配方：鸡蛋300克，白糖150克，低筋粉150克，可可粉30克，黄油75克，脱脂牛奶25克。

制作工具或设备：搅拌机，面筛，烘焙纸，蛋糕模，烤盘，烤箱，案板。

制作过程：

① 将鸡蛋内加入白糖，用搅拌机搅打至泛白并成稠厚乳沫状。

② 将低筋粉和可可粉用筛子筛过，轻轻地倒入搅拌桶中，并加入溶化且冷却的黄油和脱脂牛奶，搅和均匀成蛋糕糊。

③ 蛋糕模装入烘焙纸，倒入蛋糕糊，抹平。

④ 180℃，约烤30分钟，待蛋糕完全熟透取出，趁热覆在蛋糕板上，冷却后即可。

风味特点：**质地绵软，可可风味。**

8. 蜂蜜海绵蛋糕

原料配方：鸡蛋300克，白糖200克，低筋粉200克，发酵粉2克，黄油15克，脱脂淡奶15克，蛋糕油10克，蜂蜜50克。

制作工具或设备：搅拌机，面筛，烘焙纸，蛋糕模，案板。

制作过程：

① 预热烤箱至175℃（或上火175℃，下火165℃），在烤盘内铺上烘焙纸，再放好蛋糕模备用。

② 搅拌桶中打入鸡蛋并加入白糖，上搅拌机搅打至完全膨松，再将乳化油倒入搅拌桶内。

③ 筛过的面粉和发酵粉慢慢地倒入搅拌桶，稍加拌匀后，再加入溶化的黄油以及脱脂淡奶和蜂蜜，低速搅拌均匀。

④ 将拌匀的蛋糕糊装入备用的蛋糕模内，并顺势抹平表面，进烤箱烤约45分钟，至完全熟透取出，趁热覆在案板上，冷却后即可。

风味特点：**质地如海绵状，具有各种花的蜜香。**

9. 榛子海绵蛋糕

原料配方：鸡蛋250克，低筋粉100克，白糖125克，榛子粉或颗粒50克，脱脂淡奶25克，色拉油25克。

制作工具或设备：抹刀，搅拌机，面筛，烘焙纸，烤盘，案板。

制作过程：

① 预热烤箱至180℃，在烤盘内铺上烘焙纸，并放上烤模备用。

② 将鸡蛋和白糖放入搅拌桶内，上搅拌机搅打至泛白呈乳沫状，加入脱脂淡奶，换用中速或低速搅打数分钟。

③ 面粉过筛后，与榛子粉或颗粒一起轻轻拌入搅拌桶再加入色拉油继续拌和均匀。

④ 将拌匀的面糊，装入备用的烤模内，进烤箱烘烤约30分钟，至完全熟透时取出，覆在案板上，冷透后即可。

风味特点：**蛋糕软绵，榛子味香。**

10. 巧克力瑞士卷

原料配方：全蛋8个，砂糖 150克，色拉油55克，橘汁 70克，香精2滴，低筋面粉140克，泡打粉3克，盐1克，塔塔粉 3克，巧克力酱300克。

制作工具或设备：搅拌机，面筛，烘焙纸，烤盘，烤箱，案板。

制作过程：

① 预热烤箱至180℃（或上火180℃，下火165℃）备用。

② 分开蛋清与蛋黄备用。

③ 橘汁加上色拉油搅拌，打到油和水溶合，分两次加入蛋黄；加入过筛的低筋面粉、泡打粉、香精。

④ 搅拌桶中放蛋清、塔塔粉、盐分次加入细砂糖，中速打到中性发泡。

⑤ 将蛋清糊分次放蛋黄糊中，轻轻混合均匀。

⑥ 烤盘里面垫好烘焙纸，倒入盘中，快速抹平。

⑦ 放烤箱前轻轻磕一下烤盘，消除里面的空气。

⑧ 用170~180℃烤15分钟。

⑨ 出炉稍凉，然后从烤盘上倒出。放在一张烘培用的烘焙纸上，蛋糕表皮冲下，底冲上，撕去烤制时粘在蛋糕底部的烘焙纸，再放上一张烘焙纸，然后把蛋糕反转过来，这时表皮应该朝上。

⑩ 放凉后，可以把表层烘烤的蛋糕皮用刀削去，这样卷起后的效果会漂亮。

⑪ 涂巧克力酱。

⑫ 切成片状食用。

风味特点：**线条美观，口感柔绵。**

11. 戚风蛋糕（图6-4和图6-5）

原料配方：鸡蛋500克，白糖300克，细盐5克，低筋粉200克，发酵粉5克，脱脂牛奶100克，色拉油75克。

制作工具或设备：搅拌机，筛子，烘焙纸，烤模，案板。

制作过程：

① 预热烤箱至170℃（或上火175℃，下火160℃），在烤盘上铺上烘焙纸，再放好烤模备用。

② 将鸡蛋分成蛋黄、蛋白备用。

③ 在搅拌桶内倒入蛋黄、细盐及一半白糖，上搅拌机搅打至稠厚并泛白，再依次加入低筋粉和发酵粉和脱脂牛奶以及色拉油，全部拌匀透。

④ 将蛋白和另一半白糖放入另一搅拌桶内，上搅拌机搅打成软性泡沫状，拌入蛋黄混合物，拌和均匀，装入备用的烤模内，并顺势抹平，进烤箱烘烤。

⑤ 约烤40分钟，至蛋糕完全熟透取出，趁热覆在案板上，冷却后即可使用。

风味特点：**色泽金黄，口感细腻。**

12. 戚风巧克力蛋糕（图6-6）

原料配方：白糖150克，鸡蛋500克，面粉150克，可可粉25克，泡打粉1小勺，牛奶100毫升，黄油75克。

制作工具或设备：搅拌机，筛子，烘焙纸，蛋糕烤模，案板。

制作过程：

① 将鸡蛋分成蛋黄、蛋白备用。

② 在搅拌桶内倒入蛋黄、细盐及一半白糖，上搅拌机搅打至稠厚并泛白，再依次加入低筋粉、泡打粉、可可粉和牛奶以及色拉油，全部拌匀透。

③ 将蛋白和另一半白糖放入另一搅拌桶内，上搅拌机搅打成软性泡沫状，拌入蛋黄混合物，拌和均匀。

④ 黄油切成小块，软化后轻轻搅入面糊中。

⑤ 取蛋糕烤模，内面涂黄油以防粘结，装入面糊刮平。

⑥ 烤箱预热至175℃，烤45分钟即成。

风味特点： 色泽棕褐，口感细腻。

13. 樱桃卷（图6-7）

原料配方： 低筋面粉75克，可可粉35克，蛋清6个，砂糖75克，香草香精2滴，樱桃酱50克，糖水樱桃75克，糖粉15克。

制作工具或设备： 搅拌机，面筛，烘焙纸，蛋糕烤模，案板。

制作过程：

① 低筋面粉和可可粉过筛后拌匀备用。

② 蛋清加上砂糖打至干性发泡，用搅拌头提起不往下掉。

③ 分次加入过筛的低筋面粉、可可粉，最后加入香精轻轻拌匀。

④ 最后把面糊倒入涂油的烤盘中，大概1厘米厚，然后在蛋糕糊表面筛上薄薄的一层糖粉，最后用180℃炉温，烤15分钟即可。

⑤ 把烤好的坯子反放在案板上，在上面抹一层樱桃酱。

⑥ 在樱桃酱上面撒一些糖水樱桃。

⑦ 最后从坯子的一端向另一端卷起，卷成卷，冷冻切成片即可。

风味特点： 蛋糕卷口感柔软，具有樱桃的甜香味。

14. 贵妃卷

原料配方： 蛋清2个，蛋黄4个，低筋面粉40克，粟米油30克，发酵粉3克，白糖40克，香精1茶匙，贵妃椰香酱100克。

制作工具或设备： 塑料刮刀，搅拌机，筛子，烘焙纸，烤盘，纸板，案板。

制作过程：

① 将低筋面粉、发酵粉过筛备用。烤盘内涂一层油，放入烘焙纸，再在纸上面涂上一层黄油备用。

② 蛋清加糖打发至刚刚硬性发泡，再倒入蛋黄打1分钟至均匀。

③ 加入筛好的面粉搅拌均匀，再加入粟米油和香精拌匀，倒入烘盘，用刮刀抹平。

④ 放入烤箱200℃，烤9分钟取出，覆在案板上，待凉。

⑤ 晾凉后撕去烘焙纸，涂上贵妃椰香酱，用烘焙纸带着卷起。

⑥ 蛋糕卷用烘焙纸包住，一手用纸板抵住蛋糕，一手拉紧底下的烘焙纸，这样蛋糕卷便会更紧实。.

风味特点： 蛋糕柔软，贵妃酱香。

15. 木纹卷蛋糕

原料配方： 低筋面粉100克，泡打粉1茶匙，牛奶25克，鸡蛋8个，白糖50克，玉米油25克，塔塔粉1/4茶匙或白醋1茶匙，香草香精3滴，半甜巧克力丁25克。

制作工具或设备：搅拌机，筛子，烘焙纸，烤盘，案板。

制作过程：

① 将鸡蛋分为蛋黄和蛋清。

② 蛋清加白醋1茶匙用搅拌机高速打几分钟到发泡。

③ 接着用搅拌机高速打蛋黄3分钟，加糖打到糖溶解。

④ 然后边打边将过筛的低筋面粉分三次，牛奶分两次加入，继续再高速打2分钟。

⑤ 将先前打发的蛋清放入蛋黄糊里，用抹刀从上往下轻轻拌匀。

⑥ 半甜巧克力丁3大匙，加牛奶2大匙微波炉热溶化（1分钟）。

⑦ 然后倒入铺了烘焙纸的9寸的烤盘里，倒入巧克力酱轻轻搅拌成有条纹状，将烤盘放入预热至180℃的烤箱内，烤35分钟左右。

⑧ 将晾凉的蛋糕，脱模撕去烘焙纸，切片食用。

风味特点：**木纹清晰，色调和谐。**

16. 提拉米苏蛋糕（图6-8）

原料配方：奶油200克，马斯卡波尼软芝士50克，咖啡酒15克，蛋黄3只，鱼胶粉5克，砂糖25克，青柠檬汁10克，饼底（手指饼干或者蛋糕）1块，黄油50克。

制作工具或设备：打蛋器，抹刀，烘焙纸，冰箱。

制作过程：

① 先在蛋糕模上用烘焙纸封好底部，均匀铺好饼底；将咖啡酒均匀地洒在饼底上，充分入味约0.5小时。

② 在奶油里加入蛋黄，然后加糖、青柠檬汁、盐打匀。

③ 用水将鱼胶粉化开，再以热水溶开，倒进打发好的芝士里。

④ 混合后在芝士浆里加入打起的奶油，打均匀。

⑤ 将已经混合的芝士馅料加进预先做好的饼底上，最好中间隔层。再放上冰箱约6小时。

⑥ 表面撒上可可粉。

风味特点：**口感松软，奶香浓郁。**

17. 葡萄干蛋糕卷

原料配方：鸡蛋黄100克，鸡蛋清100克，牛奶50克，低筋面粉120克，泡打粉2克，塔塔粉1克，葡萄干50克，白砂糖100克，盐1克，色拉油40克，果酱150克。

制作工具或设备：搅拌机，筛子，烘焙纸，烤盘，案板。

制作过程：

① 蛋清、蛋黄分开装盛；葡萄干泡水约20分钟后沥干水分备用。

② 蛋黄与细砂糖（20克）、盐一起拌匀。

③ 再加入色拉油、牛奶及过筛的低筋面粉、泡打粉拌匀，成蛋黄面糊。

④ 蛋清先加入塔塔粉搅拌至起泡，再加入砂糖，打至湿性偏干性发泡成蛋白面糊。

⑤ 先取1/3分量蛋白面糊加入蛋黄面糊中拌匀后，再分次加入剩余的部分拌匀，成蛋糕体面糊。

⑥ 取烤盘，将葡萄干均匀撒上，再将蛋糕体面糊倒入烤盘，将其表面抹平，放入烤箱以180℃烤约35分钟。

⑦ 取出烤好的蛋糕体倒扣于案板上，让其冷却备用。

⑧ 在蛋糕表面均匀抹上果酱。

⑨ 取蛋糕欲卷起的开头部分约2厘米处浅切一刀（勿断），再用擀面杖与纸辅助将蛋糕体卷起即可。

风味特点：**口感松软，洋溢着葡萄干的香味。**

18. 巧克力布丁蛋糕

原料配方：蛋黄3个，蛋清3个，黄油35克，淡奶油50克，低筋面粉30克，黑巧克力75克，无糖可可粉20克，糖30克，香草冰淇淋50克。

制作工具或设备：搅拌机，筛子，烘焙纸，烤模。

制作过程：

① 将淡奶油、黑巧克力、黄油放容器中煮至溶化，再将无糖可可粉放入巧克力糊中拌匀。

② 蛋黄打匀放入过筛低筋面粉切拌均匀。

③ 将巧克力糊倒入蛋黄糊中拌匀。

④ 蛋清打至粗泡分次加入糖打至湿性发泡，分次将蛋白霜放入蛋黄糊中拌匀，装入模具。

⑤ 烤箱预热至180℃，隔水烘烤法，烘烤温度180℃，时间30分钟。

⑥ 蛋糕出炉倒扣配上香草冰淇淋即可。

风味特点：**蛋糕柔软，香草冰淇淋清凉，相互搭配，口味交融。**

19. 焦糖坚果布丁蛋糕

原料配方：低筋面粉300克，鸡蛋250克，泡打粉3克，速溶脱脂奶粉50克，起酥油25克，塔塔粉3克，盐1克，白糖100克，牛奶40克，葡萄干15克，碎核桃或开心果果仁50克。

制作工具或设备：搅拌机，筛子，烘焙纸，烤模。

制作过程：

① 预热烤箱至烤温180℃，取20厘米方形模抹油。

② 将鸡蛋打散加入白糖、起酥油、塔塔粉、盐，用搅拌机打发，分次筛入低筋面粉，分次掺入牛奶，轻轻搅拌均匀。

③ 加上温水泡过的葡萄干，以及碎核桃或开心果果仁，再次拌匀。

④ 倒入模里抹平，烤30~40分钟，待蛋糕表层和中心部分熟透时取出，放入模中约15分钟，凉透即可食用。

风味特点：**蛋糕的松软与坚果的脆香融为一体。**

20. 蛋糕环

原料配方：黄油200克，柠檬皮碎1个，砂糖150克，盐1克，柠檬汁45克，鸡蛋250克，朗姆酒15克，低筋面粉250克，泡打粉5克，糖粉100克。

制作工具或设备：搅拌机，筛子，烘焙纸，烤模。

制作过程：

① 烤箱预热至180℃，取23厘米空心环模，内侧抹油。

② 黄油放置室温下软化，和糖打发至松软，加盐、蛋黄及柠檬碎皮、朗姆酒等。

③ 再拌入一同过筛的面粉、泡打粉。

④ 打发蛋清、拌入以上糊料中，拌匀后盛入模型内，移入烤箱，烤约1.25小时，取出后放至完全冷却、脱模。

⑤ 将过筛的糖粉加柠檬汁调匀，加温后淋于蛋糕面上，覆盖整个蛋糕即成。

风味特点：**蛋糕松软呈环状，口味清新。**

21. 柠香海绵蛋糕

原料配方：低筋粉75克，玉米粉35克，泡打粉3克，香草粉1克，鸡蛋5个，细砂糖75克，柠檬皮末1个量，柠檬汁1小匙，黄油25克，杏仁片25克。

制作工具或设备：搅拌机，烤盘，烤箱，抹刀，烤模。

制作过程：

① 将黄油加热融化成液状，烤箱预热180℃。

② 烤模刷上黄油，铺上杏仁片备用。

③ 将鸡蛋、细砂糖，放入搅拌机中打发至蛋糊变白，体积为原来的2倍，成浓稠状，约介于中硬性发泡程度。

④ 将低筋粉、玉米粉、泡打粉、香草粉混合过筛，拌入③ 中。

⑤ 加入柠檬皮末和柠檬汁搅拌均匀，增加香味。

⑥ 分次加入液状黄油搅拌均匀，倒入烤模中。

⑦ 放进已预热180℃的烤箱中，烤35~40分钟即成。

风味特点：**色泽金黄，柠香宜人。**

22. 黄金海绵蛋糕卷

原料配方：低筋面粉75克，黄油75克，鲜奶100毫升，全蛋50克，蛋黄100克，蛋清120克，塔塔粉1克，香草粉1克，细砂糖100克。

制作工具或设备：搅拌机，烤盘，烤箱，抹刀，烤模。

制作过程：

① 黄油切小块，加热溶化。将面粉和香草粉过筛加入，拌匀成面糊。

② 牛奶加热到60℃离火，分次加入全蛋和蛋黄，拌匀加热① 中。

③ 蛋清加塔塔粉，打至粗泡时一次性加入砂糖，打至湿性发泡（打蛋器从底部拉起有弯勾）。

④ 分次将蛋白霜加入面糊中。

⑤ 烤盘刷上油，铺上烘焙纸，将面糊倒入烤盘，在桌面轻叩出气泡。

⑥ 入烤箱180℃条件下，烤20分钟左右。

⑦ 取出倒扣案板上，抹上蓝莓果酱或者掼奶油，卷成卷，凉后切片即可。

风味特点：**色泽金黄，口感膨松。**

23. 绿茶蛋糕

原料配方：面粉100克，绿茶粉15克，盐 1克，砂糖50克，色拉油35克，牛奶50克，鸡蛋白4个，白醋1克。

制作工具或设备：搅拌机，筛子，烤箱，纸杯，抹刀。

制作过程：

① 把面粉、绿茶粉、盐混合后过筛在大碗里。

② 将蛋黄打散，依次添加砂糖、牛奶、色拉油，搅拌均匀。

③ 将过筛好的面粉混合物，分三次，倒入② 中，轻轻搅拌均匀。

④ 将白醋倒入蛋白中，用搅拌机打发蛋白，打到蛋白膨胀数倍，轻易拉出尖角，或轻易立住一把小勺子即可。

⑤ 把打发的蛋白，分出1/3倒入面糊中，从下向上轻轻翻着搅拌。

⑥ 再将1/3的蛋白倒入面糊中搅拌。再将已经与2/3蛋白搅拌充分的面糊，倒入剩余的1/3蛋白上。然后用抹刀，从下往上翻着搅拌面糊，直到均匀。

⑦ 把面糊倒入纸杯，送进烤箱，180℃，烤30分钟即可。

风味特点：**色泽淡绿，茶香诱人。**

24. 杂粮蛋糕

原料配方：鸡蛋黄100克，鸡蛋清150克，牛奶50克，低筋面粉50克，泡打粉2克，塔塔粉1克，核桃25克，南瓜子仁25克，松子仁25克，全麦粉35克，白砂糖100克，盐1克，色拉油35克。

制作工具或设备：搅拌机，筛子，烤箱，纸杯，抹刀。

制作过程：

① 蛋黄加部分细砂糖、盐拌匀；再加上色拉油、牛奶，以及过筛的全麦粉、低筋面粉、泡打粉入，拌匀，成蛋黄面糊。

② 蛋清先加入塔塔粉搅拌至发泡，再分次放入细砂糖一起打至湿性偏干性发泡，成蛋清糊。

③ 分次将蛋清糊加入蛋黄面糊中，轻轻切拌均匀。再将核桃、南瓜子、松子（先预留小量作装饰）加入拌匀即成蛋糕体面糊。

④ 取烤盘，先均匀撒上剩余的核桃、南瓜子、松子，再倒入蛋糕体面糊并抹平，放入烤箱以190℃，烤约20分钟；

⑤ 取出烤好的蛋糕体倒扣于案板上，撕掉底部烘焙纸后晾凉备用。

风味特点：**营养丰富，口味多样。**

25. 蛋糕球

原料配方：鸡蛋液250克，糖粉100克，面粉200克，色拉油50克，泡打粉4克，朗姆酒30克，杏仁5克。

制作工具或设备：搅拌机，筛子，烤箱，纸杯，裱花袋。

制作过程：

① 烤箱预热180℃，5分钟。

② 将鸡蛋液和糖粉混合，搅打均匀。待糖溶化后，加入面粉和泡打粉，再加入色拉油拌匀，加入朗姆酒，搅匀即成蛋糕糊。

③ 纸模用油刷薄薄一层油后摆入烤盘，将制好的蛋糕糊装入裱花袋内，挤入纸模中约八成满，然后在表面撒上杏仁。

④ 当炉温升至180℃时，放入烤盘，烤10分钟左右取出。

风味特点： 色泽乳白，甜香松软。

26. 桂香蛋糕

原料配方：黄油25克，朱古力120克，低筋面粉150克，鸡蛋250克，糖250克，盐1克，桂皮粉5克。

制作工具或设备：微波炉，搅拌机，筛子，烤箱，烤模。

制作过程：

① 将黄油和朱古力放入器皿中，不用搅拌，直接放进微波炉，以160℃焗3分钟，使它们溶化。

② 将鸡蛋打散放入搅拌桶中，加上白糖快速搅拌打发，然后筛入低筋面粉和桂皮粉，轻轻切拌均匀。

③ 加上黄油、朱古力浆拌匀。

④ 将蛋糕糊注入蛋糕烤模中，以180℃，烤制25分钟。

⑤ 将烤盘取出，把蛋糕从烤模中倒出，稍晾凉后，切片食用。

风味特点： 口感膨松，具有朱古力的香味。

27. 天使蛋糕

原料配方：蛋白200克，塔塔粉2克，盐1克，细砂糖150克，低筋面粉100克。

制作工具或设备：搅拌桶，筛子，烤箱，烘焙纸，烤模。

制作过程：

① 蛋白加入塔塔粉；

② 使用电动打蛋器以中速拌打至起细泡；

③ 在步骤②的材料中加入2/3的细砂糖和盐拌打至糖溶解；

④ 再把剩下的1/3的细砂糖加入步骤③的材料中，拌打至湿性发泡即可；

⑤ 把过筛后的低粉轻轻拌入步骤④的材料中拌匀；

⑥ 将面糊倒入中空圆形烤模中，再用刮刀将表面抹平；放入烤箱下层以190℃烤约25分钟；

⑦ 将烘焙好的蛋糕体倒扣在凉架上等待放凉；用抹刀沿着烤模边缘划绕一圈，让蛋糕体离模；将烤模整个倒扣在凉架上面，并取出蛋糕即可。

风味特点： 口感松软，湿润爽口。

二、油脂蛋糕类（Butter cakes）

1. 黄油蛋糕（Butter Cake）（图6-9）

原料配方：黄油1000克，白糖1000克，鸡蛋1200克，面粉1400克，牛奶240克，发酵粉10克，香草粉适量。

制作工具或设备：搅拌桶，搅拌机，面筛，烤箱，烘焙纸，蛋糕模。

制作过程：

① 黄油、白糖放入搅拌机里，搅拌膨松；将鸡蛋分次加入搅拌，直至膨松细腻为止。

② 发酵粉、面粉、香草粉过筛后放入轻轻搅拌，然后放入牛奶搅拌均匀。

③ 将圆柱形小模子（直径4厘米，高5厘米）擦净放在烤盘上，模具内壁垫一层油纸，将油糕糊装入布袋挤入模具中，以1/2满为宜，挤完后送入170℃的烤箱烘烤30分钟，然后出箱冷却从模具中取出，在表面撒一层糖粉即可。

风味特点：**色泽金黄，口感油润。**

2. 马德拉黄油蛋糕

原料配方：低筋面粉500克，黄油或人造黄油300克，鸡蛋450克，白砂糖350克，奶粉15克，泡打粉10克，水约80克，色拉油15克，马德拉酒25克，柠檬皮细丝15克，碎核桃仁25克。

制作工具或设备：搅拌机，面筛，烘焙纸，蛋糕模。

制作过程：

① 低筋面粉、小苏打粉混合过筛备用。

② 在搅拌桶中放入黄油、白砂糖，用搅拌机搅打至膨松即可，然后加入鸡蛋打匀。

③ 加入过筛好的粉类、奶粉，用打蛋器轻轻搅匀。

④ 将柠檬皮细丝加入蛋糕面糊中拌匀。

⑤ 蛋糕糊平均分配至长形蛋糕模中，表面撒上碎核桃仁，入炉用180℃，烤45分钟左右，至竹签插入不会沾黏即可。

风味特点：**马德拉酒香味突出，蛋糕口感细软。**

3. 巧克力黄油蛋糕（图6-10）

原料配方：黑巧克力 120克，黄油110克，鸡蛋2个，蛋黄1个，细砂糖 40克，低筋面粉 30克，朗姆酒15克，糖粉15克。

制作工具或设备：搅拌机，面筛，烘焙纸，蛋糕模。

制作过程：

① 黑巧克力隔热水溶化后加入切小块的黄油，搅拌至黄油溶化。

② 鸡蛋和蛋黄放入搅拌机，加入细砂糖，搅打至砂糖溶化蛋液变浓稠。

③ 将蛋液慢慢加入巧克力黄油液中，拌匀，将朗姆酒加入拌匀，再将面粉过筛加入，用塑料刮刀拌匀即成蛋糕糊，装入纸模七八分满。

④ 烤箱预热220℃，烤制25分钟左右，出炉后稍晾一会儿，小心撕去纸膜，表面撒上糖粉即可。

风味特点：**蛋糕油润，具有巧克力的香味。**

4. 柠檬黄油蛋糕

原料配方：面粉200克，白糖35克，牛奶50克，黄油150克，鸡蛋2个，盐1克，泡打粉3克，柠檬1个（柠檬皮搓碎，柠檬汁备用）。

制作工具或设备：搅拌机，面筛，烘焙纸，蛋糕模。

制作过程：

① 将黄油压碎，加入牛奶、鸡蛋、白糖用搅拌机搅拌均匀。

② 加入面粉、泡打粉、盐和碎柠檬皮，拌匀后到入容器。

③ 炉温220℃，烘烤15~20分钟。

④ 在柠檬汁里加入白糖，用小火溶化成糖汁。

⑤ 将柠檬糖汁浇在烤好的蛋糕上即成。

风味特点：**蛋糕松软，富含柠檬的清香。**

5. 黑枣黄油蛋糕

原料配方：黄油110克，赤砂糖110克，鸡蛋2个，低筋面粉90克，小苏打粉1克，牛奶25克，无核黑枣50克，朗姆酒50克。

制作工具或设备：搅拌机，面筛，烘焙纸，蛋糕模。

制作过程：

① 黑枣洗净，用朗姆酒浸泡回软。

② 低筋面粉、小苏打粉混合过筛备用。

③ 在搅拌桶中放入黄油、赤砂糖，用搅拌机搅打至膨松即可，然后加入鸡蛋打匀。

④ 加入过筛好的粉类、牛奶，用打蛋器轻轻搅匀，最后加入一半黑枣拌匀。

⑤ 蛋糕糊注入蛋糕烤模中，上面撒上另一半黑枣，入炉用175℃烤45分钟左右，至竹签插入不会沾黏即可。

风味特点：**口感细腻，黑枣味香。**

6. 法式奶酪蛋糕

原料配方：奶油乳酪220克，牛奶185克，黄油 85克，低筋面粉75克，玉米粉15克，蛋黄50克，柠檬汁5克，蛋清100克，细砂糖 150克。

制作工具或设备：搅拌机，面筛，烘焙纸，蛋糕模。

制作过程：

① 奶油奶酪隔水加热，搅拌至无颗粒，加入牛奶拌匀。

② 加入溶化黄油拌匀，加入低筋面粉和玉米粉拌匀。

③ 加入蛋黄和柠檬汁拌匀。

④ 蛋清打至一半发泡，分次加入黄油蛋糕糊中。

⑤ 隔水烘烤，以190℃，烤制上色后，再用150℃，烤制25分钟。

风味特点：**蛋糕油润松软，奶香浓郁。**

7. 菠萝黄油蛋糕

原料配方：菠萝2听，鸡蛋2只，低筋面粉75克，泡打粉5克，白糖50克，菠萝香精0.5克，黄油120克。

制作工具或设备：搅拌机，面筛，烘焙纸，蛋糕模。

制作过程：

① 烤箱预热180℃，烤盘刷油备用。

② 将菠萝罐头打开，取出菠萝块，滤出菠萝汁留用。

③ 将菠萝块用小刀切成片，在蛋糕模内铺出向日葵的形状。

④ 将黄油放入搅拌桶，用搅拌机打发呈羽毛状，分次加入白糖，最后加入鸡蛋打匀。

⑤ 筛入低筋面粉和泡打粉低速搅拌均匀，最后加入菠萝汁和菠萝香精拌匀。

⑥ 将调好的蛋糕糊倒入摆好菠萝的模子里，用烤箱烤制25分钟定型。

⑦ 将成形的蛋糕体倒扣在盘子上，继续用烤箱烤20分钟。

风味特点： **色泽焦黄，菠萝味香。**

8. 阳光奶酪蛋糕

原料配方： 低筋粉220克，黄油150克，白糖150克，鸡蛋2个，酸奶100克，泡打粉1克，奶油奶酪150克。

制作工具或设备： 搅拌机，面筛，烘焙纸，蛋糕模。

制作过程：

① 打发黄油。

② 加入白糖继续打发。

③ 打入鸡蛋拌匀。

④ 加入酸奶及稍稍打发的奶油奶酪拌匀。

⑤ 筛入低筋粉及泡打粉。

⑥ 用橡皮刀将面糊拌匀，倒入8寸蛋糕模。

⑦ 在185℃的烤箱中，烤45分钟。

风味特点： **口感松软，具有奶酪的特别味道。**

9. 威士忌黄油蛋糕

原料配方： 低筋面粉180克，黄油120克，白糖140克，鸡蛋2个，酸奶75克，泡打粉10克，威士忌15克。

制作工具或设备： 搅拌机，面筛，烘焙纸，蛋糕模。

制作过程：

① 烤箱预热180℃，烤盘刷油备用。

② 将黄油放入搅拌桶，用搅拌机打发呈羽毛状，分次加入白糖，最后加入鸡蛋打匀。

③ 筛入低筋面粉和泡打粉低速搅拌均匀，然后加入酸奶和威士忌酒拌匀。

④ 用橡皮刀将面糊拌匀，倒入蛋糕模至七分满。

⑤ 放入烤箱，以180℃，烤制35分钟。

风味特点： **蛋糕油润，具有威士忌酒的香味。**

10. 榴莲黄油蛋糕

原料配方： 黄油220克，榴莲肉120克，牛奶50克，低筋面粉120克，鸡蛋3只，吉士粉15克，发酵粉3克。

制作工具或设备： 搅拌机，面筛，烘焙纸，蛋糕模。

制作过程：

① 将榴莲肉和牛奶放入搅拌机里搅烂。

② 将黄油放入搅拌桶，用搅拌机打发呈羽毛状，分次加入白糖，最后加入鸡蛋打匀。

③ 筛入低筋面粉和发酵粉低速搅拌均匀，然后加入榴莲肉和牛奶的混合物。

④ 放入直径约为25厘米的圆形模具或长形模具里。

⑤ 以175℃温度烘烤45分钟即可。

风味特点： 蛋糕质地紧实，具有榴莲特有的水果味。

11. 黄油麦芬蛋糕

原料配方： 黄油 100克，低筋粉150克，鸡蛋2个，牛奶100克，泡打粉1克，盐1克，糖150克。

制作工具或设备： 搅拌机，面筛，蛋糕模。

制作过程：

① 黄油切成小块，置于室温软化，加糖、盐打发。

② 两个鸡蛋打散成蛋液后，分次加入黄油中，慢慢搅匀，要让蛋液完全吸收。

③ 慢慢倒入一半牛奶，搅拌均匀。

④ 将面粉、泡打粉混合过筛，倒入黄油鸡蛋液中，并轻轻以切拌方式混合。

⑤ 再倒入另一半牛奶，混合均匀。装入事先涂好油的模具，抹平。

⑥ 放入预热烤箱好的烤箱，至180℃时，烤25分钟。取出后，稍微放凉即可倒扣出来。

风味特点： 口感松软，具有小麦粉的芬芳。

12. 坚果蛋糕

原料配方： 黄油100克，红糖80克，鸡蛋3个，低筋面粉300克，朗姆酒50克，杏仁片15克，核桃仁15克，开心果仁15克，夏威夷果仁15克。

制作工具或设备： 搅拌机，面筛，蛋糕模。

制作过程：

① 将黄油掺入红糖搅打成膨松状，分次加入鸡蛋搅拌均匀。

② 加入过筛的低筋面粉、朗姆酒、杏仁片、核桃仁及开心果仁，搅拌均匀。

③ 将蛋糕糊倒入蛋糕模中，并分别将适量的夏威夷果（最中央）、核桃仁（中间的一圈）和杏仁（最外圈）码在表面上。

④ 最后将蛋糕放入烤箱180℃时，烤30~40分钟即可。

风味特点： 色泽棕黄，蛋糕的细软与坚果的酥脆融为一体。

13. 柠檬夹心蛋糕

原料配方： 黄油150克，白糖125克，鸡蛋5个，面粉150克，泡打粉1小勺，牛奶250毫升，淀粉2大勺，绵白糖25克，柠檬汁10克。

制作工具或设备： 搅拌机，面筛，圆形烤模。

制作过程：

① 黄油加热化软，加入白糖，用力拌匀。分次打入3个鸡蛋，随加随充分搅拌。再掺入牛奶、面粉和泡打粉，搅匀成面糊。

② 取一内径为20厘米的圆形烤模，内面涂油防粘，装入面糊刮平。

③ 烤箱预热至200℃，放入烤盘，烤15~17分钟。

④ 将200毫升牛奶放入一厚底锅内，加上打散的鸡蛋、绵白糖、柠檬汁、淀粉搅拌均匀，置小火上加热，并不断地搅拌，直至变稠成厚酱状，离火放凉。

⑤ 蛋糕烤好后，取出晾凉，用刀横向片成3片，夹入柠檬酱即成。

风味特点： 松软甜糯，具有柠檬的香味。

14. 冰淇淋蛋糕

原料配方：白糖100克，黄油（放软）150克，鸡蛋4个，面粉200克，泡打粉3克，盐1克，奶油50克，香草精2滴，冰淇淋（放软）3杯。

制作工具或设备：搅拌机，面筛，烤盘。

制作过程：

① 烤箱预热至175℃，烤盘刷一层油。

② 把糖加到黄油里，搅拌机高速打发均匀。然后加鸡蛋，一个一个加，每加完一个都要打匀。

③ 面粉加泡打粉、苏打粉、盐混匀在一起过筛，然后和奶油一起分批加入黄油糊里。最后搅入香草精。

④ 把面糊倒到烤盘里，烤20分钟左右，直到牙签插进去，拔出来上面是干的就可以了。把蛋糕放凉，脱膜，入冰箱冷藏2小时。

⑤ 取出后在蛋糕表面抹上冰淇淋，用保鲜膜盖好，入冷冻室冷冻6小时以上。

⑥ 食用时切块即成。

风味特点：**口感清凉，口味清新。**

15. 轻奶油蛋糕

原料配方：黄油50克，低筋面粉120克，鸡蛋2个，牛奶100克，发酵粉2克，盐1克，糖50克，开心果果仁50克。

制作工具或设备：搅拌机，面筛，烤模。

制作过程：

① 黄油室温软化，加糖、盐打发，分次加入蛋搅匀。

② 慢慢倒入一半牛奶，搅拌均匀。

③ 将面粉、泡打粉混合过筛，倒入并以轻轻以切拌方式混合。

④ 再倒入另一半牛奶，混合均匀。

⑤ 装模，表面撒果仁，也可以把果仁拌在面糊里。

⑥ 放入预热烤箱好的烤箱，175℃，烤25分钟。

⑦ 出烤箱，脱模冷却即成。

风味特点：**细腻松软，色泽棕黄。**

16. 重奶油蛋糕

原料配方：低筋面粉120克；全蛋120克，黄油200克，细砂糖120克，蛋糕油15克，牛奶15克。

制作工具或设备：搅拌机，面筛，烤模，烤箱。

制作过程：

① 将糖倒入黄油内用搅拌机打发膨松。

② 把蛋打散，分三次加入打发的黄油内，再加入蛋糕油继续搅打均匀。

③ 将低筋粉、盐、泡打粉过筛倒入黄油糊内。

④ 视蛋糕糊的软硬度，慢慢加入牛奶拌匀。

⑤ 装模，入炉烘烤，面火220℃，底火180℃，待表面着色后，用利刀界开顶部，同时将面火烘烤温度调至160~180℃，烤制35分钟左右。

⑥ 蛋糕出炉，晾凉脱模备用。

风味特点：**色泽棕黄，口感软绵。**

17. 蓝莓重奶油蛋糕

原料配方：黄油350克，细砂糖200克，鸡蛋150克，面粉450克，泡打粉15克，酸奶15克，鲜奶15克，蓝莓罐头1听。

制作工具或设备：搅拌机，面筛，烤模，烤箱。

制作过程：

① 黄油和糖用中速拌打至松软，逐粒加入蛋拌匀。

② 加入过筛面粉拌匀，再加入泡打粉、酸奶、鲜奶和蓝莓切块拌匀。

③ 将面糊倒入1个12寸圆模里，送进烤箱以180℃，烤35分钟或至熟即可。

风味特点：**色泽棕黄，具有浓郁的蓝莓味道。**

18. 大理石重奶油蛋糕

原料配方：黄油200克，砂糖150克，蛋4个，低筋面粉350克，泡打粉5克，牛奶25克，盐1克，香精4滴，可可粉15克。

制作工具或设备：塑料刮刀，搅拌机，面筛，烤盘，烤箱。

制作过程：

① 打发黄油至变成白色再加入砂糖打发，膨松至羽毛状。

② 将鸡蛋逐个打开。逐次加入打匀。

③ 加入过筛过的低筋面粉、泡打粉、香精、盐，用塑料刮刀切拌均匀。

④ 将可可粉用牛奶调成液状，然后取1/3面糊加入可可粉搅匀。

⑤ 把原面糊和可可面糊依次放进烤盘，用刮刀搅和形成大理石花纹。

⑥ 放入预热180℃烤箱，烤约40分钟。

风味特点：**形似大理石花纹，口感细腻软绵。**

19. 奶香黄油蛋糕

原料配方：低筋面粉200克，黄油100克，白糖150克，鸡蛋2个，酸奶100克，泡打粉10克。

制作工具或设备：塑料刮刀，搅拌机，面筛，烤模，烤箱。

制作过程：

① 将黄油切成小块，加入搅拌桶中，进行搅拌打发。

② 加入白糖继续打发，直至膨松呈羽毛状。

③ 打入鸡蛋搅打均匀。

④ 加入酸奶拌匀。

⑤ 筛入低筋面粉及泡打粉。

⑥ 用塑料刮刀将面糊拌匀，表面撒些芝麻。

⑦ 倒入8寸蛋糕模。

⑧ 烤箱预热至180℃，烤制45分钟，出炉后晾凉，脱模备用。

风味特点：**蛋糕油润，具有酸奶的香味。**

20. 杏仁朱古力蛋糕

原料配方：黄油150克，白糖120克，鸡蛋3只，杏仁片150克，低筋面粉180克，朱古力粉 50克，杏仁香精1克。

制作工具或设备：塑料刮刀，搅拌机，面筛，烤模，烤箱。

制作过程：

① 烤箱预热至180℃，烤盘刷油。

② 将黄油切成小块，加入搅拌桶中，进行搅拌打发。

③ 加入白糖继续打发，直至膨松呈羽毛状，继续打入鸡蛋搅打均匀，最后加入杏仁片。

④ 再加入已过筛的低筋面粉和朱古力粉，轻轻拌匀。

⑤ 以180℃，烤制40分钟，出炉后晾凉，脱模备用。

风味特点：**蛋糕油润，具有杏仁和朱古力的香味。**

21. 酸奶黄油蛋糕塔

原料配方：巧克力50克，低筋面粉50克，黄油75克，鲜奶油1杯，草莓酸奶2杯，野草莓12颗，砂糖45克，杏仁屑45克，鸡蛋2只。

制作工具或设备：塑料刮刀，搅拌机，面筛，派模具，烤箱。

制作过程：

① 烤箱预热至180℃，派模具刷油。

② 将黄油切成小块，加入搅拌桶中，加入砂糖进行搅拌打发。

③ 逐个加入鸡蛋，搅打均匀，然后加入溶化的巧克力拌匀。

④ 筛入低筋面粉拌匀，最后加入鲜奶油、草莓酸奶轻轻拌匀。

⑤ 将蛋糕糊装入派模具中，七分满，使表面平整。

⑥ 将杏仁屑点缀在派的四周，放入烤箱烤制15分钟后，点缀上野草莓即可。

风味特点：**蛋糕松软，具有酸奶的香味。**

22. 低脂芝士黄油蛋糕

原料配方：低脂奶油芝士250克，低筋面粉100克，黄油50克，砂糖100克，黄桃切片50克，发酵粉2克。

制作工具或设备：圆形蛋糕模具，搅拌机，烤箱。

制作过程：

① 烤箱预热至180℃，派模具刷油。

② 将黄油切成小块，加入搅拌桶中，继续加入砂糖进行搅拌打发，逐个加入鸡蛋搅拌均匀。

③ 筛入低筋面粉轻轻拌匀。

④ 将低脂奶油芝士用打蛋器搅至软身，其间可加入砂糖，直至搅拌顺滑。

⑤ 将打匀的低脂奶油芝士加入蛋糕糊中。

⑥ 在圆形蛋糕模具内部抹油，铺上黄桃片，摆成扇形。

⑦ 将蛋糕糊挤注入模具，至七分满。

⑧ 放入烤箱，烤制25分钟。

风味特点：**蛋糕油润，奶香浓郁。**

23. 美味椰蓉蛋糕球

原料配方：低筋面粉75克，黄油100克，糖粉110克，牛奶35克，蛋黄75克，奶粉15克，椰蓉50克。

制作工具或设备：圆形蛋糕模具，搅拌机，烤箱，烤盘。

制作过程：

① 将黄油和糖粉一起搅拌，直至混合。

② 分次加入蛋黄搅拌均匀，筛入低筋面粉。

③ 分次加入鲜奶搅拌均匀。

④ 最后加入椰蓉、奶粉拌匀。

⑤ 将蛋糕糊装入裱花袋，挤注在刷油的蛋糕烤盘上。

⑥ 送入烤箱，以180℃，烤制15分钟。

⑦ 蛋糕出炉后，晾凉备用。

风味特点：**色泽金黄，蛋糕松软油润。**

24. 迷迭香黄油蛋糕

原料配方：黄油120克，糖粉75克，鸡蛋2个，泡打粉2克，低筋面粉175克，迷迭香3克。

制作工具或设备：圆形蛋糕模具，搅拌机，烤箱。

制作过程：

① 将黄油软化，打至松发，至颜色发白呈膨松状，加入糖粉，继续搅拌。

② 将低筋面粉和泡打粉全部混合后，筛入。筛一点搅拌一点直到全部搅拌均匀。

③ 撒入迷迭香拌匀。

④ 烤箱预热175℃，将蛋糕糊挤注入烤模，烤制35分钟。

风味特点：**色泽金黄，蛋糕散发出迷迭香的味道。**

三、花式蛋糕类（Fancy cakes）

1. 彩条蛋糕

原料配方：鸡蛋6个，牛奶50克，色拉油50克，细砂糖120克，低筋面粉120克，香草粉1克，泡打粉2克，塔塔粉1克，草莓色香油10克，可可粉15克，掼奶油150克。

制作工具或设备：刮刀，面筛，电动搅拌器，蛋糕模具，烤箱，裱花袋。

制作过程：

① 烤箱预热至180℃，将低筋面粉、泡打粉、可可粉、香草粉等过筛备用。

② 鸡蛋打开，分开蛋黄和蛋清。用手动打蛋器将蛋黄打散，再继续加入牛奶、色拉油、细砂糖50克和盐一起混合到无颗粒状态。

③ 在蛋黄液中加入过筛的低筋面粉、泡打粉、可可粉、香草粉，轻轻拌匀，以免起筋性。

④ 将蛋清倒入搅拌桶，用搅拌机打发，分次加入剩余的砂糖继续打发至干性发泡，细腻浓稠，即为糖蛋白或蛋清糊。

⑤ 用刮刀取出1/3的糖蛋白加入刚才拌好的面糊里，用刮刀以一上一下切刀的方式轻轻地拌匀

后，再把面糊一起倒入剩下的糖蛋白里用同样的方式拌匀即可。

⑥ 取一些面糊加入草莓色香油，搅拌后放入裱花袋。

⑦ 在烤盘上铺上烘焙纸，用裱花袋间隔画上粉色条纹。

⑧ 把剩余的蛋糕面糊倒入烤盘中，约烤盘高度的一半。

⑨ 以180℃，烤制25分钟。

⑩ 蛋糕出炉，冷却后抹上掼奶油，将蛋糕卷成卷。

风味特点：**口感松软细腻，花纹清新雅丽。**

2. 三色蛋糕

原料配方：低筋面粉150克，粟粉50克，白砂糖200克，鸡蛋200克，可可粉100克，胭脂红食用色素0.005克，鲜奶油250克，香草粉2克。

制作工具或设备：刮刀，面筛，电动搅拌器，蛋糕模具，烤箱。

制作过程：

① 烤箱预热至180℃，将低筋面粉、可可粉、香草粉等过筛备用。

② 将鸡蛋打散倒入搅拌桶，用搅拌机打发，分次加入砂糖150克继续打发至干性发泡，细腻浓稠。

③ 轻轻拌入过筛的面粉，小心拌匀。

④ 把以上蛋糕糊分成三份：一份拌入面粉时放入可可粉；另一份放入胭脂红色素；最后一份原色。分别将三种不同颜色蛋糕糊注入，三个垫有烘焙纸的烤模，以180℃，烤制25分钟。

⑤ 蛋糕出炉，冷却后备用。

⑥ 将鲜奶油放入搅拌机中加上剩余的砂糖，搅打发泡，形成裱花奶油。

⑦ 把三种蛋糕用锯齿刀修成片，每片之间夹进裱花奶油，切成三角形即成。

风味特点：**色泽美观，夹层分明，入口香甜软滑。**

3. 纸杯蛋糕（图6-11）

原料配方：鸡蛋200克，白糖100克，低筋面粉100克，蛋糕油10克，牛奶50毫升，色拉油35克，香草粉2克。

制作工具或设备：刮刀，面筛，电动搅拌机，烤箱，蛋糕模具，纸杯10只。

制作过程：

① 烤箱预热至180℃，备用。

② 将鸡蛋和白糖和蛋糕油放入电动搅拌机中，搅打的时候先用慢速将鸡蛋和白糖搅溶，2~3分钟后改用快速搅打，鸡蛋和蛋糕速发油开始发泡，盛器中的鸡蛋液开始膨胀，当用手指挑起蛋泡有塑性的时候就差不多好了（塑性就是挑在手指上不落表面光滑，成尖状）。

③ 依次加入过筛面粉和香草粉搅拌均匀，然后加入牛奶和色拉油切拌均匀。

④ 蛋糕糊注入纸杯，装六分满。入烤箱以180℃，烤制20分钟。

风味特点：**质感膨松，口感柔滑。**

4. 农舍蛋糕

原料配方：低筋面粉100克，蛋糕屑200克，黄油或麦淇淋50克，鸡蛋100克，褐砂糖100克，牛奶80克，泡打粉3克，可可粉15克，果料（葡萄干、糖渍果皮等）75克，蛋糕油5克。

制作工具或设备：刮刀，面筛，电动搅拌机，烤箱，烤盘。

制作过程：

① 烤箱预热至180℃；果料（葡萄干、糖渍果皮等）切成丝备用。

② 将鸡蛋和白糖和蛋糕油放入电动搅拌机中，搅打的时候先用慢速将鸡蛋和白糖搅溶，在2~3分钟后改用快速搅打，鸡蛋和蛋糕速发油开始发泡，继续打至干性发泡。

③ 依次加入过筛面粉、蛋糕屑以及果料（葡萄干、糖渍果皮等）丝搅拌均匀，然后加入牛奶和溶化的黄油或麦淇淋切拌均匀。

④ 烤盘刷上油，蛋糕糊注入烤盘，装六分满。入烤箱以180℃，烤制35分钟。

风味特点：**色泽棕褐，口感具有弹性。**

5. 水果蛋糕条

原料配方：牛奶45克，鸡蛋120克，蛋糕油10克，塔塔粉3克，色拉油80克，糖粉50克，香草粉2克，低筋面粉150克，砂糖100克，蜂蜜30克，水果（水蜜桃、草莓）50克，发泡鲜奶油150克，朱古力屑35克，盐1克。

制作工具或设备：刮刀，面筛，电动搅拌机，烤箱，烤盘。

制作过程：

① 先将烤箱预热至180℃，烤模内抹油并撒上少许面粉。

② 把蛋黄、糖打至乳白状。在搅拌桶中打发蛋清，至干性发泡，手挑起不掉。

③ 把过筛的面粉和盐加入到打好的蛋黄中，然后分次加入蛋清糊，切拌均匀。

④ 将蛋糕糊注入蛋糕烤模中，放入烤箱烤制35分钟左右。

⑤ 出炉，冷却脱模备用。

⑥ 用锯齿刀把蛋糕对切成两半，将其中一片蛋糕抹上发泡鲜奶油，铺上蜜桃与草莓作为夹心，并再平均的抹上发泡鲜奶油。

⑦ 把另一半蛋糕再铺于已经夹心之蛋糕上，把蛋糕对切成两份，约长20厘米，宽8厘米，将蛋糕表面抹上一层发泡鲜奶油。

⑧ 再把蛋糕切成两半，再围于蛋糕旁，中间挤上发泡鲜奶油，再撒上朱古力屑即完成。

风味特点：**口感细腻，水果味浓。**

6. 樱桃蛋糕

原料配方：黄油125克，砂糖150克，鸡蛋3个，盐1克，低筋面粉200克，泡打粉3克，牛奶35毫升，蛋糕油5克，樱桃罐头1听，糖粉15克。

制作工具或设备：刮刀，面筛，电动搅拌机，烤箱，烤盘。

制作过程：

① 黄油室温软化成液体状，搅拌至起沫，慢慢加入白糖，鸡蛋和盐，继续搅拌，最后加入筛过的面粉和泡打粉的混合物，继续搅拌，直至成形，最后加入适量牛奶，使面团成糊状。

② 将樱桃罐头中的水用筛子泌出，樱桃备用。

③ 烤盘上刷上油，将蛋糕糊倒入烤盘，用勺子将其表面抹平；将樱桃均匀分放在烤盘上。

④ 烤箱提前预热180℃，烤制 40分钟左右即可。

⑤ 蛋糕从烤箱拿出冷却后撒上糖粉即可。

风味特点：**色泽金黄，口感绵软而有弹性，具有樱桃的清香。**

7. 葡萄蛋糕

原料配方：鸡蛋4个，细砂糖120克，低筋面粉120克，盐1克，色拉油15克，牛奶50毫升，葡萄40粒，果酱25克，苏打饼干10片，琼脂5克。

制作工具或设备：刮刀，面筛，电动搅拌机，烤箱，烤盘。

制作过程：

① 烤箱先预热至180℃。

② 蛋黄稍稍打发，加上色拉油拌匀，筛入低筋面粉、泡打粉拌匀。

③ 蛋清加上盐用搅拌机打发后，加入糖打至完全起泡，加入蛋黄面糊中轻轻切拌均匀。

④ 蛋糕模底部铺上烘焙纸，注入面糊，180℃，烤25分钟即成。

⑤ 蛋糕冷却后，横切为两片，葡萄洗净擦干。

⑥ 果酱隔水加温使其稍溶化，涂抹在蛋糕的两个切面上。

⑦ 两个切面中间夹入葡萄数十粒，整个蛋糕外表再涂一层果酱。

⑧ 饼干切成较蛋糕高度长1厘米，贴在蛋糕周围。

⑨ 琼脂加上水煮透，过滤后冷却。

⑩ 葡萄排在蛋糕上面，最后在葡萄表面浇一层琼脂即可。

风味特点：**色泽金黄，膨松而具有葡萄的清香。**

8. 棋盘蛋糕

原料配方：低筋面粉120克，白砂糖150克，鸡蛋150克，可可粉100克，苋菜红食用色素0.005克，打发鲜奶油120克，香草粉2克。

制作工具或设备：刮刀，面筛，电动搅拌器，蛋糕模具，烤箱，烤盘。

制作过程：

① 烤箱预热180℃，将低筋面粉、可可粉、香草粉等过筛备用。

② 将鸡蛋打散倒入搅拌桶，用搅拌机打发，分次加入砂糖继续打发至干性发泡，细腻浓稠。

③ 轻轻拌入过筛的面粉，小心拌匀。

④ 把以上蛋糕糊分成两份，一份拌入面粉时放入可可粉，另一份放入胭脂红色素。分别将两种不同颜色蛋糕糊注入，两个垫有烘焙纸的烤模，以180℃，烤制25分钟。

⑤ 蛋糕出炉，冷却后备用。

⑥ 用奶油将可可，苋菜两种口味的蛋糕黏接在一起，再切成长约15厘米，宽2.5厘米的双色长条，即断面由两种不同颜色、边长为2.5厘米的正方形所组成。

⑦ 将两块双色长条蛋糕坯粘接在一起（两种颜色错开），即端面为边长5厘米的双色4个正方形。如此再黏接两块双色长条蛋糕坯。外面用刀将奶油涂抹平整，上面摆放各色水果。

⑧ 端面切开后为双色棋盘造型。

⑨ 冰箱里放置1小时，即可食用。

风味特点：**用刀切块，端面图案如同棋盘格，口感松软。**

9. 阿尔卑斯奶酪蛋糕

原料配方：奶油奶酪50克，牛奶 150克，色拉油50克，盐1克，君度酒15克，低筋面粉220克，玉米粉50克，蛋清250克，白砂糖150克，塔塔粉3克，碎核桃仁15克。

制作工具或设备：刮刀，面筛，电动搅拌器，蛋糕模具，烤箱。

制作过程：

① 烤箱预热至180℃。

② 将奶油奶酪、牛奶、色拉油、盐和君度酒等原料放在一起搅拌均匀。

③ 加入过筛的低筋面粉和玉米粉搅拌至光滑，形成面糊。

④ 蛋清加上塔塔粉，放入搅拌桶，用搅拌机高速搅拌先打出粗泡，然后分次加入白砂糖搅打成硬性发泡，呈细腻浓稠硬挺状。

⑤ 先将1/3的蛋清，加入到面糊中，然后再加入另2/3的打发蛋清，轻轻切拌均匀，最后加入碎核桃仁形成蛋糕糊。

⑥ 将蛋糕糊入模，至七分满。

⑦ 送入烤箱，烤制25分钟。

⑧ 蛋糕出炉后，晾凉脱模即可。

风味特点：**色泽洁白，具有奶酪的香浓和丝滑的风味。**

10. 奶酪蛋糕（图6-12）

原料配方：奶酪250克，栗粉60克，塔塔粉5克，柠檬汁2滴，鸡蛋6只，糖150克，面粉30克，鲜奶120克，奶油75克。

制作工具或设备：刮刀，面筛，电动搅拌器，蛋糕模具，烤箱。

制作过程：

① 奶酪加入部分牛奶用小火炖溶，再将蛋黄倒入搅匀。

② 将余下的鲜奶和奶油一起搅匀，再慢慢倒入奶酪蛋黄内拌匀。

③ 面粉和栗粉一起同慢慢筛入奶酪蛋黄里。

④ 蛋清加入塔塔粉、柠檬汁，打至起泡，同时将糖慢慢加入，继续打至蛋白变硬。

⑤ 预备蛋糕模具，模底涂一点油，盘边围上纸（纸也涂上油，最好就是用牛油纸）。

⑥ 将所有混合物倒入模内，置入已预热15分钟的烤箱内，180℃，烤40分钟即成。

风味特点：**口感松软，具有奶酪异香。**

11. 苹果酒香蛋糕

原料配方：黄油125克，砂糖180克，肉桂粉2克，鸡蛋3个，苹果2个，低筋面粉180克，泡打粉3克，法国苹果酒15毫升。

制作工具或设备：刮刀，面筛，电动搅拌机，蛋糕模具，烤箱。

制作过程：

① 苹果削皮，去核，切成半月形。

② 将砂糖放入黄油，用搅拌机搅拌均匀；然后放入法国苹果酒、肉桂粉和鸡蛋，鸡蛋要一次放一个，共放三次，也要搅拌均匀。

③ 分次筛入低筋面粉和泡打粉，轻轻搅拌均匀，不要让面粉形成颗粒。

④ 将蛋糕模具内涂上油，放入苹果，注入蛋糕糊六成满。

⑤ 烤箱预热175℃，烤35分钟左右。

⑥ 蛋糕出炉，冷却脱模备用。

风味特点：**口感松软，具有苹果和酒的异香。**

12. 双色戚风蛋糕

原料配方：鸡蛋5个，低筋面粉120克，砂糖100克，牛奶50毫升，色拉油25克，盐1克，可可粉15克，白醋3滴。

制作工具或设备：刮刀，面筛，电动搅拌机，烤盘，烤箱。

制作过程：

① 预热烤箱至170℃。

② 全蛋分开蛋黄蛋清。

③ 蛋黄加40克糖打至浓稠，滴入白醋，再分三次加入色拉油打匀，再加入牛奶搅打均匀。

④ 在蛋黄糊加入过筛的面粉和盐轻轻拌匀，不要产生颗粒。

⑤ 把拌好的蛋黄糊一分为二，在其中一份加入可可粉拌匀，一份为本色。

⑥ 蛋清加入少许盐打成粗泡，在加入60克糖打成硬性发泡备用。

⑦ 蛋清糊也一分为二分别加入蛋黄糊中。

⑧ 烤盘上事先垫好烘焙纸，然后倒入拌好的可可蛋糕糊，放进烤箱，烤大约10分钟凝固。

⑨ 把蛋糕从烤箱取出，倒入本味的蛋糕糊，然后放进烤箱继续烘焙25分钟。

⑩ 蛋糕出炉，冷却脱模备用。

风味特点：**质地膨松，双色双味。**

13. 普通黄油蛋糕（图6-13）

原料配方：鸡蛋500克，白砂糖500克，面粉500克，黄油250克。

制作工具或设备：刮刀，面筛，电动搅拌机，烤模，烤箱。

制作过程：

① 将蛋液、白砂糖混合倒入搅拌机，先用慢速搅打5分钟再用中速搅打至蛋糖液体积增大3~4倍时为止。

② 把筛过的面粉倒入搅拌机用中速搅匀。

③ 将黄油隔水溶化后倒入搅拌机拌匀。

④ 将模具刷好油后，把调好的蛋糕糊用勺子舀入烤模内。

⑤ 放入上火200℃，下火180℃的烤箱内，烘烤25分钟。

⑥ 出炉后刷上一层熟的色拉油，待冷却后脱模，装盘食用。

风味特点：**口感细腻，油润适口。**

14. 拿破仑奶油蛋糕

原料配方：

蛋糕坯配方：低筋面粉150克，鸡蛋200克，白砂糖120克，粟粉25克。

水油酥皮配方：小麦面粉100克，黄油40克，奶黄酱10克，奶油20克，草莓100克，白砂糖50

克，盐3克。

制作工具或设备：刮刀，面筛，电动搅拌机，烤模，烤箱。

制作过程：

① 烤蛋糕。将蛋液、白砂糖混合倒入搅拌机，先用慢速搅打5分钟发泡，把筛过的面粉、粟粉倒入搅拌机用中速搅匀。放入180℃的烤箱内，烘烤30分钟。出炉晾凉备用。

② 制作水油酥皮。把面粉、糖、盐和少许黄油、鲜奶油打成面团；醒发后加入黄油压三遍，放入冰箱，冻24小时后备用；把面压成薄片，放入烤箱烤至酥脆即可。

③ 先将一盘蛋糕去掉底纸，涂上一层奶黄酱，然后在上面盖上水油酥，涂上奶黄酱，又将另一盘蛋糕盖压在面上，再涂上奶黄酱，用刀切成“日”字形，把水油酥擦碎撒在每件蛋糕两头中间，留下一些空的位置奶黄酱，摆放鲜草莓即成。

风味特点：**蛋糕松软，有软滑香酥化的特殊风味。**

15. 草莓慕斯蛋糕

原料配方：海绵蛋糕（6寸）一块，鲜奶油250克，草莓600克，鱼胶粉10克，牛奶100克，白糖30克，白兰地酒30克。

制作工具或设备：刮刀，面筛，粉碎机，烤箱，蛋糕模具。

制作过程：

① 鲜奶油加入白糖，打到六七分发，可以划出纹路就可以了。

② 牛奶加热融化鱼胶粉备用；取一半草莓放入粉碎机中打成果泥；把以上两种一起加入到打发好的奶油里，再拌白兰地酒和另一半草莓块。

③ 活底蛋糕模里铺入海绵蛋糕，再倒进草莓奶油慕斯馅心抹平。

④ 进冰箱冷藏2个小时，就可以脱模了。

风味特点：**色泽醒目，酒香甜美。**

16. 胡萝卜蛋糕

原料配方：胡萝卜120克，鸡蛋150克，泡打粉5克，小麦面粉250克，肉桂粉3克，盐2克，柠檬汁5克，白砂糖60克，色拉油15克。

制作工具或设备：刮刀，面筛，搅拌机，烤箱，蛋糕模具。

制作过程：

① 预热烤箱至170℃。

② 先将胡萝卜切碎，轻轻拧干水分。

③ 将蛋清用搅拌机打至膨松，加入糖拌匀，再逐渐加入蛋黄、色拉油及胡萝卜碎。

④ 将过筛的低筋面粉、泡打粉、肉桂粉及盐拌匀，分三次加入，最后加入柠檬汁拌匀。

⑤ 蛋糕模具内刷油，注入蛋糕糊六分满。

⑥ 放入烤箱，烤制35分钟，出炉，晾凉，脱模，即可食用。

风味特点：**色泽美观，营养丰富，口感香醇浓厚。**

17. 巧克力慕斯蛋糕

原料配方：

蛋糕坯配方：鸡蛋4个，砂糖50克，低筋面粉75克，可可粉15克，黄油15克。

巧克力慕斯配方：明胶粉5克，水15毫升，巧克力75克，牛奶120毫升，朗姆酒2毫升，蛋清2个，砂糖50克，鲜奶油150克。

制作工具或设备：刮刀，面筛，搅拌机，蛋糕模具，煮锅，烤箱。

制作过程：

① 蛋糕坯的制作。烤箱预热至180℃；蛋糕模具内壁涂上油脂。搅拌桶里放鸡蛋，用搅拌机打散，打到蛋液的量成3倍时，继续打至干性发泡，呈细腻浓稠；然后筛入低筋面粉和可可粉，用平铲轻轻混合，再次拌入溶化的黄油，成蛋糕糊；最后将蛋糕糊注入蛋糕模具中至六成满，以180℃烤制25分钟，取出晾凉脱模备用。

② 巧克力慕斯制作。先将明胶粉入碗，洒上水拌匀备用。巧克力切碎备用。然后，将牛奶入锅加热，沸腾以前取下锅，加入巧克力、朗姆酒倒入溶化搅匀后，再加上泡软的明胶粉搅匀备用。第三，用2个盆分别打蛋清和奶油。二者都要打到用打蛋器挑起沫后，盆里的泡沫形成的角能立起的程度。第四，将打好的奶油和蛋白分别加入牛奶巧克力明胶液中，轻轻混合均匀，成巧克力慕斯。最后，将可可蛋糕放入环型模具底部，把巧克力慕斯倒入，入冰箱冷藏2小时凝固，取出后进行装饰点缀。

风味特点：**松软细腻的口感，配上浓香幼滑的巧克力，让人回味。**

18. 波希米安蛋糕

原料配方：白砂糖150克，黄油150克，鸡蛋200克，马拉斯加酸樱桃酒5毫升，杏酱15克，白芷50克，低筋面粉150克。

制作工具或设备：刮刀，面筛，搅拌机，蛋糕模具，煮锅，烤箱。

制作过程：

① 烤箱预热至180℃，白芷切成丁备用。

② 将白砂糖和蛋液放入搅拌桶中，用搅拌机搅拌发泡，至细腻浓稠，筛入低筋面粉，轻轻切拌均匀，加上溶化的黄油和马拉斯加酸樱桃酒再次轻轻拌匀，不能产生颗粒。

③ 将调好的蛋糕糊倒入准备好的烤盘内（烤盘上铺烘焙纸），用180℃炉温烘烤25分钟。

④ 蛋糕出炉冷却后，表面涂抹杏酱，再撒些切成丁大小的白芷即成。

风味特点：**口感细腻，口味香醇。**

19. 轻水果蛋糕

原料配方：黄油或人造黄油250克，低筋面粉300克，细白砂糖或糖粉250克，泡打粉3克，鸡蛋300克，酒浸水果200克。

制作工具或设备：刮刀，面筛，搅拌机，蛋糕模具，烘焙纸，烤箱。

制作过程：

① 预热烤箱至175℃，或上火175℃、下火165℃，备用。

② 在蛋糕模具内壁涂上微量油脂，并垫上烘焙纸备用。

③ 酒浸水果切成小块备用。

④ 将黄油或人造黄油放入搅拌桶内，放在温暖处软化以后，加入细白砂糖或糖粉，上搅拌机

搅打至泛白并呈羽绒状。

⑤ 慢慢地将鸡蛋加入搅拌桶内，并边加边搅打，至蛋加完后，再加入筛过的面粉和发酵粉拌匀，最后加入酒浸水果拌匀，装入备用的蛋糕模内，表面用刮片刮平。

⑥ 将蛋糕模放入烤箱，约烤45分钟，至完全熟透，取出，稍冷后覆出，除去模具，再翻身放在金属网架上，待完全冷透后即可食用。

风味特点：**口感细腻，水果及酒香并存。**

20. 手巾卷蛋糕

原料配方：鸡蛋110克，低筋面粉100克，水50克，蛋糕油10克，色拉油25克，香草香精2克，苋菜红色素0.005克，柠檬黄色素0.005克，抹茶绿色素0.05克，苹果果酱100克，鲜奶油150克，砂糖150克。

制作工具或设备：刮刀，面筛，搅拌机，蛋糕模具，烘焙纸，烤箱。

制作过程：

① 预热烤箱至175℃，备用。

② 在蛋糕烤盘内壁涂上微量油脂，并垫上烘焙纸备用。

③ 将鸡蛋打散放入搅拌桶中，放入砂糖搅打均匀，再加入蛋糕油一起倒入搅拌机中速打5分钟后，筛入低筋面粉，搅拌均匀，最后加入水、香精和色拉油，拌匀。

④ 将蛋糊分成三份，分别加入红，黄，绿三种色素，搅匀，再分别装入裱花袋中，先取一袋面糊，在烤盘当中挤成几条。然后，换另一种色彩的面糊，依次挤入盘中，直至三种色彩的面糊全部挤完。

⑤ 入烤箱175℃，烤制15分钟取出，晾凉。鲜奶油加上砂糖，用搅拌机打发成裱花奶油。

⑥ 在蛋糕底面，抹上适量鲜奶油及苹果果酱，用烘焙纸包住蛋糕卷起，用一块卷，一手抵住蛋糕边缘，一手拉紧蛋糕底下的烘焙纸，使蛋糕卷更加地紧实。

风味特点：**色泽艳丽，形似条纹毛巾。**

21. 日本式奶酪蛋糕（图6-14）

原料配方：奶酪150克，牛奶100克，黄油35克，低筋面粉30克，玉米淀粉10克，糖粉50克，蛋黄3个，蛋白3个。

制作工具或设备：刮刀，面筛，搅拌机，蛋糕模具，烘焙纸，烤箱。

制作过程：

① 奶酪切小块，加入牛奶，用小火隔水加热，边加热边搅拌，直到奶酪全部溶解，没有颗粒状。

② 加上溶化的黄油搅拌均匀；再分次加入蛋黄同样搅拌均匀。

③ 将过筛的低筋面粉和玉米淀粉拌入蛋黄奶酪糊中。

④ 蛋清打发至中性发泡，分三次与蛋黄奶酪糊混合均匀，轻轻搅拌均匀，不能产生颗粒。

⑤ 蛋糕模中铺入烘焙纸，注入蛋糕糊。如果使用的是活动蛋糕模要在模外包上一层锡纸，因为是隔水烘烤，防止水渗入蛋糕中。

⑥ 烤盘中加水1厘米，180℃，烘烤40分钟左右。

风味特点：**口感软嫩，乳香味甜。**

22. 美国式奶酪蛋糕

原料配方： 奶油奶酪500克，糖120克，鸡蛋140克，黄油120克，低筋面粉25克，酸奶油50克，巧克力味海绵蛋糕片2片。

制作工具或设备： 刮刀，面筛，搅拌机，蛋糕模具，烘焙纸。

制作过程：

① 先准备一片巧克力味的蛋糕。

② 奶油奶酪室温软化，加糖打至滑顺均匀，慢慢逐量加入鸡蛋黄，搅拌均匀。

③ 筛入低筋面粉。

④ 蛋清用搅拌机打至中性发泡，呈细腻浓稠状。分次加入奶酪糊中。

⑤ 准备一张烘焙纸铺在模具中，周边边长约为模具两倍高，围在模具里，铺上蛋糕片，倒入奶酪糊。

⑥ 烤箱预热180℃，隔水烤45分钟。

⑦ 蛋糕出炉冷却，蛋糕中间会下陷，这时倒上酸奶油，再烤10分钟即可。

风味特点： **口味充满乳酪的香味，口感轻软。**

23. 柠檬卷蛋糕

原料配方： 鸡蛋220克，低筋面粉75克，牛奶25克，泡打粉2克，黄油100克，白砂糖120克，盐1克，色拉油35克，柠檬汁10克，陈皮15克，柠檬皮末适量。

制作工具或设备： 刮刀，面筛，搅拌机，蛋糕模具，烘焙纸。

制作过程：

① 蛋黄加细砂糖（20克）、盐拌匀，然后放入色拉油、牛奶再次拌匀。

② 低筋面粉、泡打粉分别过筛后加入① 中拌匀，成蛋黄面糊。

③ 蛋清先加入一半柠檬汁搅拌至发泡，分次放入细砂糖（80克）一起打至湿性偏干性发泡，成蛋清糊。

④ 分次拌入蛋清糊，再把柠檬皮末轻轻拌入，即成蛋糕糊。

⑤ 取烤盘，内部底层鲜铺上一层烘焙纸，将蛋糕糊倒入并抹平，放入烤箱以180℃，烤约35分钟。

⑥ 取出烤好的蛋糕倒扣于案板上，撕掉底部烘焙纸后以底面朝上，晾凉备用。

⑦ 将黄油放入搅拌机中，分次加入剩余的砂糖，搅打成膨松状裱花奶油，再加入另一半柠檬汁搅拌均匀。

⑧ 底面抹上柠檬裱花奶油，于开头部分约2厘米处浅切一刀（勿断），再用擀面杖将其与蛋糕纸一起卷起。

⑨ 将做好的柠檬卷蛋糕表面均匀抹上适量柠檬裱花奶油，再撒上适量柠檬皮末装饰即可。

风味特点： **色泽金黄，柠檬的清香宜人。**

24. 菠萝芝士蛋糕（图6-15）

原料配方： 菠萝整片2片，菠萝丁25克，低筋面粉100克，鸡蛋3个，黄油80克，砂糖100克，奶油奶酪250克，菠萝汁80毫升，黄糖20克。

制作工具或设备： 刮刀，面筛，搅拌机，蛋糕模具，烘焙纸。

制作过程：

① 奶油奶酪在室温下化软，加入蛋黄和50克砂糖，低速搅打均匀无颗粒。

② 加入溶化黄油70克和菠萝汁拌匀。

③ 放入过筛低筋面粉，切拌均匀。

④ 蛋清打至粗泡，加入剩余的砂糖打到干性发泡，再分次将蛋清糊放入蛋黄糊中拌匀，加入菠萝丁拌匀。

⑤ 剩余黄油加上黄糖溶化拌匀，涂抹于蛋糕模具底部，放上菠萝片。

⑥ 将蛋糕糊倒入模具中，抹平。

⑦ 烤箱预热180℃，烘烤时间35~40分钟。

风味特点：**色泽浅黄，菠萝味和奶酪的乳香融为一体。**

25. 白兰地蛋糕

原料配方：鸡蛋140克，糖浆18克，细糖65克，低筋面粉80克，泡打粉3克，奶粉10克，食盐1克，蛋糕油10克，白兰地酒25克，水15克，色拉油15克，黄油25克。

制作工具或设备：刮刀，面筛，搅拌机，蛋糕模具，烘焙纸。

制作过程：

① 鸡蛋、糖浆和砂糖慢速搅拌2分钟，加入过筛的低筋面粉、泡打粉、盐和奶粉中轻轻切拌均匀，保证无颗粒。

② 然后加入蛋糕油快速打发至起发，中速加入白兰地酒和水拌匀，然后改用慢速3分钟后，加入色拉油和黄油拌匀。

③ 倒入铺上烘焙纸的烤盘内刮平，以180℃，烘烤35分钟。

风味特点：**蛋糕松软中洋溢着白兰地酒的香气。**

26. 起酥蛋糕

原料配方：高筋面粉500克，低筋面粉200克，黄油500克，牛奶150克，鸡蛋450克，鸡蛋黄20克，蛋糕油50克，泡打粉2克，白砂糖250克，盐2克，水120克。

制作工具或设备：刮刀，面筛，搅拌机，蛋糕模具，烘焙纸，擀面杖，案板。

制作过程：

① 高筋面粉放在案板上扒一“窝塘”，加上砂糖50克、黄油75克、鸡蛋3个、水120克等原料拌匀松弛30分钟。

② 将面团擀开方形，包入黄油起酥。

③ 将面团擀成长方形，两端向中间对折，再重叠成四层，再重复一次叠法擀平备用。

④ 将全蛋（400克）和细砂糖（200克）一起搅打至细砂糖溶解；再筛入低筋面粉拌匀，继续再加入蛋糕油打发；接着将牛奶、剩余的黄油分次加入搅拌均匀，再倒入长方形烤模中。

⑤ 放入烤箱以上火185℃、下火160℃，烤约40分钟，即为蛋糕体。

⑥ 将酥皮面团，用擀面棍擀成长宽各42厘米×42厘米的正方形酥皮面皮，再静置松弛30分钟。

⑦ 取酥皮面皮并在上面刷上全蛋液后，再把做好的蛋糕体放入酥皮中并加以卷起。

⑧ 最后在表面处刷上一层蛋黄液后，再戳出数个小细洞，放入烤箱中以上火200℃、下火180℃烤约30分钟即可。

风味特点：**色泽金黄，外酥脆里松软。**

27. 香蕉蛋糕

原料配方：黄油25克，糖粉 100克，鸡蛋 100克，低筋面粉150克，泡打粉2克，鲜奶油25克，新鲜香蕉200克。

制作工具或设备：刮刀，面筛，搅拌机，蛋糕模具。

制作过程：

① 将黄油和糖粉部分打至稍发，然后加入全蛋继续打匀。

② 新鲜香蕉去皮切成小块备用。

③ 最后加入低筋面粉、泡打粉、鲜奶油、香蕉块拌匀即可。

④ 面糊装模，烤箱温度上火180℃，下火160℃，烤18~20分钟。

风味特点：**蕉香浓郁，酥软香甜。**

28. 橘子蛋糕

原料配方：色拉油50克，鸡蛋3个，橘子汁80克，细砂糖75克，柠檬汁15克，低筋面粉100克，泡打粉2克，香草粉2克。

制作工具或设备：刮刀，面筛，搅拌机，蛋糕模具。

制作过程：

① 烤箱预热至180℃；鸡蛋打开分开蛋黄和蛋清。

② 将色拉油、蛋黄、橘子汁、细砂糖50克等放入搅拌桶中，用搅拌机打匀。

③ 将蛋清3只，先拌打起泡，加入柠檬汁，分2~3次加入细砂糖，继续打发，打到湿性发泡，改以慢速拌打1分钟即可。

④ 将打发的蛋清糊分次拌入蛋黄糊中，由下往上迅速拌匀。

⑤ 倒入8英寸（20厘米）蛋糕模中，放入预热好的烤箱，180℃，烤制25分钟。烤好后取出倒扣待凉。

风味特点：**橘子味浓，蛋糕质地绵软。**

29. 小贝壳蛋糕（图6-16）

原料配方：低筋面粉200克，高筋面粉 35克，杏仁粉25克，砂糖 200克，鸡蛋350克，盐1克，牛奶50 克，黄油200克。

制作工具或设备：刮刀，面筛，搅拌机，贝壳模具。

制作过程：

① 将黄油和牛奶放在一起，隔水加热融化，混合均匀待用。

② 将低筋面粉、高筋粉和杏仁粉过筛，待用。

③ 将砂糖、鸡蛋、盐加入搅拌桶，用慢速打至糖溶解，再用中速打至硬性发泡。

④ 筛入低筋面粉、高筋面粉和杏仁粉，轻轻切拌均匀。

⑤ 贝壳模具抹上油，加入面糊六分满，即可。

⑥ 炉温：上火180℃，下火190℃，烤制35分钟。

风味特点：**形似贝壳，口味香甜。**

30. 甜橙慕斯

原料配方：橙汁250克，蛋黄 2个，细白砂糖 150克，吉利丁片 8片，动物性鲜奶油 250克，君度香橙酒 1大匙，海绵蛋糕坯体（厚1厘米）2片。

制作工具或设备：慕斯模具，煮锅，冰箱。

制作过程：

① 将吉利丁片浸泡于水中软化备用。

② 取一半橙汁与一半白砂糖混合煮至约80℃，加入的吉利丁片溶化拌匀过滤、稍晾凉备用。

③ 鲜奶油打至六分发后加入② 拌匀，再加入香橙酒拌匀。

④ 慕斯模型内铺上1层蛋糕体，即可倒入③ 至八分满，即可放入冷冻3小时。

⑤ 将吉利丁片浸于水中软化，与橙汁、白砂糖一起加热至溶化稍晾凉，此时从冰箱取出慕斯，将橙汁倒入模型中至满，再次冷藏至凝结即可。

风味特点：**清凉宜人，橙味突出。**

31. 番茄慕斯

原料配方：番茄酱50克，鱼胶粉8克，牛奶120毫升，朗姆酒1毫升，蛋清2个，糖50克，鲜奶油200克，海绵蛋糕坯1块。

制作工具或设备：慕斯模具，煮锅，搅拌机，冰箱。

制作过程：

① 鱼胶粉入碗，洒上水拌匀备用。

② 牛奶入锅加热，不要煮沸。

③ 将朗姆酒倒入牛奶里溶化搅匀后，再将鱼胶粉倒入拌匀备用。

④ 分别搅打蛋清和奶油。两者都要打到用打蛋器挑起沫后，盆里的泡沫形成的角能立起的程度。两者混合均匀，然后拌入番茄酱。

⑤ 把④ 加入③ 里，轻轻混合均匀。

⑥ 将蛋糕放入环型模具内底部，把⑤ 倒进，抹匀，入冰箱冷藏凝固。

⑦ 取出蛋糕装饰即成。

风味特点：**清凉绵软，色泽鲜艳。**

32. 巧克力慕斯

原料配方：鱼胶粉6克，巧克力80克，牛奶120毫升，朗姆酒1毫升，蛋清2个，糖50克，鲜奶油200克，可可海绵蛋糕坯1块。

制作工具或设备：慕斯模具，煮锅，搅拌机，冰箱。

制作过程：

① 鱼胶粉入碗，洒上水拌匀备用。巧克力切碎备用。

② 牛奶入锅加热，不要煮沸。

③ 将巧克力、朗姆酒倒入牛奶里溶化搅匀后，再将鱼胶粉倒入拌匀备用。

④ 分别搅打蛋清和奶油。两者都要打到用打蛋器挑起沫后，盆里的泡沫形成的角能立起的程度。

⑤ 把打好的奶油和蛋清分别加入③ 里，轻轻混合均匀。

⑥ 将可可蛋糕放入环型模具内底部，把⑤ 倒进，抹匀，入冰箱冷藏凝固。

⑦ 取出蛋糕装饰即成。

风味特点： **清凉绵软，巧克力味浓。**

33. 草莓慕斯

原料配方： 奶油奶酪750克，砂糖250克，鱼胶粉15克，鲜奶油250克，琼脂25克，鲜草莓250克，海绵蛋糕圆坯1块。

制作工具或设备： 慕斯模具，煮锅，搅拌机，冰箱。

制作过程：

① 将奶油奶酪500克，加上砂糖100克，用搅拌机中速搅打至无颗粒备用。

② 将一半鲜草莓洗净，切成小块，拌入奶油奶酪糊中。一半鲜草莓搅打成汁。

③ 将鱼胶粉用水泡发，加热溶化后，拌入奶油奶酪糊中。

④ 鲜奶油打发，拌入奶油奶酪糊中。

⑤ 以蛋糕做底部，上面抹上奶油奶酪糊，入冰箱冷冻4小时。

⑥ 琼脂加水溶化，加上白糖、草莓汁搅溶，稍晾凉后倒在蛋糕奶油奶酪的表面上，上冰箱冷冻1小时。食用时切块即可。

风味特点： **层次清晰，果香味浓。**

34. 红酒慕斯

原料配方： 奶油奶酪500克，砂糖150克，鱼胶粉15克，红酒50克，鲜奶油150克，琼脂25克，海绵蛋糕圆坯1块。

制作工具或设备： 慕斯模具，煮锅，搅拌机，冰箱。

制作过程：

① 将奶油奶酪500克，加上砂糖100克，用搅拌机中速搅打至无颗粒备用。

② 将鱼胶粉用水泡发，加热溶化后，拌入奶油奶酪糊中。

③ 鲜奶油打发，加上红酒25克一起拌入奶油奶酪糊中。

④ 以蛋糕做底部，上面抹上奶油奶酪糊，入冰箱冷冻4小时。

⑤ 琼脂加水溶化，加上白糖、红酒搅溶，稍晾凉后倒在蛋糕奶油奶酪的表面上，上冰箱冷冻1小时。食用时切块即可。

风味特点： **层次清晰，酒香宜人。**

35. 哥萨克蛋糕

原料配方： 低筋面粉100克，鸡蛋5只，橙汁100克，色拉油50克，白糖100克，巧克力酱50克，芒果2只，优酪乳50克，鱼胶粉15克，鲜奶油200克，西米35克。

制作工具或设备： 搅拌机，面筛，烘焙纸，烤箱，长方形烤盘，案板。

制作过程：

① 将橙汁加上油、糖100克混合，搅拌至乳化状态。

② 筛入低筋面粉，加蛋黄搅拌至无粉粒。

③ 将蛋白加上糖搅打至干性发泡，分三次与蛋黄糊切拌均匀。

④ 倒入烤盘，170℃条件下，烤制12分钟。

⑤ 烤好出烤箱趁热倒扣，撕去烘焙纸晾凉，抹上巧克力酱，顺势卷起，呈蛋糕卷。冷藏片刻，取出切片备用。

⑥ 小西米煮至透明晾凉，芒果肉打成泥，加优酪乳、西米拌匀。

⑦ 将鱼胶粉溶热水中，稍凉，加入芒果泥中。

⑧ 奶油加糖打至六分发，与芒果泥等混合均匀。

⑨ 透明碗中依次铺好蛋卷，倒入馅心，盖上蛋卷片，入冰箱冷藏取出装饰即成。

风味特点：**造型美观，蛋糕的松软与馅心的香甜和谐相融。**

36. 蓝莓慕斯蛋糕

原料配方：原味蛋糕1块，吉利丁6克，蓝莓80克，奶油125克，白砂糖25克，柠檬汁5克。

制作工具或设备：抹刀，搅拌机，煮锅，案板。

制作过程：

① 吉利丁片用冷开水泡至软；蓝莓粒泡水至软后沥干水分备用。

② 细砂糖加入热水中拌至溶化；将吉利丁片加入糖水中搅溶化，稍稍冷却与打发的鲜奶油拌匀，再加入柠檬汁拌匀备用。

③ 将细砂糖和吉利丁一起拌匀；蓝莓汁煮开，加入吉利丁一起拌匀待凉后备用。

④ 取原味蛋糕1块，用裱花袋挤注花纹装饰，将③中蓝莓吉利冻适量淋上即可，冷藏后食用风味尤佳。

风味特点：**色调和谐，口感清凉。**

37. 绿茶慕斯蛋糕（图6-17）

原料配方：绿茶海绵蛋糕片3片，鲜奶油120毫升，吉利丁片3片，细砂糖25克，绿茶粉5克，糖粉10克。

制作工具或设备：抹刀，搅拌机，煮锅，心型模具，案板。

制作过程：

① 用心型模具在蛋糕片上压出所需要的，用来垫底的心型蛋糕片。

② 鲜奶油从冰箱拿出后分次加入砂糖，用搅拌机打发，最后加入绿茶粉打匀。

③ 吉利丁片用水软化，隔水煮溶化，冷却后加入打发的鲜奶油中充分搅拌均匀。

④ 将蛋糕片放入模具，上面抹上打发的鲜奶油混合物，轻轻震动消除气泡后放入冰箱冷藏4~5小时。

⑤ 在凝固的慕斯蛋糕表面撒上绿茶粉和糖粉装饰。

⑥ 用热毛巾捂心型模具几分钟，脱模即可。

风味特点：**色泽浅绿，具有淡淡的清凉绿茶味。**

38. 果冻蛋糕

原料配方：

蛋糕坯原料配方：鸡蛋4个，水35克，色拉油25克，盐1克，塔塔粉2克，砂糖150克，低筋面粉120克，蛋糕油5克。

装饰及内馅原料配方：蛋清2个，草莓果酱50克，草莓10颗，果冻粉1包，琼脂5克，水75毫升，

制作工具或设备：抹刀，搅拌机，煮锅，烤箱，心型模具。

制作过程：

① 将蛋黄加入搅拌桶打散，分次加入砂糖50克，以搅拌机低速搅拌均匀。

② 加入过筛的低筋面粉和塔塔粉，轻轻切拌均匀。

③ 另取一搅拌机，将蛋清加入搅拌桶，分次加入砂糖，以高速搅拌硬性发泡，约5分钟。

④ 将蛋清糊分次添加入蛋黄糊中，小心切拌均匀，防止产生颗粒。

⑤ 将烤模垫上烘焙纸，注入蛋糕糊，入180℃烤箱，烤制25分钟。

⑥ 取出蛋糕倒扣冷却后，平切成两片。

⑦ 用搅拌机高速打发蛋清，加入果酱继续打至均匀。

⑧ 取一半之蛋糕，将蛋泡果酱馅心，盖上另一片蛋糕。上面用草莓切片做各种花形装饰备用。

⑨ 取煮锅一只放入水煮开，放入果冻粉和琼脂煮溶后，过筛冷却。

⑩ 将半凝固状的果冻液时均匀浇于蛋糕表面，入冰箱冷藏2小时后，切片食用。

风味特点：**松软柔滑，清凉爽口。**

39. 菠萝翻转蛋糕

原料配方：低筋面粉100克，黄油80克，红糖35克，白糖35克，鸡蛋4个，泡打粉2克，菠萝罐头1听。

制作工具或设备：抹刀，搅拌机，烤箱，烤盘。

制作过程：

① 黄油放入微波炉一分钟使之溶化，然后倒进方形的烤盘里，铺在底部，然后把红糖均匀的撒在黄油上，注意边边角角都要撒到。

② 菠萝沥干水分，切半，放在黄油红糖上面，排列整齐，菠萝汁留用。

③ 鸡蛋打开，把蛋黄和蛋白分离。

④ 蛋黄用电动打蛋器打到颜色变浅，有点发白，然后分次把白糖加入。

⑤ 低筋面粉筛过（一定要筛，不然做出来的蛋糕不松软），和泡打粉混合，分5次加入蛋黄里，每次加完低筋面粉，就加一次菠萝汁，搅拌均匀。

⑥ 蛋清加上白糖打到硬性发泡，打好的蛋清分次加入蛋黄糊，用抹刀小心地从底下往上翻着搅拌，记住不能使劲划圈搅拌，不然蛋清的气泡都破了，蛋糕就不够松软。

⑦ 把蛋糕糊倒进方形烤盘里，盖在菠萝上面。

⑧ 放烤箱里，盖上锡纸以180℃，烤制25分钟左右。

⑨ 蛋糕出炉冷却，将蛋糕反转装盘即可。

风味特点：**菠萝味浓，底面反转为正面，略加装饰，蛋糕松软。**

四、装饰蛋糕类（Decorated cake）

1. 黑森林蛋糕（Black Forest Cake）（图6-18）

原料配方：鸡蛋400克，蛋黄50克，砂糖150克，面粉500克，可可粉15克、黑樱桃150克，鲜

奶油500克，糖水75克，巧克力碎片150克，调味酒15克。

制作工具或设备：搅拌桶，筛子，烘焙纸，蛋糕圈，烤箱，烤盘，纸板。

制作过程：

① 将鸡蛋、蛋黄、砂糖放在搅拌桶内，快速搅拌到膨发4~5倍量时停止搅拌。

② 面粉、可可粉过筛后加入到蛋糊中，轻轻搅拌均匀即成蛋糕糊；把蛋糕糊倒入刷油的模具中，入200℃的烤箱内烘烤30分钟。

③ 将烤好的蛋糕坯从模具中取出，晾凉后分成4层备用；在糖水内加入少许调味酒刷在每一层蛋糕上。

④ 将鲜奶油倒入调料盆中打至膨松，取一部分抹在第一层蛋糕坯上，撒黑樱桃，然后把第二层蛋糕坯盖在第一层上，抹上一层奶油，再撒黑樱桃，盖上第三层蛋糕坯，最后用奶油将表面及四周覆盖均匀，撒上巧克力碎片，即成。

风味特点：色泽微黑，口感香滑。

2. 花瓶蛋糕

原料配方：鸡蛋500克，白砂糖800克，面粉200克，巧克力100克，奶油200克，细粳米粉100克，精盐30克，蛋黄末30克，靛蓝食用色素0.005克，柠檬黄食用色素0.005克。

制作工具或设备：搅拌桶，锯齿刀，蛋糕转盘，煮锅，抹刀，裱花嘴，裱花袋，小剪刀，镊子，蒸笼1副。

制作过程：

① 制蛋糕坯。将鸡蛋打入搅拌桶内，加入白糖500克，打成蛋泡糊，慢慢加入面粉拌匀。取方形蛋糕模具一只，倒蛋糊于抹好油的模具内，上烤箱以180℃，烤制35分钟至熟。取出模具，冷却待用。

② 制梅花。将细粳米粉加精盐、少许白砂糖拌匀，加少许沸水冲匀，上笼蒸熟。取出揉匀，加入蛋黄末揉成黄色，并搓成椭圆形，用手压扁。将五瓣黏合在一起，并将花瓣窝起成立体梅花造型。

③ 制梅花树干。将装有巧克力的煮锅放在另一水锅内，隔水加热，煮溶，倒入少许色拉油，用拌板拌匀至发亮，倒入装有裱花嘴的裱花袋内，在烘焙纸上裱成梅花树干，冷却凝固待用。

④ 制花瓶。将制好的蛋糕用锯齿刀修成花瓶形状，用溶化的巧克力裱出瓶底。将奶油加入白砂糖打发，制成奶油膏。在蛋糕表面抹一层奶油膏，将剩余奶油膏一半加少许靛蓝色素调成淡蓝色奶油膏，另一半用柠檬黄色素调成黄色奶油膏待用。

⑤ 用蓝色奶油在花瓶上裱出花瓶图案。

⑥ 组合造型。将制好的花瓶放于梅花树干下面，用黄色奶油膏在梅花的花心部位裱出花蕊。

风味特点：形似古典花瓶，蛋糕质地松甜。

3. 心型装饰蛋糕

原料配方：心形香草海绵蛋糕坯1只，砂糖150克，水300克，黄油500克，朗姆酒15克，苋菜红食用色素0.005克，绿茶粉5克，红樱桃1只，彩色巧克力米25克，香草巧克力15克。

制作工具或设备：抹刀，锯齿刀，裱花嘴，裱花袋，蛋糕转盘。

制作过程：

① 将糖和水一起加热至110℃，冷却即为糖水，备用。

② 将黄油打起，由少至多的加入晾凉的糖水，继续搅打起发后，放入少许朗姆酒调匀，形成裱花奶油膏。

③ 加工蛋糕。将心形香草海绵蛋糕坯放在蛋糕转盘上，用锯齿刀批去表皮及底层，然后批成三层蛋糕片备用。

取一层蛋糕片，铺放在蛋糕转盘上，用抹刀涂上一层裱花奶油膏，盖上第二层蛋糕片并浇上朗姆酒，再涂上裱花奶油膏，盖上第三层蛋糕片，浇上留下的朗姆酒。然后用抹刀均匀地在蛋糕表面涂上一层裱花奶油膏，并用锯齿刀拉出波浪齿纹作装饰，移放到纸板上。

④ 取1/4裱花奶油膏，加上苋菜红食用色素拌匀，成红色裱花奶油膏。

⑤ 取1/6裱花奶油膏，加上绿茶粉拌匀，成绿色裱花奶油膏。

⑥ 在蛋糕表面中间用溶化的巧克力裱画上心和箭，用装上红色裱花奶油膏裱花袋配合扁月型的裱花嘴裱制出红色的花，用绿色裱花奶油膏裱制出绿色的叶子和藤蔓进行协调装饰。

风味特点：**立意含蓄，蛋糕香甜。**

4. 福娃蛋糕

原料配方：低筋面粉80克，可可粉20克，色拉油35克，牛奶80克，鸡蛋5个，砂糖120克，盐1克，柠檬汁10克，植物奶油500克，大芒果3个，高乐高15克，竹炭粉15克，巧克力酱25克，草莓QQ糖一包。

制作工具或设备：抹刀，锯齿刀，裱花嘴，裱花袋，蛋糕转盘，烤箱。

制作过程：

① 烤箱预热180℃，蛋黄和蛋清分开备用。

② 蛋清加入柠檬汁，用搅拌机打至粗泡，加入盐，分三次加砂糖70克，打至干性发泡（用搅拌机可以按照低速－高速－低速的顺序）。

③ 筛入低筋面粉和可可粉，搅拌均匀，看不见粉粒就可以了，拌太长时间容易出筋。

④ 蛋黄加入色拉油和牛奶混合，打成浆状，然后加入到③ 中轻轻拌匀，形成蛋糕糊。

⑤ 将蛋糕糊倒入烤盘，敲一下烤盘震出气泡。

⑥ 入烤箱，中层，约45分钟。

⑦ 拿出倒扣放凉脱模备用。

⑧ 将蛋糕横切分成三片，植物奶油加上砂糖50克打发，成裱花奶油。

⑨ 在蛋糕片上抹一层裱花奶油，加上芒果肉，再抹奶油，盖上一片蛋糕，依此类推，将三片蛋糕抹夹整齐。

⑩ 然后在蛋糕四周及表面均匀抹上裱花奶油。

⑪ 在白纸上画个福娃剪下来，轻轻放在蛋糕表面，用牙签沿边缘画出轮廓。

⑫ 用溶化巧克力勾画出图案。

⑬ 红色部分就把QQ糖加水隔水溶化，肉色部分加点巧克力酱，黑色部分用竹炭粉加上奶油搅匀使用。

⑭ 四周编花篮，边缘再稍点缀祥云图案即可。

风味特点：**蛋糕松软，造型体现奥运情调。**

5. 立式花篮蛋糕

原料配方：香草黄油蛋糕坯（直径24厘米，厚度2厘米1只，直径为12厘米，厚度6厘米1只，1只）3只，白砂糖3600克，蛋清1000克，可可粉25克，苋菜红食用色素0.005克，柠檬黄食用色素0.005克，绿茶粉15克，柠檬酸0.5克，香蕉香精0.005克，白马糖1000克，苹果酱500克。

制作工具或设备：抹刀，锯齿刀，裱花嘴，裱花袋，搅拌桶，打蛋器。

制作过程：

① 将直径为16厘米，厚度3厘米的香草黄油蛋糕坯作花篮底部，然后将直径为12厘米，厚度6厘米的香草黄油蛋糕坯用锯齿刀修切成六面菱台形，将直径为24厘米，厚度2厘米的香草黄油蛋糕坯作花篮表面。

② 加工装饰物。

首先，加工蛋白膏。将白砂糖细粉加入搅拌桶内，加蛋清用木板搅拌（留少量蛋白找软硬），搅至发白后，加入适量柠檬酸液提白（加柠檬酸液量至调成水果味即可）搅至洁白细腻能立住花即可。用香精调好口味，取部分膏调成红、黄、绿色，用湿布包好，待挤花或叶。

其次，将蛋白膏装入三角挤袋内，可装花瓣嘴、花嘴、圆嘴等挤花，在擦油的烘焙纸上挤成孔雀、凤凰、各种花鸟、叶及动物鸭、鹅、熊猫等（根据设计挤成双喜字、寿字等喜庆文字），挤后干燥，干后使用。

再次，将蛋白膏在烘焙纸上挤注成花篮柄，入烤箱以90℃，烤硬备用。

最后，将花篮梁等粘挂白马糖皮，粘后把部件挂起来，使白马糖皮凝固后备用。

③ 拼装成形。

首先，将花篮盖、篮筐及花篮底抹好蛋白膏，从底部开始组装花篮。

其次，将篮底、篮筐侧面挤花装饰，并在篮内装入各种各样茶酥点心和蛋白类点心。

最后，在花篮上摆上预先制好的花朵、叶、文字或动物、鸟等。力求艺术美观，摆布合理，最后将花篮边挂网，即为成品。

④ 根据设计形态，在花篮侧面并装饰以文字、花、鸟，力求美观艺术，即为成品。

风味特点：**立体造型，蛋糕油润适口。**

6. 树根蛋糕

原料配方：鸡蛋6只，白糖500克，低筋面粉220克，可可粉75克，黄油150克，香草2克，黑巧克力75克，蛋黄6只。

制作工具或设备：塑料刮刀，锯齿刀，烤箱，烤盘。

制作过程：

① 将鸡蛋6只打散放入搅拌桶中，加入白糖200克，用搅拌机搅打发泡呈细腻浓稠状，体积膨大为原来的4~5倍，此时筛入低筋面粉和可可粉轻轻切拌均匀，最后加入溶化的黄油25克，形成蛋糕糊。

② 将烤盘内刷上油，垫上烘焙纸，注入蛋糕糊，用塑料刮刀刮平表面。

③ 烤箱预热180℃，烤制35分钟，取出稍稍晾凉，卷成卷备用。

④ 将另外蛋黄6只打散，放入白糖200克搅打均匀，加入剩余的黄油和溶化的巧克力，轻轻搅拌，搅拌均匀。

⑤把蛋糕卷放在案板上，上面淋上搅拌均匀的黑巧克力浆，稍稍晾凉时，用锯齿刀划上树皮纹理。

⑥ 将装饰好的蛋糕卷，入冰箱冷藏，冻20分钟，取出即可。

风味特点：**形似树根，内部质地松软。**

7. 团圆美满

原料配方：圆形可可海绵蛋糕坯（直径为24厘米）1只，可可奶油膏500克，君度香橙酒15克，香草巧克力150克，彩色巧克力米15克。

制作工具或设备：蛋糕转盘，锯齿刀，搅拌桶，打蛋器，抹刀，纸板，大理石板。

制作过程：

① 将圆形可可海绵蛋糕坯放在蛋糕转盘上，用锯齿刀批去表皮并修平整，然后批成三层蛋糕片备用。

② 将一半可可奶油膏放在搅拌桶内，加入君度香橙酒，一起拌和均匀备用。

③ 将一层蛋糕片铺放在蛋糕转盘上，涂上一半可可奶油膏，盖上第二层蛋糕片，再涂上剩余的可可奶油膏，盖上第三层蛋糕片。然后将可可奶油膏用抹刀均匀地涂抹在整个蛋糕的表面及四周并刮平整，再用锯齿刀拉出齿纹，移放到纸板上。

④ 用溶化的香草巧克力在大理石板凌乱裱制，等冷却后用小刀刮出巧克力碎片。

⑤ 蛋糕表面均匀撒上巧克力碎片，再零星撒上彩色巧克力米。

风味特点：**可可味浓，蛋糕绵软，奶油香甜。**

8. 日历蛋糕

原料配方：鸡蛋250克，面粉120克，白砂糖250克，奶油350克，生日蜡烛4支，玫瑰花1支，苋菜红食用色素0.005克，可可粉15克。

制作工具或设备：搅拌桶，锯齿刀，蛋糕转盘，抹刀，裱花嘴，裱花袋，小剪刀，镊子。

制作过程：

① 制蛋糕胚。将鸡蛋打入搅拌桶内，加入白糖150克，打成蛋泡糊，慢慢加入面粉拌匀。取方形蛋糕模具，在内侧抹油，倒入蛋糊，上烤箱烤熟。取出模具，冷却待用。

② 将奶油打发成奶油膏。取少许奶油膏加色素调成红色，再取少许奶油加可可粉调成咖啡色。

③ 将方形蛋糕的表面和侧面均匀地涂抹上一层奶油膏，刮平整。侧面用带齿的刮板刮出纹路。

④将咖啡色奶油装入装有裱花嘴的裱花袋内，裱出日期、星期，在日期、星期下面画出一道横线，用红色奶油裱出“生日快乐”四个字，将裱好的蛋糕放在盘内。四个角分别插上一只生日蜡烛，一边放上一支玫瑰花。

风味特点：**形似日历造型，蛋糕绵软细腻。**

9. 糖粉装饰蛋糕

原料配方：长方形香草海绵蛋糕坯（35厘米×45厘米）1只，明胶片15克，水100克，蛋清200克，糖粉1000克，巧克力400克，奶油膏1200克，朗姆酒50克，玉米粉15克，可可粉15克，靛蓝食用色素0.005克。

制作工具或设备：抹刀，锯齿刀，裱花嘴，裱花袋，擀面杖，托盘，搅拌桶，蛋糕转盘。

制作过程：

① 制作装饰物。首先，将明胶片用水溶解。其次，制札干。将糖粉1000克与蛋清100克混合搅

匀，然后加入溶解的明胶片，制成札干。第三，制作小房子饰物。将札干分别加入可可粉和靛蓝食用色素揉匀，然后置于撒有玉米粉的案台上，擀成3毫米厚的薄片切割成制小房子所需要的房顶和墙壁的各种形状，然后放在铺有白纸的托盘里晾干。将晾干的各种形状糖粉片组装成小房子，屋顶和窗户为可可粉的褐色，墙壁为淡蓝色。

② 制巧克力奶油膏。将奶油膏放入搅拌桶中搅拌均匀，加入溶化的巧克力搅匀即可。

③ 加工蛋糕。将长方形香草海绵蛋糕坯放在蛋糕转盘上，用锯齿刀批去表皮及底层，然后批成三层蛋糕片备用。

取一层蛋糕片，铺放在蛋糕转盘上，用抹刀涂上一层巧克力奶油膏，盖上第二层蛋糕片并浇上朗姆酒，再涂上巧克力奶油糕，盖上第三层蛋糕片，浇上留下的朗姆酒。然后用抹刀均匀地在蛋糕表面涂上一层巧克力奶油膏，并用锯齿刀拉出波浪齿纹作装饰，移放到纸板上。

④ 制作蛋白小蘑菇。剩余蛋白放入容器搅打，起泡后加入剩余糖粉，继续搅至蛋白挑起能立住为止。将蛋白膏装入平口圆嘴的裱花袋中，在抹油撒上面粉的烤盘上挤蘑菇坯。首先挤直径为2.5厘米的圆形，然后再挤1厘米粗，1.5厘米长的圆锥形，入90℃的烤箱烘干，干透后再将二者组装成小蘑菇形状。

⑤ 拼装成形。将所有的饰物摆放在裱好的巧克力蛋糕的适当位置上，最后在整体蛋糕上撒少许糖粉，好似下雪的情景。

风味特点： **情景交融，蛋糕松软，巧克力香浓丝滑。**

10. 硕果累累

原料配方： 圆形香橙味海绵蛋糕坯（直径为20厘米）1只，奶油膏500克，菠萝碎块200克，哈密瓜1块，草莓4只，猕猴桃1只，黄桃4片，葡萄10粒，樱桃10粒，香蕉2根。

制作工具或设备： 蛋糕转盘，锯齿刀，抹刀，纸板，裱花袋，裱花嘴，挖球器、水果刀。

制作过程：

① 将香橙海绵蛋糕放在蛋糕转盘上，用锯齿刀批去表皮及底层，然后批成三层蛋糕片备用。

② 取一层蛋糕片铺放在蛋糕转盘上，用抹刀均匀地涂抹上一层奶油膏，撒上一半菠萝碎块，盖上第二层蛋糕片，再涂抹上一层奶油膏，撒上另一半菠萝碎块，盖上第三层蛋糕片，然后将鲜奶油涂抹整个蛋糕的表面及四周，涂抹平整并拉出齿纹后，移放到纸板上。

③ 将鲜奶油装入装有裱花嘴的裱花袋内，在边上裱花并在表面拉一圈花边，裱四圈螺旋，依次放上哈密瓜球、草莓、猕猴桃、黄桃、香蕉片、去皮葡萄和樱桃装饰。

风味特点： **水果风味，蛋糕绵软，奶油细腻香甜。**

11. 菠萝蛋糕

原料配方： 海绵蛋糕坯1块，砂糖250克，液体葡萄糖75克，蛋清75克，水150克，杏仁粉300克，黄油500克，可可粉5克，巧克力酱5克，抹茶粉2克。

制作工具或设备： 抹刀，锯齿刀，裱花嘴，裱花袋。

制作过程：

① 制杏仁糖团。砂糖加液体葡萄糖和水加热至118℃，拌入杏仁粉，迅速搅进蛋清，揉成柔软的杏仁糖团。

② 将海绵蛋糕修成菠萝形糕坯。

③ 黄油溶化加上白糖，用搅拌机搅打成裱花奶油。

④ 将糕胚去皮，横剖三层，中间嵌裱花奶油，顶面及垂直边刮抹裱花奶油。四周用杏仁糖团搓成的长条围边一圈，用花钳钳花，中央放上菠萝蛋糕坯，进行装饰。

⑤ 将裱花奶油加上可可粉拌匀成菠萝黄色，然后用0.4厘米左右的花齿裱花头裱不规则点于蛋糕表面，尖头用巧克力酱拌上裱花奶油点上；杏仁糖团掺少量抹茶粉制叶子装饰。

风味特点：**形似菠萝，造型美观。**

12. 窈窕淑女

原料配方：圆形樱桃味海绵蛋糕坯（直径为18厘米）1只，奶油膏350克，苋菜红食用色素0.005克，樱桃白兰地酒25克，香草奶油150克，糖水带柄红樱桃6只。

制作工具或设备：打蛋器，抹刀，蛋糕转盘，锯齿刀，搅拌桶，纸板，裱花嘴，裱花袋。

制作过程：

① 把樱桃味海绵蛋糕放在蛋糕转盘上，用锯齿刀批去表皮并修平整后，再批成三层蛋糕片备用。

② 将奶油膏放在搅拌桶内，加入苋菜红食用色素和樱桃白兰地酒，用打蛋器搅打均匀后备用。

③ 取一层蛋糕片，铺放在蛋糕转盘上，用抹刀涂上一层香草奶油，盖上第二层蛋糕片，再涂上一层香草奶油，盖上第三层蛋糕片。

④ 将② 中备用的奶油膏用刀涂抹在整个蛋糕的表面及四周，涂抹平整后用锯齿刀在蛋糕边上拉出齿纹装饰，移放到纸板上。

⑤ 将余下的鲜奶油装入裱花纸袋内，剪去袋尖，在蛋糕表面裱网状线条装饰，再在周边裱制6个大螺旋，放上6只带柄红樱桃点缀。

风味特点：**蛋糕色泽粉红，带柄红樱桃亭亭玉立，质地膨松绵软。**

13. 天鹅之恋

原料配方：原味海绵蛋糕坯（长方形24厘米×18厘米）1只，皇家糖霜350克，绿茶粉15克，杏仁糖团300克，苋菜红食用色素0.005克，天鹅泡芙2只，香草巧克力15克，碎坚果仁25克。

制作工具或设备：蛋糕转盘，锯齿刀，抹刀，裱花袋，小剪刀。

制作过程：

① 将原味海绵蛋糕坯放在蛋糕转盘上，用锯齿刀批去表皮并修平整后，再批成三层蛋糕片备用。

② 把一层蛋糕片铺平，用抹刀均匀地涂抹上一层皇家糖霜，撒上少许碎坚果仁，盖上第二层蛋糕片，再涂抹上一层皇家糖霜，撒上剩下的碎坚果仁，盖上第三层蛋糕片。

③ 取1/3皇家糖霜，加上5克绿茶粉，搅拌均匀呈淡绿色，用抹刀均匀地涂抹在整个蛋糕的表面（形成池塘水面），四周用白色的皇家糖霜抹匀，边上用裱花袋装上皇家糖霜，用星形裱花嘴裱制连续的贝壳纹围边。

④ 将杏仁糖团2/3加上剩余的10克绿茶粉，揉成深绿色粉团，捏塑出各种形状的荷叶（有的张开；有的卷曲；有的浮在水面上等），用剩余的1/3杏仁糖团加上苋菜红食用色素揉成粉红色的粉团，先制成大小不一的叶子，然后包裹莲蓬形成莲花（有的盛开；有的含苞欲放），然后点缀在长方形蛋糕表面的一大角，最后在恰当处摆上两只泡芙天鹅。

⑤ 在荷塘的对角上，用溶化的巧克力裱写上“天鹅之恋”几个字。

风味特点：**造型意境横生，蛋糕内部松软，还具有坚果的酥脆和香味。**

14. 旋转水车

原料配方： 圆形咖啡味海绵蛋糕坯（直径为20厘米）1只，香草巧克力150克，皇家糖霜500克，彩色巧克力米120克，雀巢巧克力酱15克，椰蓉25克，绿茶粉10克。

制作工具或设备： 煮锅，拌板，烘焙纸，抹刀，蛋糕转盘，锯齿刀，纸板，裱花嘴，裱花袋，打蛋器。

制作过程：

① 将巧克力放在小锅内，放温水慢慢溶化同时用拌板搅拌均匀，待稍冷却后，装入裱花纸袋内，在烘焙纸上，勾勒水车的外形，然后放在阴凉处待凝固，剩余的巧克力酱拌入1/2的皇家糖霜中。

② 将咖啡味海绵蛋糕放在蛋糕转盘上，用锯齿刀批去表皮并修平整后，再批成三层蛋糕片备用。

③ 取其中一层铺放平整，用抹刀涂抹上一层巧克力皇家糖霜，盖上第二层蛋糕片，再涂抹上一层打起的巧克力皇家糖霜，盖上第三层蛋糕片，然后将白色皇家糖霜，用抹刀均匀地涂抹在整个蛋糕表面并刮平整。在蛋糕边上蘸上彩色巧克力米，然后将其移放在纸板上。

④ 将巧克力酱在蛋糕的下1/2处，裱制网状花纹。

⑤ 将椰蓉加上绿茶粉混合在一起，轻轻拌匀，然后均匀撒在巧克力网格内。

⑥ 将巧克力水车从烘焙纸上轻轻揭下，安放在蛋糕表面的巧克力网状之上，形成水车翻转，灌溉农田之势。

风味特点： **表面图案形似水车，蛋糕内部质地松软，咖啡味香浓。**

15. 美酒咖啡

原料配方： 圆形咖啡黄油蛋糕坯（直径为24厘米）1只，咖啡奶油膏500克，咖啡酒15克，花生仁50克，香草巧克力15克，樱桃6只，巧克力银珠15克。

制作工具或设备： 蛋糕转盘，锯齿刀，搅拌桶，打蛋器，抹刀，纸板，裱花袋，裱花嘴。

制作过程：

① 将圆形咖啡黄油蛋糕坯放在蛋糕转盘上，用锯齿刀批去表皮并修平整，然后批成三层蛋糕片备用。

② 将一半咖啡奶油膏放在搅拌桶内，加入咖啡酒和烤香并剁碎的花生仁，一起拌和均匀备用。

③ 将一层蛋糕片铺放在蛋糕转盘上，涂上一半花生仁咖啡奶油膏，盖上第二层蛋糕片，再涂上剩余的花生仁咖啡奶油膏，盖上第三层蛋糕片。然后将咖啡奶油膏用抹刀均匀地涂抹在整个蛋糕的表面及四周并刮平整，再用锯齿刀拉出齿纹，移放到纸板上。

④ 用咖啡奶油膏在蛋糕表面裱制出六个奶油螺旋。

⑤ 用溶化的香草巧克力在蛋糕表面空白处裱制出凌乱的线条进行装饰。

⑥ 点缀樱桃，撒上巧克力银珠，即可。

风味特点： **咖啡味浓，酒香飘逸，蛋糕绵软，奶油香甜。**

16. 北国之春

原料配方： 圆形草莓味海绵蛋糕坯（直径为24厘米）1只，奶油膏500克，君度香橙酒15克，椰蓉50克，牛奶白巧克力80克，香草巧克力15克，杏仁糖团500克，绿茶粉15克，苋菜红食用色素0.005克，杏仁片50克。

制作工具或设备：蛋糕转盘，锯齿刀，抹刀，纸板，裱花嘴，裱花袋，小刀，搅拌桶，打蛋器。

制作过程：

① 将草莓味海绵蛋糕放在蛋糕转盘上，用锯齿刀批去表皮及底层，然后批成三层蛋糕片备用。

② 将一层海绵蛋糕片铺放在蛋糕转盘上，均匀用抹刀抹上奶油膏，盖上第二层蛋糕片，再放上奶油膏，再用抹刀涂抹均匀，盖上第三层蛋糕片。

③ 用抹刀将鲜奶油涂抹在整个蛋糕的表面及四周，涂抹均匀并刮平整后，边上蘸上杏仁片，移放到纸板上，备用。

④ 杏仁糖团分出两份，一份加上绿茶粉，糅合成深绿色粉团；另一份加上苋菜红食用色素糅合成粉红色粉团。

⑤ 取深绿色粉团，搓成圆锥状，用剪刀次第剪出树叶，形成小树造型；而粉红色粉团做成细小的野花；椰蓉加上5克绿茶粉混合均匀，成淡绿色椰蓉。

⑥ 将奶油膏装入装有裱花嘴的裱花袋内，在蛋糕表面的外圈裱花装饰，中间撒上象征着雪花的白巧克力刨片，最中心插上一棵绿色小树，表示生命的存在与永恒。最后用溶化的香草巧克力稍加点缀成一幅千里冰封，万里雪飘的北国景象，在树木的周围，撒上一些淡绿色的椰蓉，作小草萌芽状，在其中点缀一些粉红色野花，象征着春机萌动。

风味特点：造型富有内涵，蛋糕膨松绵软。

17. 鲜花蛋糕

原料配方：圆形柠檬味海绵蛋糕坯（直径为24厘米）1只，鲜奶油500克，糖粉150克，苋菜红食用色素0.005克，柠檬黄食用色素0.005克，靛蓝食用色素0.005克，绿茶粉10克，彩色巧克力米15克，草莓酱15克。

制作工具或设备：蛋糕转盘，锯齿刀，抹刀，纸板，搅拌桶，打蛋器，裱花袋，小剪刀，裱花嘴。

制作过程：

① 将圆形柠檬味海绵蛋糕坯放在蛋糕转盘上，用锯齿刀批去表皮及底层，然后批成三层蛋糕片备用。

② 鲜奶油放入搅拌桶中，分次加入糖粉，用打蛋器搅打，呈膨松羽毛状，形成裱花奶油（或称奶油膏）备用。

③ 取1/6奶油膏，加上苋菜红食用色素拌匀，成粉红色奶油膏。

④ 取1/6奶油膏，加上柠檬黄食用色素拌匀，成柠檬黄色奶油膏。

⑤ 取1/6奶油膏，加上靛蓝食用色素拌匀，成蓝色奶油膏。

⑥ 取1/6奶油膏，加上绿茶粉食用色素拌匀，成绿色奶油膏。

⑦ 取一层海绵蛋糕片铺放在蛋糕转盘上，用抹刀均匀地涂抹上一半奶油膏，盖上第二层蛋糕片，再涂抹上奶油膏，盖上第三层蛋糕片。然后将奶油膏用抹刀涂抹在整个蛋糕的表面及四周，涂抹均匀并刮平整后，在边上拉出齿纹做装饰，撒上少许巧克力米后，移放到纸板上。

⑧ 将奶油膏装入裱花纸袋内，剪去袋尖，在蛋糕表面中心部分，用各种颜色奶油膏裱制出玫瑰花、月季花、百合花、菊花等，错落地组合在一起，用绿色奶油膏裱制绿叶，烘托在周围，文字部分用草莓酱勾出。

风味特点：鲜花烂漫，蛋糕香甜。

18. 蓝色妖姬

原料配方： 蓝莓味海绵蛋糕坯（直径为24厘米）1只，蓝莓果酱200克，奶油膏500克，靛蓝食用色素0.005克，杏仁片50克。

制作工具或设备： 蛋糕转盘，锯齿刀，抹刀，纸板，搅拌桶，打蛋器，裱花袋，小剪刀，裱花嘴。

制作过程：

① 将蓝莓味海绵蛋糕坯用锯齿刀修切成梅花形状，然后放在蛋糕转盘上，用锯齿刀批去表皮及底层，然后批成三层蛋糕片备用。

② 取一片海绵蛋糕片铺放在蛋糕转盘上，用抹刀均匀地涂抹上一半蓝莓果酱，盖上第二层蛋糕片，再涂抹上另一半蓝莓果酱，盖上第三层蛋糕片，用手稍揿压平整，然后再用抹刀将白色奶油膏涂抹在整个蛋糕的表面及四周，涂抹均匀并刮平整后，边上蘸上烤香的杏仁片，移放到纸板上。

③ 将余下的奶油膏放在搅拌盆内，加入靛蓝食用色素，用打蛋器搅拌成淡蓝色，装入裱花袋内。先裱一圈花的轮廓线，中心部分裱制一朵蓝色的玫瑰，然后裱极细的线条拉绒毛，再裱一圈边饰即成。

风味特点： **装饰素净淡雅，蛋糕松软香甜。**

19. 十二生肖之机敏的鼠

原料配方： 圆形原味海绵蛋糕坯（直径24厘米）1只，鲜奶油500克，糖粉250克，香草巧克力50克，柠檬黄食用色素0.005克，可可粉15克，巧克力松果2只。

制作工具或设备： 蛋糕转盘，锯齿刀，搅拌桶，打蛋器，平底煮锅，裱花嘴，裱花袋，小剪刀，烘焙纸，抹刀，纸板。

制作过程：

① 将圆形原味海绵蛋糕坯放在蛋糕转盘上，用锯齿刀批去表皮及底层，然后批成三层蛋糕片备用。

② 鲜奶油放入搅拌桶中，分次加入糖粉，用打蛋器搅打，呈膨松羽毛状，形成裱花奶油（或奶油膏）备用。

③ 取1/3奶油膏，加上可可粉拌匀，成可可粉褐色奶油膏。

④ 取1/6奶油膏，加上柠檬黄食用色素拌匀，成柠檬黄色奶油膏。

⑤ 将香草巧克力放在煮锅内，浸在温水上慢慢溶化并用打蛋器搅拌均匀后，装入裱花纸袋内，在覆有烘焙纸的图样上，勾出老鼠的轮廓，放在干燥阴凉处待其凝固备用。

⑥ 取一层蛋糕片放在蛋糕转盘上，用抹刀涂上奶油膏，盖上第二层蛋糕片，再涂抹上奶油膏，盖上第三层蛋糕片。然后用抹刀将奶油膏均匀地涂抹在蛋糕的表面及四周并刮平整，再用锯齿刀在蛋糕边上拉出齿纹作装饰后，移放在纸板上。

⑦ 将巧克力老鼠图案，覆在蛋糕面上，小心地揭去烘焙纸，然后用香草巧克力酱勾出线条，将可可粉褐色奶油膏装入裱花袋，用星形裱花嘴裱制出老鼠的身体和尾巴；用装有柠檬黄色奶油膏的裱花袋，裱制出老鼠耳朵和鼻子；最后，用裱花纸袋内装少许鲜奶油，在鼠旁边的空白处裱出极细的线条拉毛，装上巧克力鼠须即成。

⑧ 在蛋糕的空白适当处点缀巧克力松果即成。

风味特点： **形似卡通老鼠造型，内部松软细腻。**

20. 十二生肖之勤劳的牛

原料配方： 圆形可可味海绵蛋糕坯（直径24厘米）1只，鲜奶油500克，糖粉250克，香草巧克力50克，速溶咖啡粉15克，可可粉10克，绿茶粉5克。

制作工具或设备： 蛋糕转盘，锯齿刀，搅拌桶，打蛋器，平底煮锅，裱花嘴，裱花袋，小剪刀，烘焙纸，抹刀，纸板。

制作过程：

① 将圆形可可味海绵蛋糕坯放在蛋糕转盘上，用锯齿刀批去表皮及底层，然后批成三层蛋糕片备用。

② 鲜奶油放入搅拌桶中，分次加入糖粉，用打蛋器搅打，呈膨松羽毛状，形成裱花奶油（或奶油膏）备用。

③ 取1/3奶油膏，加上可可粉拌匀，成可可粉褐色奶油膏。

④ 取1/6奶油膏，加上绿茶粉食用色素拌匀，成青草绿色奶油膏。

⑤ 取1/6奶油膏，加上速溶咖啡粉拌匀，成咖啡色奶油膏。

⑥ 将香草巧克力放在煮锅内，浸在温水上慢慢溶化并用打蛋器搅拌均匀后，装入裱花纸袋内，在覆有烘焙纸的图样上，勾出老牛的轮廓，放在干燥阴凉处待其凝固备用。

⑦ 取一层蛋糕片放在蛋糕转盘上，用抹刀涂上奶油膏，盖上第二层蛋糕片，再涂抹上奶油膏，盖上第三层蛋糕片。然后用抹刀将奶油膏均匀地涂抹在蛋糕的表面及四周并刮平整，再用锯齿刀在蛋糕边上拉出齿纹作装饰后，移放在纸板上。

⑧ 将巧克力老牛图案，覆在蛋糕面上，小心地揭去烘焙纸，然后用香草巧克力酱勾出线条，将可可粉褐色奶油膏装入裱花袋，用星形裱花嘴裱制出老牛的身体和尾巴；用装有咖啡色奶油膏的裱花袋，裱制出老牛的耳朵、牛角和尾巴；最后，用裱花纸袋内装少许青草绿色鲜奶油膏，在老牛旁边的空白处裱出极细的线条拉毛，再在老牛的嘴巴处裱出一根青草即成。

风味特点： **形似卡通老牛造型，内部松软细腻。**

21. 十二生肖之威武的虎

原料配方： 圆形杏仁味海绵蛋糕坯（直径24厘米）1只，鲜奶油500克，糖粉250克，香草巧克力50克，速溶咖啡粉15克，香橙粉15克，草莓酱10克，装饰巧克力片25克。

制作工具或设备： 蛋糕转盘，锯齿刀，搅拌桶，打蛋器，平底煮锅，裱花嘴，裱花袋，小剪刀，烘焙纸，抹刀，纸板。

制作过程：

① 将圆形杏仁味海绵蛋糕坯放在蛋糕转盘上，用锯齿刀批去表皮及底层，然后批成三层蛋糕片备用。

② 鲜奶油放入搅拌桶中，分次加入糖粉，用打蛋器搅打，呈膨松羽毛状，形成裱花奶油（或奶油膏）备用。

③ 取1/3奶油膏，加上香橙粉拌匀，成香橙粉黄色奶油膏。

④ 取1/6奶油膏，加上草莓酱拌匀，成红色奶油膏。

⑤ 取1/6奶油膏，加上速溶咖啡粉拌匀，成咖啡色奶油膏。

⑥ 将香草巧克力放在煮锅内，浸在温水上慢慢溶化并用打蛋器搅拌均匀后，装入裱花纸袋内，在覆有烘焙纸的图样上，勾出老虎的轮廓，放在干燥阴凉处待其凝固备用。

⑦ 取一层蛋糕片放在蛋糕转盘上，用抹刀涂上奶油膏，盖上第二层蛋糕片，再涂抹上奶油膏，盖上第三层蛋糕片。然后用抹刀将奶油膏均匀地涂抹在蛋糕的表面及四周并刮平整，再用锯齿刀在蛋糕边上拉出齿纹作装饰后，移放在纸板上。

⑧ 将巧克力老虎图案，覆在蛋糕面上，小心地揭去烘焙纸，然后将香橙粉黄色奶油膏装入裱花袋，用星形裱花嘴裱制出老虎的头部、身体和尾巴；用装有咖啡色奶油膏的裱花袋，裱制出老虎的身上花纹和额头上的“王”字；最后，用裱花纸袋内装少许红色鲜奶油膏，裱制老虎的血盆大口，另用白色的奶油膏在老虎旁边的空白处裱出极细的线条拉毛，用装饰巧克力片摆成假山即成。

风味特点： **形似卡通下山虎造型，蛋糕内部松软细腻。**

22. 十二生肖之活泼的兔

原料配方： 圆形草莓味海绵蛋糕坯（直径24厘米）1只，鲜奶油500克，糖粉250克，香草巧克力50克，柠檬黄色食用色素0.01克，草莓酱10克，绿茶粉5克，液体葡萄糖25克，杏仁粉25克，蛋清3个，苋菜红食用色素0.005克，砂糖300克。

制作工具或设备： 蛋糕转盘，锯齿刀，搅拌桶，打蛋器，平底煮锅，裱花嘴，裱花袋，小剪刀，烘焙纸，抹刀，纸板。

制作过程：

① 将圆形草莓味海绵蛋糕坯放在蛋糕转盘上，用锯齿刀批去表皮及底层，然后批成三层蛋糕片备用。

② 鲜奶油放入搅拌桶中，分次加入糖粉，用打蛋器搅打，呈膨松羽毛状，形成裱花奶油（或奶油膏）备用。

③ 取1/3奶油膏，加上柠檬黄色食用色素拌匀，成柠檬黄色奶油膏。

④ 取1/6奶油膏，加上草莓酱拌匀，成红色奶油膏。

⑤ 取1/6奶油膏，加上绿茶粉拌匀，成绿色奶油膏。

⑥ 将香草巧克力放在煮锅内，浸在温水上慢慢溶化并用打蛋器搅拌均匀后，装入裱花纸袋内，在覆有烘焙纸的图样上，勾出兔子的轮廓，放在干燥阴凉处待其凝固备用。

⑦ 制杏仁糖团。砂糖加液体葡萄糖和水加热至118℃，拌入杏仁粉，迅速搅进蛋清，揉成柔软的杏仁糖团。加上柠檬黄食用色素和苋菜红食用色素混合，揉成橙色杏仁糖团，用手捏成橙色的胡萝卜造型，头部配上抹茶粉着色的萝卜缨子。

⑧ 取一层蛋糕片放在蛋糕转盘上，用抹刀涂上奶油膏，盖上第二层蛋糕片，再涂抹上奶油膏，盖上第三层蛋糕片。然后用抹刀将奶油膏均匀地涂抹在蛋糕的表面及四周并刮平整，再用锯齿刀在蛋糕边上拉出齿纹作装饰后，移放在纸板上。

⑨ 将巧克力兔子图案，覆在蛋糕面上，小心地揭去烘焙纸，然后将白色奶油膏装入裱花袋，用星形裱花嘴裱制出兔子的头部、身体和尾巴；用装有红色奶油膏的裱花袋，裱制出兔子的眼睛和嘴唇；最后，用柠檬黄色的奶油膏在兔子旁边的空白处裱出极细的线条拉毛，用杏仁糖团制作的胡萝卜放在兔子手部抓住造型即成。

风味特点： **形似卡通兔子造型，蛋糕内部松软细腻。**

23. 十二生肖之神秘的龙

原料配方： 圆形咖啡味海绵蛋糕坯（直径24厘米）1只，鲜奶油500克，糖粉250克，香草巧克力50克，柠檬黄色食用色素0.005克，靛蓝食用色素0.005克。

制作工具或设备： 蛋糕转盘，锯齿刀，搅拌桶，打蛋器，平底煮锅，裱花嘴，裱花袋，小剪刀，烘焙纸，抹刀，纸板。

制作过程：

① 将圆形咖啡味海绵蛋糕坯放在蛋糕转盘上，用锯齿刀批去表皮及底层，然后批成三层蛋糕片备用。

② 鲜奶油放入搅拌桶中，分次加入糖粉，用打蛋器搅打，呈膨松羽毛状，形成裱花奶油（或奶油膏）备用。

③ 取1/3奶油膏，加上柠檬黄色食用色素拌匀，成柠檬黄色奶油膏。

④ 取1/6奶油膏，加上靛蓝食用色素拌匀，成淡蓝色奶油膏。

⑤ 将香草巧克力放在煮锅内，浸在温水上慢慢溶化并用打蛋器搅拌均匀后，装入裱花纸袋内，在覆有烘焙纸的图样上，勾出龙的轮廓，放在干燥阴凉处待其凝固备用。

⑥ 取一层蛋糕片放在蛋糕转盘上，用抹刀涂上奶油膏，盖上第二层蛋糕片，再涂抹上奶油膏，盖上第三层蛋糕片。然后用抹刀将奶油膏均匀地涂抹在蛋糕的表面及四周并刮平整，再用锯齿刀在蛋糕边上拉出齿纹作装饰后，移放在纸板上。

⑦ 将巧克力龙图案，覆在蛋糕面上，小心地揭去烘焙纸，然后将柠檬黄色奶油膏装入裱花袋，用星形裱花嘴裱制出龙的头部、身体、龙爪和尾巴；用装有淡蓝色奶油膏的裱花袋，裱制龙爪、龙身周围的云彩；最后，用白色奶油膏在龙旁边的空白处裱出极细的线条拉毛，用香草巧克力酱裱制龙身上的鱼鳞片即成。

风味特点： **形似云中龙造型，蛋糕内部松软细腻。**

24. 十二生肖之温柔的蛇

原料配方： 圆形香草味海绵蛋糕坯（直径24厘米）1只，鲜奶油500克，糖粉250克，香草巧克力50克，草莓酱10克，靛蓝食用色素0.005克。

制作工具或设备： 蛋糕转盘，锯齿刀，搅拌桶，打蛋器，平底煮锅，裱花嘴，裱花袋，小剪刀，烘焙纸，抹刀，纸板。

制作过程：

① 将圆形香草味海绵蛋糕坯放在蛋糕转盘上，用锯齿刀批去表皮及底层，然后批成三层蛋糕片备用。

② 鲜奶油放入搅拌桶中，分次加入糖粉，用打蛋器搅打，呈膨松羽毛状，形成裱花奶油（或奶油膏）备用。

③ 取1/6奶油膏，加上草莓酱拌匀，成红色奶油膏。

④ 取1/3奶油膏，加上靛蓝食用色素拌匀，成淡蓝色奶油膏。

⑤ 将香草巧克力放在煮锅内，浸在温水上慢慢溶化并用打蛋器搅拌均匀后，装入裱花纸袋内，在覆有烘焙纸的图样上，勾出蛇的轮廓，放在干燥阴凉处待其凝固备用。

⑥ 取一层蛋糕片放在蛋糕转盘上，用抹刀涂上奶油膏，盖上第二层蛋糕片，再涂抹上奶油膏，盖上第三层蛋糕片。然后用抹刀将奶油膏均匀地涂抹在蛋糕的表面及四周并刮平整，再用锯齿刀在蛋糕边上拉出齿纹作装饰后，移放在纸板上。

⑦ 将巧克力蛇图案，覆在蛋糕面上，小心地揭去烘焙纸，然后将淡蓝色奶油膏装入裱花袋，

用星形裱花嘴裱制出蛇的头部、身体和尾巴；用装有红色奶油膏的裱花袋，裱制蛇的蛇信；最后，用白色奶油膏在蛇旁边的空白处裱出极细的线条拉毛，用香草巧克力酱裱制蛇身上的“S”形纹饰即成。

风味特点： **形似卡通蛇造型，蛋糕内部松软细腻。**

25. 十二生肖之奔放的马

原料配方： 圆形香橙味海绵蛋糕坯（直径24厘米）1只，鲜奶油500克，糖粉250克，香草巧克力50克，可可粉10克，速溶咖啡粉15克。

制作工具或设备： 蛋糕转盘，锯齿刀，搅拌桶，打蛋器，平底煮锅，裱花嘴，裱花袋，小剪刀，烘焙纸，抹刀，纸板。

制作过程：

① 将圆形香橙味海绵蛋糕坯放在蛋糕转盘上，用锯齿刀批去表皮及底层，然后批成三层蛋糕片备用。

② 鲜奶油放入搅拌桶中，分次加入糖粉，用打蛋器搅打，呈膨松羽毛状，形成裱花奶油（或奶油膏）备用。

③ 取1/4奶油膏，加上可可粉拌匀，成淡褐色奶油膏。

④ 取1/4奶油膏，加上速溶咖啡粉拌匀，成深褐色奶油膏。

⑤ 将香草巧克力放在煮锅内，浸在温水上慢慢溶化并用打蛋器搅拌均匀后，装入裱花纸袋内，在覆有烘焙纸的图样上，勾出马的轮廓，放在干燥阴凉处待其凝固备用。

⑥ 取一层蛋糕片放在蛋糕转盘上，用抹刀涂上奶油膏，盖上第二层蛋糕片，再涂抹上奶油膏，盖上第三层蛋糕片。然后用抹刀将奶油膏均匀地涂抹在蛋糕的表面及四周并刮平整，再用锯齿刀在蛋糕边上拉出齿纹作装饰后，移放在纸板上。

⑦ 将巧克力马图案，覆在蛋糕面上，小心地揭去烘焙纸，然后将淡褐色奶油膏装入裱花袋，用星形裱花嘴裱制出马的身体部分；用装有深褐色奶油膏的裱花袋，裱制马的头部、鬃毛、马尾和马蹄；最后，用白色奶油膏在马旁边的空白处裱出极细的线条拉毛，用香草巧克力酱勾勒马的眼睛等部分轮廓即成。

风味特点： **形似卡通马造型，蛋糕内部松软细腻。**

26. 十二生肖之善良的羊

原料配方： 圆形奶酪味海绵蛋糕坯（直径24厘米）1只，鲜奶油500克，糖粉250克，香草巧克力50克，绿茶粉10克，苋菜红食用色素0.005克。

制作工具或设备： 蛋糕转盘，锯齿刀，搅拌桶，打蛋器，平底煮锅，裱花嘴，裱花袋，小剪刀，烘焙纸，抹刀，纸板。

制作过程：

① 将圆形奶酪味海绵蛋糕坯放在蛋糕转盘上，用锯齿刀批去表皮及底层，然后批成三层蛋糕片备用。

② 鲜奶油放入搅拌桶中，分次加入糖粉，用打蛋器搅打，呈膨松羽毛状，形成裱花奶油（或奶油膏）备用。

③ 取1/4奶油膏，加上绿茶粉拌匀，成草绿色奶油膏。

④ 取1/6奶油膏，加上苋菜红食用色素拌匀，成粉红色奶油膏。

⑤ 将香草巧克力放在煮锅内，浸在温水上慢慢溶化并用打蛋器搅拌均匀后，装入裱花纸袋内，在覆有烘焙纸的图样上，勾出羊的轮廓，放在干燥阴凉处待其凝固备用。

⑥ 取一层蛋糕片放在蛋糕转盘上，用抹刀涂上奶油膏，盖上第二层蛋糕片，再涂抹上奶油膏，盖上第三层蛋糕片。然后用抹刀将奶油膏均匀地涂抹在蛋糕的表面及四周并刮平整，再用锯齿刀在蛋糕边上拉出齿纹作装饰后，移放在纸板上。

⑦ 将巧克力羊图案，覆在蛋糕面上，小心地揭去烘焙纸，然后将白色奶油膏装入裱花袋，用星形裱花嘴裱制出羊的身体部分和头部；用香草巧克力酱勾勒羊的眼睛和全身部分轮廓；最后，用草绿色奶油膏在羊旁边的空白处裱出极细的线条拉毛，用粉红色的奶油膏裱制出三瓣或四瓣的无名小花，点缀在羊蹄周围，即成。

风味特点： **形似卡通羊造型，蛋糕内部松软细腻。**

27. 十二生肖之灵活的猴

原料配方： 圆形蜜桃味海绵蛋糕坯（直径24厘米）1只，鲜奶油500克，糖粉250克，香草巧克力50克，香橙粉10克，苋菜红食用色素0.005克。

制作工具或设备： 蛋糕转盘，锯齿刀，搅拌桶，打蛋器，平底煮锅，裱花嘴，裱花袋，小剪刀，烘焙纸，抹刀，纸板。

制作过程：

① 将圆形蜜桃味海绵蛋糕坯放在蛋糕转盘上，用锯齿刀批去表皮及底层，然后批成三层蛋糕片备用。

② 鲜奶油放入搅拌桶中，分次加入糖粉，用打蛋器搅打，呈膨松羽毛状，形成裱花奶油（或奶油膏）备用。

③ 取1/4奶油膏，加上香橙粉拌匀，成土黄色奶油膏。

④ 取1/6奶油膏，加上苋菜红食用色素拌匀，成粉红色奶油膏。

⑤ 将香草巧克力放在煮锅内，浸在温水上慢慢溶化并用打蛋器搅拌均匀后，装入裱花纸袋内，在覆有烘焙纸的图样上，勾出猴的轮廓，放在干燥阴凉处待其凝固备用。

⑥ 取一层蛋糕片放在蛋糕转盘上，用抹刀涂上奶油膏，盖上第二层蛋糕片，再涂抹上奶油膏，盖上第三层蛋糕片。然后用抹刀将奶油膏均匀地涂抹在蛋糕的表面及四周并刮平整，再用锯齿刀在蛋糕边上拉出齿纹作装饰后，移放在纸板上。

⑦ 将巧克力猴图案，覆在蛋糕面上，小心地揭去烘焙纸，然后将土黄色奶油膏装入裱花袋，用星形裱花嘴裱制出猴的身体部分和头部；用粉红色奶油膏裱制猴子的脸部；眼睛、嘴巴和全身部分轮廓用香草巧克力酱进行勾勒；最后，用白色奶油膏在猴旁边的空白处裱出极细的线条拉毛，用土黄色奶油膏在猴子的手掌上部裱制一只仙桃，呈手托之势，仙桃尖部用牙刷沾上微量苋菜红水溶液喷色即成。

风味特点： **形似卡通猴子造型，蛋糕内部松软细腻。**

28. 十二生肖之美丽的鸡

原料配方： 圆形芒果味海绵蛋糕坯（直径24厘米）1只，鲜奶油500克，糖粉250克，香草巧克力50克，柠檬黄食用色素0.005克，草莓酱25克，绿茶粉10克。

制作工具或设备：蛋糕转盘，锯齿刀，搅拌桶，打蛋器，平底煮锅，裱花嘴，裱花袋，小剪刀，烘焙纸，抹刀，纸板。

制作过程：

① 将圆形芒果味海绵蛋糕坯放在蛋糕转盘上，用锯齿刀批去表皮及底层，然后批成三层蛋糕片备用。

② 鲜奶油放入搅拌桶中，分次加入糖粉，用打蛋器搅打，呈膨松羽毛状，形成裱花奶油（或奶油膏）备用。

③ 取1/4奶油膏，加上柠檬黄食用色素拌匀，成黄色奶油膏。

④ 取1/6奶油膏，加上草莓酱拌匀，成大红色奶油膏。

⑤ 取1/6奶油膏，加上绿茶粉拌匀，成草绿色奶油膏。

⑥ 将香草巧克力放在煮锅内，浸在温水上慢慢溶化并用打蛋器搅拌均匀后，装入裱花纸袋内，在覆有烘焙纸的图样上，勾出鸡的轮廓，放在干燥阴凉处待其凝固备用。

⑦ 取一层蛋糕片放在蛋糕转盘上，用抹刀涂上奶油膏，盖上第二层蛋糕片，再涂抹上奶油膏，盖上第三层蛋糕片。然后用抹刀将奶油膏均匀地涂抹在蛋糕的表面及四周并刮平整，再用锯齿刀在蛋糕边上拉出齿纹作装饰后，移放在纸板上。

⑧ 将巧克力鸡图案，覆在蛋糕面上，小心地揭去烘焙纸，然后将黄色奶油膏装入裱花袋，用星形裱花嘴裱制出鸡的身体部分和头部；用大红色奶油膏裱制鸡的鸡冠和鸡的下巴部分；眼睛、嘴巴和全身部分轮廓用香草巧克力酱进行勾勒；最后，用白色奶油膏在猴旁边的空白处裱出极细的线条拉毛，用草绿色奶油膏在鸡的周围裱制一些兰花草点缀即成。

风味特点： **形似卡通鸡造型，蛋糕内部松软细腻。**

29. 十二生肖之忠诚的狗

原料配方：圆形栗子味海绵蛋糕坯（直径24厘米）1只，鲜奶油500克，糖粉250克，香草巧克力50克，可可粉15克，草莓酱25克，绿茶粉10克。

制作工具或设备：蛋糕转盘，锯齿刀，搅拌桶，打蛋器，平底煮锅，裱花嘴，裱花袋，小剪刀，烘焙纸，抹刀，纸板。

制作过程：

① 将圆形栗子味海绵蛋糕坯放在蛋糕转盘上，用锯齿刀批去表皮及底层，然后批成三层蛋糕片备用。

② 鲜奶油放入搅拌桶中，分次加入糖粉，用打蛋器搅打，呈膨松羽毛状，形成裱花奶油（或奶油膏）备用。

③ 取1/4奶油膏，加上可可粉拌匀，成褐色奶油膏。

④ 取1/6奶油膏，加上草莓酱拌匀，成大红色奶油膏。

⑤ 取1/6奶油膏，加上绿茶粉拌匀，成草绿色奶油膏。

⑥ 将香草巧克力放在煮锅内，浸在温水上慢慢溶化并用打蛋器搅拌均匀后，装入裱花纸袋内，在覆有烘焙纸的图样上，勾出狗的轮廓，放在干燥阴凉处待其凝固备用。

⑦ 取一层蛋糕片放在蛋糕转盘上，用抹刀涂上奶油膏，盖上第二层蛋糕片，再涂抹上奶油膏，盖上第三层蛋糕片。然后用抹刀将奶油膏均匀地涂抹在蛋糕的表面及四周并刮平整，再用锯齿刀在蛋糕边上拉出齿纹作装饰后，移放在纸板上。

⑧ 将巧克力狗图案，覆在蛋糕面上，小心地揭去烘焙纸，然后将褐色奶油膏装入裱花袋，用星形裱花嘴裱制出狗的身体部分、头部和尾巴；用大红色奶油膏裱制狗的鼻子部分和狗下巴处的蝴蝶结；眼睛、嘴巴和全身部分轮廓用香草巧克力酱进行勾勒；最后，用白色奶油膏在狗旁边的空白处裱出极细的线条拉毛，用草绿色奶油膏在狗的周围裱制一些兰花草点缀即成。在狗的爪子旁边用香草巧克力酱裱制一只皮球轮廓，里面部分用黄、绿、红三种颜色奶油膏裱制，整体造型似憨态可掬的小狗在玩花皮球。

风味特点： **形似卡通狗造型，蛋糕内部松软细腻。**

30. 十二生肖之纯朴的猪

原料配方： 圆形榛子味海绵蛋糕坯（直径24厘米）1只，鲜奶油500克，糖粉250克，香草巧克力50克，苋菜红食用色素0.005克，柠檬黄食用色素0.005克，绿茶粉10克。

制作工具或设备： 蛋糕转盘，锯齿刀，搅拌桶，打蛋器，平底煮锅，裱花嘴，裱花袋，小剪刀，烘焙纸，抹刀，纸板。

制作过程：

① 将圆形榛子味海绵蛋糕坯放在蛋糕转盘上，用锯齿刀批去表皮及底层，然后批成三层蛋糕片备用。

② 鲜奶油放入搅拌桶中，分次加入糖粉，用打蛋器搅打，呈膨松羽毛状，形成裱花奶油（或奶油膏）备用。

③ 取1/4奶油膏，加上苋菜红食用色素拌匀，成粉红色奶油膏。

④ 取1/4奶油膏，加上柠檬黄食用色素拌匀，成鹅黄色奶油膏。

⑤ 取1/6奶油膏，加上绿茶粉拌匀，成草绿色奶油膏。

⑥ 将香草巧克力放在煮锅内，浸在温水上慢慢溶化并用打蛋器搅拌均匀后，装入裱花纸袋内，在覆有烘焙纸的图样上，勾出猪的轮廓，放在干燥阴凉处待其凝固备用。

⑦ 取一层蛋糕片放在蛋糕转盘上，用抹刀涂上奶油膏，盖上第二层蛋糕片，再涂抹上奶油膏，盖上第三层蛋糕片。然后用抹刀将奶油膏均匀地涂抹在蛋糕的表面及四周并刮平整，再用锯齿刀在蛋糕边上拉出齿纹作装饰后，移放在纸板上。

⑧ 将巧克力猪图案，覆在蛋糕面上，小心地揭去烘焙纸，然后将粉红色奶油膏装入裱花袋，用星形裱花嘴裱制出猪的身体部分和头部；眼睛、嘴巴和全身部分轮廓用香草巧克力酱进行勾勒；最后，用鹅黄色奶油膏在猪旁边的空白处裱出极细的线条拉毛，用草绿色奶油膏在猪的周围裱制一些兰花草点缀即成。

风味特点： **形似卡通猪造型，蛋糕内部松软细腻。**

31. 奶油草莓蛋糕

原料配方： 鸡蛋8个，砂糖50克，香草精2滴，鲜牛奶25克，低筋面粉150克，玉米粉25克，苏打粉1克，鲜奶油25克，鲜奶酪250克，草莓30颗，薄荷叶10片。

制作工具或设备： 烤盘，烤箱，抹刀。

制作过程：

① 将烤盘纸铺在烤盘上，然后放入烤箱内预先加温至180℃。

② 低筋面粉、玉米粉、苏打粉各自过筛后混合搅拌均匀备用。

③ 将鸡蛋、砂糖倒入搅拌机中打发至稠状。

④ 加入鲜奶以及步骤② 处理过的各种材料，充分搅拌均匀。再倒入烤盘里，以180℃的温度烤12分钟。

⑤ 蛋糕待凉后从烤盘取出。

⑥ 将鲜奶油以隔冰水降温的方式的打发至发泡。之后将砂糖分成8~9等份慢慢加入打发均匀。最后加入香草精搅拌均匀。

⑦ 把洗干净的草莓去蒂头，薄荷叶洗净。

⑧ 将打发的鲜奶油均匀抹在蛋糕上，并铺上去蒂的草莓。点缀上洗净的薄荷叶，置入冰箱20~30分钟，即可。

风味特点： 色泽鲜艳，造型实用大方。

32. 蘑菇蛋糕

原料配方： 蛋糕坯1只，砂糖200克，蛋清100克，可可粉15克，色拉油50克，黄油100克。

制作工具或设备： 烤盘，烤箱，抹刀，锯齿刀，裱花嘴，裱花袋。

制作过程：

① 调制蛋白蘑菇。砂糖：蛋白=2：1。蛋白打发，边加砂糖边打至细腻。使用1厘米左右无齿裱花头，在垫烘焙纸并撒少量面粉的烤盘上，裱蘑菇状，表面撒少量可可粉。烘烤炉温120℃约40分钟左右。

② 调制巧克力奶油。可可粉加色拉油调匀拌入黄油（浓稠根据需要而定）。

③ 将海绵蛋糕胚，片去皮，剖三层，中间嵌巧克力奶油，顶面、垂直边刮抹巧克力奶油，中央刮黄油小圆，用蘑菇裱花装饰。

风味特点： 色泽棕褐，造型生动。

33. 玻璃蛋糕

原料配方： 牛奶200克，蛋黄100克，砂糖75克，玉米淀粉15克，白脱10克，琼脂5克，吉士粉3克，海绵蛋糕坯1只，水200克。

制作工具或设备： 烤盘，烤箱，抹刀。

制作过程：

① 蛋黄加砂糖搅松，加入玉米淀粉和吉士粉搅匀，冲入热牛奶，在火上加热至糊状，趁热使用。

② 将与蛋糕坯同样大小的蛋糕圈洗净，四周围一圈玻璃纸，嵌入一层海绵蛋糕胚，倒入热的糊并裱成菱形网络。

③ 然后将水、琼脂、砂糖按照4：0.1：1比例熬煮透明琼脂液，待稍冷倒于表面。

④ 凝固后脱模，用水果装饰。

风味特点： 色泽艳丽，具有透明的光泽感。

34. 水果奶油蛋糕

原料配方： 普通海绵蛋糕坯1块，时鲜水果（草莓、樱桃等），淡奶油400克，糖粉150克，罐头装水果（菠萝、桃等）2听。

制作工具或设备： 烤盘，抹刀，裱花袋，星形裱花嘴。

制作过程：

① 时鲜水果洗净，罐头装水果滤去糖水备用。

② 普通海绵蛋糕坯横切成三等份。

③ 将淡奶油加入糖粉用搅拌机混合并打发，体积膨松为原来的4~5倍，形成裱花奶油。

④ 用抹刀将裱花奶油在第一片蛋糕上抹匀，上面撒些罐头装水果块；盖上第二片蛋糕片，在上面抹一层奶油；盖上第三片蛋糕片后，用奶油将蛋糕周围抹匀。

⑤ 用星形裱花嘴在蛋糕边缘裱出连续的贝壳花纹，中心对称裱出8只海螺形花纹，最后在最上层点缀草莓和樱桃即可。

风味特点：造型朴素，口感膨松细腻。

35. 胡萝卜装饰蛋糕

原料配方：黄油220克，人造黄油80克，白糖180克，盐1克，鸡蛋4个，香草香精1克，低筋面粉240克，泡打粉5克，榛子粉80克，桂皮粉2克，胡萝卜丝75克，柠檬皮1个，糖粉200克，柠檬汁10克，液体葡萄糖50克，杏仁粉25克，蛋清15克，抹茶粉2克，苋菜红食用色素0.0005克，柠檬黄食用色素0.0005克。

制作工具或设备：烤盘，烤箱，抹刀。

制作过程：

① 将黄油在室温下溶化，放入搅拌桶加上白糖，用搅拌机快速搅打，然后分次加入鸡蛋、盐和香草香精，继续搅拌至松发、光滑。

② 筛入低筋面粉、泡打粉、榛子粉和桂皮粉，低速搅拌均匀，最后拌入拧去水分的胡萝卜丝和柠檬汁5克。

③ 将蛋糕糊倒入已涂油及铺纸的直径约为23厘米的圆形模具里，以180℃，烘烤50分钟。

④ 制杏仁糖团。砂糖加液体葡萄糖和水加热至118℃，拌入杏仁粉，迅速搅进蛋清，揉成柔软的杏仁糖团。用手捏成橙色的胡萝卜造型，头部配上抹茶粉着色的萝卜缨子。

⑤ 制作表层糖饰。将糖粉和溶化的黄油一起拌匀，然后加入柠檬汁和柠檬皮屑混合，放在热水上搅拌至可涂抹的程度即可。

⑥ 蛋糕冷却后，抹上表层糖饰，点缀上杏仁糖团做的胡萝卜造型。

风味特点：造型卡通，口感松软中夹杂软糯，色泽美观。

36. 咖啡白兰地蛋糕

原料配方：鸡蛋3个，细砂糖100克，速溶咖啡15克，牛奶80毫升，色拉油50克，低筋面粉110克，泡打粉2克，盐1克，塔塔粉2克，鲜奶油150克，白兰地25毫升，巧克力酱25克，可可粉15克。

制作工具或设备：烤盘，烤箱，抹刀，烤模。

制作过程：

① 蛋黄加细砂糖25克，打至发白；速溶咖啡10克与牛奶混合，搅拌使其彻底溶化。

② 将咖啡牛奶加入蛋黄中，再加上色拉油搅拌均匀，一点点筛入低筋面粉和泡打粉的混合物，拌匀。

③ 搅拌桶中放蛋清、塔塔粉、盐分次加入细砂糖25克，中速打到中性发泡。

④ 蛋黄面糊拌入蛋清中，不要大力搅拌，也尽量不要划圈搅拌，以免蛋清泡沫破掉。

⑤ 脱底6寸蛋糕模底部铺一张烘焙纸，把面糊倒入，烤箱预热到180℃，烤40分钟，然后倒扣放凉。

⑥ 将鲜奶油加上剩余的细砂糖，搅打发泡，成裱花奶油，加上速溶咖啡和白兰地酒拌匀。

⑦ 将放凉的蛋糕横切成三片，每两片中间夹上一层奶油和巧克力酱。

⑧ 三片叠好，外面涂抹奶油，上面用裱花嘴裱出星形花纹装饰，最后用面筛撒上一点可可粉。

风味特点： 质地膨松，咖啡的香气和白兰地酒的香气和谐相融。

37. 千层蛋糕

原料配方： 蛋150克，砂糖175克，低筋面粉65克，色拉油25克，蜂蜜10克，牛奶25克，盐1克，琼脂2克，水120克，鲜奶油150克，各种食用色素少许，银珠巧克力15克。

制作工具或设备： 烤盘，搅拌机，煮锅，烤箱，抹刀。

制作过程：

① 将鸡蛋搅打打散，放入搅拌桶中，加上砂糖和盐打至干性发泡。

② 分次加入过筛的面粉轻轻切拌均匀。再加入色拉油、蜂蜜、牛奶搅拌均匀。

③ 烤盘上抹油，在烤盘上倒入薄薄的一层蛋糕糊抹平（约3厘米厚），放入烤箱以180℃烤制10分钟。

④ 烤熟后取出，再重复③的作法，如此反复5~6次，做出5~6层后烤熟待凉备用。

⑤ 将琼脂、水及砂糖放入煮锅中煮，用筷子插入拉起时有拉丝状即用小火保持热度，用3个蛋清打发后慢慢地加入，打至呈白色稠状，趁热涂在蛋糕表面，迅速抹平，切掉边缘备用。

⑥ 将鲜奶油加入砂糖打发，呈裱花奶油，加上各种食用色素调色。

⑦ 蛋糕表面和侧面都抹上裱花奶油，用锯齿刀刮平。

⑧ 用裱花嘴裱制各种颜色的小花，点缀在蛋糕表面，以绿叶作陪衬，最后撒上银珠巧克力作露珠。

风味特点： 造型美观，具有乡村早晨的气息。

38. 杏仁蛋清霜蛋糕

原料配方： 蛋清200克，细砂糖75克，柠檬汁10克，鸡蛋80克，黄油50克，水30克，杏仁粉50克，低筋面粉150克，泡打粉2克，杏仁香精2克，鸡蛋120克。

制作工具或设备： 烤盘，搅拌机，烤模，烤箱，抹刀。

制作过程：

① 烤箱预热至180℃。将鸡蛋打散放入搅拌桶中，加上砂糖、杏仁香精搅打发泡，至细腻浓稠时，筛入低筋面粉、杏仁粉和泡打粉拌匀。

② 烤模内抹油，装入蛋糕糊到模具内，进炉烘烤。以180℃，烤制约35分钟。蛋糕出炉后，晾凉脱模备用。

③ 蛋清加入搅拌机中，进行搅打，分次加入细砂糖和柠檬汁，打至干性发泡。

④ 在晾凉的蛋糕表面，抹上蛋清糊，然后用裱花袋挤注各种花形点缀，用喷火枪喷出烧烤的颜色即可。

风味特点： 色泽洁白而具有烧烤的痕迹与颜色，外形美观大方。

39. 心语心愿

原料配方： 黄油50克，牛奶50克，低筋面粉220克，鸡蛋150克，白砂糖220克，塔塔粉5克，鲜奶油150克，黄桃1听，巧克力珍珠15克，可可粉15克。

制作工具或设备： 烤盘，搅拌机，烤模，烤箱，抹刀，裱花袋。

制作过程：

① 烤箱预热180℃，将低筋面粉等过筛备用。

② 将黄油加热至溶化，加入蛋黄搅拌均匀，再倒入低筋粉搅拌均匀。

③ 将蛋清、白砂糖放在搅拌桶中，用电动搅拌机打至中性发泡，呈细腻浓稠状即可。

④ 将蛋清糊分次轻轻拌入黄油面粉糊中，搅拌均匀，形成蛋糕糊。

⑤ 心型烤模内涂油，将蛋糕糊装入蛋糕心型烤模，隔水烘烤约30分钟。

⑥ 出炉晾凉脱模备用。

⑦ 鲜奶油加上白砂糖，放入搅拌机搅打呈膨松浓稠状，形成裱花奶油，装入裱花袋备用。

⑧ 将蛋糕放在一个12寸的盘中，旁边用黄桃块围边，中间用鲜奶油挤出海螺纹点缀。

⑨ 蛋糕表面筛上可可粉，撒上巧克力珍珠即可。

风味特点： 水果围边，心型造型，蛋糕松软。

40. 水果汇蛋糕

原料配方： 牛奶150克，色拉油50克，砂糖120克，低筋面粉100克，吉士粉10克，蛋黄25克，鸡蛋250克，蛋糕油10克，鲜奶油80克，草莓6粒，猕猴桃1只，黄桃1听。

制作工具或设备： 烤盘，搅拌机，烤模，烤箱，抹刀，裱花袋。

制作过程：

① 鸡蛋加上砂糖放入搅拌桶中，用慢速搅拌至砂糖溶解，拌匀之后加入蛋糕油后用中速拌匀。

② 加入过筛的低筋面粉后用快速打发，打发至稠状，用慢速加入牛奶与色拉油搅拌拌匀，倒入烤盘以200℃烤15~20分钟。

③ 鲜奶油加上白砂糖，放入搅拌机搅打呈膨松浓稠状，形成裱花奶油，装入裱花袋备用。

④ 待蛋糕凉后切成正方形两片，一片先置于烤盘，用厚纸板围住，灌入已搅拌好的奶油面糊，再铺上另一层蛋糕。

⑤ 用裱花奶油抹平蛋糕表面和侧面，刮上花纹。

⑥ 用裱花袋装上裱花奶油，在方形的四角裱出四朵玫瑰花，每朵花的旁边用草莓、猕猴桃、黄桃等水果切片装饰。

风味特点： 水果风味，造型美观。

第五节 蛋糕的质量鉴定与原因分析

一、蛋糕的质量鉴定标准

1. 色泽

表面呈金黄色、内部呈乳白色，色泽均匀一致。

2. 形态

形状整齐、不歪斜，薄厚度一致。

3. 内部组织

组织细密，蜂窝均匀、无大气孔、无面粉、糖、蛋等疙瘩，富有弹性，无生心。

4. 口味

绵软甜香、有蛋香味、无异味。

5. 规格

根据顾客的需要而定。

6. 卫生

内外无杂质和病菌，符合《中华人民共和国食品安全法》的要求。

二、蛋糕的质量分析与改进措施

1. 蛋糕外表部分

（1）案例　表皮颜色太深

原因分析：

①配方内糖的用量过多或水分用量太少。

②烤炉温度过高，尤其是上火太强。

改进措施：

①检查配方中糖的用量与总水平是否适当。

②降低烤炉上火温度。

（2）案例　体积膨胀不够

原因分析：

①配方中柔性原料例如水分、牛奶等太多。

②面糊搅拌不均匀彻底。

③蛋糕膨松剂用量不够。

④鸡蛋不新鲜，蛋清搅打膨松度不够。

⑤油脂使用不当，包括熔点太高或太低，可塑性不良，融和性不佳。

⑥面糊搅拌后未马上进炉，以致表皮凝结。

⑦面糊装盘数量太少，未按规定比例装盘。

⑧烤炉温度太高。

改进措施：

①检查蛋糕配方有无错误。

②注意面糊搅拌数量及搅拌方法。

③面糊搅拌后应马上进炉。

④检查使用的原料是否新鲜与适当。

（3）案例　蛋糕表皮太厚

原因分析：

①烤炉温度太低，蛋糕在炉内烤的时间太久。

② 配方内糖的用量过多或水分不够。

③ 面粉筋度太低。

④ 鸡蛋不新鲜，蛋清搅打膨松度不够。

改进措施：

① 注意蛋糕配方与使用适当的原料。

② 使用正确烤炉温度，原则上蛋糕在可能范围内应尽可能使用较高炉温、缩短焙烤时间。

③ 检查原料新鲜程度。

（4）案例　蛋糕在烘烤过程中下陷

原因分析：

① 面糊中膨胀原料如发酵粉的用量太多，或是糖油拌和时搅拌时间太长，使面糊中拌入太多的空气。

② 蛋糕配方中水分太少，总水量不足。

③ 鸡蛋不够新鲜，蛋清搅打膨松度不够。

④ 面糊中柔性原料如糖和油用量太多。

⑤ 面粉筋度太低或烤炉温度太低。

⑥ 蛋糕在烘烤过程中尚未完全烤熟，因受震动而下陷。

改进措施：

① 注意蛋糕配方，选用适当而又新鲜的原料。

② 采用规定的搅拌方法。

③ 注意烤炉温度以及蛋糕进出炉或在烤焙过程中应小心搬动。

（5）案例　蛋糕表面有斑点

原因分析：

① 搅拌不当，部分原料未能完全搅拌均匀。

② 面糊内水分不足。

③ 发酵粉未与面粉拌和均匀。

④ 糖的颗粒太粗，未能及时溶解。

改进措施：

① 在搅拌过程中应随时搅匀，并留心搅拌时缸底未能拌到的原料。

② 注意蛋糕配方与原料选择。

2. 蛋糕内部部分

（1）案例　组织粗糙、质地不均匀

原因分析：

① 搅拌不均匀彻底。

② 搅拌缸底部原料未曾拌匀。

③ 发酵粉与面粉未能拌和均匀。

④ 配方内柔性原料如糖、油等用量太多。

⑤ 配方内水分用量不足，面糊太干。

⑥ 发酵粉用量过多，过分发酵而使蛋糕内部出现不规则的孔洞。

⑦ 烤炉温度太低，导致烤制时间延长。

⑧ 糖的颗粒太粗，未能及时溶解。

改进措施：

① 注意蛋糕配方。

② 注意搅拌程序和规则，面糊拌和后应及时进炉，避免结皮。

③ 做蛋糕时应尽量使用细砂糖、颗粒不宜太粗。

（2）案例　韧性太强组织过于紧密

原因分析：

① 蛋糕配方中膨松剂使用太少，未能完全发酵膨松。

② 使用的发酵粉属于快性反应，面糊在进炉前已开始作用，进炉后无力膨大。

③ 面粉面筋筋性过强。

④ 配方内糖和油的用量太少。

⑤ 面糊搅拌过久或速度太快，使面粉出筋。

⑥ 烤炉温度太高，水分挥发太快，容易形成外焦里面不熟。

改进措施：

① 注意蛋糕配方，并选用适当原料。

② 注意搅拌程序和方法。

③ 应视蛋糕体积的大小厚薄决定烘烤温度。

3. 蛋糕整体部分

（1）案例　味道不正

原因分析：

① 原料选用不当或不够新鲜。

② 蛋糕配方不准确。

③ 香料调配不当或使用超量。

④ 使用过量的发酵粉或小苏打。

⑤ 烤盘不清洁，烤箱有味道。

⑥ 存放蛋糕的架子、案板等不清洁。

改进措施：

① 注意选用新鲜原料，蛋糕用的原料不可和具有浓烈味道的物品，例如：汽油、油漆、涂料等一起存放，以免感染异味。

② 注意蛋糕配方，香料应按国家规定使用。

③ 注意搅拌规则和膨松剂的用量。

④ 应及时清理烤箱、烤盘及蛋糕架、案板等用具或设备的卫生。

（2）案例　保存时间不长

原因分析：

① 蛋糕配方不准确，使用劣质原料。

② 鸡蛋的用量不够，同时糖、油的用量也不足。

③ 烘烤的时间过长，蛋糕干燥龟裂。

④ 蛋糕膨松太大，充入过量的空气。

⑤ 蛋糕水分湿度大或存放环境湿度大。

改进措施：

① 增加蛋糕配方内的糖和油的用量。

② 调整发粉用量或改变搅拌方法。

③ 选用良好原料，调整配方。

④ 改善蛋糕存放的室内环境。

思考题

1. 蛋糕的概念是什么?
2. 蛋糕如何分类?
3. 蛋糕的特点有哪些?
4. 简述海绵蛋糕的制作原理。
5. 简述油脂蛋糕的制作原理。
6. 简述蛋糕的制作流程。
7. 蛋糕的质量鉴定标准有哪些?
8. 简述蛋糕的质量分析与改进措施。

CHAPTER 7

第七章 清酥制作工艺

第一节 清酥概述

一、清酥的概念

所谓清酥，是用水、油或蛋和成的面团包入熔化的黄油擀片，经过一折、二折或三折等过程，炸制或烤制制作而成的酥类制品。成品成熟后，显现出明显的层次，标准要求是层层如纸，口感松酥脆，口味多变。如酥盒、风车酥、拿破仑酥、忌司条等。

二、清酥的制作原理

清酥的制作原理在于物理疏松，第一，利用湿面筋的烘焙特性，它像气球一样，可以保存空气并能承受烘焙中水蒸气所产生的张力，而随着空气的张力来膨胀；第二，由于面团中的面皮与油脂有规律的相互隔绝所产生的层次，在进炉受热后，水面团产生水蒸气，这种水蒸气滚动形成的压力使各层次膨胀。在烘烤时，随着温度的升高，时间加长，水面中的水分不断蒸发并逐渐形成一层一层熟化变脆的面坯结构。油面层熔化渗入面皮中，使每层的面皮变成了又酥又松的酥皮，加上本身面皮面筋质的存在，所以能保持完整的形态和酥松的层次。

三、基本配方

清酥点心面团的配方主要涉及面粉量和油脂量。按油脂总量（包括皮面油脂和油层油脂）与面粉量的比例，清酥面团可分为三种：

① 全清酥：油脂量与面粉量相等。

② 3/4清酥：油脂量为面粉量的3/4 。

③ 半清酥：油脂量为面粉量的一半。

其中，3/4清酥较为常用。3/4清酥的基本配方如下：面粉1000克，盐10克，水约520克，油脂750克（其中皮面油脂100克，油层油脂650克）。

四、制作清酥面坯的一般要求

1. 正确选择原料

宜采用蛋白质含量为10%~12%的中强筋面粉。因为筋力较强的面团不仅能经受住擀制中的反复拉伸，而且其中的蛋白质具有较高的水合能力，吸水后的蛋白质在烘烤时能产生足够的蒸汽，从而有利于分层。此外，呈扩展状态的面筋网络是清酥点心多层薄层结构的基础。但是，筋力太强的面粉可能导致面层碎裂，制品回缩变形。如无合适的中强筋面粉，可在强筋面粉中加入部分低筋面粉，以达到制品对面粉筋度的要求。

面层油脂可用奶油、人造黄油或起酥油。油层油脂则要求既有一定的硬度，又有一定的可塑性，熔点不能太低。这样，油脂在操作中才能被反复擀制、折叠，又不至于熔化。传统清酥点心使用的油层油脂是天然奶油。天然奶油虽能得到高质量的产品，但其可塑性和熔点较低，操作不易掌握，特别是夏天，油脂熔化易产生“走油”的现象。目前，国内外均有制作清酥点心专用的人造黄油，它具有良好的加工性能，给清酥点心制作带来了很大的方便。

2. 软硬度均匀一致

油层油脂的硬度与皮面面团的硬度应尽量一致。如面硬油软，油可能被挤出，反之亦然。最终均会影响制品的分层。

3. 擀皮厚度恰当

每次擀面时，不要擀的太薄（厚度不低于0.5厘米），以防黏层。成形时厚度以3毫米为宜。

4. 面团适当遮盖

擀叠好的面团备用时，要将湿布或塑料袋盖在其上，以防止表皮干裂。

5. 面坯适度松弛

面团在两次擀折之间应停放20分钟左右，以利于面层在拉伸后的放松，防止制品收缩变形，并保持层与层之间的分离。成形的制品在烘烤前也应停放约20分钟。

6. 烘烤温度适宜

清酥点心的烘烤宜采用较高的炉温（约200℃）。高温下能很快产生足够的蒸汽，有利于酥层的形成和制品的涨发。

第二节 清酥的生产方法

清酥点心制作一般需经过以下工序：

皮面调制→包油→擀开、折叠（反复多次）→成形→烘烤→成品

一、面团调制

面团调制可用手工，也可用机器。

手工调制：将皮面油脂搓进面粉中，再加水混合并揉成面团。

机器调制：将面粉、油脂和水一起放入搅拌器内，搅拌成面团。

二、包油方法

清酥皮制作是根据包入油脂的方法不同而有分别，大致分为法式、英式及酥皮专用油脂等方法包油。现就酥皮专用油脂操作方法介绍如下：

一般来讲，酥皮人造黄油呈片状，每片有1千克和2千克的规格，在包油操作时，根据酥皮人造黄油片状大小，把搅拌好经松弛的面团擀成酥皮人造黄油宽度的一倍，长度一致即可，随后把酥皮人造黄油放在已擀好的面皮上（左面，右面都行），再把边上的面皮盖在油脂上面，油边捏紧即可擀开。此法操作简便，适宜于包入片状酥皮人造黄油。

三、折叠方法

完成包油程序后，其擀开的折叠方法很多，有三折法和四折法，而用酥皮人造黄油制作酥皮的折叠方法，多数采用三折法与四折法相结合的折叠方法，它的具体操作方法是：把已包入酥皮人造黄油的面团擀成0.4厘米左右的厚度，长宽适中，一折三，松弛15~20分钟，然后重复前一步骤一次，松弛15~20分钟，再重复一次，松弛15~20分钟，第四次擀至厚度为0.4厘米左右，大小适宜，再一折四，松弛15~20分钟，即可擀开制成各种形状的酥皮点心。

四、整形方法

整形是酥皮点心能否得到理想的体积和式样的重要一环，所以在整形时需注意以下几点：

1. 面团软硬适度

包入酥皮人造黄油的整形面团在0~30℃时无须冷冻（除非操作上特殊需求），无论包入何种油脂的整形面团不可冰冻太硬，如太硬可放在工作台上使其恢复适当的软度。

2. 面皮厚薄均匀

整形的面皮厚度要一致，不可厚薄不匀，这样做出的产品形状不良，一般厚度为0.2~0.3厘米。

3. 整形快速有效

整形时动作要快，从擀面到分割、加馅、整形要一气完成，因为面皮在工作台上搁置时间太久会变得过分柔软，增加整形的难度，妨碍产品胀大和形状的完整。

4. 刀具锋利实用

使用的切割刀应锋利，使每个分割的小面皮四边的面皮与油层间隔分明，边缘部分不会粘合在一起，影响到进炉后的膨胀。面皮过于柔软会造成切割困难，使边缘部分面皮与下层面皮粘合一起，妨碍了产品烤制时膨胀。

5. 坯皮大小一致

每块小面皮在分割时大小一样，原则上要用尺或模具切、刻成，切忌凭经验估计分割，这样不但产品大小不同而且形状不良。

6. 半成品间隔有度

整形后的面团放在平烤盘上须留间隔距离，为了使产品表面颜色光泽漂亮，整形后涂一层蛋液水，蛋液水的浓度不可太浓，酥皮整形后完毕必须松弛30分钟才能进炉烘烤，否则膨胀体积不大，而且会在炉中收缩。进炉前再刷一次蛋液水，总共刷两次蛋液水。有些大型产品因需较长烘烤时间，整形后不应刷蛋液水而改用清水，否则表面会着色太深。

7. 避免原料浪费

切剩的不规则面皮可归纳在一起，如数量不多，可铺在下一个完整的面团上一起擀平，其用量不要超过新面团的三分之一。如数量很多，可归纳在一起，擀平，再包入面皮总量四分之一的油脂，用三折法折叠一次或二次，制作一些膨胀性较小的产品，如：肉饺、奶油卷筒、拿破仑酥等。

五、烘烤方法

1. 面皮松弛有度

酥皮进炉前必须有足够时间的松弛，否则进炉后会有缩小和漏油等情况发生。

2. 烤蒸结合加热

酥皮烤焙应用大火，同时炉内有蒸汽设备，如无蒸汽设备，可在进炉前在平盘上洒点水，再进炉烘烤。蒸汽可防止产品表皮过早凝结，使每一层面皮都可无束缚地胀起，烤炉温度为220℃左右。

3. 掌握烘焙温度

开始时用上火而不需太大的下火，等产品已经胀到最大体积时，改用中火（170℃）继续烤至产品金黄色。

总之，酥皮进炉时一定要大火，炉温不够不但影响膨胀，而且面层内包入的油有时也会漏出。烘焙后阶段产品体积已经胀大，应改用中火或小火，务必使每一层面皮完全吸收面层中的油脂，同时面皮和油脂内的水分也完全蒸发，每一部分都松酥，才能称得上是一个好的成品。

六、出炉后的处理

根据具体的西点品种不同，进行冷却，然后再进行美化装饰。

第三节 清酥制作案例

一、丹麦酥（Danish pastries）（图7-1）

原料配方：高筋面粉800克，低筋面粉200克，细砂糖30克，盐10克，酥油（shortening）100克，包入用人造黄油900克，水500克。

制作工具或设备：冰箱，面筛，烘焙纸，烤盘，烤箱，案板。

制作过程：

① 将面粉、糖、盐、起酥油用水和成面团，揉至表面光滑，用保鲜膜包起松弛20分钟。醒面的时候可以把黄油或人造黄油从冰箱中拿出使之恢复得软一些。

② 将松弛好的面团擀成一个长方形面片。

③ 将片状人造黄油用塑料膜包严，拿压面棍轻轻敲打，把油片打扁，再擀几下。使硬的人造

黄油具有跟面团一样的柔软度即可。

④ 把处理好的人造黄油放在面片中间。注意：面片的宽度与人造黄油一样，长度是人造黄油的三倍。将两侧的面片折过来包住人造黄油。然后将一端捏死。

⑤ 从捏死的这一端用手掌由上至下按压面片。按压到下面的一头时，将这一头也捏死。将面片擀长，像叠被子那样四折，用压面棍轻轻敲打面片表面，再擀长。这是第一次四折。四折之后用保鲜膜包起放冰箱里松弛20分钟（夏天天气热，人造黄油容易熔化而导致流油）。

⑥ 将四折好的面片开口朝外，再次用压面棍轻轻敲打面片表面，擀开成长方形，然后再次四折。这是第二次四折。四折之后，用保鲜膜把面片包严，松弛20分钟。

⑦ 将松弛好的面片进行第三次四折，再松弛30分钟。

⑧ 整型是把面片擀成0.3厘米的厚度均匀的面片，用小刀将不规则的边缘切齐，然后把长方形的面片切成10厘米×10厘米的正方形。

⑨ 取一个正方形的面片，切出如图7-2所示的口子。注意两边不要切断。刷蛋液。

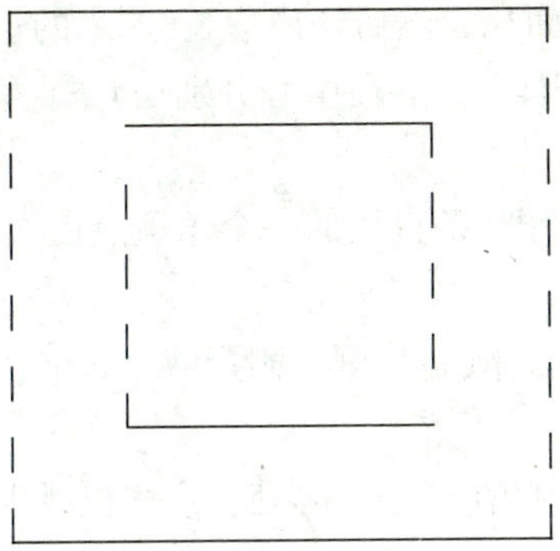

图7-2　面片切口示意图

⑩ 把对角的两个边对折，穿插一下。

⑪ 在中间挤果酱，装入垫了锡纸的烤盘中，在鼓出来的地方（就是刚才翻上来的部分）刷蛋液。间隔大一些。温度预设为200℃，等完全膨胀了再改为170℃左右继续烤至金黄色出炉即可。（最好烤箱有蒸汽设备，如果没有可以在烤盘上洒点水，再进炉）。

⑫ 把面片切成规则长方形时会有一些不规则的边角料，可以随意发挥，做成弯曲的形状，刷上蛋液，粘上芝麻后烤制。

风味特点：**色泽金黄，口感酥脆。**

二、杨梅酥盒（Bayberry crisp box）

原料配方：鸡蛋200克，清酥面1500克（如“丹麦酥”中的做法），鲜杨梅600克，牛奶500克，面粉50克，玉米粉150克，砂糖200克，琼脂糖汁25克，香草粉1克。

制作工具或设备：冰箱，面筛，烘焙纸，烤模，烤盘，烤箱，案板。

制作过程：

① 将清酥面擀成厚薄适当的片，用圆模子做成圆盒。

② 上面刷一层蛋液，入炉烤熟。

③ 将鸡蛋175克、玉米粉及砂糖、香草粉放入锅内搅匀，再放入牛奶，上火熬开，凉后装入布袋，挤入每个酥盒内。

④ 将杨梅去蒂洗净，消毒后分别摆在每个酥盒上面。

⑤ 将琼脂糖汁化开，刷在杨梅上即成。

风味特点：**香甜酥脆，营养丰富。**

三、风车酥（Windmill pastries）（图7-3）

原料配方：清酥面1000克，奶油膏200克，红樱桃10粒。

制作工具或设备：冰箱，面筛，烘焙纸，烤盘，烤箱，案板。

制作过程：

① 将清酥面擀成2毫米厚的面片，然后切成边长6厘米的正方块。

② 用刀沿正方块的对角线从4个顶点往中心分别切4条直线口子，每条口子离中心应有1厘米的距离。

③ 将表面刷少许蛋液，然后把4条直线的一个角顶点依次间隔一个角地往中心折叠，并在中心处按紧，形成风车状。

④ 将生坯放烤盘中烘焙纸上。醒制片刻，刷蛋液。

⑤ 入220℃烤箱烤成金黄色。

⑥ 待制品晾凉后，将奶油膏挤在中心凹陷处，点缀樱桃即成。

风味特点：**色泽金黄，层次分明，香酥可口。**

四、拿破仑酥（Napoleon pastries）

原料配方：清酥面1500克，蛋黄220克，白糖300克，玉米粉40克，面粉40克，牛奶1000克，杏仁碎10克，翻砂糖500克，纯巧克力100克。

制作工具或设备：冰箱，面筛，烘焙纸，烤盘，烤箱，案板。

制作过程：

① 将冷却后的清酥面擀成厚0.3厘米的面片，放入垫有烘焙纸的烤盘上，然后放入220℃的烤箱烤制成金黄色。

② 调黄酱汁。将220克蛋黄放容器中，加300克白糖，40克玉米粉，40克面粉调匀；然后取1000克牛奶煮开倒入调匀的蛋黄混合物中，边倒边搅，直至成为稠糊状，稍凉后放入朗姆酒搅拌均匀即成黄酱汁。

③ 成形。将烤熟的面坯，用锯刀分成3块，并将四边切齐。用黄酱汁均匀地抹在两块坯料上，依次黏合，形成三层整齐地长方块，然后，再用黄酱汁抹在长方形的四周，沾上烤熟的杏仁碎即可。

④ 将翻砂糖放容器中，用“双煮法”化软，烧淋在制品的表面上，然后，用软化的巧克力挤成间隔均匀，流畅的细线条并随即用小刀划成麦穗花纹。

⑤ 入冰箱冷却片刻，切成小长方块即为成品。

风味特点：**外形整齐，表面光滑，花纹流畅，口感香酥。**

五、忌司条（Cheese pastries）（图7-4）

原料配方：清酥面750克，奶酪100克。

制作工具或设备：冰箱，面筛，烘焙纸，烤盘，烤箱，案板。

制作过程：

① 将冷却后的清酥面擀成厚0.3厘米的面片，用刀切成条状，然后扭成麻花状。

② 铺放在烤盘中的烘焙纸上，间隔2~3厘米，均匀撒上奶酪碎。

③ 入220℃烤箱烤黄烤酥。

风味特点：**色泽金黄，口感酥脆。**

六、清酥三角（Triangular pastries）

原料配方：高筋粉500克，普通粉200克，盐2克，蛋清1/2只，水250克，醋精3克，人造黄油200克，豆沙馅200克。

制作工具或设备：面筛，烘焙纸，烤盘，烤箱，案板。

制作过程：

① 两种面粉拌匀开窝加入盐、蛋清、加点水搅至没劲，加入醋精。

② 把面和起，加水揣、搓、揉透至不软不硬。擀成长方形，加入人造黄油。

③ 把面团擀平不要太厚，拿刀把边划掉，切成四方块。

④ 面团的两边抹上蛋液，豆沙馅放入中间，蛋液面一沾就成清酥三角。

⑤ 放入烤箱烤熟即可食用。

风味特点：**色泽金黄，口感酥脆。**

七、清酥葡萄卷（Pastries roll with raisins）

原料配方：面粉250克，黄油250克，鸡蛋1个，盐3克，凉水75克，白糖50克，葡萄干100克。

制作工具或设备：面筛，烘焙纸，烤盘，烤箱，案板。

制作过程：

① 将面粉过面筛，放入盐、打散的鸡蛋和凉水，和成面团，放入冰箱半小时。

② 把黄油化软，撒上少许面粉，做成方形，入冰箱冷冻10分钟。

③ 把面团、黄油取出。

④ 将面擀成长方形，把黄油包起来擀开，叠三折，擀开；再叠三折再擀开；叠四折擀开，然后放入冰箱冷冻半小时。

⑤ 把最后的面擀成长方形，撒上白糖、葡萄干等。

⑥ 接下来就是卷起来，切成段，放入烤盘，送入烤箱，上下火200℃，烤20分钟左右。

风味特点：**色泽金黄，口感酥脆。**

八、清酥马蹄（Horseshoe-shaped pastries）

原料配方：富强粉500克，酥皮油500克，精盐10克，鸡蛋60克，白砂糖1000克，水200克。

制作工具或设备：走槌，面筛，烘焙纸，烤盘，烤箱，案板。

制作过程：

① 将鸡蛋、精盐放入水中搅均，加入面粉搅拌均匀直到面团不粘手即成软硬适宜的劲性面团，后用湿布盖好放在1~5℃的冰箱里冷却待用。

② 用走槌把和好的面团擀成四角薄中间厚，然后把酥皮油片错角45°，放在中间，再把面团的四角拉上来，包严压实用走槌擀成1厘米厚的长方形薄片，从两边折叠上来，叠成三折，横过来再擀成1厘米厚的薄片叠成三折，如此反复四次，每擀完一次都需要用湿布盖好放入冰箱冷却大约20分钟。

③ 白砂糖里稍掺点面粉拌匀，铺在清酥面下边一层，在清酥面的上面再薄薄撒一层，用走槌擀成1厘米厚的长方形大片，从两边叠上来成为三折再横过来，在下面铺一层白砂糖，上边撒一层砂糖擀开，从两端对着向中间叠，每一端叠两折到中间合拢成6厘米粗的卷，横过来用刀切成8毫米厚的片，平放在砂糖上沾一层糖，把沾糖的一面摆在烤盘里用220℃的炉温烘烤。

④ 烤至底面金黄色，及时把它翻过来，将另一面也烤至黄色熟透后出炉。

风味特点：**色泽金黄，口感酥脆。**

九、清酥苹果包（Apple pastries）

原料配方：清酥面1400克，鸡蛋150克，苹果1700克，面粉50克，砂糖100克，桂皮粉5克。

制作工具或设备：走槌，面筛，烘焙纸，烤盘，烤箱，案板。

制作过程：

① 把苹果皮、核去掉，切成两半。

② 用走槌将清酥面擀成厚薄适当的片，分切成小方块。

③ 在每块面片上放砂糖和桂皮粉，四周刷上蛋液。

④ 将苹果块放在中间，周围包起，上面再刷上蛋液。

⑤ 用花推子划上花纹，入炉烤熟即成。

风味特点：**色泽金黄，外脆里嫩，味道清香。**

十、酥皮炒苹果（Apple pastries）

原料配方：

清酥面配方：

黄油500克；低筋粉1500克；高筋粉600克；精盐40克；冰水900克；起酥油1500克。

苹果馅配方：

苹果1000克，白糖150克，柠檬汁10克。

脆皮碗配方：

低筋粉200克，糖粉200克，软黄油180克，蛋清150克，香草粉3克。

制作工具或设备：压面机，面筛，烘焙纸，烤模，烤盘，烤箱，案板。

成品配方：奶油300克，冰淇淋球12个。

制作过程：

清酥面制作方法：

① 将黄油、两种面粉、精盐和冰水和成面团，放入冰箱中数小时后冻凉。

② 用3×4×3×4法将起酥油包入。

③ 放入冰箱内隔夜后使用。

苹果馅制作方法：

① 将苹果洗净去皮切成橘子瓣形状的块。

② 将锅烧热放入白糖和柠檬汁炒化，加入苹果瓣煎至金黄色，注意不要搅动，用小火煎，一面上色后再翻到另一面煎黄。

脆皮碗制作方法：

① 将所有原料调和在一起稍冻一下备用。

② 将面团擀成面片，压入烤模中，制成碗状。

③ 入炉温220℃烤至金黄色，备用。

成品制作方法：

① 将清酥面用机器压至2毫米厚，打上密的小孔，松弛一下凉后刻成圆片。

② 入180℃的烤箱中烤成金黄色。

③ 取一层清酥圆片码放已煎好的苹果瓣，中心部分挤少许奶油，盖上另一层清酥圆片，放上脆皮碗和已备好的冰淇淋球装饰即可。.

风味特点：**色泽金黄，口感酥脆，造型美观。**

十一、清酥素咖喱饺（Curry pastries）

原料配方：清酥面1000克，煮鸡蛋1个，面粉50克，圆白菜500克，洋葱250克，鸡蛋25克，鸡蛋黄2个，咖喱粉10克，黄油30克，鸡油10克，奶油50克，鸡清汤150克，味精3克，胡椒粉1克，精盐3克，辣酱油15克。

制作工具或设备：煎盘，面筛，烘焙纸，烤模，烤盘，烤箱，案板。

制作过程：

① 将圆白菜去掉老叶和根，洗净，上火煮到八成熟捞出，控去水，用刀剁成末；洋葱切末，煮鸡蛋切小丁。

② 在煎盘注入鸡油烧热，下入洋葱末炒黄，下入圆白菜末煸炒去掉水分，下入黄油炒出香味，下入面粉、咖喱粉炒熟，放入鸡蛋丁、胡椒粉、精盐、奶油、鸡清汤、味精、辣酱油，调味，上火烧开，倒入盆内晾凉，做成馅。

③ 将清酥面擀成大片，用花刀拉成40个7厘米左右见方的片，将咖喱馅分别放在面片上，在馅的周围抹上鸡蛋，包成三角形的饺子，放入烤盘。

④ 将鸡蛋黄放入碗内调匀，用刷子刷在咖喱饺上。

⑤ 将咖喱饺入炉烤成深金黄色即成。

风味特点：**色泽金黄，外脆里鲜。**

十二、草莓果酱酥（Strawberry jam pastries）

原料配方：清酥面750克，草莓果酱150克。

制作工具或设备：面筛，烘焙纸，烤模，烤盘，烤箱，案板。

制作过程：

① 把松弛好的清酥面坯擀至3~4毫米厚，用菊花盏模刻成圆形面皮。

② 面皮边缘刷上蛋液，中间加入果酱。

③ 对折将馅包严，码入烤盘，表面刷上蛋液，用刀划开口，上火200℃，下火180℃，烤25分钟。

风味特点：**色泽金黄，口味香甜。**

十三、三色千层酥（Three-color pastries）

原料配方：清酥面750克，厚忌林沙司500克，糖粉100克，烘黄碎杏仁150克，可可粉20克，草莓粉15克。

制作工具或设备：面筛，烘焙纸，烤模，烤盘，烤箱，案板。

制作过程：

① 将清酥面擀成约0.2厘米厚的矩形薄片，铺入洒过水的烤盘内，醒几分钟后在中间戳几个透气孔，入炉烤熟后取出冷却。

② 冷却后切成8条约8厘米宽的长条。

③ 将厚忌林沙司分成3份（其中2份分别加可可粉和草莓粉拌匀），分别抹在6条切好的长条上，取 3 条（不同色）为一组摞起来，上面盖一条没有抹沙司的两侧拍上烘黄的碎杏仁，撒上糖粉，切成小块即可。

风味特点：**色泽和谐，口感酥脆。**

十四、牛角酥（Butter croissant）（图7-5）

原料配方：高筋面粉200克，片状人造黄油（或者黄油）100克，酵母4克，盐1克，糖15~20克，鸡蛋1个，牛奶80毫升。

制作工具或设备：面筛，烘焙纸，烤模，烤盘，烤箱，案板。

制作过程：

① 将面粉加牛奶、鸡蛋、酵母、盐、糖、混合均匀，和成面团。

② 反复揉、甩面，至面团光滑可拉开薄膜状，使得面筋充分拓展。

③ 面团放于盆中，覆上保鲜膜发酵发至约2倍大小。

④ 将片状人造黄油或者黄油，夹在两层保鲜膜中，擀成薄片。

⑤ 将面团擀成两倍于人造黄油薄片的大小。

⑥ 将人造黄油薄片放在面团上，合上面团，将人造黄油薄片夹包在中间、压紧，去除空气。

⑦ 擀薄面，再3对折，再擀；重复5~7次。

⑧ 最后将面擀成薄片，切成长三角形，卷起来，就是牛角酥的半成品了。放于温湿处最后发酵20 ~30分钟。

⑨ 放于烤箱中层，以190℃，烤20分钟。

风味特点：**色泽金黄，口感酥脆。**

十五、蝴蝶酥（Butterfly pastries）（图7-6）

原料配方：高筋面粉800克，低筋面粉200克，细砂糖30克，盐10克，酥油（shortening）100克，人造黄油900克，水500克左右。

制作工具或设备：走槌，面筛，烘焙纸，烤模，烤盘，烤箱，案板。

制作过程：

① 高筋面粉和低筋面粉、酥油、水混合，拌成面团。水不要一下子全倒进去，要逐渐添加，并用水调节面团的软硬程度，揉至面团表面光滑均匀即可。用保鲜膜包起面团，松弛20分钟。

② 将片状人造黄油用塑料膜包严，用走槌（French Pin）敲打，把人造黄油打薄一点，这样人造黄油就有了良好的延展性。不要把塑料膜打开，用压面棍把人造黄油擀薄，擀薄后的人造黄油软硬程度应该和面团硬度基本一致。取出人造黄油待用。

③ 案板上施薄粉，将松弛好的面团用压面棍擀成长方形。擀的时候四个角向外擀，这样容易把形状擀得比较均匀。擀好的面片，其宽度应与人造黄油的宽度一致，长度是人造黄油长度的三倍。把人造黄油放在面片中间。

④ 将两侧的面片折过来包住人造黄油，然后将一端捏死。

⑤ 从捏死的这一端用手掌由上至下按压面片。按压到下面的一头时，将这一头也捏死。将面片擀长，像叠被子那样四折，用压面棍轻轻敲打面片表面，再擀长。这是第一次四折。

⑥ 将四折好的面片开口朝外，再次用压面棍轻轻敲打面片表面，擀开成长方形，然后再次四折。这是第二次四折。四折之后，用保鲜膜把面片包严，松弛20分钟。

⑦ 将松弛好的面片进行第三次四折，再松弛30分钟。然后就可以整形了。整形是把面片擀成0.3厘米的厚度均匀的面片，从两边对面卷成如意形状。

⑧ 将卷成的如意卷横切成薄片，排放在烤盘中的烘焙纸上，间隔3厘米左右。

⑨ 送入烤箱，以上火200℃，下火180℃，烤20分钟左右，表面金黄色即可。

风味特点：**蝴蝶酥因其状似蝴蝶而得名，其口感松脆香酥，香甜可口。**

十六、麻花酥（Twisted pastries）（图7-7）

原料配方：清酥面750克，碎杏仁150克。

制作工具或设备：餐刀，烤盘，烤箱，案板。

制作过程：

① 将清酥面擀成约0.2厘米厚的矩形薄片。

② 切成40条约4厘米宽的长条。

③ 从每根长条的中间用餐刀划开一道口子。

④ 将长条的一端从中间的口子反复3~4次穿过成形。

⑤ 排放到烤盘上的烘焙纸上，撒上碎杏仁。

⑥ 放入烤箱，以220℃，烤制20分钟即可。

风味特点：**色泽金黄，形似麻花，口感酥脆。**

第四节 清酥的质量鉴定

一、清酥制品的质量鉴定标准

1. 色泽

表面呈金黄色、内部呈浅黄色，色泽均匀一致。

2. 形态

形状整齐，厚薄、大小一致，层次清晰。

3. 内部组织

组织酥松均匀，内无生心，不出油。

4. 口味

酥香可口，无异味。

5. 规格

根据顾客的需要而定。

6. 卫生

内外无油泥，无杂质，底无煳渣。符合《中华人民共和国食品安全法》的要求。

二、 清酥制品的质量分析与改进措施

1. 清酥制品外表部分

（1）案例　表面颜色太深

原因分析：

① 配方内糖的用量过多或水分用量太少。

② 烤炉温度过高，尤其是面火温度高。

改进措施：

① 检查配方中糖的用量与总水平是否适当。

② 降低烤炉上火温度。

（2）案例　表面有斑点

原因分析：

① 面团擀制不均匀。

② 面团内水分不足。

改进措施：

① 面团要擀制均匀，酥层明晰。

② 注意制品的配方平衡。

2. 清酥制品内部部分

案例　组织粗糙、层次不清楚

原因分析：

① 面团擀制不均匀，导致漏油。

② 烤炉温度太低，导致烤制时间延长。

改进措施：

① 面团要擀制均匀。

② 烤箱采取合适的温度和适宜的烤制时间。

3. 清酥制品整体部分

（1）案例　味道不正

原因分析：

① 原料选用不当或不够新鲜。

② 烤盘不清洁，烤箱有味道。

③ 存放清酥制品的架子、案板等不清洁。

改进措施：

① 注意选用新鲜原料。

② 应及时注意烤箱、烤盘及蛋糕架、案板等用具或设备的清洁。

（2）案例　煳底煳边

原因分析：

① 配方中糖和油脂的用量过大。

② 烘烤的温度过高。

改进措施：

① 改善清酥配方内的糖和油的用量。

② 调节适宜的烤制温度。

思考题

1. 清酥的概念是什么?
2. 简述清酥的制作原理。
3. 制作清酥面坯的一般要求有哪些?
4. 清酥的包油方法和折叠方法有什么特点?
5. 清酥的烘焙注意事项有哪些?
6. 清酥的整形方法有哪些注意点?
7. 清酥制品的质量鉴定标准有哪些?

CHAPTER 8

第八章 混酥制作工艺

第一节 混酥概述

一、混酥的概念

混酥点心又称甜酥点心，它是用面粉、油脂、砂糖、鸡蛋等原料调成面团，配以各种辅料，通过成形、烘烤、装饰等工艺而制成的一类点心，这类点心的面坯无层次，但具有酥松性。

二、混酥的制作原理

混酥点心面坯的酥松，主要与油脂的性质有关。油脂是一种胶性物质，具有一定的黏性和表面张力。当油脂与面粉调成面团时，油脂便分布在面粉中蛋白质或面粉颗粒的周围并形成油膜，这种油膜影响了面粉中面筋网络的形成，造成面粉颗粒之间结合松散，从而使面团的可塑性和酥性增强。当面坯遇热后油脂流散，伴随搅拌充入面团颗粒之间的空气遇热膨胀，这时，面坯内部结构破裂形成很多孔隙结构，这种结构便是面坯酥松的原因。

三、混酥点心的一般制作要求

① 面粉要使用筋力较小的中低筋面粉。

② 糖以糖粉或易溶化颗粒细小的糖为宜。

③ 混酥面团的油、糖、鸡蛋、面粉要调匀，不能有油、糖、面粉疙瘩。

④ 制品成形时要注意面坯的大小、厚薄。

⑤ 据成品要求和特点，灵活掌握烘烤的温度和时间。

第二节 混酥的生产方法

一、面团的和制

混酥制作工艺较简单，将所有原料混合，叠制均匀，不能起筋则可。

二、整形与烘烤

将和好的面团按所需分量大小包馅或制作成批皮，如包馅的需刷蛋液再进炉烘烤，用中火烘制。

第三节 混酥制作案例

混酥点心品种丰富，风味特色各异。但常见的制品一般有三类：挞（tart），派（pie）和小干点心（cookies）。挞和派都是有馅心的一类点心，一般将精小的制品称挞。挞和派无固定大小和形状，可据需要和模具形状随意变化，其品种则主要通过馅心及面坯的变化而多样。

一、挞（Tart）

（一）挞的概念

挞是英文tart的译音，又译成“塔”。是以油酥面团为坯料，借助模具，通过制坯、烘烤、装饰等工艺而制成的内盛水果或馅料的一类较小型的点心，其形状可因模具的变化而变化。

（二）挞的种类

挞的种类是以挞皮来分类的，主要分为混酥挞和清酥挞两种。混酥挞比较光滑和完整，黄油香味浓郁，口感像曲奇一样酥脆。清酥挞的挞皮为一层薄酥皮，层次清晰，口感松酥。挞的品种还可以根据馅心的变化而改变。最常见的品种有蔬菜挞、水果挞等，其中蛋挞除以砂糖及鸡蛋为蛋浆的主流蛋挞外，也有在蛋浆内混入其他材料的变种蛋挞，如鲜奶挞、姜汁蛋挞、蛋白蛋挞、巧克力蛋挞及燕窝蛋挞等。

（三）挞的特点

挞通常使用油酥面团为坯料，借助挞模，成形、熟制、装饰而成的小型点心。所以挞的特点是挞皮金黄或焦黄，馅心鲜嫩，造型美观。

（四）挞的制作工艺

挞的一般制作方法有两种，一种是将油酥面坯擀薄铺入挞模中，整形后入烤箱，待成熟，冷却后加各种馅料，经装饰即成为成品。另一种是油酥面坯铺入模后，随即加入馅心，然后再烘烤成熟。

（五）挞的制作案例

1. 混酥蛋挞（Mixed egg tart）

原料配方：

挞皮材料：低筋面粉100克，糖粉30克，黄油65克，蛋清0.5个，吉士粉5克。

挞水材料：牛奶50克，糖粉10克，蛋黄（大）1个，黄油40克，吉士粉5克。

制作工具或设备：面筛，挞模，烤盘，烤箱，案板。

制作过程：

① 将面粉、糖粉、黄油、吉士粉搓成屑。

② 分次加入蛋清和成面团。

③ 黄油、牛奶微波炉里化开，加入糖粉、蛋黄搅匀即成蛋挞水。

④ 面团擀成0.3厘米厚的面皮，用挞模刻成10张挞皮。

⑤ 将挞皮把蛋挞模填满至高出模边少许，放进蛋挞水。

⑥ 入焗炉，以220℃焗20分钟便成。

风味特点：**色泽金黄，口感酥嫩。**

2. 清酥蛋挞（Layer egg tart）

原料配方：

挞皮材料：低筋面粉280克，高筋面粉30克，酥油50克，片状人造黄油250克，水150克。

挞水材料：鲜奶油200克，牛奶165克，低筋面粉15克，细砂糖50克，蛋黄4个，炼乳15克。

制作工具或设备：搅拌机，面筛，派模，烤盘，烤箱，案板。

制作过程：

① 制作挞皮。高筋面粉和低筋面粉、酥油、水混合，拌成面团。水不要一下子全倒进去，要逐渐添加，并用水调节面团的软硬程度，揉至面团表面光滑均匀即可。用保鲜膜包起面团，松弛20分钟。

② 将片状人造黄油用塑料膜包严，用走棰（French Pin）敲打，把人造黄油打薄一点。这样人造黄油就有了良好的延展性。不要把塑料膜打开，用压面棍把人造黄油擀薄。擀薄后的人造黄油软硬程度应该和面团硬度基本一致。取出人造黄油待用。

③ 案板上施薄粉，将松弛好的面团用压面棍擀成长方形。擀的时候四个角向外擀，这样容易把形状擀得比较均匀。擀好的面片，其宽度应与人造黄油的宽度一致，长度是人造黄油长度的三倍。把人造黄油放在面片中间。

④ 将两侧的面片折过来包住人造黄油。然后将一端捏死。

⑤ 从捏死的这一端用手掌由上至下按压面片。按压到下面的一头时，将这一头也捏死。将面片擀长，像叠被子那样四折，用压面棍轻轻敲打面片表面，再擀长。这是第一次四折。

⑥ 将四折好的面片开口朝外，再次用压面棍轻轻敲打面片表面，擀开成长方形，然后再次四折。这是第二次四折。四折之后，用保鲜膜把面片包严，松弛20分钟。

⑦ 将松弛好的面片开口向外，用压面棍轻轻敲打，擀长成长方形，然后三折。

⑧ 把三折好的面片再擀开，擀成厚度为0.6厘米、宽度为20厘米、长度为35~40厘米的面片。用壁纸刀切掉多余的边缘进行整形。

⑨ 将面片从较长的这一边开始卷起来。

⑩ 将卷好的面卷包上保鲜膜，放在冰箱里冷藏30分钟，进行松弛。

⑪ 松弛好的面卷用刀切成厚度1厘米左右的片。

⑫ 将⑪放在面粉中沾一下，然后沾有面粉的一面朝上，放在未涂油的塔模里。用两个大拇指将其捏成塔模形状。

⑬ 将鲜奶油、牛奶和炼乳、砂糖放在小锅里，用小火加热，边加热边搅拌，至砂糖溶化时离火，略放凉；然后加入蛋黄，搅拌均匀。

⑭ 然后将制成的蛋挞水过滤，备用。

⑮ 在捏好的挞皮里装上蛋挞水（装七八分满即可），放入烤箱烘烤。烘烤温度为220℃左右，烤约15分钟。

风味特点：**色泽金黄，外酥里嫩。**

3. 洋葱挞（Onion tart）

原料配方：咸混酥面550克，洋葱300克，黄油50克，牛奶500克，鸡蛋液180克，培根100克，鲜奶油250克，奶酪丝50克，香叶3片，百里香2克，盐2克，胡椒粉1克。

制作工具或设备：面筛，挞模，烤盘，烤箱，案板。

制作过程：

① 咸混酥面擀成3厘米厚的片，铺在挞模具内，整理多余的面片后，放入200℃左右的烤箱，烤到七八成熟时取出备用。

② 葱头去皮，洗净切丝。

③ 黄油放锅里上火加热至熔化后放培根与葱头丝煸炒，待葱头软烂呈金黄色时，加入百里香，胡椒粉，香叶（碾碎）和盐，继续煸炒均匀。

④ 将牛奶、鸡蛋液、鲜奶油、盐和胡椒粉搅拌成蛋奶混合液。

⑤ 将煸好的葱头放入烤好的挞坯中，浇上蛋奶混合液，撒上奶酪丝。

⑥ 入200℃左右的烤箱内烘烤20分钟即可。

风味特点：**色泽金黄，葱香浓郁，口感酥软。**

4. 化酥蛋挞（Butter tart）（图8-1）

原料配方：

油皮材料：低筋面粉1000克，全蛋150克，糖粉200克，酥油100克，水400克。

油酥材料：低筋面粉85克，酥油45克，猪油100克。

挞水材料：砂糖400克，牛奶 500克，水500克，全蛋90克。

制作工具或设备：搅拌机，面筛，挞模，烤盘，烤箱，案板。

制作过程：

① 将油皮等所有原料搅拌至不沾缸，冷藏备用。

② 同时，将油酥中所有材料拌匀成片状，冷藏备用。

③ 油皮包油酥。将油皮与油酥按照1：1.5的比例，先三折二次，冷藏松弛20分钟，再四折一次。

④ 挞水制作。将砂糖、牛奶水煮至融化冷却加入鸡蛋拌匀过筛，静置30分钟消泡备用。

⑤ 擀压至厚0.3厘米，用8厘米的压模压出，装模，倒入挞水八分满。

⑥ 烘焙上火230℃，下火250℃，烤制12分钟。

风味特点：**色泽金黄，皮酥馅嫩。**

5. 小麦草蛋挞（Egg tart with wheat grass）

原料配方：

挞皮材料：黄油250克，白糖140克，面粉480克（筛过），鸡蛋1个，小麦草粉5克。

挞水材料：水450毫升，白糖175克，鸡蛋5个，鲜奶60毫升，新鲜小麦草汁50毫升。

制作工具或设备：搅拌机，面筛，挞模，烤盘，烤箱，案板。

制作过程：

① 将黄油、白糖、小麦草粉，面粉倒进食物搅拌机中，以低速混合均匀。

② 接着加入鸡蛋，把所有混合物搅打成面团。

③ 面团擀成0.3厘米厚的面皮，用挞模刻成20张挞皮；接着将皮把蛋挞模填满至高出模边少许。

④ 同时，制作挞水。先将水和白糖一起煮滚，熄火后，加入小麦草汁，拌匀晾凉备用。

⑤ 轻轻地将鸡蛋打散，加入鲜奶，搅打均匀，再加入已晾凉了的小麦草汁，拌匀过滤后，放进冰箱中冷却。

⑥ 将冷却了的小麦草混合物倒入已备好的挞模中，以200℃烘30分钟即成。

风味特点：**色泽和谐，口味清香，口感酥脆。**

6. 家常蛋挞（Homely egg tart）

原料配方：

挞皮材料：面粉200克，黄油25克，牛奶120克，盐少许，人造黄油175克。

挞水材料：雀巢淡奶油100克，蛋黄3个，雀巢三花植脂淡奶45克，牛奶25克，糖20克。

制作工具或设备：搅拌机，面筛，派模，烤盘，烤箱，案板。

制作过程：

① 挞水制作。淡奶油加糖加热至糖溶解后离火，稍微放凉。加入牛奶、三花植脂淡奶，搅拌均匀后加入蛋黄，搅拌均匀。最后过筛滤去杂质，即成挞水。

② 挞皮制作。将面粉中间挖坑，倒入牛奶，加入其他材料。慢慢调和成团，揉好就可以，盖上保鲜膜或者湿布，醒15~20分钟。

③ 人造黄油敲成长片，面团擀成大片，比人造黄油宽大3倍，把人造黄油放在面皮中间，面皮从左往右包，再由右往左包上，把人造黄油包好，注意头尾人造黄油不要露出来。然后把面皮横过来，再把面团翻身，双层的一面朝下，蒙上保鲜膜松弛15分钟。等面团松弛后，把面团敲大，略微擀平，注意两面要撒上面粉，免得粘破表皮。

④ 把擀好的面皮再横过来，由左右两边往中间折，然后再叠在一起，就像叠被子一样，注意每次折叠都要及时撒上面粉。然后再蒙上保鲜膜松弛15分钟，等面团松弛后，再把面团敲大，略微擀平，注意两面要撒上面粉，免得黏破表皮。

⑤ 把敲大的面团卷起来，放到冰箱冷藏15分钟取出，切成1.5厘米厚的小块，然后按平，用手捏出挞皮的形状，放到挞模里，按牢，在底上扎几个洞，防止烤的时候鼓起来。

⑥ 把挞水注入挞皮，只要七八分满就可以了，烤的时候还会膨胀。

⑦ 烤箱预热220℃，用上下火烤15~20分钟，看到表面焦黄，即可出炉。

风味特点：**色泽金黄，口感酥脆。**

二、派（Pie）

（一）派的概念

派——是英文pie的译音，又译成排、批等。是一种油酥面饼，内含水果或馅料，常用原形模具做坯模。

（二）派的种类

派有单皮派和双皮派之分，其馅心有水果（包括鲜水果，水果罐头，果汁），蔬菜（南瓜派，胡萝卜派，番薯派等），肉类（牛肉类，鸡肉类等），牛奶，鸡蛋，奶油馅心等。派又有咸味派、甜味派之别。此外，还能做成各种小干点心。

（三）派的特点

派的特点是外酥里糯，色泽金黄，用叉子捅时有足够的松软度而又不易碎，其表面应成薄片状，并有泡。

（四）派的制作工艺

1. 派皮

派皮主要成分是面粉、盐、细糖、油脂、水和鸡蛋，也可添加少许泡打粉来使其松软。将所有原料一起混合，揉成柔软的面团，放入冰箱静置。之后取出擀薄，放入刷油的派盆里，用刀叉扎几下，边缘可夹成花边来装饰。然后进炉烘烤，用中上火。（以上是单层派，而双层派则是包好馅再烘烤的）。

另一种是对双皮派，它的做法有二，一是一次成形法，即将甜酥面铺入派模后，酿入所需馅心，然后再擀一薄片铺盖其上，刷蛋液，划花纹，入烤箱成熟即成为成品，二是二次成形法，即将铺入派底的面坯，入烤箱烤至八成熟后，再装入馅心擀薄片铺盖其上，刷蛋液，划花纹，烘烤成熟即是成品。

2. 派馅与装饰

单皮派是需要装饰和加馅才能食用的，它的装饰比较多，可分为几类：第一类，是用新鲜水果制作各种派。水果颜色鲜艳，需要在上面刷一层啫喱水，这样便可保留它的鲜艳和光泽。第二类，是用蛋黄忌廉做的各种派，这种派通常用新鲜奶油作装饰，裱上各种花纹。

（五）派的制作案例

1. 奶油蛋白南瓜派（Pumping pie）

原料配方：

派底材料：糖250克，黄油500克，蛋75克，面粉750克。

派馅材料：南瓜800克，黄糖300克，牛奶170克，蛋黄170克，盐5克，香料5克，吉利片15克，蛋白170克，糖粉200克，鲜奶油250克。

制作工具或设备：搅拌机，面筛，派模，烤盘，烤箱，案板。

制作过程：

① 制派底：将糖，黄油搓匀后，逐个放入鸡蛋调匀。最后加入面粉叠成面团，用保鲜膜包好放入冷藏箱冷却；然后取出冷却的面团，根据模具大小，适度擀成均匀面片，铺入模中，整形后入200℃烤箱，烤熟备用。

② 制派馅：将南瓜洗净去皮，上火蒸熟，搅成南瓜泥，然后加入黄糖、牛奶、蛋黄、盐、香料等搅均匀。然后放入煮锅内烧煮至稠糊状离火。加入泡软的吉利片搅拌溶化，凉后入冰箱备用。同时，打发蛋清至发泡时，加入糖粉继续搅打起发，然后与调匀的南瓜糊调匀。再将打起鲜奶油再与之混合，调匀，成南瓜馅。

③ 将南瓜馅铺入冷却后的派模中抹平，表面挤打起的奶油装饰。即为成品。

风味特点：**色泽浅黄，甜度适中，内质细腻。**

2. 苹果派（Apple pie）（图8-2）

原料配方：

派皮材料：高筋粉400克，低筋粉600克，黄油650克，冰水300克，细砂糖30克，食盐20克。

派馅材料：果汁或清水100克，细砂糖25克，玉米淀粉4克，苹果罐头100克，肉桂粉0.5克。

制作工具或设备：搅拌机，面筛，派模，烤盘，烤箱，案板。

制作过程：

① 派皮制作。将高筋面粉、低筋面粉一起过筛后与黄油一起放入搅拌器内，慢速搅拌至油的颗粒像黄豆般大小。

② 糖、盐溶于冰水中，再加入搅拌均匀的面粉与混合物搅拌均匀即可，不可搅拌过久。

③ 将搅拌后的面团用手压成直径为10厘米的圆柱体，用牛皮纸包好放入冰箱2小时后使用。

④ 可做单皮水果派皮，也可做双皮水果派。

⑤ 苹果馅制作。先过滤苹果罐头，滤液用来作为果汁用。

⑥ 将30%的果汁与10%的细砂糖一起煮沸。

⑦ 将玉米淀粉溶于10%的果汁中，慢慢加入煮沸的糖水中，不断搅动，煮至胶凝光亮。

⑧ 胶冻煮好后，加入15%的砂糖煮至溶化。苹果与肉桂粉拌匀后，再加入胶冻内拌匀，停止加热并冷却。

⑨ 派的制法。把苹果馅倒入底层生派皮中，边缘刷蛋液，表面放两三片奶油，上层皮上开一小口，铺在馅料上，把边缘结合处粘紧，在上层派皮表面刷蛋液，进炉用210℃的下火烤约30分钟。为了使底层派皮确能熟透，可先把底层派皮进炉焙烤约10分钟，使半熟后再加入馅料铺上上层派皮再进炉烘烤。

⑩ 出炉后表面刷上光亮油或奶油。

风味特点：**色泽金黄，口感酥脆。**

3. 菠萝派（Pineapple pie）

原料配方：

派皮材料：普通面粉150克，糖2克，盐2克，黄油75克，水40克。

派馅材料：糖20克，盐2克，玉米淀粉15克，菠萝180克，菠萝汁100克，肉桂粉0.5克，鸡蛋半个。

制作工具或设备：搅拌机，面筛，派模，烤盘，烤箱，案板。

制作过程：

① 菠萝削好，切大块，用淡盐水浸泡5分钟，去涩。泡好后捞出菠萝切丁，然后用糖水浸泡。

② 泡菠萝的糖水滗出来，加糖和盐，放入湿淀粉，搅拌均匀。然后煮到汤汁变成透明的黏稠

状，期间要不断搅拌防止粘锅。加入菠萝丁和肉桂粉，拌匀，略煮一下关火，放凉，即为菠萝馅。

③ 把黄油化融，然后放入面粉，加糖、盐、水，混合均匀。揉好的面团用保鲜膜包好，放入冰箱冷藏1小时。

④ 取出冷藏好的面团，根据派盘大小分成两份。一份偏大一点，做铺底用。另一份略小，做表面的编花。用保鲜袋包裹面团，分别擀成薄片。铺底的可以拿派盘来比一下，要整个铺入还多出一圈，这样可以在边上做点花样，烤出来形状更好看。表面编花的薄片和派盘差不多大小即可，然后切成条。把面条编成花网状铺底的面皮取出（之前放保鲜袋里保持水分，拿出来的时间长了面皮会变硬，影响后面捏花）。

⑤ 铺好底之后，倒入菠萝馅料，盖上编好的面皮。整理一下不规则的面条，然后把边缘的面皮捏出花，并且遮住下面面条的边缘。

⑥ 烤箱预热至170℃，在派的表面刷上蛋液，放入烤箱烤30分钟左右。

风味特点：**色泽金黄，口感酥脆，形状美观。**

4. 蓝莓起酥派（Blueberry layer pie）

原料配方：黄油360克，盐20克，面包粉300克，蛋糕粉600克，水360克，夹心起酥油100克，蓝莓酱150克。

制作工具或设备：搅拌机，面筛，派模，烤盘，烤箱，案板。

制作过程：

① 把黄油、盐、面包粉、蛋糕粉、水放在一起搅匀，然后分成300克一块，在冰箱里冷藏3~4个小时。

② 冷藏后赶开把起酥油放在中间包好，然后压开叠成3折，反复4次即可，公式：$3\times3\times3\times4$。

③ 把压好的面擀开，用模具刻两个大小一致的面片，一片铺在派模底部入180℃烤箱烤酥。

④ 晾凉后，放入蓝莓酱铺刮均匀，最后再把另一面片盖在上面，四周用蛋液沾合，表面刷蛋水后用刀打花纹。

⑤ 以180℃炉温烘烤，40分钟即可。

风味特点：**色泽金黄，口感酥脆。**

5. 雪梨派（Snow pear pie）

原料配方：混酥面350克，雪梨900克，砂糖150克。

制作工具或设备：搅拌机，面筛，派模，烤盘，烤箱，案板。

制作过程：

① 将混酥面250克擀成薄片，铺入派模，入炉烤熟。

② 把雪梨去皮、核，切片加糖炒熟。

③ 将炒熟的雪梨片倒入烤好的派底，再将剩余的面擀薄片，盖在派上，压紧边，刷上蛋黄。

④ 入炉烤熟，晾凉切块。

风味特点：**色泽金黄，外酥里软，口味香甜。**

6. 什锦莓果派（Assorted fruit pie）

原料配方：混酥面350克，牛奶200克，鸡蛋黄50克，草莓150克，蓝莓100克，玉米面（黄）10克，低筋面粉10克，无盐黄油10克，香草精2克，盐1克，白砂糖50克。

制作工具或设备：派模，烤盘，烤箱，裱花袋，案板。

制作过程：

①将混酥面擀开成0.4厘米厚，放入模内整形并用叉子插孔后，松弛约15分钟。

②将派皮放入烤箱200~220℃烤焙15~20分钟，取出放凉备用。

③将蛋黄打散后与过筛的玉米粉和低筋面粉加入拌匀备用。

④牛奶、细砂糖、盐一起煮至滚沸。

⑤将拌匀的蛋黄分次加入拌匀，再用小火煮至光亮凝胶状后离火。

⑥趁热加入无盐黄油、香草精，快速搅拌均匀。

⑦倒入盘中，用保鲜膜浮贴在奶油馅上，晾凉。

⑧将冷却的奶油馅以裱花袋挤入烤熟烤香的派皮上，表面点缀上草莓、蓝莓即可。

风味特点：**色泽浅黄，口感酥软，具有水果的香味。**

7. 黑樱桃派（Black cherry pie）

原料配方：混酥面250克，樱桃150克，奶酪50克，鸡蛋100克，牛奶35克，奶油30克，低筋面粉20克，白砂糖35克，香草精2克。

制作工具或设备：派模，烤盘，烤箱，案板。

制作过程：

①将混酥面擀平约0.4厘米厚，放入派模中整形，松弛约15分钟；

②将黑樱桃从罐头中取出沥干备用。

③净奶油乳酪用木匙或打泡器打软，再加入细砂糖一起拌匀。

④将全蛋分次加入奶酪中拌匀后，再慢慢加入牛奶、鲜奶油和香草精拌匀。

⑤将低筋面粉过筛后加入拌匀材料拌匀。

⑥将黑樱桃排入派皮上，再慢慢淋上乳酪蛋糊至八分满。

⑦放入烤箱180~200℃烤焙约30分钟即可。

风味特点：**色泽金黄，口感松软。**

8. 榴莲派（Durian pie）

原料配方：榴莲肉1000克，混酥面350克，鸡蛋黄20克，香草精1克，黄油50克，白砂糖75克。

制作工具或设备：派模，烤盘，烤箱，案板。

制作过程：

①将混酥面250克放在案板上，擀成比排底大一些的薄片铺在排底。

②去掉边缘放入烤炉内烤熟。

③榴莲肉撕成小片，放入锅内。

④加入白糖和香草精炒熟，倒入排底里。

⑤将剩余的面擀成薄片，盖在排上面，压紧边，倒上蛋黄。

⑥ 用叉子划上花纹，入烤炉烤上色取出晾凉，切成块即可食用。

风味特点：**色泽金黄，口味浓郁。**

9. 柠檬派（Lemon pie）

原料配方：混酥面300克，鸡蛋黄40克，玉米面40克，奶油150克，白砂糖160克，盐1克，黄油10克，香草精1克，柠檬汁15克，柠檬皮25克，水300毫升。

制作工具或设备：派模，烤盘，烤箱，案板。

制作过程：

① 将混酥面擀开成0.4厘米厚，放入模内整形并用叉子插孔后，松弛约15分钟，放入烤箱以200~220℃，烤焙15~20分钟，取出放凉备用。

② 将水（300毫升）煮至滚开时，加入细砂糖、盐一起搅拌溶解。

③ 将玉米粉与水（80毫升）、蛋黄一起拌匀。

④ 加入糖水搅拌均匀，再以小火煮至光亮呈凝胶状时离火。

⑤ 稍晾凉后加入无盐黄油，快速搅拌均匀。

⑥ 再倒入柠檬汁、柠檬皮及香草精一起拌匀即为柠檬蛋糊。

⑦ 将还热的柠檬蛋糊倒入派皮中，以抹刀抹平整形，放入冰箱冷藏2小时以上备用。

⑧ 鲜奶油加细砂糖打发，铺在派皮表层。

⑨ 再用抹刀或汤匙背轻拍表层的奶油以形成一个一个的尖角，撒上柠檬皮屑装饰即可。

风味特点：**色泽金黄，口感细腻，具有清香的柠檬味。**

10. 香蕉奶油派（Banana pie）

原料配方：混酥面350克，香蕉400克，鸡蛋50克，鸡蛋黄40克，低筋面粉25克，玉米面15克，香草精2克，白砂糖100克，黄油75克，吉利丁3克，牛奶200克。

制作工具或设备：派模，烤盘，烤箱，案板。

制作过程：

① 将混酥面擀成约0.4厘米厚，放入派盘中再用叉子戳洞，静置松弛约10分钟。

② 放入烤箱以200~220℃烤焙15~20分钟，取出冷却备用。

③ 吉利丁片泡冰水软化备用。

④ 细砂糖（50克）加入牛奶煮至溶化，加入香草精拌匀，先离火备用。

⑤ 另取一锅，将全蛋、蛋黄、细砂糖（50克）一起打散。

⑥ 再加入过筛后的低筋面粉与玉米粉拌匀。

⑦ 先将少许的香精牛奶加入锅中拌匀。

⑧ 再将剩余的慢慢全部加入拌匀，放回火炉上小火煮至浓稠时熄火。

⑨ 将泡软的吉利丁片挤干水分加入锅内拌至溶化。

⑩ 再加入黄油拌至溶化，晾凉作馅。

⑪ 将煮好的馅用汤匙舀入烤好放凉的派皮中至八分满。

⑫ 将香蕉切片状整齐排上，放入冰箱冷藏4小时以上至凝固，即可取出食用。

风味特点：**色泽浅黄，细腻香甜。**

11. 巧克力派（Chocolate pie）

原料配方：混酥面350克，牛奶500克，低筋面粉325克，鸡蛋黄150克，奶油150克，可可粉50克，香草精1克，黄油80克，白砂糖150克。

制作工具或设备：派模，烤盘，烤箱，裱花袋，案板。

制作过程：

① 将混酥面擀成比派模子大一些的薄片，铺在派模子上，入烤炉烤熟。

② 将牛奶、面粉、蛋黄、可可粉和100克白糖放入锅内熬熟，倒入烤熟的派底里铺平。

③ 将奶油、香草精和50克白糖放在盆内，用打蛋器搅打，装入花嘴裱花袋里。

④ 在烤熟的派上挤上各种图案，切成块即可食用。

风味特点：**色泽洁白，细腻香甜，图案美观。**

12. 松子派（Pine nut pie）

原料配方：混酥面550克，松子仁250克，麦芽30克，鸡蛋黄100克，牛奶250克，鲜奶油200克，白砂糖380克，朗姆酒15克，香草精5克，糖粉25克，水250克。

制作工具或设备：派模，烤盘，烤箱，案板，冰箱。

制作过程：

① 将混酥面擀成0.4厘米厚，一一压入小型派模中，整形好松弛约15分钟。

② 放入烤箱200~220℃烘烤约10分钟备用。

③ 将水、糖（300克）、麦芽一起放入锅中煮至沸腾。

④ 加入松子不断的搅拌至再次沸腾后，再以小火煮约1分钟即熄火。

⑤ 取出松子沥干水分，再放入180~200℃的烤箱中烘烤至上色，即取出放凉即为蜜松子。

⑥ 先将蛋黄、细砂糖（80克）拌匀。

⑦ 再将牛奶、鲜奶油、香草精、朗姆酒依序加入拌匀即为填馅。

⑧ 将填馅倒入派皮中，再放入预热180~200℃的烤箱中烤约15分钟。

⑨ 待凉后放入冰箱冷藏至凝固时，表面摆满蜜松子点缀。

⑩ 再撒上些许防潮糖粉即可。

风味特点：**色泽和谐，外酥里糯。**

三、小干点心（cookies）

（一）小干点心概念

小干点心类是以黄油或白油、绵白糖、鸡蛋、富强粉为主料和一些其他辅料（如果料、香料、可可等）而制成的一类形状小、式样多、口味酥脆香甜的西点。其中饼干的制作见“第九章饼干制作工艺”。

（二）小干点心制作案例

1. 核桃仁混酥饼（Walnut shortbread）

原料配方：混酥面250克，核桃仁50克，糖酱50克，鸡蛋1个，黄油35克。

制作工具或设备：搅拌机，面筛，派模，烤盘，烤箱，案板。

制作过程：

① 将核桃仁切碎，鸡蛋打散。

② 将混酥面擀成2毫米厚大片，用模子切成圆片，刷一层蛋糊，蘸上核桃仁，挤上糖酱。

③ 码入烤盘，入炉烤熟。

风味特点：**色泽金黄，口感酥脆。**

2. 花边酥（Lace cakes）

原料配方：混酥面250克，果酱50克，鸡蛋1个。

制作工具或设备：搅拌机，面筛，派模，烤盘，烤箱，案板。

制作过程：

① 混酥面擀成大片，用带花边模子切成小片。

② 将小圆片码在烤盘里，鸡蛋打散，刷上，入烤炉烤熟，晾凉。

③ 将果酱抹在小饼上，上面再压一块，即可。

风味特点：**色泽金黄，口感酥脆。**

3. 黄油、果酱小点心（Butter & jam cake）

原料配方：富强粉520克，黄油250克，糖250克，鸡蛋230克，水130克，香草0.5克，果酱150克。

制作工具或设备：搅拌机，面筛，派模，烤盘，烤箱，案板。

制作过程：

① 将糖和油放在搅拌机里打起，然后把鸡蛋陆续放入打泡后，加上水。

② 慢慢加入面粉调和均匀。

③ 用裱花布袋装上花嘴子，挤梅花等形状。果酱小点心顶上中心挤上果酱点缀。

④ 用炉温240℃左右烘烤。

风味特点：**色泽金黄，口感酥脆。**

4. 黑白脸酥点（Black and white face cake）

原料配方：绵白糖500克，黄油500克，鸡蛋500克，高筋面粉750克，巧克力糖200克，果酱300克。

制作工具或设备：搅拌机，面筛，派模，烤盘，烤箱，案板。

制作过程：

① 先将糖和油倒入搅拌机里进行搅拌，然后陆续放入鸡蛋，打泡后，加面拌匀。

② 用裱花布袋装上花嘴子挤成圆片状。

③ 用250℃左右炉温烘烤。

④ 把经冷却以后的成品一片底部抹上一层果酱，再将另一片黏合。

⑤ 将巧克力糖溶化后，把黏合的成品半部蘸巧克力糖。

风味特点：**面上一半糖光亮，一半呈浅可可色，松酥适口。**

5. 松子巧克力脆心（Pine nut & chocolate cake）

原料配方：黄油220克，绵白糖140克，蛋黄3个，朗姆酒25克，奶粉20克，面粉200克，可可粉40克，泡打粉2克，松子仁50克。

制作工具或设备：搅拌机，面筛，派模，烤盘，烤箱，案板。

制作过程：

① 松子用文火炒香。

② 黄油放烤箱70℃稍融化，然后混合绵白糖一起打至发白。

③ 加入奶粉打匀；再加入朗姆酒及蛋黄打至均匀。

④ 将面粉、可可粉、泡打粉过筛与黄油等混合拌匀。

⑤ 将拌好的面团放进保鲜袋中擀平，放冰箱冷冻1小时。

⑥ 待面团完全冻硬后取出，用最小号的心形模压出饼坯，扫一层全蛋液。

⑦ 三分钟后，放上松子仁，然后再扫一层全蛋液，放入烘炉中即可。

风味特点：**色泽金黄，清香酥松。**

6. 瑞典果仁球（Swedish nut balls）

原料配方：黄油100克，普通面粉150克，糖粉25克，杏仁碎60克。

制作工具或设备：搅拌机，面筛，派模，烤盘，烘焙纸，烤箱，案板。

制作过程：

① 黄油室温软化，加糖粉一起用打蛋器或搅拌机打至软滑，加入面粉与杏仁碎搅拌均匀，搓成10克大小的丸状，放在铺有烘焙纸的烤盘当中。

② 烤箱预热170℃,10分钟，将做好的饼放入其中，烤15~20分钟，微微上色，即可取出，凉后，可撒上糖粉进食。

风味特点：**色泽金黄，又香又酥。**

7. 椰味水晶酥（Crystal coconut pastries）

原料配方：面粉200克，鸡蛋75克，白糖50克，黄油50克，椰蓉25克，果脯15克，芝麻仁10克。

制作工具或设备：搅拌机，面筛，烤模，烤盘，案板。

制作过程：

① 先将黄油、白糖、鸡蛋加面粉调制成面团，揉匀揉光。

② 然后将白糖、油果脯、芝麻仁等原料拌成馅心。

③ 将面团擀开，用模具压出面皮。

④ 用皮入馅心，放入盏模，以180℃，烤制15分钟即可。

风味特点：**色泽金黄，香、甜、酥可口。**

8. 瓜子酥（Sunflower seed pastries）

原料配方：黄油50克，低筋面粉 50克，糖粉50克，全蛋1个，生葵瓜子仁 50克，盐1克。

制作工具或设备：搅拌机，面筛，烤模，烤盘，案板。

制作过程：

① 生葵瓜子仁放入烤盘中以180℃，烤制3分钟成熟。

② 全蛋打散后，加入糖粉搅拌均匀，分两次加入黄油搅拌均匀。

③ 分两次加入低筋面粉、盐搅拌均匀。

④ 加入熟的葵瓜子仁，继续拌匀。

⑤ 将搅拌好的面糊装入烤模中八分满。

⑥ 烤箱180℃，烤制15分钟即可。

风味特点：**色泽金黄，酥松香甜。**

第四节 混酥制品的质量鉴定

一、混酥制品的质量鉴定标准

1. 色泽

表面呈金黄色、内部呈浅黄色，色泽均匀一致，无斑点。

2. 形态

形状整齐，厚薄，大小一致，花纹清楚不摊，不凹底，不沾边。

3. 内部组织

组织酥松均匀，无大气孔，无面粉、糖、蛋等疙瘩，无生心，无杂质。

4. 口味

酥香可口，甜度适中，无异味，松酥不良。

5. 规格

根据顾客的需要而定。

6. 卫生

内外无油泥，无杂质，底无煳渣。符合《中华人民共和国食品安全法》的要求。

二、 混酥制品的质量分析与改进措施

1. 混酥制品外表部分

（1）案例　表面颜色太深

原因分析：

① 配方内糖的用量过多或水分用量太少。

② 烤炉温度过高，尤其是上火太强。

改进措施：

① 检查配方中糖的用量与总水平是否适当。

② 降低烤炉上火温度。

（2）案例　表面有斑点

原因分析：

① 面团调制不均匀。

② 面团内水分不足。

③ 糖的颗粒太粗，未能及时溶解。

改进措施：

① 原料要调制均匀，无硬心，无疙瘩。

② 注意制品的配方平衡。

2. 混酥制品内部部分

（1）案例　组织粗糙、质地不均匀

原因分析：

① 面团调制不均匀。

② 配方内糖、油等用量太多。

③ 水分用量不足，面糊太干。

④ 烤炉温度太低，导致烤制时间延长。

⑤ 糖的颗粒太粗，未能及时溶解。

改进措施：

① 注意面团配方。

② 面团要调制均匀。

③ 做混酥时应尽量使用绵白糖、颗粒宜细。

（2）案例　韧性太强组织过于紧密

原因分析：

① 配方中油脂使用太少。

② 面粉面筋筋性过强。

③ 面团调制过久或速度太快，使面粉出筋。

④ 烤炉温度太高，水分挥发太快。

改进措施：

① 注意混酥制品配方，并选用适当原料。

② 注意面团调制程序和方法。

③ 合理确定制品的烘烤温度。

3. 混酥制品整体部分

（1）案例　味道不正

原因分析：

① 原料选用不当或不够新鲜。

② 原料配方不平衡。

③ 烤盘不清洁，烤箱有味道。

④ 存放混酥制品的架子、案板等不清洁。

改进措施：

① 注意选用新鲜原料。

② 改善混酥制品的配方。

③ 应及时注意烤箱、烤盘及成品架、案板等用具或设备的清洁。

（2）案例　煳底煳边

原因分析：

① 配方中糖的用量过大。

② 配方中油脂的用量过大。

③ 烘烤的温度过高。

改进措施：

① 改善混酥配方内的糖和油的用量。

② 调节烤箱的烤制温度。

思考题

1. 混酥的概念是什么？
2. 简述混酥的制作原理。
3. 混酥点心的一般制作要求有哪些？
4. 简述挞的概念、种类、特点和制作工艺。
5. 简述派的概念、种类、特点和制作工艺。
6. 混酥制品的质量鉴定标准有哪些？

CHAPTER 9

第九章 饼干制作工艺

第一节 饼干概述

一、饼干的概念

传说以前一艘载满货物的英国船，要到外地做生意，却在半途遇上了暴风雨，船员们纷纷逃生到一座无人的小岛上，暴风雨过后，众人回到船上，却发现原本要贩卖的奶油、面粉、糖都被海水和风雨淋湿了，还混合成一团，没有其他食物可吃，船员们只好将这些混成团的东西带回无人的小岛上，搓成一小团一小团的用火烘烤，没想到发现烤出来的东西居然很好吃，回到国内后，逐渐传了开来，饼干就这样诞生了。

因此，饼干是由面粉，配合其他辅料如淀粉、糖、油脂、乳制品、鸡蛋、香料、色素、膨松剂等，经和面机充分捏和调制成面团，再经滚轧机轧成面片，成形机模压成一定形状，最后经烤炉烘烤而成的饼状食品。

饼干这一名称在国外有种种叫法。例如：法国、英国、德国等称为Biscuit，美国称为Cookie，日本将辅料少的饼干称为Biscuit，把奶油、糖、蛋等辅料多的饼干称为Cookie。饼干的其他称呼还有Cracker、Puff Pastry（千层酥）、Pie（派）等。

二、饼干的种类

饼干的品种很多，而且新的花式品种不断出现，如果将各种饼干准确分类比较困难。饼干按照口味差异，有甜、咸和椒盐之分；按照配方不同，有奶油、蛋黄、维生素、蔬菜等不同风味；根据食用对象来分，可分为婴儿、儿童、老人等饼干种类；根据形状来分，更是五花八门。但一般情况下，根据行业标准中的分类规范，按加工工艺的不同把饼干分为了12类，具体分类情况如下：

1. 酥性饼干

酥性饼干是以小麦粉、糖、油脂为主要原料，加入膨松剂和其他辅料，经冷粉工艺调粉、辊压或不辊压、成形、烘烤制成的表面花纹多为凸花、断面结构呈多孔状组织、口感酥脆。松或松脆的饼干。主要品种有：奶油饼干、葱香饼干、芝麻饼干、蛋酥饼干、蜂蜜饼干、早茶饼干等。

2. 韧性饼干

韧性饼干是以小麦粉、糖（或无糖）、油脂为主要原料，加入膨松剂、改良剂及其他辅料，经热粉工艺调粉、辊压、成形、烘烤制成的表面花纹多为凹花、外观光滑、表面平整、一般有针眼、断面结构有层次、口感松脆的饼干。韧性饼干又可细划为四种：普通韧性饼干、冲泡韧性饼干、超薄韧性饼干、可可韧性饼干。主要品种有：牛奶饼干、香草饼干、蛋味饼干、动物饼干、玩具饼干等。

3. 发酵饼干

发酵饼干是以小麦粉、糖、油脂为主要原料，酵母为膨松剂，加入各种辅料，经调粉、发酵、辊压、叠层、成形、烘烤制成的酥松或松脆、具有发酵制品特有香味的饼干。发酵饼干也可细分为三种：甜发酵饼干、咸发酵饼干、超薄发酵饼干。主要品种有：甜苏打饼干、手指饼干、什锦饼干、咸奶苏打饼干、芝麻苏打饼干、蛋黄苏打饼干、葱油苏打饼干等。

4. 压缩饼干

压缩饼干是以小麦粉、糖、油脂、乳制品为主要原料，加入其他辅料，经冷粉工艺调粉、辊印、烘烤、冷却、粉碎、外拌，可夹入其他干果、肉松等辅料，再压缩而成的饼干。主要品种有：牛奶压缩饼干、肉松压缩饼干等。

5. 曲奇饼干

曲奇饼干是以小麦粉、糖、乳制品为主要原料，加入膨松剂及其他辅料，经和面，采用挤注或挤条、钢丝切割或辊印方法中的一种形式成形、烘烤制成的具有立体花纹或表面有规则波纹的饼干。曲奇饼干可分为普通曲奇饼干、花色曲奇饼干和可可曲奇饼干。主要品种有：拉花饼干、雷司饼干、福来饼干等。

6. 夹心饼干

夹心饼干是在饼干单片之间夹入以糖、油脂或果酱等夹心料的饼干。因夹心馅料不同和香味、口味不同，夹心饼干又分为奶油夹心饼干、可可夹心饼干、花生夹心饼干、芝麻夹心饼干、海鲜夹心饼干、水果味夹心饼干等系列品种。

7. 威化饼干

威化饼干是以小麦粉（或糯米粉）、淀粉为主要原料，加入乳化剂、膨松剂等辅料，经调浆、浇注、烘烤而制成的多孔状片子，在片子之间夹入糖、油脂等夹心料的两层或多层的饼干。

威化饼干又称为华夫饼干，可分为普通威化饼干和可可威化饼干。主要品种有：奶油威化饼干、可可威化饼干、橘子威化饼干、柠檬威化饼干、草莓威化饼干、杨梅威化饼干、香蕉威化饼干、香草威化饼干等。

8. 蛋圆饼干

蛋圆饼干是以小麦粉、糖、鸡蛋为主要原料，加入膨松剂、香料等辅料，经搅打、调浆、浇注、烘烤制成的饼干，俗称蛋基饼干。主要品种有：杏元饼干、花生泡克饼干、芝麻泡克饼干、雪花泡克饼干、椰蓉泡克饼干等。

9. 蛋卷及煎饼

蛋卷是以小麦粉、糖、油（或无油）、鸡蛋为主要原料，加入膨松剂、改良剂、香精等辅料，经调浆（发酵或不发酵）、浇注或挂浆、烘烤、卷制而成的松脆食品。

煎饼是以小麦粉、糖、油（或无油）、鸡蛋为主要原料，加入膨松剂、改良剂、香精等辅料，经调浆（发酵或不发酵）、浇注或挂浆、煎烤而成的松脆食品。主要品种有：奶油鸡蛋卷、双色鸡蛋卷、番茄沙司鸡蛋卷、椰丝鸡蛋卷等。

10. 装饰饼干

装饰饼干又分为涂饰饼干和粘花饼干。涂饰饼干是在饼干表面经涂布巧克力酱、果酱等装饰料而制成的表面有涂层、线条或图案的饼干。

粘花饼干是以小麦粉、糖、油脂为主要原料，加入膨松剂、香料等辅料，经调粉、辊压、成形、烘烤、冷却、表面裱粘糖花、干燥制成的饼干。

11. 水泡饼干

水泡饼干是以小麦粉、糖、鸡蛋为主要原料，加入膨松剂，经调粉、多次辊压、成形、沸水烫漂、冷水浸泡、烘烤制成的具有浓郁蛋香味的疏松、轻质的饼干。

12. 其他类饼干

除以上11类之外的饼干，均属其他类。

三、饼干的特点

饼干口感酥松，水分含量少，体积轻，块形完整，易于保藏，便于包装和携带，食用方便。

第二节 饼干的制作

一、常见饼干的制作原理

（一）韧性饼干的制作原理

韧性饼干的面团是在蛋白质充分水化的条件下调制的面团。韧性面团配料中的油、糖含量低，因此，面粉中面筋容易吸水胀润，形成大量的面筋。为了防止收缩变形，在面团调制时可加入定量的热水，提高面团温度，促使面筋充分胀润，同时继续搅拌，面团在和面机长时间的机械拉伸作用下，使面筋逐渐地趋于松弛状态。所以韧性面团的调制时间要长，以保证蛋白质充分胀润形成面筋后再经机械拉伸而失去筋力的时间，这样才能使调制的面团获得所要求的工艺性能。

（二）酥性饼干的制作原理

酥性饼干的酥性面团是在蛋白质部分水化条件下调制的面团。酥性面团配料中油、糖含量高于韧性面团，酥性面团的水分含量低，温度低，搅拌的时间短，有些条件都能抑制面筋的形成，从而调制成为有一定结合力，可塑性强的酥性面团。调剂酥性面团要求严格控制加水量和面团温度、搅拌时间等。反之，水量稍多于配料比，温度高于控制要求，搅拌时间稍长等都能破坏酥性的结构。

（三）发酵饼干的制作原理

发酵饼干是利用酵母菌在生长繁殖过程中产生二氧化碳气体，二氧化碳气体又依靠面团中面筋的保气能力而保存于面团中。二氧化碳在烘烤时受热膨胀，加上油酥的起酥效果，形成发酵饼干特别疏松的内部组织和断面具有清晰的层次结构。为了实现以上目标，这就要求调制后的发酵面团的面筋既要充分形成，具有良好的保气性能，还要有较好的延伸性、可塑性，适度的结合力及柔软、光滑的性质。

二、常见饼干的制作方法

（一）韧性饼干的制作过程

韧性饼干的制作过程包括原料混合、调制面团、滚轧整形、烘烤、冷却、包装。

1. 原料混合

一般先将油、糖、乳、蛋等辅料加热水或热糖浆在和面机中搅均，再加面粉进行面团的调制。如使用改良剂，则应在面团初步形成时（调制10分钟后）加入。然后在调制过程中分别先后加入膨松剂与香精，继续调制。前后40分钟以上，即可调制成韧性面团。

搅拌时韧性面团的温度，冬季室温25℃左右，可控制在32~35℃；夏季室温30~35℃时，可控制在35~38℃。

2. 调制面团

面团捏和至适当程度（面团的软硬因饼干种类不同而异，但大体上以人的耳垂的软硬度为适度）。韧性面团调制成熟后，必须静置10分钟以上，以保持面团性能稳定，方能进行滚轧整形操作。

3. 滚轧整形

韧性饼干面团在滚轧以前，面团需要静置一段时间，目的是消除面团在搅拌期间因拉伸所形成的内部张力，降低面团的黏度与弹性，达到提高制品质量与面片工艺性能，静置时间的长短，与面团温度有密切关系，面团温度高，须要静置时间短，温度低时，静置时间长。当面团温度达到40℃，大致要静置10~20分钟。韧性面团滚轧次数，一般需要9~13次，滚轧时多次折叠并旋转90°角，通过滚轧工序以后，面团被压制成一定厚薄的面片。在滚轧过程中假定不进行折叠与90°角的旋转，则面片的纵向张力超过横向张力，成形后的饼干坯会发生纵向收缩变形。因此，当面片经数次滚轧，可将面片转90°角，进行横向滚轧，使纵横两向的张力尽可能的趋于一致，以便使成形后的饼干坯能维持不收缩、不变形的状态。

经滚轧工序轧成的面片，经各种型号的成形机制成各种形状的饼干坯，如鸡形、鱼形、兔形、马形和各种花纹图案。

4. 烘烤

烤盘中应预先涂上生油，使盘内饼干不致互相粘结。烤前在表面喷以水雾，则制品表面可得较好的光泽，但喷水不宜过多，如不用水而代以牛奶、蛋黄、糖色液，则效果更佳。

小工厂多用固定式烤炉，大工厂多用连续式带式烤炉，饼干坯通过约为15米长的行程进行烘烤，自一端进，从另一端出，即为成品。大型烤炉可长达60米以上。也有把饼干坯直接放在钢带上进行烘烤，或将面坯排列于铁盘上连续烘烤。炉内温度前部为180~200℃，中央部分为220~250℃，后部为120~150℃，烘烤时间约为15分钟。烘烤时，通常在烘炉入口出喷以蒸汽，然后入炉由辐射加热。热量逐渐传至饼干内部，由于饼干内部温度升高而发生气体逸出，以致内部膨胀而使制品质地疏松，烘至最后全部淀粉都糊化，渐至干燥并产生均匀的棕色反应。

5. 冷却

烘烤完毕的饼干，出炉温度一般在100℃以上，质地较软，须经冷却后再行包装。在冷却过程中，随着饼干内部的温度不断下降，饼干内水分也继续蒸发。最初冷却时温差不宜过大，以免骤冷产生破裂。冷却适宜的温度为30~40℃，室内相对湿度为70%~80%。

6. 包装

冷却后的饼干须进行妥善包装，防止运输过程中发生破碎、吸湿、发霉、酸败、"走油"等，常用蜡纸、塑料袋或马口铁皮罐头等严密包装。

（二）酥性饼干的制作过程

酥性饼干的制作过程包括原料混合、调制面团、滚轧整形、烘烤、冷却、包装。

1. 原料混合

先将糖、油、乳品、蛋品、膨松剂等辅料与适量的水倒入和面机内均匀搅拌形成乳浊液，然后将面粉、淀粉倒入和面机内，调制6~12分钟。香精要在调制成乳浊液的后期再加入，或在投入面粉时加入，以便控制香味过量的挥发。

2. 调制面团

夏季因气温较高，搅拌时间缩短2~3分钟。

面团温度要控制在22~28℃。油脂含量高的面团，温度控制在22~25℃。夏季气温高，可以用冰水调制面团，以降低面团温度。

如面粉中湿面筋含量高于40%时，可将油脂与面粉调成油酥式面团，然后再加入其他辅料，或者在配方中抽掉部分面粉，换入同量的淀粉。

3. 滚轧整形

酥性面团可采用辊印成形、挤压成形、挤条成形及钢丝切割成形等多种机械生产，但一般不大使用冲印成形的方法。

酥性饼干面团滚轧的目的是要得到平整的面片，但长时间滚轧，会形成面片的韧缩。由于酥性面团中油、糖含量多，轧成的面片质地较软，易于断裂，所以不应多次滚轧，更不要进行90° 转向，一般以3~7次单向往复滚轧即可，也有采用单向一次滚轧的。酥性面团在滚轧前不必长时间的静置，酥性面团轧好的面片厚度约为2厘米，较韧性面团的面片为厚，这是由于酥性面团易于断裂，另外酥性面团比较软，通过成形机的轧辊后即能达到成形要求的厚度。

4. 烘烤

入烘炉后，在高温作用下，饼干内部所含的水分蒸发，淀粉受热后糊化，膨松剂分解而使饼干体积增大。面筋蛋白质受热变质而凝固，最后形成多孔性酥松的饼干成品。

酥性饼干炉温为240~260℃，烘烤3.5~5分钟，成品含水率为2%~4%。

5. 冷却

酥性饼干糖，油含量高，高温情况下即使水分很低也很软。刚出炉时，表面温度可达180℃左右，所以特别要防止弯曲变形。烘烤完毕时饼干水分尚有8%，在冷却过程中随着温度逐渐下降，水分继续挥发，在接近室温时，水分达到最低值，稳定一段时间后，又逐渐吸收空间的水分。当室温25℃，相对湿度85%时，从出炉到水分达到最低值的冷却时间大约6分钟，水分相对稳定时间为6~10分钟，因此饼干的包装，最好选择在稳定阶段进行。

6. 包装

冷却后的饼干须进行妥善包装，防止运输过程中发生破碎、吸湿、发霉、酸败、“走油”等，常用蜡纸、塑料袋或马口铁皮罐头等严密包装。

（三）发酵饼干的制作过程

发酵饼干的制作过程包括面团调制和发酵、滚轧整形、烘烤、冷却、包装。

1. 面团调制和发酵

第一次调粉首先用温水溶化鲜酵母或用温水活化干酵母，然后加入到过筛后的面粉中，最后加入用以调节面团温度的温水，在卧式调粉机中调制4~6分钟。冬天使面团的温度达到28~32℃，夏天25~ 28℃。调粉完毕的面团送入发酵室进行第一次发酵。第一次调粉时使用的面粉，应尽量选择高筋粉。

第二次调粉是在第一次发酵好的面团（也称作酵头）中加入其余的面粉和油脂、精盐、糖、鸡蛋、乳粉等除疏松剂以外的原辅料，在调粉机中调制5~7分钟，搅拌开始后，慢慢撒入小苏打使面团的pH达中性或略呈碱性。小苏打也可在搅拌一段时间后加入，这样有助于面团光滑。第二次调粉时使用的面粉，应尽量选择低筋粉，这样有利于产品口味酥松，形态完美。调粉结束冬天面团温度应保持在30~33℃，夏天28~30℃。

第二次发酵又称为延续发酵，要求面团在温度29℃，相对湿度75%的发酵室中发酵3~4小时。

2. 滚轧整形

第二次调粉是决定产品质量的关键，要求面团柔软，便于辊轧操作。发酵饼干的面团弹性较大，成形后的花纹保持能力差，一般只使用带有针孔的模具即可。

3. 烘烤

当炉内饼坯温度升高到40~50℃时，碳酸氢铵和碳酸铵开始分解，饼坯温度升到60~70℃时，碳酸氢钠也开始分解。淀粉的糊化当饼坯温度达到55~80℃时，饼坯表面淀粉发生糊化，使饼坯表面产生光泽。同时，在烘烤中蛋白质失去其胶体特性而凝固，它对饼干的定形具有重要意义。

在饼干烘烤的最后阶段，当饼坯温度在150℃，含水量在13%左右、pH为6.3时，非常适宜美拉德反应的进行，使饼干表面形成棕黄色。

4. 冷却

发酵饼干烘烤完毕必须冷却至38~40℃才能包装。其他要求与前述韧性饼干相同。

5. 包装

冷却后的饼干须进行妥善包装，防止运输过程中发生破碎、吸湿、发霉、酸败、“走油”等，常用蜡纸、塑料袋或马口铁皮罐头等严密包装。

第三节 常见饼干制作案例

1. 香浓燕麦饼干（oatmeal biscuits）

原料配方：低筋面粉100克，高乐高100克，燕麦100克，牛奶65毫升，苏打粉1克，黄油65克。

制作工具或设备：面筛，烤盘，烤箱，案板。

制作过程：

① 低筋面粉和高乐高、苏打粉装在一个保鲜袋里，混合均匀。

② 黄油提前放室温软化，用电动打蛋器中低速搅打3分钟左右。

③ 将燕麦和混合好的低筋面粉、高乐高、苏打粉加入到打发好的黄油中，用勺子略为拌匀。

④ 将牛奶加入，用手抓捏成饼干糊。

⑤ 取适量饼干糊，用手搓成小圆球，排在烤盘上。

⑥ 食指和中指并拢，蘸少许牛奶或者清水，把小圆球压成0.3~0.5厘米厚的圆饼。

⑦ 烤箱预热至180℃，烤制20分钟即可。

风味特点：**色泽浅褐，酥脆香甜。**

2. 玫瑰花饼干（Rose biscuits）

原料配方：砂糖100克，无盐黄油220克，鸡蛋2个，盐1克，低筋面粉400克，泡打粉3克，玫瑰花碎末25克，热水50克。

制作工具或设备：面筛，烤盘，烤箱，案板。

制作过程：

① 玫瑰花打成碎末状，取出浸热水备用；同时，将无盐黄油室温软化；挤花袋装好备用。

② 无盐黄油加糖盐搅打，然后依次加入鸡蛋继续打。

③ 拌入玫瑰花水。

④ 筛入低筋面粉和泡打粉，拌匀即可。

⑤ 装入挤花袋中，在烤盘上挤出图形。

⑥ 入预热烤箱下层，180℃20分钟左右成金黄色即可。

风味特点：**玫瑰花香，口感酥脆。**

3. 牛奶饼干（Milk biscuits）（图9-1）

原料配方：黄油500克，糖500克，牛奶375克，面粉750克，玉米粉250克。

制作工具或设备：面筛，裱花袋，烤盘，烤箱，案板。

制作过程：

① 黄油与糖打起，逐渐加入牛奶，继续搅打均匀。

② 面粉，玉米粉过筛后，加入① 中调匀。

③ 将② 装入裱花袋中，用花嘴挤成大小适中的形状于烤盘上。

④ 将烤盘入180℃烤箱，约10分钟即为成品。

风味特点：**色泽乳白，奶味浓厚，质感香酥。**

4. 家常饼干（Homely biscuits）

原料配方：黄油80克，糖60克，鸡蛋1个，低筋面粉180克，奶粉40克，发酵粉2克，柠檬汁3克。

制作工具或设备：面筛，烤盘，烤箱，案板。

制作过程：

① 将黄油加糖用打蛋器略微打发，鸡蛋打散分3~4次加入，搅拌均匀。

②将面粉、奶粉、发酵粉过筛加入，和成面团。

③放在烤盘里，分成多个小团，压点花纹（用叉子压花，或者用粗网的筛子压花）。

④烤箱175℃，烤20分钟，喜欢颜色深的略微增加2~3分钟。

风味特点：**色泽金黄，酥香宜人。**

5. 香草饼干（Vanilla biscuits）

原料配方：黄油120克，细糖粉60克，鸡蛋2个，低筋面粉150克，迷迭香1克，薰衣草1克。

制作工具或设备：面筛，烤盘，烤箱，案板。

制作过程：

①将黄油化软和糖粉放入盆中用打蛋器搅打均匀。

②加入鸡蛋搅拌均匀成糊状。

③加进过筛的面粉和成面团。

④加入切碎的香草材料拌匀。

⑤将面团擀平，再用模型压出或刻画出动物造型。

⑥放入烤箱（190℃），烤约10分钟，即可。

风味特点：**色泽金黄，香味浓郁，酥脆爽口。**

6. 动物饼干（Animal-shaped biscuits）

原料配方：黄油180克，糖粉140克，鸡蛋2个，低筋面粉300克，奶粉40克，泡打粉3克。

制作工具或设备：面筛，烤盘，烤箱，案板。

制作过程：

①黄油室温软化，加入糖粉用刮刀拌一下，以免用打蛋器打发时糖外溅，用打蛋器搅打松发。

②分次加入蛋液，搅打均匀。

③加入奶粉，泡打粉和过筛的低筋面粉，用刮刀切拌均匀，冷藏松弛30分钟。

④把面团擀成5毫米厚的片，用维尼熊饼干模造型，排入烤盘。

⑤剩余的面团就直接分成10克左右的小团，滚圆，排入烤盘，用手稍压一下。

⑥烤箱170℃预热，烤10分钟，饼干上色后，关掉烤箱用余温焖5分钟左右。

风味特点：**色泽金黄，造型美观，酥脆可人。**

7. 葱香饼干（Chive biscuits）

原料配方：低筋面粉150克，脱脂牛奶90毫升，干酵母3克，葱姜蒜粉3克，盐3克，苏打粉1克，香葱碎5克，无盐黄油30克。

制作工具或设备：面筛，烤盘，烤箱，案板。

制作过程：

①将脱脂牛奶放入小汤锅中煮至微热，随后加入干酵母混合均匀。把香葱叶洗净，剁成碎末，用厨房纸巾吸干水分待用。

②在低筋面粉中加入盐、苏打粉、干香葱碎和葱姜蒜粉混合均匀，接着将混合好的酵母牛奶慢慢地加入其中并不断搅拌，和成一个完整的面团。

③将黄油加入面团中不断地揉搓，直至面团变得光洁而细腻。

④ 将和好的面团放在案板上，用擀面杖擀成薄厚均匀的面片（约0.5厘米厚），用饼干模具将面片刻成各种形状。

⑤ 把多余的面片边角取下，再次揉搓并重复步骤④，直至将所有面团都制成饼干坯。再用叉子在饼干坯的表面叉出小孔。

⑥ 最后将饼干坯整齐地放入烤盘中，互相之间要留有少许间隔，再放入预热至190℃的烤箱中部，烤制10分钟即可。

风味特点：**色泽金黄，口感爽脆，葱香浓郁。**

8. 芝麻饼干（Sesame biscuits）

原料配方：黄油150克，细砂糖100克，鸡蛋50克，奶粉40克，低筋面粉300克，泡打粉1克，黑芝麻50克，白芝麻30克。

制作工具或设备：面筛，烤盘，烤箱，案板。

制作过程：

① 黄油室温软化，加入砂糖搅打松发。

② 分次加入蛋液打匀。

③ 加入奶粉，过筛的低筋面粉和泡打粉用手抓均成团，再加入芝麻抓匀。

④ 面团分成15克的小团，搓圆压扁，排入烤盘。

⑤ 烤箱160℃预热，上层烤20~22分钟到表面略上色，即可。

风味特点：**色泽微黄，芝麻味香，口感酥脆。**

9. 蜂蜜饼干（Honey biscuits）（图9-2）

原料配方：低筋面粉200克，黄油25克，牛奶35克，蜂蜜35克，发酵粉3克。

制作工具或设备：面筛，烤盘，烤箱，案板。

制作过程：

① 将低筋面粉放入盆内，加入发酵粉混合均匀。

② 把溶化的黄油放入蜂蜜中搅开，加入牛奶，倒入面粉和成面团。

③ 将面团擀成0.5厘米厚的片，切成正方形，用叉子扎成孔，刷上牛奶，放入烤盘内。

④ 放在180℃炉温下，烤15分钟，呈焦黄色即成。

风味特点：**口味微甜，焦黄酥脆。**

10. 黄油饼干（Butter biscuits）（图9-3）

原料配方：低筋面粉200克，盐3克，黄油120克，细砂糖40克，糖粉50克，鸡蛋1个。香草粉10克。

制作工具或设备：面筛，烤盘，烤箱，案板。

制作过程：

① 低筋面粉、盐、香草粉过筛，放入盆中拌匀。

② 鸡蛋打成蛋液，将糖和糖粉过筛放入蛋液中拌匀，直至糖完全融入蛋中。

③ 黄油放入微波炉烤10秒后，用手搓碎黄油，和面粉混合一起揉搓均匀。

④ 把蛋糖混合液倒入面粉和黄油的混合物中。

⑤ 动作要轻但要速度很快揉成一个面团。

⑥ 把面团擀成2~3厘米的面片，用模具刻出形状。

⑦ 烤盘刷上油，把做好造型的饼干放上面，烤箱预热至180℃，中层上下火烤15分钟。

风味特点：**色泽金黄，酥脆爽口。**

11. 杏仁饼干（Almond biscuits）

原料配方：黄油120克，白糖50克，鸡蛋1个；低筋面粉220克，泡打粉3克，小苏打2克，大杏仁50个。

制作工具或设备：面筛，烤盘，烤箱，案板。

制作过程：

① 低筋面粉、小苏打和泡打粉混合过筛备用。

② 烤箱预热至180℃。

③ 黄油和白糖放入盆里，用打蛋器打成奶油状，再加入打散的鸡蛋拌匀。

④ 将①放入③，搓成不粘手的面团。如果觉得面团粘手，可再补一些面粉。

⑤ 把④分成若干份，分别揉成小圆球，间隔2厘米摆在烤盘上，按扁，表面刷蛋液，装饰杏仁。

⑥ 放入预热好的烤箱烤20分钟至饼干底变成浅棕色即可。

风味特点：**色泽浅棕，造型美观，营养丰富。**

12. 指型饼干（Finger biscuits）

原料配方：鸡蛋4个，细砂糖200克，低筋面粉280克，香草粉10克，糖粉50克。

制作工具或设备：面筛，烤盘，烤箱，案板。

制作过程：

① 将低筋面粉、香草粉过筛；然后将鸡蛋打开，分开蛋黄和蛋清，备用。

② 先在蛋黄中加入三分之一分量的细白糖，注意蛋黄不可与空气接触太久会有结皮现象，而糖加入后也不可放置太久会让糖包住蛋黄，所以当蛋黄与糖加入后要马上打发，打发到颜色为乳白色。

③ 接着打蛋白，而之前打蛋黄的搅拌机要洗干净擦干，先用搅拌机以中速把蛋白打发，大约呈现泡泡状，再把剩余的糖先加入一半分量，再开始打发约打到泡泡光亮细致，之后再加入另一半分量的糖再打发，约打发到湿性发泡略干性发泡即可。

④ 把之前打发的蛋黄、过筛后的面粉一起加入打发过的蛋白中，使用圆桶刮板用按压方式翻动，翻动到看不到面粉即可。

⑤ 面糊完成之后准备平口的挤花袋，用手把挤花袋翻开，大约用手的虎口形状撑开挤花袋，再把面糊装入袋中，装的分量依个人力气决定，面粉装袋后中间不能有空气在内，所以挤花袋两边以平压方式下压，卷起袋子用手指绕圈后握住。

⑥ 准备烤盘在盘中铺上烘焙纸，开始把面糊挤出至盘中呈手指形状。注意每一个面糊的大小与距离要大约相同，送入烤箱前先在面粉上均匀撒上一些糖粉，不然烤完后孔洞会比较大。

⑦ 烤箱温度约180℃时间约为10分钟，即可。

风味特点：**色泽金黄，口感酥松。**

13. 蛋卷饼干（Egg roll biscuits）

原料配方：低筋面粉30克，黄油50克，鸡蛋50克，糖粉30克，可可粉10克。

制作工具或设备：面筛，烤盘，烤箱，案板。

制作过程：

① 黄油加糖粉隔水溶化。

② 放凉后加入鸡蛋以不规则方向拌匀。

③ 然后筛入低筋面粉以不规则方向拌匀。

④ 取25克面糊，拌入可可粉。

⑤ 将③ 中的面糊摊在烤盘上，每个摊成5厘米左右的圆片。

⑥ 把拌了可可粉的面糊装入裱花袋，将面糊挤在圆片。

⑦ 烤箱预热180℃，烤5分钟，呈金黄色，边上微微上色就可取出。

⑧ 用两根筷子，一根放在蛋饼上，另一个代替手快速地推蛋饼，绕着筷子卷成卷。

风味特点：**色泽金黄，形状美观。**

14. 香草曲奇（Vanilla cookies）

原料配方：黄油200克，糖粉150克，鸡蛋100克，低筋面粉360克，香草粉2克。

制作工具或设备：面筛，烤盘，烤箱，案板。

制作过程：

① 将黄油在室温下回软。

② 然后再加鸡蛋、香草粉打散，再加入过筛后的低筋面粉，搅拌均匀。

③ 在烤盘均匀涂上黄油，用裱花袋装入面糊挤注成各种形状。

④ 烤箱预热180℃，烤制15分钟即可。

风味特点：**色泽棕黄，口感松酥。**

15. 朱古力曲奇（Chocolate cookies）

原料配方：黄油200克，鸡蛋2只，糖粉150克，低筋面粉330克，可可粉20克。

制作工具或设备：面筛，烤盘，烤箱，案板。

制作过程：

① 将黄油在室温下化软，加入糖粉用打蛋器打至微黄色。

② 加入鸡蛋（每次放一只，混合后再放入另一只）。

③ 加入已筛好的面粉及可可粉，轻轻搅拌均匀。

④ 将面团放入冰箱冻硬，切片后放入烤盘。

⑤ 用200℃，烤15分钟。

风味特点：**色泽浅褐，口感酥脆。**

16. 苹果曲奇（Apple cookies）

原料配方：苹果1个，黄油75克，红糖40克，低筋面粉75克，蛋黄1个，泡打粉1克。

制作工具或设备：面筛，煮锅，烤盘，烤箱，案板。

制作过程：

① 苹果削皮去核后切小丁，烤箱预热175℃。

② 煮锅里放入25克黄油，中大火，黄油溶化后加入15克糖和苹果丁拌炒，炒至出水又干水后，转中小火再炒约5分钟至苹果丁有点黏性。

③ 再将苹果丁放入烤箱中烤10~15分钟，取出晾凉。

④ 将剩余的黄油、糖打发，加入蛋黄打匀，再加入放凉后的苹果丁和混合好的面粉、泡打粉，用切拌方式拌匀。

⑤ 面团搓成小球后，放入烤盘稍压扁。

⑥ 入烤箱以180℃，烤15分钟。

风味特点：**色泽褐黄，香酥中带有果香。**

17. 英式黄油曲奇（English Butter Cookies）

原料配方：面粉300克，黄油200克，糖100克。

制作工具或设备：面筛，烤盘，烤箱，案板。

制作过程：

① 先将烤箱预热至180℃；然后将黄油砌成约1厘米的立方体。

② 把面粉和糖放入一个大碗内搅匀。

③ 把黄油粒放入面粉和糖的混合物中，用手指头将黄油粒搓揉，与糖和面粉混合在一起。避免用手掌，否则会令黄油溶化。

④ 将以上之混合物搓成面团，然后平均分为2份，把每份压成一饼状，大约1.5厘米厚。

⑤ 用刀在饼上轻按界痕，把饼分成4或6份。

⑥ 用叉在饼上平均地刺孔。

⑦ 把饼放入烤箱，烤15分钟，或焗至淡金黄色为止。

风味特点：**色泽金黄，口感酥松。**

18. 丹麦曲奇（Danish Cookies）

原料配方：黄油100克，糖粉40克，细砂糖30克，鸡蛋35克，牛奶20克，盐1克，奶粉15克，低筋面粉125克。

制作工具或设备：面筛，烤盘，烤箱，案板。

制作过程：

① 将室温软化的黄油打发，表现为颜色变浅，体积稍变大，呈羽毛状，分次加入细砂糖、糖粉、盐等材料，继续打至糖溶解。

② 分次加入蛋液和牛奶，用打蛋器搅拌均匀。

③ 面粉与奶粉过筛后，分次加入，用橡皮刀切拌均匀，注意不要划圈搅拌。

④ 烤盘事先铺上烘焙纸。将面糊用裱花袋装入，挤注成形。注意每个饼干坯子之间要留出间距。

⑤ 放烤箱上层（或中层），以 180℃烤至边缘着色即可，大约需要15分钟。

风味特点：**色泽金黄，酥脆香甜。**

19. 花香酥饼（Flower shortcake）（图9-4）

原料配方：黄油140克，细砂糖100克，鸡蛋1只，低筋面粉300克，茉莉香精0.5克。

制作工具或设备：面筛，烤盘，烤箱，案板。

制作过程：

① 黄油软化后，与细砂糖打至松发变白。

② 蛋打散成蛋液后，加入做法① 中拌匀，再筛入低筋面粉搅拌均匀。

③ 加入香精调匀面团，接着将面团擀平。

④ 将面团用保鲜膜包好，放入冰箱冷冻约15分钟，冻硬后用花形压模压出图案，约可压出30份。

⑤ 烤盘铺上烘焙纸，将饼干坯子排入烤盘中，再放进烤箱上层。

⑥ 以180℃约烤20分钟即可。

风味特点：**色泽金黄，花香浓郁。**

20. 五花饼干（Color cookies）（图9-5）

原料配方：低筋面粉150克 黄油120克 绵白糖60克，可可粉5克，杏仁25克，鸡蛋2个，牛奶50克，香草粉2克。

制作工具或设备：面筛，烤盘，烤箱，案板。

制作过程：

① 用100克面粉过筛，放在案板上，加入80克黄油，用手搓均匀。从中间扒开一个坑，放入绵白糖40克、香草粉、牛奶30克，用手搅拌混合均匀，成为奶白色的白面团。放在烤盘上，送入冰箱冷却。

② 将50克面粉过筛，放在案板上，加入40克黄油，搓均匀，扒个坑，加绵白糖20克、可可粉5克、牛奶20克，搅拌均匀，成为可可色黑面团。放在盘上，送入冰箱冷却。

③ 将杏仁用沸水冲后浸泡5分钟，捞出，去皮，切成碎末，用温炉烘干。

④ 将冷却的两色面团取出，放在操作台上，分别擀成8毫米厚的面片，并用刀切形许多1厘米宽的面条。然后另取一些白色面团（用料未计入），擀成2毫米厚的面片，把面片的一端用刀切齐，面片上刷鸡蛋液，把切好的8毫米厚、1厘米宽的黑白两种颜色的面条，交错着（白、黑、白）并排码上3根。再刷一层蛋液，码上第二层（黑、白、黑）。刷上蛋液再码第三层（白、黑、白）。再刷上蛋液。随后用2毫米厚的面片将码齐的三层面条裹上，裹严，成为截面28毫米 × 34毫米的长方体面辊。裹好后，在外围刷一层蛋液，沾上一层碎杏仁，送入冰箱冻硬后取出。

⑤ 将面棍躺放在案板上，用刀切成5毫米厚的小片，间隔一定距离，摆在铁烤盘上。

⑥ 送入200℃烤炉，大约10分钟烤熟出炉。

风味特点：**酥脆香甜，表面有黑白相交错的美丽图案，兼有杏仁和巧克力香味。**

第四节 饼干的质量鉴定

一、饼干的质量鉴定标准

1. 色泽

色泽均匀一致，无斑点；表面无白粉，不应有过焦或过白现象。

2. 形态

外形完整，花纹清晰，不变形，无裂痕，大小、厚薄一致。

3. 内部组织

组织酥松，无大气孔，无面粉、糖、蛋等疙瘩，无生心，无杂质。

4. 口味

香酥可口，甜度适中，无异味。

5. 规格

根据顾客的需要而定。

6. 卫生

内外无油泥，无杂质，底无煳渣。符合《中华人民共和国食品安全法》的要求。

二、饼干的质量分析与改进措施

1. 饼干外表部分

（1）案例　表面颜色太深

原因分析：

① 配方内糖的用量过多或水分用量太少。

② 烤炉上火温度太高。

改进措施：

① 检查配方中糖与水的用量。

② 降低烤炉上火温度。

（2）案例　表面有斑点

原因分析：

① 面糊调制不均匀。

② 面糊内水分不足。

③ 糖的颗粒太粗，未能及时溶解。

改进措施：

① 原料要调制均匀，无硬心，无疙瘩。

② 注意制品的配方平衡。

2. 饼干内部部分

（1）案例　内部粗糙、质地不均匀

原因分析：

① 面糊调制不均匀。

② 配方内糖、油等用量太多。

③ 水分用量不足，面糊太干。
④ 烤炉温度太低，导致烤制时间延长。
⑤ 糖的颗粒太粗，未能及时溶解。

改进措施：

① 调整面糊的配方。
② 掌握面糊的调制方法。
③ 尽量使用颗粒细小的绵白糖。

（2）案例　口感韧性太艮

原因分析：

① 配方中油脂使用太少。
② 面粉面筋筋性过强。
③ 面糊搅拌过度。
④ 烤炉温度太高，水分挥发太快。

改进措施：

① 调整饼干配方，选用低筋面粉。
② 选用合适的面糊搅拌方法。
③ 合理确定饼干的烘烤温度。

3. 饼干整体部分

（1）案例　味道不正

原因分析：

① 原料选用不当或不够新鲜。
② 原料配方不平衡。
③ 烤盘不清洁，烤箱有味道。
④ 存放制品的架子、案板等不清洁。

改进措施：

① 注意选用新鲜原料。
② 改善饼干的配方。
③ 应及时注意用具和设备的保洁。

（2）案例　煳底煳边

原因分析：

① 配方中糖的用量过大。
② 配方中油脂的用量过大。
③ 烘烤的温度过高。

改进措施：

① 调整配方内的糖和油的用量。
② 确定合适的烤制温度。

（3）案例　形状不整

原因分析：

① 配方中油脂的用量过大。

② 挤注不均匀。

③ 模具花纹不清晰。

④ 码盘时走形。

改进措施：

① 调整配方内油脂的用量。

② 选择合适的裱花袋，用力均匀挤注。

③ 选用花纹清晰的模具。

④ 手工码盘时要留有一定的空间，轻拿轻放。

思考题

1. 饼干的概念是什么？
2. 饼干的种类有哪些？
3. 饼干的特点有哪些？
4. 简述韧性饼干的制作原理。
5. 酥性饼干的制作原理。
6. 发酵饼干的制作原理
7. 饼干的质量鉴定标准有哪些？

CHAPTER 10

第十章 泡芙、布丁、沙勿来制作工艺

第一节 泡芙（Puff）

一、泡芙概述

1. 泡芙的概念

泡芙又称“气鼓”或“哈斗”，是西点中常见品种，它的制作工艺较其他类点心特殊，是用烫制面团制成的一类点心。制作时先用沸腾的油水烫面，再加入较多的鸡蛋搅打成膨松的面糊，因充分借助于鸡蛋的发泡力，烘烤时制品体积有较大的膨胀，同时在制品内部形成较大的空洞结构。

2. 泡芙的种类

泡芙类点心也有多种，它们均是在泡芙面团基础上，通过成形、烘烤、装饰等制作过程形成的。一般常见的品种有：奶油泡芙（Cream puff）、鸭形泡芙（Duck cream puff）和长形泡芙（Éclair）。

3. 泡芙的特点

泡芙具有色泽金黄，外表松脆，体积膨大，其风味主要取决于所填装的馅料。

二、泡芙的制作

1. 泡芙的制作原理

泡芙面团起发的原因，是由面团中各种原料性质和特殊的工艺方法决定的。泡芙面团的基本用料是面粉、黄油、盐和液体原料（水或牛奶）。当液体原料与黄油、盐煮沸烫面粉时，面粉中淀粉吸水膨胀、糊化、蛋白质变性，形成柔软、无筋力、韧性差的面团。但面团晾凉后，不断搅打加入的鸡蛋，使面团充入大量气体。当面团成熟时，面团中蛋白质、淀粉凝固，逐渐形成泡芙制品的“外壳”，而内部，随着温度的升高，气体膨胀，并逐渐充满正在起发的面团内，使制品膨大，同时又由于此面团属于无筋性面团，因此，成熟的制品具有中空，外酥脆的特点。

2. 泡芙的制作程序

（1）煮面糊　水加油煮开，一边搅一边加入粉，煮至完全糊化。

（2）打面糊　煮好的面糊放在搅拌机内搅至冷却为60℃左右，再分次分批加入鸡蛋充分搅拌，然后分次分批加入水。

（3）成形　用裱花袋装入面糊，挤注成形。

（4）成熟　烘烤，用中上火，也可以用油锅炸熟，油温是190℃。

（5）装饰　成品切开用奶油膏装饰；如炸的成品，则用果酱、糖浆、糖粉或奶粉装饰。

三、泡芙的成熟方法

泡芙点心的成熟，以烘烤为多见，也有炸制而成的。

四、泡芙的装饰

泡芙类点心的风味由所填馅料决定，其装饰无固定要求，可随意变化，常见的装饰料有糖粉、巧克力、方登、各种鲜果等。圆形的泡芙一般在底部或旁边捅一个洞，把馅心灌进空心里，表面用糖粉或巧克力装饰。长形的泡芙一般用刀一剖为二，留少许部位连着，把馅心如鲜奶油、蛋黄酱等裱在中间，表面用糖粉装饰。油炸的泡芙装饰一般用果酱、鲜奶油、和糖粉等。

五、制作泡芙点心的一般要求

（1）面粉要过筛，以免出现面疙瘩。

（2）面团要烫熟，烫透，不要出现糊底现象。

（3）每次加入鸡蛋后，面糊必须均匀搅拌上劲，以免起砂影响质量。

（4）制品成形时，要规格一致。且制品间要留有一定距离，以防烘烤涨发后粘连在一起。

（5）正确控制炉温和烘烤时间，同时在烘烤过程中不要中途打开烤箱门或过早出炉，以免制品塌陷，回缩。

（6）掌握好炸泡芙的油温，油温过低起发不好；油温过高，色深而内部不熟。

（7）若使用方登、巧克力作为装饰料时，要严格掌握溶解方法和温度，以保持制品表面的光亮度。

六、泡芙的质量标准

（1）色泽　金黄一致。

（2）形态　端正，大小一致，不歪斜。内部组织无面筋网络，无生心，无杂质。

（3）口味　松香。

（4）口感　酥软细腻。

七、泡芙的制作案例

1. 鸭形泡芙（Duck cream puff）

原料配方：面粉800克，水1000克，黄油500克，盐5克，鸡蛋800克，糖10克。

制作工具或设备：面筛，烤盘，烤箱，案板。

制作过程：

① 制泡芙糊：将水、黄油、糖、盐放容器中上火煮沸，倒入过筛面粉，烫熟。待面团稍凉，逐渐加入鸡蛋搅打直至成泡芙糊。

② 挤形：将① 装入直径5毫米圆嘴布袋中，挤鸭头形于擦油的烤盘上，入160℃烤箱烤熟。然后，把剩余面糊装入直径1厘米花嘴的布袋中，挤鸭身，入200℃烤箱烤熟。

③ 将鲜奶油打起备用。

④ 装饰成形：将鸭身高度的1/3处平行片成两块，底部2/3处为鸭身，上部1/3处再分为鸭翅膀。然后，把③ 挤入鸭身，插上翅膀，再把鸭头插在鸭身前面。最后撒糖粉于制品表面，即为成品。

风味特点：**色泽金黄，形态逼真，口味香甜，口感脆糯。**

2. 巧克力奶油泡芙（Chocolate & cream puff）（图10-1）

原料配方：黄油50克，水60克，牛奶40克，盐1.5克，砂糖5克，高筋面粉50克，鸡蛋2个，装饰用黑巧克力20克，糖霜10克，鲜奶油200克。

制作工具或设备：面筛，烤盘，烤箱，案板。

制作过程：

① 将牛奶、水、盐、砂糖和黄油放入锅中，放在火上加热至沸腾，搅拌均匀。

② 将面粉过筛后一次性加入，搅拌均匀。

③ 转小火，继续搅拌，当锅底出现白色膜时，离火搅拌。

④ 等面糊温度降至60℃左右时，将打散的鸡蛋分次加入，搅打均匀。

⑤ 烤盘上放烘焙纸，将面糊放入裱花袋中，在烤盘中挤出一个个圆球。

⑥ 放入烤箱200℃，烤20~25分钟，注意观察，变色后关火，再放置5分钟取出。

⑦ 鲜奶油打发，用细长金属管的裱花嘴将鲜奶油从泡芙的底部挤入泡芙内。

⑧ 黑巧克力隔水加热溶化，用烘焙纸做成漏斗状，将巧克力液装入漏斗，挤在泡芙上装饰，再撒上糖霜即可。

风味特点：**色泽鲜艳，口感松软，口味香甜。**

3. 巧克力泡芙（Chocolate puff）

原料配方：泡芙面糊600克，巧克力750克，蛋黄130克，砂糖150克，玉米粉20克，面粉20克，牛奶500克。

制作工具或设备：面筛，烤盘，烤箱，案板。

制作过程：

① 调泡芙糊：同鸭形泡芙制法。

② 挤形烘烤。将泡芙糊装入花嘴的布袋中，在擦油的烤盘上挤长约5厘米，直径1.5厘米的圆柱形。入200℃烤箱烤熟。待制品冷却，从制品侧面片一长口备用。

③ 调巧克力酱。a. 将蛋黄与砂糖、玉米粉、面粉调匀。b. 牛奶与500克巧克力加热煮沸，倒入a. 中，边倒入边搅拌，直至搅拌成稠糊状，即成巧克力酱。

④ 将③ 装布袋挤入② 中。

⑤ 剩余250克巧克力用“双煮法”溶化后粘在④ 的制品表面（ 此制品也可粘可可粉与翻砂糖

调制的巧克力翻砂糖酱）。

风味特点：**表面有光泽，外形整齐，有浓郁的巧克力味。**

4. 脆皮抹茶泡芙（Minced green tea puff）

原料配方：高筋面粉100克，细砂糖60克，奶油50克，泡芙面糊600克，抹茶蛋奶馅250克。

制作工具或设备：面筛，烤盘，烤箱，裱花袋，案板。

制作过程：

①调泡芙糊：同鸭形泡芙制法。

②将高筋面粉、细砂糖、奶油等拌匀成团后放入冰箱冷藏，冰硬备用。

③将②中面团从冰箱取出，用切刀切碎即为脆皮。

④将泡芙面糊装入裱花袋中，把裱花袋捏紧，挤掉面糊中的空气，再将袋口绕圈般绕在右手食指上。

⑤在烤盘上每距离相等间隔，一口气挤出一团面糊。

⑥将作法③的脆皮撒在作法④的每个面糊上，再在表面喷洒水汽。

⑦以180~220℃烤温，烤25~35分钟，即可取出放凉备用。

⑧将冷却后的泡芙从顶部用裱花袋填入抹茶蛋奶馅即可。

风味特点：**色泽金黄，口味松软。**

5. 砂糖泡芙（Sugar puff）

原料配方：鸡蛋50克，富强面粉50克，黄油25克，水60克，砂糖50克，柠檬香精0.5克。

制作工具或设备：面筛，烤盘，烤箱，案板。

制作过程：

①制作中先把水和黄油烧开，接着下面粉搅拌，然后与火隔开，不需继续加温，陆续放鸡蛋、柠檬香精成浆糊状即可。

②用裱花袋装上嘴子挤各种形状，然后表面撒满砂糖。

③用炉温280℃左右。产品呈金黄色，表面有裂纹，烤出后体积膨胀3倍。

风味特点：**表面乳白色，底部呈金黄色，酥脆香甜，内部呈小蜂窝状。**

第二节 布丁

一、布丁概述

（一）布丁的概念

布丁是英文PUDDING的译音。它是另一种英国的传统食品。据说是从古代用来表示掺有血的香肠的“布段”所演变而来的，今天以蛋、面粉与牛奶为材料制造而成的布丁，是由当时的萨克逊人所传授下来的。中世纪的修道院则把“水果和燕麦粥的混合物”称为“布丁”。而在16世纪伊丽莎白一世时代，布丁则是由肉汁、果汁、水果干及面粉一起调配制作而成的。17世纪和18世纪的布丁是用蛋、牛奶以及面粉为材料来制作。

综上所述，布丁是以黄油、鸡蛋、白糖、牛奶等为主要原料，配以各种辅料，通过蒸或烤制而成的一类柔软的点心。

（二）布丁的种类

布丁的品种很多，分类方式有几种。根据制作布丁的原料可分为黄油布丁和格司布丁两种；按照食用时的温度可分为热布丁和冻布丁两大类；按照成熟的方法不同分为蒸制布丁、烤制布丁以及同时蒸烤的布丁等。其中黄油布丁还可以根据添加辅料的不同又可以分为很多种，其命名方法可根据添加的主料、口味或色彩等来进行命名，例如双色布丁、香蕉布丁、焦糖格司布丁等。

（三）布丁的特点

布丁的最大特点就是柔软适口，嫩滑香浓。以焦糖布丁为例：当用牙签把布丁轻轻从模具中分离时，有一种“晃动”的触感，晃动盘子，布丁随之抖动；食用时嫩滑的布丁入口即化，似乎要顺喉而下，再配上焦糖略苦的独特气息，让布丁的甜味变得丰富醇厚。

布丁一般用于午、晚餐点心。热布丁常用于冬季，冻布丁用于夏季。

二、布丁的制作方法

布丁的制作主要通过将鲜奶油、牛奶、鸡蛋或面粉等原料通过一定的工艺手段搅拌均匀，然后装入模具，或蒸或烤；在加热的过程中，鸡蛋发生凝固作用（同时淀粉发生糊化作用），使布丁形成一个质地均匀的糕体，成熟后脱模，热食冷食皆可，也可配上调味汁佐味。

三、布丁的成熟方法

布丁的成熟方法主要有蒸制、烤制以及同时蒸烤等几种。

四、装盘与装饰

布丁的装饰无固定要求，可随意变化。常见的装饰料有各种调味汁、各种鲜果等。

五、制作案例

1. 蒸布丁（Steamed pudding）

原料配方：鸡蛋5个，白糖25克，牛奶200毫升，香草香精1滴，焦糖蜜少许。

制作工具或设备：面筛，蒸笼，案板。

制作过程：

① 鸡蛋加白糖用直形打蛋器轻轻搅匀，不要像打蛋糕一样地用力打，否则打出气泡，布丁蒸好了就会有小洞洞。

② 加入牛奶及香草香精拌匀，轻轻舀在12个布丁模具中。

③ 蒸笼锅装水煮沸后，把布丁一个一个排入，用极小的火蒸40分钟。

④ 蒸好后倒扣碟中，淋上一点焦糖蜜，趁热进食。

风味特点： **色泽淡黄，鲜嫩可口。**

2. 焦糖布丁（Caramel pudding）

原料配方：细砂糖230克，热水35克，鲜奶600克，香草粉1克，鸡蛋300克，盐1克，白兰地酒15克。

制作工具或设备：面筛，烤盘，烤箱，案板。

制作过程：

① 将100克的细砂糖放入锅中，不断搅拌煮至完全溶化，期间不停搅拌，直至熬成黄褐色，趁热平均装入内壁抹好黄油的布丁模具中。

② 鸡蛋打散（不要打发），加入香草粉、盐及白兰地酒拌匀。

③ 将鲜奶用细砂糖加温至糖溶解（50~60℃），加入蛋液中拌匀后，过滤，平均装入布丁模具中（如有残留的气泡可以用牙签捅碎）。

④ 烤盘底部加温水，炉温150~170℃，烤30~35分钟即可。

风味特点： **松软可口，嫩滑香甜。**

3. 黄油布丁（Butter pudding）

原料配方：黄油300克，砂糖300克，鸡蛋6个，面粉400克，牛奶150克。

制作工具或设备：面筛，蒸笼，案板。

制作过程：

① 将黄油在室温下化软，加入砂糖搅打膨松。

② 分次加入鸡蛋搅打均匀。

③ 分次加入过筛后的面粉切拌均匀。

④ 最后加入牛奶拌匀。

⑤ 将面糊装入抹上黄油的布丁模具中，装六成满。

⑥ 将布丁模具排入蒸笼，旺火蒸20分钟即可。

风味特点： **色泽浅黄，口感松软，口味香甜。**

4. 葡萄干布丁（Raisins pudding）

原料配方：黄油150克，牛奶400克，鸡蛋400克，面粉200克，玉米粉20克，砂糖300克，葡萄干75克，香草粉2克，发酵粉3克。

制作工具或设备：面筛，蒸笼，案板。

制作过程：

① 将葡萄干去蒂洗净，用温水泡软待用。

② 将面粉过筛，放入缸内，加砂糖（200克），蛋黄（100克），牛奶（150克），用木铲搅匀，再将化软的黄油倒入，加发酵粉及香草粉，一块搅匀。

③ 将蛋清（150克）用打蛋器抽起，与和好的面糊混合，加入泡软的葡萄干搅匀，装入事先抹好黄油的布丁模子，装八成满，上笼蒸约半小时取出（不要在中途掀锅）。

④ 将其余的砂糖，牛奶入锅上火煮开，把玉米粉，蛋黄（80克）放少许凉水解开，与香草粉倒入锅中搅成汁。

⑤ 上桌时，将布丁扣入盘内，浇上汁即成。

风味特点：**色泽浅黄，味道甜香，宜热食。**

5. 面包苹果布丁（Bread & apple pudding）

原料配方：面包100克，苹果100克，白糖175克，鸡蛋100克，牛奶100克，香草香精0.5克。

制作工具或设备：面筛，蒸笼，案板。

制作过程：

① 先将40克白糖放入锅内，干炒成浅褐色，趁热倒入模具或茶碗内（铺模子底一层）。

② 将面包切去外壳，然后切方丁（烘或炸干更佳），放入盆内，加上去了皮、籽并切成丁的苹果，拌匀后装入铺有糖底的模具内。

③ 将鸡蛋磕入盆内，加白糖、香草香精、牛奶搅拌均匀，注入装有面包丁和苹果丁的模具内。

④ 放入蒸笼或蒸箱蒸约20分钟取出，凉后将布丁扣入盘中央，即可食。

风味特点：**质地柔软，香甜可口。**

6. 黄桃布丁（Yellow peach pudding）（图10-2）

原料配方：鸡蛋1个，蛋黄1个，牛奶100克，鲜奶油100克，黄桃罐头150克，白吐司2片，糖40克，柠檬汁10克，椰蓉10克。

制作工具或设备：面筛，烤盘，烤箱，案板。

制作过程：

① 把白吐司片的边皮切掉，然后再切成小丁；黄桃沥掉汁水切丁。

② 把牛奶和鲜奶油混合后加入糖，小火煮至糖溶化后离火晾凉。

③ 全蛋和蛋黄搅拌均匀，加入柠檬汁和晾凉的牛奶鲜奶油混合液，拌匀。

④ 把蛋液过滤后，加入黄桃丁和吐司丁，稍搅拌后装入小布丁杯中约七分满，撒少许椰蓉，放进200℃预热的烤箱中，烤15分钟左右。

风味特点：**色泽浅黄，口感松软，具有黄桃的香气。**

第三节 沙勿来

一、沙勿来概述

1. 沙勿来的概念

沙勿来是英文Souffle的译音，又译成苏夫利、梳乎厘等。有冷食和热食两种。热的以蛋白为主，冷的以蛋黄和奶油为主要原料，是一种充气量大，口感松软的点心。常用作晚餐点心或宴会点心。

2. 沙勿来的种类

沙勿来的品种很多，通常按照食用的温度不同可分为热沙勿来和冻沙勿来；还有一种分类法是根据选料的不同可分为：蛋黄沙勿来、奶油沙勿来、巧克力沙勿来、香蕉沙勿来等。

3. 沙勿来的特点

沙勿来的特点是松软香甜，像棉花一样轻松。其主要原料比较简单，有面粉、牛奶、糖、鸡蛋等。其中对制作沙勿来起主要作用的原料是打发的蛋清；配料及调料有各种甜酒、香精、巧克力、水果及杏仁粉等。随着配料的变化，沙勿来可以变化为巧克力沙勿来、香蕉沙勿来等。

二、沙勿来的制作方法

沙勿来是一种高级松软的点心，制作技术要求比较高，大都用于晚餐的点心，或作为宴会的点心，有时也做午餐点心。

沙勿来上桌时，通常是一客一份，但有时候沙勿来也可以多客一份。

沙勿来制作通常选用面粉加糖和牛奶，加热后调配成厚面糊，最后加入打发的蛋清，轻轻拌和均匀，装入涂了一层黄油的沙勿来焗盅内，放入烤箱烘烤至金黄色成熟即可。

沙勿来制作时要准确掌握火候、时间，速度要快，西点师与服务员配合要好，取出后通常撒上糖粉，另外单跟沙司，立即上桌。时间过长，沙勿来就会回瘪。回瘪的原因是沙勿来在烘烤过程中，蛋白的间隙充满了热空气，取出后，温度急剧下降，空气压力减小，下面已膨胀的气孔，无法承受上面的压力，导致回瘪。

三、沙勿来的成熟方法

沙勿来的成熟方法主要是焗，利用烤箱中的热量将半成品烘烤成熟。焗沙勿来的模具有金属的、玻璃的和陶瓷的，其中陶瓷模具用得最为广泛。

四、装盘与装饰

沙勿来的装盘主要使用焗盅，装饰主要是在从烤箱取出时，在沙勿来表面撒上糖粉或者刷上一层糖油，立即上桌。另外可以单跟鲜奶油，其他水果沙司、巧克力沙司等。

五、制作案例

1. 冻沙勿来（Frozened souffle）

原料配方：砂糖450克，水240克，鸡蛋10只，打发奶油650克，朗姆酒200克，水果泥350克。

制作工具或设备：煮锅，搅拌机，冰箱，案板。

制作过程：

① 将砂糖和水放入煮锅，煮至糖和水成为光滑的糖油为止。

② 将蛋清打发，然后慢慢加入热的糖油中，边加边不停地搅打，直至混合物冷却为止。

③ 把打发奶油、朗姆酒、水果泥与② 中混合物搅拌均匀。

④ 取出20只沙勿来焗盅，把剪好的纸条（宽度超过2.5厘米）刷上一层油，圈在沙勿来焗盅的内圈，要求高出焗盅边缘2.5厘米。

⑤ 将③ 中做好的膏状物倒入沙勿来焗盅内，高度正好与纸相平，装完后放入冰箱冷冻。

⑥ 食用前，从冰箱取出，让其稍稍解冻，去掉纸圈，表面撒上一层巧克力粉或可可粉即可。

风味特点：**清凉爽口，润滑松软香甜。**

2. 热沙勿来（Souffle）

原料配方：蛋清2个，蛋黄1个，白砂糖30克，黄油10克，低筋面粉10克，牛奶90毫升。

制作工具或设备：面筛，烤盘，烤箱，案板。

制作过程：

① 将低筋面粉过筛，然后将黄油、蛋黄、牛奶、白砂糖10克、低筋面粉，混合均匀，加热黏稠离火，晾凉备用。

② 蛋清加20克白砂糖，用搅拌机打发。

③ 蛋清糊和面糊用切拌法混合均匀。

④ 焗盅刷色拉油，再在内壁上均匀的刷上白砂糖。

⑤ 将面糊倒入焗盅，至八分满。

⑥ 烤箱预热200℃，烤15分钟，出炉后撒上糖粉。

风味特点：**色泽浅黄，口感柔软，口味香甜。**

3. 朱古力沙勿来（Chocolate souffle）

原料配方：蛋黄2 只，全脂牛奶150 毫升，砂糖4 0克，黄油2 0克，可可粉15克，蛋清 3只，低筋面粉10克。

制作工具或设备：面筛，煮锅，烤盘，烤箱，案板。

制作过程：

① 预热烤箱至200℃。

② 将蛋黄、牛奶（50毫升）、砂糖20克、可可粉、低筋面粉顺序加入煮锅内煮至黏稠。

③ 然后加入余下的牛奶搅匀。

④ 加入黄油以慢火煮溶。

⑤ 另外，准备一个干净大碗，将蛋清打至起泡，再加入 20克砂糖打至硬性发泡。

⑥ 蛋清糊加入朱古力糊中切拌均匀，倒入内壁涂上黄油的焗盅，入炉烤约15分钟，即成。

风味特点：**色泽浅褐，口感松软。**

4. 橙香沙勿来（Orange souffle）

原料配方：低筋面粉10克，砂糖40克，黄油20克，蛋清3个，蛋黄2个，牛奶180毫升，果粒橙40毫升。

制作工具或设备：面筛，煮锅，烤盘，烤箱，案板。

制作过程：

① 将牛奶、橙汁、蛋黄、20克砂糖、低筋面粉，全放到煮锅中，搅拌均匀。

② 把锅放炉子上小火加热，一边加热一边搅以免煳锅，搅成稀面糊。

③ 关火，加入黄油搅匀。

④ 烤箱预热200℃；焗盅内涂上黄油备用。

⑤ 将三只蛋清打发，把三分之一的蛋清糊加到刚才的面糊上，拌匀。

⑥ 将拌好的面糊全部倒进剩下的蛋清糊中拌匀。

⑦ 将面糊倒入焗盅至八分满。

⑧ 放入烤箱，烤15分钟即可。

风味特点： 色泽浅黄，口感松软香甜。

思考题

1. 简述泡芙概念、种类、特点和制作原理。
2. 简述泡芙的制作程序。
3. 简述泡芙制作的一般要求。
4. 泡芙的质量标准有哪些?
5. 简述布丁概念、种类和特点。
6. 简述沙勿来概念、种类和特点。
7. 简述沙勿来的制作方法。

CHAPTER 11

第十一章 冷冻甜食制作工艺

第一节 冷冻甜食的种类及概念

冷冻甜食的品种很多，是西点中变化较多的一类点心。由于它们在原料的选择、制作工艺等方面有许多共同之处，在口味和口感等方面差别也不大；而且同一类制品有不同配方，可以用不同的器皿盛装，也可以采用不同的造型和装饰方法，所以很难将冷冻甜食进行明确地分类。

目前，国内外对冷冻甜食的分类是沿用西餐传统的分类方法，一般将冷冻甜食分为啫喱冻（Jelly）、奶油冻（Bavarian）、慕斯（Mousse）、冰淇淋（Ice Cream）等。

一、啫喱冻（Jelly）

啫喱冻是不含乳及脂肪得一类冷冻甜食。这类冷甜食完全是依靠啫喱的凝胶作用制成的，具有透明光滑，入口而化的特点。啫喱冻的用料主要是啫喱片、水、糖、食用色素等，有时加少许水果丁做配料，以增加制品品种。它的一般制作方法是将啫喱片化开，加糖、水及其他配料调匀，装入各式模具中冷冻，待凝固成形时倒出模具，经装饰即为成品。

二、奶油冻（Bavarian）

奶油冻是一种含有很多乳脂和蛋白的混合物。它的基本用料是牛奶、鸡蛋、糖、打发奶油和啫喱等。它的一般制作方法是将牛奶煮沸加入打起的蛋黄糊中，随即倒入溶化的啫喱调匀，稍凉加入打起的奶油、蛋白、调味酒、果汁等配料，入模冷却即为成品。食用时可跟不同风味的沙司。这类冷甜食内部组织细腻，风味多样。

三、慕斯（Mousse）

慕斯是英文Mousse的译音，又译成木司、莫司、毛士、木斯等。是将鸡蛋、奶油分别打发充气后，与其他调味品调和而成或将打发的奶油拌入馅料和啫喱水制成的松软形甜食。

慕斯类冷冻甜食是一种含奶油成分很高，十分软滑，细腻的高级西点，根据用料不同，有各种果汁慕斯、巧克力慕斯等。慕斯使用的原料一般有奶油、糖、蛋黄、蛋白、果汁、酒、香精、啫喱等，其一般制作方法因具体品种不同有差异。近年来，市场上出现了慕斯粉，这种原料具有使用方便，成品质量稳定等特点。

四、冰淇淋（Ice cream）

冰淇淋是一种营养丰富，香甜可口的冷食，它的基本用料是蛋黄、牛奶、奶油、糖、玉米粉、香精、色素等。常见的品种有香草冰淇淋、草莓冰淇淋、巧克力冰淇淋及各种果肉、果汁冰淇淋等。冰淇淋质量要求很高，特别是卫生要求。因此，凡自己生产冰淇淋的饭店都设有专用场所。冰淇淋的品种很多，其中又有圣代（Sundae）、巴菲（Parfait）、奶昔（Milk shake）之分。

1. 圣代（Sundae）

圣代，又名新地，译自英文词Sundae，是冰淇淋的一种，不过这种产品的顶部还需要加上各种碎水果、果仁或果汁。

2. 巴菲（Parfait）

巴菲译自法文词Parfait，是用糖浆或甜酒，加冰淇淋球、水果、果酱、干果、啫喱等一层层叠上，装在圆筒形高身有脚玻璃杯中，再加鲜奶油，顶部放上红樱桃，色泽层次分明，五彩缤纷，酒香奶香加果香，深受消费者欢迎。

3. 奶昔（Milk shake）

奶昔译自英文词Milk shake，意思是搅匀的牛奶。它是用鲜牛奶、冰淇淋、水果、糖浆、冰块等，放在搅拌器内搅匀，直到变成浓厚的泡沫状，即成标准牛奶冰淇淋。

第二节 冷冻甜食的制作

一、制作冷冻甜食的一般要求

（1）使用明胶片，鱼胶粉做制品凝固剂时一定要在与其他原料混合前调匀，不能有疙瘩。

（2）搅打蛋白或蛋黄时，姿势一定要正确，把握好搅打时间和搅打程度。

（3）制品模具要干净，不能有污物。

（4）成品出模时，要保持制品的完整性。

（5）装饰成品时，色彩搭配要协调、雅致。

二、冷冻甜食制作的基本原理

1. 啫喱的使用原理

大部分冷冻甜食的制作离不开啫喱这种材料，以其中用得最为广泛的动物性啫喱——明胶为例，阐述其制作的基本原理。

在西点生产中，明胶有两种：一种是无色无味，这种材料适用性最为广泛，不仅适用于各种餐后冷冻甜食，还适用于冷菜色拉的制作；另一种明胶为明胶与糖、酸、果味、香精以及少量食用色素的混合物，这种明胶含有丰富的口味、颜色和香味。对制作某些冷冻甜点似乎方便了很多，但是它的使用范围有限，通常只用于制作啫喱冻以及甜点表面的啫喱冻装饰。

在冷冻甜食制作过程中，明胶最重要的特性是在热的液体中能均匀扩散，处于分散状态，液体冷却后，它仍然处于分散状态，当液体中的明胶达到足够浓度时，液体在一定温度下能稠化并凝结成半固体物质。

2. 乳和乳制品的使用原理

在冷冻甜食的制作过程中，乳和乳制品是不可缺少的原料，其品种有：全脂液体牛奶、淡炼乳、加糖炼乳、脱脂奶粉、全脂奶粉等，还有各种鲜奶油、打发奶油等。

乳和乳制品作为稳定物和填充物，始终处于悬浮状态，不仅增加了冷冻甜食制品的稠度和稳定性，而且靠搅打过程中并入的空气使制品保持其细腻和润滑的口感，其中含有的乳磷脂更是增加了冷冻甜食的风味。

3. 蛋和蛋制品的使用原理

在冷冻甜食的制作过程中，通常将蛋黄和蛋清分开使用。

蛋黄具有一定的乳化作用，在制作过程中，可以使制品形成乳浊液，并能增加制品的稠度和风味。制作时，蛋黄通常经搅打后再加入混合物中，搅拌时温度需保持在40℃左右，以达到最佳的乳化效果。

蛋清具有很强的起泡性，所以通常在搅打起泡后加入制品中，可以大大增加制品的体积，增加制品的柔软性和风味。

4. 糖的使用原理

在冷冻甜食的制作过程中，糖的用量相当高（但一般不超过全部配料重量的16%），因为冷冻甜食的食用温度较低，甜味感觉不明显。在制作过程中，糖不仅能赋味，而且增加制品的细腻程度。大多数配方中使用砂糖和绵白糖，有些使用糖浆、糖油等。

5. 香料的使用原理

在冷冻甜食的制作过程中，香料通常包括香精、酒、果仁粉等，香料的添加量仅仅以产生柔和的美味为度，切不可多加，不同香料的加入是变化冷冻甜食品种的重要方法之一。

第三节 冷冻甜食制作案例

一、啫喱冻（Jelly）

（一）薰衣草果冻（Lavender jelly）

原料配方：水600克，干燥熏衣草30克，鱼胶粉15克，细砂糖90克，干燥熏衣草30克。

制作工具或设备：磁化炉，不粘锅，花底花边模型。

制作过程：

①将水煮至沸腾，加入干燥的熏衣草，浸泡1分钟后过滤备用。

② 细砂糖与鱼胶粉干拌混合，加入做法① 的熏衣草茶中拌匀，再以小火加热，煮至砂糖与鱼胶粉完全溶解即可关火。

③ 倒入模型中约五分满，待冷却后脱模即可。

风味特点：**色泽透明，口感滑爽。**

（二）苹果果冻（Apple jelly）

原料配方：苹果汁500毫升，鱼胶粉15克。

制作工具或设备：微波炉，微波炉专用碗，冰箱。

制作过程：

① 将鱼胶粉加入苹果汁中搅拌，搅拌均匀。

② 将混有鱼胶粉的果汁放入微波炉加热30秒。

③ 将果汁取出，然后将其放在冷水中冷却至常温，再放入冰箱冷藏1小时取出即可。

风味特点：**色泽透明，口味酸甜。**

（三）菠萝柠檬果冻（Pineapple & lemon jelly）

原料配方：菠萝 100克，柠檬 1/2个，果冻粉10克，细砂糖10克，水200毫升。

制作工具或设备：果汁机，磁化炉，不粘锅。

制作过程：

① 菠萝切丁，一半放入果汁机中打成汁后过滤备用（留3~5小块不打碎备用）。

② 果冻粉与细砂糖拌匀备用。

③ 柠檬挤汁与水和匀，倒入作法① 中，再以小火煮至沸腾，再将作法② 的材料慢慢倒入并搅拌均匀，加入另一半菠萝丁后，分装倒入模型中待凉。

④ 放入冰箱冷藏凝固即可。

风味特点：**色泽浅黄透明，口感清爽滑腻。**

（四）鲜奶果冻（Milk jelly）

原料配方：鱼胶粉10克，细砂糖80克，鲜奶500克。

制作工具或设备：磁化炉，不粘锅。

制作过程：

① 鱼胶粉与细砂糖先干拌混合，再加入鲜奶拌匀。

② 用小火加热至80℃，至砂糖与鱼胶粉完全溶解即可。

③ 将果冻液趁热倒入模型中，等完全冷却凝固后，即可扣出食用。

风味特点：**色泽洁白，口感滑爽。**

（五）酸梅果冻（Sour plum jelly）

原料配方：酸梅汁300克，洛神花30克，鱼胶粉15克，细砂糖50克，白巧克力30克，棉花糖3个。

制作工具或设备：磁化炉，不粘锅，心形金莎巧克力盒。

制作过程：

① 酸梅汁加洛神花一起煮约15分钟，放凉备用。

② 鱼胶粉与细砂糖先干拌混合，倒入做法① 的酸梅汁中拌匀，以小火加热，煮至砂糖与鱼胶粉完全溶解即可熄火。

③ 趁热倒入模型中，待冷却后扣出备用。

④ 将白巧克力切成细碎，隔水加热至50℃溶化，趁温热时，利用裱花袋在扣出的酸梅果冻上装饰，再放上切薄的棉花糖点缀。

风味特点：**色泽艳丽，形状美观，口味酸甜，口感滑爽。**

（六）桂圆红枣果冻（Longan and red dates jelly）

原料配方：桂圆50克，去籽红枣30克，水600克，鱼胶粉15克，细砂糖80克。

制作工具或设备：磁化炉，不粘锅，冰淇淋盒子。

制作过程：

① 将桂圆与红枣稍微洗净，加水用小火约煮30分钟，至汤汁变成琥珀色即可。

② 鱼胶粉与细砂糖干拌混合，加入煮好的桂圆红枣茶中拌匀，续煮至砂糖与鱼胶粉完全溶解。

③ 将做法② 的果冻液趁热倒入模型中，待冷却后放入冰箱冷藏。

④ 取出后将杯盖的果冻反扣入盘中即可。

风味特点：**色泽琥珀透明，口感滑爽。**

（七）双色西瓜果冻（water melon jelly）

原料配方：红色西瓜100克（去皮），小玉西瓜500克（去皮），鱼胶粉20克，细砂糖100克。

制作工具或设备：磁化炉，不粘锅，咖啡杯。

制作过程：

① 两种西瓜分别榨成汁备用。

② 细砂糖先与鱼胶粉干拌混合，分成两等份分别加入红、黄西瓜汁中拌匀，再以小火加热至80℃，煮至砂糖与鱼胶粉完全溶解即可。

③ 将做法② 的两种果冻液，趁热分别倒入咖啡杯中约五分满。

④ 待冷却后扣出即可食用。

风味特点：**色泽红黄半透明，口感滑爽，口味微甜。**

(八)薄荷芦荟果冻(Pepper mint & Aloe jelly)

原料配方：芦荟果肉100克，薄荷叶10克，鱼胶粉20克，细砂糖100克，水600克。

制作工具或设备：磁化炉，不粘锅，冰淇淋纸盒。

制作过程：

① 将水煮沸，加入薄荷叶浸泡1分钟，过滤备用。

② 鱼胶粉溶水备用。

③ 将细砂糖加入做法① 的薄荷茶中，用小火加热煮至砂糖完全溶解，再加入泡软的鱼胶粉煮溶拌匀，趁热倒入冰淇淋纸盒中。

④ 将芦荟果肉切成小丁，加入做法③ 的果冻液中，再放入冰箱冷藏定形，扣出后可切成三角形。

风味特点：**色泽碧绿透明，口感滑爽，口味清凉。**

(九)脆李果冻 (Crisp plum jelly)

原料配方：脆李50克，鱼胶粉15克，细砂糖50克，冷开水300克。

制作工具或设备：磁化炉，不粘锅，小茶杯。

制作过程：

① 鱼胶粉与细砂糖先干拌混合，倒入冷开水中拌匀，再加入脆李，以小火加热，煮至砂糖与果冻完全溶解即可熄火。

② 趁温热时倒入小磁杯中，待冷却后扣出即可。

风味特点：**色泽透明、口感滑腻。**

(十)什锦果冻(Assorted Jelly)

原料配方：橘子250克，苹果 100克，梨 100克，红樱桃10个，白糖100克，琼脂25克。

制作工具或设备：磁化炉，不粘锅，凹形盘。

制作过程：

① 将橘子剥成瓣。苹果去皮切成片。梨去皮切成片。

② 放不粘锅内加水，加一半白糖，文火直到水即将全部蒸发，水果煮熟为止，将红樱桃倒入。

③ 将水果倒在盘中摆成花型。

④ 将琼脂倒入锅中加水煮，再加入一半白糖待其煮化、煮稠为止，然后倒在摆好的水果上面放凉(最好入冰箱冷藏)，琼脂冷却后即可凝成透明固体。

风味特点：**色泽透明，口味清甜，口感凉爽。**

二、奶油冻(Bavarian)

(一)香草奶油冻(Vanilla bavarian)

原料配方：蛋黄70克，蛋清50克，砂糖125克，鱼胶粉12克，牛奶250克，鲜奶油500克，香兰素3克。

制作工具或设备：打蛋器，透明玻璃杯，冰箱。

制作过程：

① 将鱼胶粉用凉水泡软。

② 将蛋黄和砂糖混合搅拌打起。

③ 牛奶上火煮沸后冲入② 中，再放入泡软的鱼胶粉搅匀过滤，随之放在冰上，一边搅拌，一边冷却。

④ 将奶油和蛋白分别打起，与③ 充分混合后放入香兰素。

⑤ 装入模具，放入冰箱冷冻2小时。

⑥ 取出时，将模具在温水中烫一下即可扣出食用。

风味特点：**色泽洁白，口味香浓，清凉爽口。**

（二）意大利奶油冻（Italian custard）

原料配方：奶油 300克，水100克，芒果1个，砂糖100克，鱼胶粉20克，香草1根，干邑25克。

制作工具或设备：打蛋器，透明玻璃盘，冰箱。

制作过程：

① 用温水将鱼胶粉溶化。

② 芒果搅打成汁备用。

③ 将奶油、香草和砂糖在锅里用小火煮开，搅拌5分钟。

④ 把香草取出，再加入① 和干邑，不停搅拌至混合均匀。

⑤ 将④ 倒入模子里，放入冰箱冷藏3小时以上。

⑥ 吃的时候将⑤ 取出，倒扣在盘中，淋上芒果汁即可。

风味特点：**细腻润滑，奶香浓郁，芒果香沁。**

（三）可可奶油冻（Coco custard）

原料配方：奶油100克，牛奶200克，鱼胶片10克，可可粉5克，白砂糖100克，水400克。

制作工具或设备：打蛋器，电磁炉，不粘锅，冰箱。

制作过程：

① 先将鱼胶片洗净，泡软后，捞出。

② 将白糖、可可粉及牛奶放入净锅中，搅匀，加水400克及鱼胶片，熬成浓汁，晾凉。

③ 将奶油用打蛋器充分地搅打好，与晾凉的鱼胶浓汁混合搅匀，放入模子中，置于冰箱中冷凝。

④ 食用时，取出，将冻子扣入碟中即可。

风味特点：**口感松软，清凉滑爽，具有可可的香气。**

（四）草莓奶油冻（Straw berry custard）

原料配方：草莓 250克，奶油 200毫升，砂糖 40克，柠檬汁15克。

制作工具或设备：打蛋器，食物搅拌机，透明玻璃杯，冰箱。

制作过程：

① 草莓放入冰箱冰凉，洗净去蒂置入食物搅拌机，打成泥状。

② 将① 移入大容器中，加入奶油、砂糖和柠檬汁，打至浓稠状，即可注入玻璃杯内。

③ 装饰用的奶油用打蛋器轻轻打好，即可加在② 的表面，以汤匙轻画些纹路，做成大理石般的漂亮线条。

④ 放入冰箱冷冻后食用。

风味特点：**色泽协调，口感冰凉。**

（五）咖啡奶油冻（Coffee custard）

原料配方：奶油 200克，咖啡粒25克，白砂糖 150克，鱼胶片25克，水200克。

制作工具或设备：打蛋器，电磁炉，不粘锅，模具，冰箱。

制作过程：

① 先将鱼胶片洗净，泡软后，捞出。

② 将咖啡粒放入锅内，加水200克，上火煮沸。

③ 再改微火上煮3分钟左右，过筛于另一锅内，与泡好的鱼胶片和白糖混合一起，加水150克，置火上煮4~5分钟，取下晾凉，即成咖啡吉利汁。

④ 将奶油用筷子或搅拌器搅打，与咖啡吉利汁混匀，放入模子内，置于冰箱中冷凝。

⑤ 食用时，取出，将冻子扣入盘中即成。

风味特点：**色泽浅棕，口感清凉。**

（六）芒果奶油冻（Mango custard）

原料配方：芒果5个，鱼胶粉6克，水150克，糖100克，浓奶油150克。

制作工具或设备：打蛋器，电磁炉，不粘锅，冰箱。

制作过程：

① 把芒果去皮，把果肉用搅拌机搅成泥备用。

② 鱼胶粉与50克水搅拌均匀。

③ 将剩余的100克水，加上糖在火上煮至溶化，将②放入糖水中煮至溶化融合，关火。

④ 倒入芒果泥搅匀，再加入打发的浓奶油搅匀。

⑤ 把液体倒入小杯子中，放凉后盖上保鲜膜，在冰箱中冷藏5~6个小时。

风味特点：**果味香浓，口味醇甜。**

三、慕斯（Mousse）

（一）草莓慕斯蛋糕（Straw berry mousse cake）（图11-1）

原料配方：鲜草莓500克，糖粉200克，鲜柠檬1个，淡奶油900克，蛋黄6个，鱼胶片40克，草莓香精1克，蛋糕坯3个（直径22厘米，厚度1厘米）。

制作工具或设备：打蛋器，圆蛋糕模，冰箱。

制作过程：

① 鱼胶片用冷水泡软备用。

② 选用3个直径为22厘米的圆蛋糕模，用纸将底包好，分别放入1片1厘米厚的蛋糕坯。

③ 鲜草莓洗净，留下15个备用，其余全部用筛过成泥放入容器中，然后放入糖粉和柠檬汁。

④ 淡奶油，蛋黄分别打起。

⑤ 将③ 与鱼胶水调匀，加入④ 中搅拌均匀后分别倒入3个备好的蛋糕模中抹平，放入冰箱冷冻2小时。

⑥ 食用前脱模，切成等份，挤奶油花后每份放半个草莓。

风味特点：**清香可口，口感细腻松软，具有草莓的香气。**

（二）巧克力慕斯（Chocolate mousse cake）（图11-2）

原料配方：明胶粉6克，水15克，巧克力80克，牛奶120毫升，朗姆酒10毫升，蛋清2个，糖60克，鲜奶油200克，可可蛋糕1个（直径20厘米，厚度2厘米）。

制作工具或设备：打蛋器，电磁炉，不粘锅，冰箱。

制作过程：

① 明胶粉入碗，加上水拌匀备用；巧克力切碎备用。

② 牛奶入锅加热，沸腾以前取下锅。注意不要把奶热开锅。

③ 将巧克力、兰姆酒倒入② 里溶化搅匀后，再将① 倒入拌匀备用。

④ 用2个盆分别打蛋白和奶油。二者都要打到用打蛋器挑起沫后，盆里的泡沫形成的角能立起的程度。

⑤ 把打好的奶油和蛋白分别加入③ 里，轻轻混合均匀。

⑥ 将可可蛋糕放入环型内底部，把⑤ 倒进，入冰箱冷藏凝固。

⑦ 取出⑥ ，在⑥ 的上面根据个人喜好进行装饰。

风味特点：**色泽浅棕，口味松甜，具有巧克力的香气。**

（三）提拉米苏蛋糕（Tiramisu cake）

原料配方：奶油200克，马斯卡波尼软芝士50克，咖啡酒15克，蛋黄3只，鱼胶粉5克，砂糖25克，青柠檬汁10克，手指饼干或者蛋糕1块，黄油50克，盐1克。

制作工具或设备：打蛋器，抹刀，烘焙纸，冰箱。

制作过程：

① 先在蛋糕模上用烘焙纸封好底部，均匀铺好饼底；将咖啡酒均匀地洒在饼底上，充分入味约半小时。

② 在奶油里加入蛋黄，然后加糖、青柠檬汁、盐打匀。

③ 用水将鱼胶粉化开，再以热水溶开，倒进打发好的芝士里。

④ 混合后在芝士浆里加入打起的奶油，打均匀。

⑤ 将已经混合的芝士馅料加进预先做好的饼底上，最好中间隔层，再放入冰箱约6小时。

⑥ 表面撒上可可粉。

风味特点：**口感松软，奶香浓郁。**

（四）果香慕斯蛋糕（Fruit mousse cake）（图11-3）

原料配方：花果茶茶汁（冷）200克，细砂糖 150克，鱼胶片 15克，动物性鲜奶油 250克，香橙酒 15克，海绵蛋糕体（厚1厘米）2片。

制作工具或设备：打蛋器，电磁炉，不粘锅，慕斯模具，冰箱。

制作过程：

① 将鱼胶片浸泡于冰水中软化备用。

② 取冷却的花果茶茶汁与细砂糖混合煮至约80℃，过滤后再加入溶化的鱼胶片拌匀。

③ 鲜奶油用打蛋器打发后加入② 中拌匀，再加入香橙酒拌匀。

④ 慕斯模具内铺上一层蛋糕体，再倒入③至八分满，即可放入冰箱冷冻3小时。

风味特点：**口感松软滑爽，果香浓郁。**

（五）香柠慕斯蛋糕（Lemon mousse cake）（图11-4）

原料配方：戚风蛋糕2片，动物鲜奶油 250克，细砂糖50克，鱼胶片15克，清水120毫升，柠檬香精1克。

制作工具或设备：打蛋器，电磁炉，不粘锅，冰箱。

制作过程：

① 将戚风蛋糕片裁成比模子稍微小一圈的心形，铺一片在模子底部备用。

② 鲜奶油打至七分发，加入柠檬香精拌匀。

③ 将鱼胶片用冷水泡软，加入50毫升清水，放锅中隔水加热至溶化，稍微放凉。

④ 将鱼胶片溶液倒入鲜奶油中拌匀，即成为拌好的慕斯馅。

⑤ 将慕斯馅倒入模子，没过第一片蛋糕；然后放入另一片蛋糕，再把剩下的慕斯馅倒入，抹平表面。

⑥ 放入冰箱冷藏3小时即可。

风味特点：**口感松软，具有柠檬的清香。**

（六）巧克力黄桃慕斯蛋糕（Chocolate & yellow peach mousse cake）

原料配方：黄桃泥150克，黄桃汁150毫升，水50克，鱼胶粉15克，朗姆酒15克，鲜奶油200克，巧克力海绵蛋糕坯2片，酒糖液50毫升。

制作工具或设备：打蛋器，透明玻璃杯，吧匙，冰箱。

制作过程：

① 将巧克力海绵蛋糕坯刷上一层酒糖液，撒上切碎了黄桃果粒。

② 鲜奶油打至七分发，放冰箱冷藏待用，黄桃泥与黄桃汁混合。

③ 鱼胶粉加水隔水加热至溶解，加入黄桃泥中拌匀，加入朗姆酒拌匀，成慕斯馅。

④ 加入打发好的鲜奶油用刮刀翻拌均匀，倒1/2的慕斯馅料于① 中，再放上一层巧克力海绵蛋糕坯，刷上酒糖液，放上果粒后再倒入剩下的慕斯馅。

⑤ 最后放上黄桃果粒，放冰箱冷藏至凝固即可。

⑥ 将蛋糕脱模后进行装饰。

风味特点：**香甜松软，具有黄桃的香气。**

四、冰淇淋（Ice cream）

（一）草莓冰淇淋（Strawberry ice cream）

原料配方：雀巢淡奶油1包，牛奶200毫升，草莓1盒，玉米粉2小茶勺，糖粉20小茶勺，葡萄干25克。

制作工具或设备：打蛋器，透明玻璃杯，吧匙，冰箱。

制作过程：

① 雀巢淡奶油加糖，搅拌机打发；牛奶煮点葡萄干，再晾凉，等葡萄干涨开了捞出来。

② 牛奶里加两小勺玉米淀粉，微微加热，搅匀至微稠，晾凉。

③ 新鲜欲滴的草莓打成浆状；倒入打好的奶油，稍打一会儿；再加入牛奶、葡萄干，然后搅一下。

④ 放冰箱冷冻，40分钟以后，拿出来用打蛋器搅一搅，注意把葡萄干往上捞；再冷冻40分钟，再搅，共4次，即成。

风味特点：**口味松软、具有草莓的香气。**

（二）香蕉圣代（Banana sundae）

原料配方：双色冰淇淋2球，香蕉片10片，香草糖浆适量，鲜奶油少许，红樱桃2个，华夫饼干1块。

制作工具或设备：透明玻璃杯，吧匙。

制作过程：

① 先将双色冰淇淋放在杯中，然后把香蕉片加糖浆拌匀，铺在球四周。

② 加鲜奶油在球上，顶部放红樱桃，华夫饼干放在旁边。

风味特点：**色彩鲜艳、口感特别。**

（三）芒果巴菲（Mango parfait）

原料配方：樱桃汁1汤匙，香草冰淇淋1球，芒果肉4勺，杂果粒1汤匙，鲜奶油15克，红樱桃1个，开心果粒1汤匙，华夫饼干2块。

制作工具或设备：透明玻璃杯，吧匙。

制作过程：

① 先将樱桃汁注入杯底，然后按次序将冰淇淋球、芒果肉、杂果粒、鲜奶油、红樱桃、开心

果粒逐层加入。

② 华夫饼干放杯边，另放长柄匙供用。

风味特点：**口味丰富，营养味浓。**

（四）白兰地蛋诺（Brandy eggnog）

原料配方：鲜鸡蛋1个，香草冰淇淋球1球，香草糖浆25克，白兰地5克，鲜牛奶100克，碎冰块0.5杯，豆蔻粉0.5克。

制作工具或设备：透明玻璃杯，吧匙，搅拌机。

制作过程：

① 先将鸡蛋、糖浆、冰淇淋、白兰地、牛奶加碎冰块放入搅拌机内，搅打成冰冻且起浓泡沫，倒入玻璃杯内。

② 最后在表层撒上少许豆蔻粉，以增添香味，插入两根饮管及一把长柄匙供用。

风味特点：**酒香浓郁、健脾养胃。**

（五）猕猴桃奶昔（Kiwi fruit milk shake）

原料配方：鲜牛奶150克，香草冰淇淋球1球，猕猴桃2只，香草糖浆25克，碎冰块100克。

制作工具或设备：透明玻璃杯，吧匙，搅拌机。

制作过程：

① 猕猴桃洗净去皮切成块。

② 先将碎冰块放入搅拌机内，加入所有材料搅拌到起浓泡沫，然后倒入杯中，插上饮管两根及长柄匙备用。

风味特点：**色泽浅绿，口感细腻浓稠。**

（六）夏日旋风（Summer ice cream）

原料配方：枫叶核桃冰淇淋2球，香草冰淇淋1球，蓝莓果汁50克，奶油花1朵，黑白巧克力棒2条，烤核桃仁5克，鲜猕猴桃5克。

制作工具或设备：透明玻璃杯，吧匙。

制作过程：

① 将枫叶核桃冰淇淋、香草冰淇淋放入杯中，浇上蓝莓果汁。

② 用奶油花点缀，插入巧克力棒，撒上烤核桃仁。

③ 将鲜猕猴桃切片码放好即可。

风味特点：**色泽艳丽，具有核桃仁的坚果香味和口感。**

（七）清凉夏日（Cool summer）

原料配方：香草冰淇淋2球，草莓冰淇淋2球，饼干棒 2 根，可可粉0.5克，鲜奶油25克，薄荷叶1枝。

制作工具或设备：透明玻璃杯，吧匙。

制作过程：

① 杯中放入香草冰淇淋及草莓冰淇淋，在冰淇淋上用少许鲜奶油点缀。

② 插上饼干棒，棒上撒上可可粉，最后以薄荷叶点缀即可。

风味特点：**色泽搭配和谐，口感细腻，口味甜美。**

（八）香蕉船（Banana boat）

原料配方：巧克力冰淇淋1球，香草冰淇淋1球，草莓冰淇淋 1 球，香蕉1根，巧克力酱15克，鲜奶油15克，水果块25克，糖饰品1只，杏仁片12克。

制作工具或设备：透明玻璃杯，吧匙。

制作过程：

① 香蕉切成三段，码放在杯中；放入香草冰淇淋、巧克力冰淇淋、草莓冰淇淋。

② 浇少许巧克力酱在冰淇淋上，并撒上杏仁片。

③ 在冰淇淋上点缀鲜奶油，放上水果块，插上糖饰品即可。

风味特点：**色泽对比和谐，口感丰富。**

（九）多彩凯莱（Colour ice cream）

原料配方：香芋冰淇淋1球，橘子冰淇淋1球，草莓酱15克，猕猴桃酱15克，橙子酱15克，朗姆酒和葡萄干冰淇淋1球，草莓2片，猕猴桃2片，橙子2片，金巴利酒3滴，饼干条1只。

制作工具或设备：透明玻璃杯，吧匙。

制作过程：

① 杯中码放冰淇淋，将三种水果片间隔放置冰淇淋旁，并浇上各自的水果酱。

② 在冰淇淋上浇上3滴金巴利酒，点缀饼干条即可。

风味特点：**色泽对比和谐，口感细腻，口味甜香。**

（十）蜜雪香波（Vanilla milk shake）

原料配方：香草冰淇淋1球，蛋黄1个，牛奶120毫升，蜂蜜15克，冰块0.5杯。

制作工具或设备：粉碎机，透明玻璃杯，吧匙。

制作过程：

① 将蛋黄、牛奶、蜂蜜、冰块等放入粉碎机中，高速搅打均匀。

② 倒入杯，加香草冰淇淋在上面。

风味特点：**色泽浅黄，口感细腻，具有香草的香味。**

第四节 冷冻甜食的质量鉴定与原因分析

一、冷冻甜食的质量鉴定标准

冷冻甜食的质量标准：形态要求完整，光润，内部组织均匀，口味纯正，清凉适口。

二、冷冻甜食的质量分析与改进措施

1. 冷冻甜食的外表部分

案例　表皮易破

原因分析：

① 配方内糖的用量过多或水分用量太多。
② 冷冻时间不够。
③ 鱼胶粉的量用的少。

改进措施：

① 检查配方中糖和水的用量与总水平是否适当。
② 延长冷冻时间。
③ 适当增加鱼胶粉的用量。

2. 冷冻甜食的组织部分

案例　组织部分口感过于老韧

原因分析：

① 配方中柔性原料如水分太少。
② 鱼胶粉的量使用过多。
③ 冷冻时间过长。
④ 蛋奶类原料使用量偏少。

改进措施：

① 检查配方有无错误。
② 注意鱼胶粉的用量。
③ 适当调整冷冻时间。
④ 检查所使用的原料配方是否适当。

3. 冷冻甜食的整体部分

案例　形状不完整

原因分析：

① 配方中水分太多。
② 冷冻时间不够。
③ 鱼胶粉用量少。
④ 取出的时候动作太猛。

改进措施：

① 改善配方，调节水量。
② 准确计算冷冻时间。

③ 改善鱼胶粉的用量。

④ 取出冷冻甜食时，先让模具在热水中浸3秒钟，然后再脱模。

思考题

1. 一般情况下，冷冻甜食如何分类?
2. 啫喱冻的概念是什么?
3. 奶油冻的概念是什么?
4. 慕斯的概念是什么?
5. 冰淇淋的概念是什么?
6. 圣代的概念是什么?
7. 巴菲的概念是什么?
8. 奶昔的概念是什么?
9. 制作冷冻甜食的一般要求有哪些?
10. 啫喱的使用原理是什么?
11. 乳和乳制品的使用原理是什么?
12. 蛋和蛋制品的使用原理是什么?
13. 糖的使用原理是什么?
14. 香料的使用原理是什么?
15. 冷冻甜食的质量标准有哪些?

CHAPTER 12

第十二章 蛋白类甜品制作工艺

第一节 蛋白类甜品概述

一、蛋白类甜品的概念

蛋白类甜品是以纯蛋白和糖为主要原料，利用蛋清的膨松作用所形成的泡沫以及它的凝固性而制作成的色泽洁白、风味独特的蛋白制品。

二、蛋白类甜品的种类

蛋白类甜品的品种不多，主要有各种各样的蛋白饼。

三、蛋白类甜品的制作原理

1. 蛋白的膨松性

蛋白中主要的两种蛋白质，其中球蛋白的功用是减少表面张力，同时增加蛋白的黏稠度，随着机械作用，将空气搅打入蛋白，产生泡沫，从而增加表面积。搅打后的蛋白，随着颜色从透明转而变白，泡沫的体积增加，硬度也增加。

2. 蛋白的凝固性

另一蛋白质是黏液蛋白，其功用是使形成泡沫的表面变性，凝固而形成薄膜，使打入的空气不致外泄。如此面糊进入烤箱后，蛋白里的空气因受热而膨胀。如果买来的蛋不新鲜的话，蛋白较稀、黏度较低，自然不容易起泡成形。

第二节 蛋白类甜品的制作方法

一、制作前的准备

选新鲜鸡蛋的蛋清，不能沾水、蛋黄和油，冬天用40℃左右温水垫在打蛋盆下，打前滴几滴白醋，放糖时放1毫升玉米淀粉，最好每个蛋清配20克糖，很容易打发。夏天要把蛋白的温度保持在23℃左右，如果温度太高，要放冰箱冷藏几分钟再打。

二、蛋白搅打

打蛋器最常用的有瓜形（直形）、螺旋形及电动打蛋器。瓜形打蛋器用途最广，可打蛋、拌匀材料及打发奶油、鲜奶油等。钢圈数愈多愈易打发；螺旋形打蛋器则适合于打蛋及鲜奶油；电动打蛋器最为省时省力。

1. 湿性发泡

蛋白置于干净无油无水的圆底容器中，利用打蛋器顺同一方向搅打，至出现大泡沫时，就可以将砂糖分次加入蛋白中，此时加入砂糖可帮助蛋白起泡打入空气，增加蛋白泡沫的体积。

蛋白一直搅打，细小泡沫会愈来愈多，直到整个成为如同鲜奶油般的雪白泡沫，此时将打蛋器举起，蛋白泡沫仍会自打蛋器滴垂下来，此阶段称为“湿性发泡”，适合用于制作天使蛋糕。

2. 干性发泡（或称硬性发泡）

湿性发泡再继续打发，至打蛋器举起后蛋白泡沫不会滴下的程度，为“干性发泡”，或称“硬性发泡”，此阶段的蛋白糊适合用来制作戚风蛋糕，或者是柠檬派上的装饰蛋白。

3. 搅打注意事项

（1）蛋白要搅打适度　蛋白搅打至某一程度时，泡沫薄膜的弹性就开始减小，蛋白变得较脆，烤出来的蛋糕没有弹性，口感也较韧。打过头的蛋白呈棉花球状，干燥不易与其他材料混合。

（2）蛋白要持续搅打　打成白色泡沫状的蛋白，一旦持续性的搅打动作停止，在一段极短时间之后，如果再重新搅打的动作，此时蛋白变性（性质及状态的改变）的动作即不再继续，不断的搅打反而会将泡沫薄膜打破，使蛋白消泡。所以，打发的蛋白要立即使用，不能在放置一段时间之后，又欲将消泡的蛋白继续打至发泡的状态。

（3）用于搅打的蛋白要纯净　如果搅打蛋白时，器具上有油或水，或是蛋白中含有蛋黄（蛋黄中有油脂成分），会使得搅打时，蛋白液完全无法依附在器具上而跟着搅拌头不停地旋转，就像是用手在水中快速划圈，水会跟着撩拨产生的圆旋转一样，怎么搅打都无法使空气打入，使变性作用开始发生，在油、水含量越多时，情况就会越明显。

（4）蛋白的温度在17~22℃最易打发。

（5）塔塔粉可帮助蛋白的打发。

（6）蛋白搅打时要注意程序和速度　先将蛋白用中速打至粗泡后，再加入砂糖（一般说来，糖的分量为蛋白重量的2/3）搅拌至需要的程度（湿性发泡或硬性发泡）。使用高速搅拌的话，蛋白来不及与空气拌和即被打出，而且球蛋白和黏蛋白因高速作用而提早凝固，易失去弹性。

（7）蛋白搅打时要注意加糖的时机　搅打蛋白时加入砂糖可以帮助蛋白蛋打发。蛋白的表面张力越小越容易打发，但气泡较粗大，容易破坏。砂糖的加入能和蛋白中的水分一起融化成糖液，使蛋白的表面张大变大，打出的气泡较细、较稳定。加入砂糖的时机会影响打发蛋白霜的质量，先加糖再打发与先打发再加糖两者的打发状态会有不同。配方中的糖若减少，应早点加入搅打以免气泡消泡。

三、裱挤成形

在烤盘里先刷上一层油，撒上少许面粉；然后用一只装有裱花龙头的裱花袋（裱花龙头的形状决定所裱挤制品的形状），装入搅打好的蛋糊，将其挤在烤盘里，其形状与式样可随意，通常有椭圆形、圆形、长条形、寿桃形等，每只蛋白饼要间隔适当距离。

四、烘焙成熟

把裱成形的蛋白饼放入90℃左右的烤箱中慢慢烘焙，时间大约1.5小时，至蛋白饼烘干焙熟，出炉后自然凉透。

烘焙成熟的蛋白饼要求颜色洁白，外表光滑，形状完整，中心有较大的孔洞，冷却后味香甜松脆。因此在烘焙中，蛋白饼内的水分几乎全被蒸发，而所剩干物质成分较少，所以烘干的蛋白饼比重特别轻。烘焙成熟的蛋白饼应封闭保管，防止受潮回软，失去酥脆的特点。

第三节 蛋白类甜品制作案例

一、核桃仁蛋白饼（Walnut pavlova）

原料配方：蛋清50克，核桃仁 40克，糖粉20克。

制作工具或设备：微波炉，蛋清分离器，电动打蛋器，刮刀，油纸，烤箱。

制作过程：

① 核桃用勺子压碎。

② 用微波炉加热，使核桃仁发出香味。

③ 两只鸡蛋分离出蛋清，务必不要使蛋黄落入蛋清液中，不利于之后的蛋白打发。

④ 蛋白打起泡后再将糖分2~3次加入打发。如果一次加入糖，打发时间会延长且组织较稠密。糖加完后继续搅打至光滑雪白，勾起尾端呈弯曲状，此时即为湿性发泡，约七分发。

⑤ 湿性发泡后继续搅打至纹路更明显且光滑雪白，勾起尾端呈坚挺状，此时即为偏干性发泡，约九分发，为蛋白打发最佳状态。（当呈棉花状且无光泽，此打发蛋白霜即为打发过头，不易与面糊拌合）。

⑥ 将核桃仁倒入打发的蛋白中拌匀。

⑦ 分成小堆，铺在油纸上。

⑧ 烤箱预热，上下火，150℃，烤25分钟后，继续120℃，烤20分钟，再用余温焖10分钟，出炉。

风味特点：**色泽洁白，口感酥脆。**

二、杏仁蛋白饼（Almond pavlova）

原料配方：蛋清3只，杏仁粉100克，细砂糖80克。

制作工具或设备：蛋清分离器，电动打蛋器，刮刀，油纸，烤箱。

制作过程：

① 两只鸡蛋分离出蛋清，务必不要使蛋黄落入蛋清液中，不利于之后的蛋白打发。

② 蛋清打起泡后再将糖分2~3次加入打发。

③ 湿性发泡后继续搅打至纹路更明显且光滑雪白。

④ 将杏仁粉倒入打发的蛋白中拌匀。

⑤ 分成小堆，铺在油纸上。

⑥ 烤箱预热，上下火，150℃，烤35分钟后，继续120℃，烤25分钟，出炉。

风味特点：**色泽洁白，口感酥脆。**

三、奶油水果蛋白饼（Cream & fruit pavlova）

原料配方：鸡蛋清5个，草莓片250克，猕猴桃片2个，蓝草莓150克，糖粉250克，奶油300毫升，香草精1克。

制作工具或设备：蛋清分离器，电动打蛋器，刮刀，油纸，烤箱。

制作过程：

① 将烤箱预热到110~120℃左右；将圆烤盘垫上油纸。

② 用电动打蛋器，将蛋白打成发泡状，倒入150克糖粉，继续打直到硬性发泡。

③ 然后用刮刀将混合物铺到烤盘垒高。

④ 烤盘置于烤箱里，烤大约1小时或者蛋糕饼结实为止。

⑤ 表层水果制作：用电动打蛋器将奶油搅拌，加入剩余100克糖粉和香草精直到成泡沫状。

⑥ 将晾凉的蛋饼从烤箱取出，放置于碟子上，倒入奶油抹平，并将水果铺在奶油上。

风味特点：**色泽艳丽，口感酥脆细腻，口味香甜。**

四、咖啡味蛋白饼（Coffee pavlova）

原料配方：蛋清50克，塔塔粉1克，特细糖粉（香草味）15克，速溶咖啡粉5克。

制作工具或设备：蛋清分离器，电动打蛋器，刮刀，铝箔，烤箱。

制作过程：

① 用打蛋器用力打蛋清和塔塔粉（或用搅拌机的高速档），直到形成稳定的泡沫。逐步搅入糖，咖啡，混匀。

② 用勺将混合物舀到铺好铝箔的烤盘上。约12个小堆，每个之间应距5厘米。

③ 将烤盘放入预热至120℃的烤箱里焙烤40分钟，或直至外层变硬。关掉烤炉，让蛋白饼在烤箱里慢慢冷却1小时即可。在冷却期间，不要打开烤箱门。

风味特点：**色泽浅褐，口感酥脆。**

第四节 蛋白类甜品的质量鉴定与原因分析

一、蛋白类甜品的质量鉴定标准

烘焙成熟的蛋白饼要求颜色洁白，外表光滑，形状完整，中心有较大的孔洞，冷却后味香甜松脆。

二、蛋白类甜品的质量分析与改进措施

1. 蛋白类甜品的外表部分

案例　色泽焦黄

原因分析：

① 配方内糖的用量过多或表面撒上了糖粉。

② 烘烤温度过高。

③ 烘烤时间太长。

改进措施：

① 检查配方中糖的用量；或根据具体品种决定是否撒糖粉。

② 调整烘烤温度。

③ 调整烘烤时间。

2. 蛋白类甜品的内部组织部分

案例　干瘪，太实。

原因分析：

① 蛋清搅打不足或搅打过度。

② 烤制时间太长。

改进措施：

① 搅打适度至硬性发泡。

② 调整烘烤时间。

3. 蛋白类甜品的整体部分

案例　不饱满，形状不完整

原因分析：

① 放置时间太长。

② 烤制温度过高。

③ 成形不规则。

改进措施：

① 缩短烤前放置时间，立即烘烤。

② 调整烤制温度。

③ 熟练掌握蛋白类甜品的成形手法。

思考题

1. 蛋白类甜品的概念是什么？
2. 简述蛋白类甜品的制作原理。
3. 什么是湿性发泡？
4. 什么是硬性发泡？
5. 蛋白搅打注意事项有哪些？
6. 如何掌握蛋白饼的烘焙时间？为什么？
7. 蛋白类甜品的质量标准是什么？

CHAPTER 13

第十三章 巧克力制品和糖制品制作工艺

第一节 巧克力制品制作工艺

近年来，巧克力制品在西点行业发展很快，是西点装饰工艺中的重要组成部分，它普遍用于蛋糕点心的装饰、冷冻甜食的配料和艺术造型等。

一、巧克力的概念

巧克力是以可可粉为主要原料制成的一种甜食。它不但口感细腻甜美，而且还具有一股浓郁的香气。巧克力可以直接食用，可被用来制作蛋糕、冰淇淋等，也可用于各种西点的装饰。

二、巧克力的种类

1. 根据巧克力的成分不同进行分类

西点中常用的巧克力有白巧克力、牛奶巧克力和黑巧克力之分。其中以牛奶巧克力最为普遍。

（1）白巧克力　白巧克力（white chocolate）是指不含可可粉的巧克力。白巧克力，因为不含有可可粉，仅有可可油及牛奶，因此为白色。此种巧克力仅有可可的香味，口感上和一般巧克力不同。也有些人并不将其归类为巧克力。同时，由于可可含量较少，糖类含量较高，因此白巧克力的口感会很甜。

（2）牛奶巧克力　牛奶巧克力（milk chocolate）是指至少含10%的可可浆及至少12%乳质的巧克力。好的牛奶巧克力产品，应该是可可与牛奶之间的香味达到一个完美的平衡。

（3）黑巧克力　黑巧克力（dark chocolate或纯巧克力）是指乳质含量少于12%的巧克力。

黑巧克力则是喜欢品尝“原味巧克力”人群的最爱。因为牛奶成分少，通常糖类也较低。可可的香味没有被其他味道所掩盖，在口中溶化之后，可可的芳香会在齿间四溢许久。甚至有些人认为，吃黑巧克力才是吃真正的巧克力。通常，高档巧克力都是黑巧克力，具有纯可可的味道。但同时，因为可可本身并不具甜味，甚至有些苦，因此黑色巧克力较不受大众欢迎。

2. 根据巧克力的质地不同进行分类

主要分为硬质巧克力、软质巧克力和巧克力米等。

三、巧克力制品的制作原理

西点常用的巧克力有白巧克力、牛奶巧克力和黑巧克力，它们在面点中的使用决定于各巧克力中可可脂的含量。因为可可脂的含量决定巧克力的使用温度，一般说可可脂含量少，巧克力使用温度相对低。巧克力在面点中使用的最佳状态是在接近凝固点时使用，如挤字、吊花、造型等，这时的制品光亮且有立体感。可见，巧克力的调制和凝固点的掌握是保证巧克力制品质量的关键。

表13-1　可可脂含量与凝固温度的关系

巧克力名称	可可脂含量/%	凝固点温度/°C
白巧克力	20	28~31
牛奶巧克力	25	30~31
黑巧克力	32~34	30~32.5

四、巧克力制品的制作方法和要求

1. 巧克力制品的一般制作方法

巧克力制品的制作方法有多种，以常见的黑巧克力调制方法为例介绍：

黑巧克力调制的一般方法是“双煮法”，又称“水浴法”。具体做法是：将装有切碎巧克力的容器放入盛45~50℃水温的较大容器中，让巧克力间接受热溶化，待巧克力重新冷却至接近凝固点时使用。但对于不符合使用要求的巧克力可采用在巧克力溶解过程中加油的方法自行调节，以使巧克力的颜色更深，更光亮。如巧克力中可可脂含脂低，硬度不够，可添加可可脂调节，其用量要根据需要而定。

2. 巧克力制品的一般制作要求

（1）溶化巧克力的水温不要高于50℃，以免破坏巧克力的内部结构，造成渗油或翻砂煳底。

（2）盛装巧克力的器皿要洁净，以防杂菌污染。

（3）一次溶化巧克力的量。要据需要适度掌握，不要使用后剩余太多。因反复溶化的巧克力质量不佳。

（4）模制巧克力的模具要干燥洁净，这样出成品时便于脱模。

（5）模制巧克力冷冻时，冰箱温度不低于零度。时间要合适，以免冻裂或吸湿太多。

（6）贮存巧克力制品温度最好为15~18℃。

（7）巧克力溶点低，烘焙食品常添加卵磷脂以降低其粘性，使易于操作。

五、巧克力制品的制作案例

1. 巧克力花（Chocolate decorations）

原料配方：黑巧克力100克，白巧克力50克。

制作工具或设备：电磁炉，不粘锅，木勺。

制作过程：

① 将巧克力切碎，用“双煮法”分别使之溶化。

② 将溶化的巧克力分别装入两个油纸袋中。

③ 用黑巧克力挤出所需图案。

④ 在图案的空隙处填上白巧克力，自然冷却后，即为各种图案的巧克力花。

风味特点：**色泽艳丽，表面光亮，香甜适中。**

2. 巧克力碎（Minced chocolate）

原料配方：黑巧克力100克。

制作工具或设备：刮刀。

制作过程：

① 将大块黑巧克力取出，用刮刀在侧面将巧克力刮成碎卷或碎片。

② 入冰箱冷藏即可。

风味特点：**色泽棕褐，口感细腻，香味浓郁，具有巧克力风味的固态不规则体。适用于杯装、家庭装、脆筒类产品顶端装饰及混料，以及奶昔、冰冻甜品、蛋糕、咖啡等产品的制作。**

3. 巧克力生日牌（Chocolate “Happy Birthday” brand）

原料配方：黑巧克力100克或白巧克力100克。

制作工具或设备：微波炉，生日牌模具，木勺，抹刀。

制作过程：

① 将黑巧克力或白巧克力放入微波碗中，加热50秒，拿出搅匀，再加热20秒搅匀。

② 取出生日模具，用木勺舀入巧克力浆。

③ 待凝固后打开模具上面的盖子，然后耐心地轻轻取出，脱模即可。

风味特点：**色泽棕褐，口感细腻，具有相应的生日快乐的文字。**

4. 巧克力围边（Chocolate around edge）

原料配方：黑巧克力100克（或白巧克力100克）。

制作工具或设备：微波炉，裱花袋，胶纸。

制作过程：

① 将黑巧克力或白巧克力用微波炉加热溶化。

② 装入裱花袋中，将裱花袋尖部剪个小孔。

③ 然后在胶纸上自由发挥，挤出网状、水滴状、栅栏状、花朵状小装饰件。

④ 待冷却凝结后取出即可。

风味特点：**色泽自然，表面光亮，形状美观。**

5. 巧克力卷筒网纹（Chocolate reticulate roll）

原料配方：黑巧克力100克（或白巧克力100克）。

制作工具或设备：微波炉，卷筒，木勺，裱花袋，胶纸。

制作过程：

① 将黑巧克力或白巧克力用微波炉加热溶化。

② 装入裱花袋中，将裱花袋尖部剪个小孔。

③ 然后在胶纸上挤上网状纹饰。

④ 将胶纸旋转卷起，塞入卷筒中，待凝结后取出，轻轻撕下胶纸即可。

风味特点：**色泽自然，立体造型。**

6. 巧克力转印纹饰（Transfering chocolate decoration）

原料配方：白巧克力100克。

制作工具或设备：微波炉，卷筒，刮板，转印纸，木勺。

制作过程：

① 将白巧克力用微波炉加热溶化。

② 取白巧克力在转印纸上抹平。

③ 用带锯齿的刮板将白巧克力刮出线条。

④ 然后卷起螺旋着塞入卷筒，待凝结后取出，就是一长条装饰纹饰。

风味特点：**色泽自然，造型漂亮美观。**

7. 香草巧克力树皮卷片（Vanilla chocolate bark rolls）

原料配方：香草巧克力150克。

制作工具或设备：煮锅，拌板，抹刀，锋利的刀子。

制作过程：

① 将香草巧克力放在小锅内，浸在温水里，用拌板慢慢搅动，使巧克力完全溶化。

② 将溶化的巧克力倒在大理石台板上，用抹刀来回涂抹。至巧克力凝结，然后用锋利的刀子顺势一刀刀削卷，即成卷片。

风味特点：**卷皮膨松，香浓味甜。**

8. 巧克力果仁球（Chocolate nut balls）

原料配方：各种果仁150克，海绵蛋糕边角碎料350克，朗姆酒或白兰地酒45克，香草黄油200克，香草巧克力1000克。

制作工具或设备：搅拌桶，拌板，内装温水的双层水锅，巧克力专用小工具，防油纸。

制作过程：

① 将各种果仁放在烤盘内，进烤箱烤至微黄变香时取出，用刀斩碎备用。

② 将海绵蛋糕碎料放搅拌桶内，加入碎果仁、酒和香草白脱奶油，用拌板拌至完全混合，然后用双手仔细地做成一只只大小均匀的蛋形，放一边待用。

③ 将香草巧克力放双层水锅内慢慢溶化并用拌板搅打均匀后，用巧克力小工具将一只只果蛋放入，待蘸满巧克力后捞出，放防油纸上待其凝固即成。

风味特点：**外酥内松，香浓味甜。**

9. 巧克力酱（Chocolate sauce）

原料配方：清水450克，可可粉35克，香草巧克力250克，白糖500克。

制作工具或设备：煮锅，拌板，筛子，洁净的盛器。

制作过程：

① 将清水和可可粉一起放在一只较大的煮锅内，置火上加温至沸滚，加入香草巧克力并用拌板不断地搅动，使巧克力能较快地溶化。

② 待巧克力能较快地溶化之后，再加入白糖并用拌板搅动几下，使糖溶化，待再沸滚时离火。

③ 稍冷后，用筛子过滤一下，装入洁净的盛器内备用。

风味特点：**香浓味甜，呈流体状。**

六、巧克力制品的质量鉴定

1. 巧克力制品的质量标准

巧克力制品色泽鲜明均匀一致，符合该品种应有的色泽；香味纯净，符合该品种应有的香气；口味和顺适中。表面光亮，线条和花纹均匀，流畅，清晰，制品不塌陷，外形整齐，无异味。

2. 巧克力制品的质量分析与改进措施

（1）案例　色泽不光亮

原因分析：

① 配方内油的用量过少。

② 缺乏有效地搅拌。

改进措施：

① 微波加热时适当加入少量油脂。

② 巧克力浆要搅拌均匀。

（2）案例　线条不流畅，有毛边

原因分析：

① 缺乏有效地搅拌。

② 裱花袋尖部剪口不齐。

③ 胶纸或转印纸不平整。

改进措施：

① 巧克力浆要搅拌均匀。

② 工具要准备到位。

第二节 糖制品制作工艺

一、糖制品的概念

糖制品就是以糖作为主要原料，有时加上蛋清、明胶粉、油脂、牛奶或色素等作为配料，通过各种工艺手段，使之成为可塑性材料，用以装饰或塑造成各种立体造型装饰品的一类制品。

二、糖制品的种类

糖制品是西点配料及装饰料的主要用料之一，在西点中有着广泛的应用。西点中常见的糖制品有封登糖、脆糖和糖粉造型制品等。

1. 封登糖（Fondant icing）

封登糖又称封糖、翻砂糖，是西点挂面、装饰花及各种装饰图案的常用原料。此料在市场有售，但为降低成本，也可自行熬制。封登糖需经“双煮法”溶化后才能使用。若用火直接加热，则易使熔化的糖重新结晶，失去光亮。封登糖使用时的最佳温度时30~40℃，此时工艺性能最好，可根据需要调成各种颜色和口味。

2. 脆糖（Crisp sugar）

脆糖是西点中技术性较高的一类制品。是由优质白糖经过高温熬制而成的一种坚脆的制品，脆糖具有透明和坚脆的特性，这是由于糖在加热过程中，糖液随着温度的升高，水分不断蒸发，逐渐达到饱和状态而产生的物理现象，脆糖的糖液温度一般为152~160℃。脆糖需将糖液冷却至具有可塑性状状态时使用，其成形方法可吹糖成形、手拔成形和借助模具成形等。

脆糖的花色品种很多，从外观看，有透明的、半透明、丝光状的等；从种类看，有动物制品、花卉制品、水果制品和各式造型制品等。

3. 糖粉膏（Powdered sugar cream）

糖粉造型制品也是面点中技术性较强的装饰品。糖粉造型装饰所用的原料，在行业中称糖粉膏。糖粉膏是根据不同需要用糖粉与蛋白或与水及熔化的鱼胶等原料搅拌制成的，它具有色泽洁白、质地细腻、可塑性强的特点，在工艺中能制作人物、动物、花、鸟、鱼、虫和各种装饰品，其制品具有坚韧结实，摆放时间长，不走形，不塌架，既可食用又能欣赏的特点。

三、糖制品的制作原理

糖制品的制作原理主要是利用了白糖在不同的温度条件下，呈现出的不同物理和化学性状，然后有效地加以运用。例如：糖在制品中多呈细小的结晶状态，如添加其他成分如蛋清、明胶、油脂、牛奶等，即制成各种不同的装饰材料，使用时可采用浸蘸、涂抹或挤注等方法进行装饰。

四、糖制品的制作方法和要求

1. 糖制品的制作方法

糖制品的制作方法具体见“糖制品的制作案例”。

2. 糖制品的一般要求

（1）使用封登糖时，要注意熔化方法，不得在火上直接大火加热。

（2）熬制脆糖时，严格控制糖液温度。

（3）用糖粉造型时，要根据需要灵活掌握制品的硬度，正确选择液体原料，如蛋清或鱼胶液等。

五、糖制品的制作案例

1. 封登（Fondnt icing）

封登（Fondant），国内又称粉糖、白马糖或称翻砂糖。是以砂糖为主要原料，用适量水加少许醋精或柠檬酸熬制经反复搓叠而成的。它是挂糖皮点心的基础配料，制品晶粒细小，色白，微有光泽，常用于西点的涂衣（挂霜）。

原料配方：白砂糖500克，葡萄糖75克，水175克。

制作工具或设备：不粘锅，木搅板，大理石板。

制作过程：

① 将不锈钢或大理石案台刷洗干净，备用。

② 把糖放入平底锅中，加入清水，搅拌后用中火加热至沸腾时，用刷子撇净糖沫并反复洗理锅边，以防止锅边缘糊化的焦糖返回到锅中，使糖变黑。

③ 糖完全溶化后，加入葡萄糖或醋精继续加热，当糖水的温度升到115℃时离火后，用事先准备好的凉水蘸一下锅底，以达到停止升温的目的。

④ 将熬好的糖稀倒在洒有以层冷水的案台上，待糖稀温度降到不烫手时，用刮板将糖稀铲到一起，随之用手掌用力往外推，搓，然后再用手拢回来，如此不断反复，当糖稀全部变成乳白色，形成柔软，细腻，洁白的团状物时，即为白毛粉。

⑤ 将制好的白毛粉放入容器中，表面撒点凉水，用湿布或加盖盖好，备用。糖水加入葡萄糖或醋精的作用，是加速双糖（白砂糖）转化为单糖的速度，防止翻砂，并使白毛粉洁白，细腻，滑润。

风味特点：**口味甜酥、可塑性强。（可以加入少量色素染色使用；还可以加入炼乳或奶油混合使用。）**

2. 皇家糖霜（Royal icing）

原料配方：糖粉500克，蛋清100克，柠檬酸3克。

制作工具或设备：搅拌机

制作过程：将2/3的糖粉与蛋清一起打匀，然后再加入剩余的糖粉和柠檬酸继续打匀，成品用湿布盖住备用。

风味特点：**色泽洁白、口感细腻（可以加入少量色素染色使用；糖霜的硬度可以用蛋清调节，蛋清越多，硬度越低）。**

3. 札干（Dry sugar）

札干是用明胶片、水和糖粉调制而成的制品。是制作大型点心模型、展品的主要原料。札干细腻、洁白、可塑性好，其制品不走形、不塌架，既可食用，又能欣赏。

原料配方：糖粉1000克，蛋清100克，明胶片10克。

制作工具或设备：搅拌机。

制作过程：首先，将明胶片用水溶解。然后将糖粉1000克与蛋清100克混合搅匀，然后加入溶解的明胶片，制成札干。

风味特点： **色泽洁白、口感细腻（可以加入少量色素染色使用）。**

4. 马司板（Marzipan）

马司板是英文Marzipan的译音，又称杏仁糖团、杏仁膏、杏仁面、杏仁泥。是用杏仁、砂糖加适量的朗姆酒或白兰地酒制成的。它柔软细腻、气味香醇，是制作西点的高级原料，它可用于制馅、制皮，捏制花鸟鱼虫及植物、动物等装饰品。

原料配方：糖粉300克，鸡蛋清2只，明胶粉5克，沸水50克，杏仁粉120克，杏仁白兰地酒5克，玉米粉35克。

制作工具或设备：搅拌桶，打蛋器，筛子，刮板，大理石板。

制作过程：

① 将明胶放在搅拌桶内，冲入沸水用打蛋器迅速搅打均匀备用。

② 将糖粉和杏仁粉一起过筛后，在大理石板上围成一个圈，圈内加入鸡蛋清、杏仁白兰地酒和备用的明胶水，然后用力反复揉搓。

③ 在大理石板上不断地撒上玉米粉，将杏仁糖团放在上面揉，直至光滑细腻即可使用。

风味特点： **色泽洁白、可塑性强。**

5. 糖水（Syrup）

原料配方：白糖500克，清水300克。

制作工具或设备：煮锅，拌板，细筛子，洁净的盛器。

制作过程：

① 将白糖和清水一起装在锅内，放火上烧煮并用拌板稍稍搅动，以防焦底，烧至滚沸时离火。

② 待稍冷却后，用细筛子过滤一下，去除浮沫和杂质，盛放在洁净的盛器内备用。

风味特点： **黏稠香甜，洁净明亮。**

6. 糖花篮（Sugar basket）

原料配方：砂糖1500克，水750克，葡萄糖350克，柠檬5滴，各种色素适量。

制作工具或设备：电磁炉，煮锅，拌板，细筛子，洁净的盛器。

制作过程：

① 将糖和水放在洁净的煮锅中，在电磁炉上煮。

② 糖水开锅后用刷子或细筛将脏沫刷出或捞出。

③ 待糖完全溶化后，加入葡萄糖和柠檬酸水，当温度升至138℃时，加入适量色素，待150℃时立即离开火源，并放入备好的凉水盆里蘸一下锅底，使温度停止上升。

④ 将糖稀倒在胶纸或一层植物油的大理石案台上，待糖温降至可以用手拿起时，像拉面一样用手反复拉几下，糖团发亮后，将其擀成薄片，根据不同需要制成花篮坯。

⑤ 用同样方法，煮4锅不同色彩的糖（红，黄，绿，无色）。稍凉后，用手搓一搓，拔成一个个不同颜色的糖花瓣，然后再趁热黏在一起，制成整朵的糖花。

⑥ 将制好的花篮坯和糖花，组装为一体，即为装满各色的鲜花的糖花篮。

风味特点： 色彩鲜艳，形象逼真，立体感强。

7. 糖粉造型蛋糕（Icing suger cake）

原料配方：糖粉1000克，蛋清1400克，醋精25克，杏仁糕2000克，果酱油蛋糕坯3个（直径分别为80厘米，60厘米，40厘米）。

制作工具或设备：煮锅，拌板，细筛子，洁净的盛器。

制作过程：

① 调制糖粉膏。

糖粉过筛放入容器中，加入鸡蛋清（比例为1∶1.4，其调制量及稠度，根据需要灵活掌握），搅拌到白色状，能挤出花纹时，加适量醋精继续搅拌，致使糖粉增白为止。搅好的糖粉，用湿布盖好待用。

② 包制油蛋糕坯。

ⓐ 3个油蛋糕坯分别置于案台上，四周，表面都刷上一薄层果酱。

ⓑ 杏仁糕擀成均匀薄片，分别将ⓐ包严。

ⓒ 调制稍稀一点的糖粉膏，轻轻地在ⓑ上刷一层糖粉膏晾干备用。

③ 分别装饰。

ⓐ 用带有花嘴的纸卷，装入调好的糖粉膏，分别在包好的蛋糕坯上挤上花边及图案。

ⓑ 做必要的装饰物，如在蛋糕上层，装饰一个用札干做的小天使或各种吉祥物等。

④ 成形。

ⓐ 将分别装饰好的蛋糕坯，依次从小到大将第二层蛋糕码放在第一层上，然后做必要装饰。

ⓑ 将第三层蛋糕坯，码放在第二层上，然后将整个蛋糕的装饰及装饰物等协调地挤或黏在蛋糕坯上，即为成品。

风味特点： 色彩艳丽，造型美观。

注：① 糖粉类装饰蛋糕要根据需要和爱好，可以做多种大型的装饰品。

② 如果用于橱窗展品，则蛋糕可以用木制模型代替，并在其上直接将札干抹平，包在其上即可。

六、糖制品的质量鉴定

1. 糖制品的质量标准

糖制品的质量标准：制品总的要求形态规范，外形整齐，表面光滑，口味纯正。糖粉制品要求质地细腻，洁白。脆糖则要色泽自然，表面光亮，不粘手，不粘牙。

2. 糖制品的质量分析与改进措施

（1）案例　色泽不光滑光亮

原因分析：

① 配方内蛋清或明胶等的用量过少。

② 没有搅拌均匀，揉搓到位。

改进措施：

① 调整配方。

② 均匀揉搓成团。

（2）案例　质地粗糙，粘手

原因分析：

① 揉搓不均匀。

② 糖浆熬制不完全到位。

改进措施：

① 封登糖、糖粉面团要搅拌均匀。

② 脆糖要熬煮到位。

思考题

1. 巧克力的概念是什么？
2. 根据原料成分不同进行分类，巧克力分哪几类？各有什么特点？
3. 什么是“双煮法”或“水浴法”？
4. 巧克力制品的一般制作要求有哪些？
5. 巧克力制品的质量标准有哪些？
6. 糖制品的概念是什么？
7. 糖制品有哪些种类？
8. 封登糖的概念是什么？
9. 脆糖的概念是什么？
10. 糖粉膏的概念是什么？
11. 糖制品的质量标准有哪些？
12. 简述糖制品的制作原理。

Piece 3

第三篇

西点制作拓展

CHAPTER 14

第十四章 西点的装饰工艺与配备

第一节 西点的装饰工艺

西点比较注重装饰技术，使制品更加美观、吸引人，也增加了西点的风味和品种。装饰需要有扎实的基本功，熟练精湛的技术，同时也涉及美术基础、审美意识和艺术的想象力，装饰手法多样，变化灵活，可繁可简。

一、装饰目的

1. 改善色型，提升美观

西点熟制出炉冷却后，往往需要进行适当的装饰，使其拥有诱人的色泽、图案和造型，进一步提升西点的美观价值，以吸引消费者的购买欲，增加西点的销量。

2. 提高风味，增加营养

西点所用的装饰料选材广泛，常见的有奶油、巧克力、果冻、水果、籽仁等，一般都具有独特的风味和营养成分。通过装饰手段，可以赋予西点品种某些特殊的风味，提高西点品种的营养价值。

3. 延长保鲜期，保证安全

由于西点装饰料大都为奶油、巧克力、糖冻等，本身含有大量的油脂，能够防止西点品种部分水分蒸发，具有延缓产品老化的作用，相对延长了西点的保鲜期。

二、装饰设计

1. 主题设计

主题设计是西点装饰艺术创作中的前期准备，是创作前的立意。

2. 装饰类型和方法的确定

根据具体西点的品种和特点，选择合适的装饰类型和方法。例如：一般面包要求表面呈金黄色而且有光泽，可以采用涂蛋液的方法装饰，或者可以通过涂抹焦糖液来形成效果。

3. 图案和色彩的构思

（1）图案设计　图案设计是对点心表面进行设计的重要环节，常见布局有对称式、均衡式、放射式、合围式等，这要求根据点心的构成形式进行合理布局，灵活运用控制，把握全局的观念。其中对称式，给人以稳定，庄重，但把握不好容易造成呆板，僵化的感觉；均衡式给人以生动、活泼，但把握不好容易产生紊乱和失衡之感；放射式给人以力量和运动之感，但把握不好容易产生松散或膨胀之虞；合围式给人以圆满、凝聚之感，但把握不好容易产生紧张或收缩的视觉。所以，图案设计，唯有把握分寸，才能总揽全局，设计成功。

（2）色彩构思　色彩在西点装饰的实践运用中也非常重要，要求能够正确理解色彩的冷、暖特性，掌握主体色、次要色、配色与主体色之间的运用关系，更加有利于蛋糕的设计制作。

4. 装饰材料的选择

装饰材料种类较多，但在西点装饰过程中，通常遵循质地较硬的西点品种选用硬性的装饰材料，质地较软的西点品种选用软性的装饰材料。例如：重奶油蛋糕可选用脱水或蜜饯水果、果仁等来装饰；轻奶油蛋糕可选用奶油膏来装饰；海绵蛋糕和戚风蛋糕常常选用奶油膏、稀奶油、果冻等来装饰。

三、装饰类型

1. 简单装饰

简单装饰是采用一、两种装饰材料进行的一次性的装饰，其操作简便，快速实用。例如：在点心表面撒上糖粉或巧克力屑；点缀几粒果干或果仁；以及馅料的夹心装饰等。

2. 图案装饰

图案装饰是常见的装饰类型，一般需要两种或两种以上的装饰材料，多种装饰方法，操作复杂，技术性较强。例如：在蛋糕表面抹上奶油膏、糖霜后，再进行裱花、描绘、拼摆、挤撒、粘边或者镶嵌等。大多数西点的装饰都属于这类。

3. 造型装饰

造型装饰属于西点的高级装饰，技术性要求更高。装饰时将西点制品做成几何体、房屋、马车等立体造型，再进一步装饰；或者采用糖塑制品、面塑制品、黄油塑制品进行立体装饰等。这类装饰主要用于传统高档的节日喜庆蛋糕和展品上。

第二节　西点的装饰案例

西点装饰很重要，也很有个性。这里以蛋糕、面包类装饰为例，介绍西点装饰的相关知识。

一、蛋糕装饰

蛋糕装饰是一个重要环节，通过装饰不但可以提高蛋糕的艺术品位，而且可以提高蛋糕的营养价值，形成不同蛋糕品种的风味特点。

（一）装饰理念

1. 主题设计

主题设计是装饰蛋糕艺术创作中的前期准备，是创作前的立意。通过对蛋糕造型的目的、消费者的情感和愿望等情况进行分析，明确创作主题，确定创作用料和相应的表现形式，同时还要考虑与蛋糕造型相适宜的容器（模具）配备和紧扣创意的制品名称。

通过设计，确立了蛋糕造型的主题、主导色彩和色调，选定了适宜的原材料和表现内容及手法，便可进入造型的构成设计阶段。

2. 构成设计

首先，对蛋糕的基本形状要有所了解，蛋糕胚分圆形、方形、异形三种，其次，蛋糕坯的组合形式有单层、双层和多层三种形式。

圆形为常规形，易生产，易造型，有利于设计、制作，有着圆满美好的感觉，为顾客所接受；方形为非常规型，不易生产，造型难，不利于设计，多与异形结合构成较好；异形为非常规型，制作工序复杂，与圆形、方形结合构成为最佳，形式变化无穷，制作难度大。

单层形式的蛋糕：制作速度快，有利于制作造型，易被消费者接受，特别是圆形构成的蛋糕，可有毛笔画、雕画、浮画，立体造型等形式，为常见形式。

双层构成形式：有方形结合异形构成，有圆形结合异形构成等，构成形式复杂多样，把握构成布局难度大，要求较高。

多层构成形式：有均衡式构成、塔式构成。多层形式给人以气势恢弘的感觉，比较适合喜庆的场面运用，制作层次较多，制作难度大，不易艺术表现，要求有较丰富的制作经验和较高的制作技艺，方能总揽全局。

3. 布局设计

布局设计是对蛋糕表面进行设计的重要环节，常见布局有对称式、均衡式、放射式、合围式等，这要求根据蛋糕的构成形式进行合理布局，灵活运用控制，把握全局的观念。其中对称式，给人以稳定、庄重，但把握不好容易造成呆板，僵化的感觉；均衡式给人以生动、活泼，但把握不好容易产生紊乱和失衡之感；放射式给人以力量和运动之感，但把握不好容易产生松散或膨胀之虞；合围式给人以圆满、凝聚之感，但把握不好容易产生紧张或收缩的视觉。所以，布局设计，唯有把握分寸，才能总揽全局，设计成功。

4. 色彩设计

色彩在蛋糕装饰的实践运用中也非常重要，要求能够正确理解色彩的冷、暖特性，掌握主体色、次要色、配色与主体色之间的运用关系，更加有利于蛋糕的设计制作。

色彩的特性是由于人的生理特点和人的知觉、联想等原因而对色彩产生的心理反映。色彩有冷色、暖色，中性色，所谓冷色是指含有蓝、绿紫占有65%以上的颜色，暖色是指含有红、橙、黄占70%以上的颜色，中性色是指黑、白、灰，金、银色属调和色。所以，在具体蛋糕装饰设计制作中，应根据蛋糕的色彩设计要求，稳定主体色，协调次要色，适当配色。

（二）装饰用料

蛋糕中的装饰材料较多，常用的有奶油制品（黄油、鲜奶油等）、巧克力制品（巧克力纹饰、巧克力碎片、巧克力花等)、糖制品(封登糖、糖粉膏、脆糖制品等)、干鲜果品(杏仁片、葡萄干、草莓、猕猴桃等)、罐头制品(黄桃罐头、红樱桃等)以及其他装饰材料。常见的装饰料有以下几种:

1. 膏类(Paste)

膏类装饰料是一类光滑、细腻,具有可塑性的软膏,其结构为泡沫与乳液并存的分散体系,糖在制品中呈细小的微晶态。主要有油脂型(如奶油膏)和非油脂型(如蛋白膏)两类。各种膏类装饰料可以根据需要加入可可粉、咖啡粉、食用色素、食用香精等,对其色泽和风味加以变化和修饰。

(1)奶油膏(Cream paste)

原料配方:糖粉500克,奶油1000克。

制作工具或设备:搅拌机。

制作过程:将糖粉与奶油一起打匀呈膏状,备用。

风味特点:**色泽洁白、口感细腻。**

(2)蛋白膏(Egg-white paste)

原料配方:糖粉500克,蛋清200克,柠檬酸1克。

制作工具或设备:搅拌机。

制作过程:将糖粉与蛋清、柠檬酸一起打匀呈膏状,备用(也有将蛋清打发后,加入烧开的糖浆继续打发的做法,所以,蛋白膏又称烫蛋白)。

风味特点:**色泽洁白、口感细腻(可以在打制的过程中加入溶化的明胶,搅打至细腻的膏状)。**

2. 果冻类(Jelly)

果冻又称冻胶,加热时溶化,冷却时凝结成冻。常用于西点的装饰以及新鲜水果的表面上光,还可以直接用作冷食。冻胶可由天然压榨果汁,借助于自身果胶的胶凝作用凝结而成;也可以加入凝结剂如明胶、琼脂的方法制成。

(1)琼脂果冻(Agar jelly)

原料配方:琼脂100克,水1200克,白糖50克。

制作工具或设备:磁化炉,不粘锅。

制作过程:将琼脂与水一起加热,并不断搅拌至琼脂溶化,加入白糖,沸腾后晾凉,备用。

风味特点:**色泽透明、口感滑腻。(如直接用于食用可注入模具中晾凉后,取出)。**

(2)上光果冻(Glazing jelly)

原料配方:明胶50克,水1200克,白糖150克,柠檬酸1克。

制作工具或设备:磁化炉,不粘锅

制作过程:将明胶与水一起加热,并不断搅拌至明胶溶化,加入白糖、柠檬酸,沸腾后晾凉,备用。

风味特点:**色泽澄清、口感滑爽。(如直接用于食用可注入模具中晾凉后,取出)。**

(3)草莓果冻(Strawberry jelly)

原料配方:明胶粉10克,沸水300克,白糖100克,草莓香料0.5克,食用红色素微量。

制作工具或设备:搅拌桶,打蛋器,细筛子。

制作过程：

① 将明胶粉放在搅拌桶内，冲入沸水后迅速用打蛋器搅打，至明胶完全溶化。

② 将白糖、草莓香料和食用色素加入搅拌桶，继续搅打均匀并调制成最自然的色泽，然后用细筛子过滤一下即成。

风味特点：**草莓味浓，清澈透明。**

（4）薄荷果冻（Peppermint jelly）

原料配方：明胶粉10克，沸水300克，白糖100克，薄荷甜酒15克。

制作工具或设备：搅拌桶，打蛋器，细筛子。

制作过程：

① 将明胶粉放在搅拌桶内，冲入沸水后迅速用打蛋器搅打，至明胶完全溶化，然后加入白糖再搅打至溶化。

② 待明胶溶液稍冷后，加入薄荷甜酒搅匀，并用细筛子过滤一下即可使用。

风味特点：**薄荷味浓，清澈透明。**

3. 忌廉类（Cream）

（1）咖啡忌廉（Coffee cream）

原料配方：鸡蛋2只，白糖100克，速溶咖啡15克，牛奶500克，玉米淀粉50克，黄油75克，咖啡甜酒15克，奶油膏300克。

制作工具或设备：搅拌桶，打蛋器，煮锅。

制作过程：

① 将鸡蛋和白糖放在一起搅打至发白，加入速溶咖啡再次搅打均匀。

② 将牛奶和黄油放在锅内煮沸，加入少许用清水调匀的玉米淀粉，搅打均匀并继续煮沸，再放入蛋糖混合物搅打均匀并烧煮至沸时离火。

③ 待冷透后，拌入咖啡甜酒和奶油膏，拌和均匀即成。

风味特点：**咖啡口味，装饰性强。**

（2）蓝莓忌廉（Blueberry cream）

原料配方：牛奶500克，蓝莓果酱75克，白糖100克，玉米淀粉50克，奶油膏300克。

制作工具或设备：搅拌桶，打蛋器，煮锅。

制作过程：

① 将牛奶、蓝莓果酱和白糖一起装在锅内，放火上烧煮至沸，加入少许用清水调匀的玉米淀粉，用打蛋器搅打均匀并再次滚沸时离火。

② 冷透后，细心地拌入鲜奶油膏，并拌和均匀即成。

风味特点：**蓝莓口味，装饰性强。**

（3）樱桃忌廉（Cherry cream）

原料配方：鸡蛋2只，白糖100克，玉米淀粉40克，牛奶500克，黄油50克，糖渍樱桃50克，樱桃白兰地酒15克，奶油膏300克。

制作工具或设备：搅拌桶，打蛋器，煮锅。

制作过程：

① 将鸡蛋和白糖一起放在搅拌桶内，搅打至发白时，加入玉米淀粉拌匀。将牛奶和黄油放在锅内煮沸，冲入搅拌桶内调匀之后，仍倒回锅中，继续煮沸并不断搅拌，至煮沸并熟透时离火，放一边冷却。

② 将糖渍樱桃用锋利的刀切成碎末，和樱桃白兰地酒一起放入鸡蛋混合物内，再次搅拌均匀透，再加入鲜奶油拌匀即成。

风味特点：**樱桃口味，装饰性强。**

（4）柠檬忌廉（Lemon cream）

原料配方：柠檬2只，鸡蛋黄3只，白糖125克，玉米淀粉40克，牛奶500克，黄油50克，奶油膏250克。

制作工具或设备：蔬菜刨，小刀，搅拌桶，榨汁器，打蛋器。

制作过程：

① 将柠檬洗净后，放蔬菜刨上刨出外皮碎屑备用。再用小刀剖开柠檬，榨出果汁备用。

② 将鸡蛋黄和白糖一起放在搅拌桶内，搅打至发白后加入玉米淀粉拌匀。将牛奶和黄油放在锅内煮沸，倒入鸡蛋混合物内搅匀后，仍倒回锅中继续煮沸至熟透，放一边冷却。

③ 将柠檬碎屑、汁和打起的鲜奶油依次拌入冷透的鸡蛋混合物内拌和均匀即成。

风味特点：**柠檬口味，装饰性强。**

（三）装饰方法

目前蛋糕的装饰方法主要有蛋糕的表面装饰、蛋糕的裱型方法和蛋糕的塑型工艺等。

1. 蛋糕的表面装饰

（1）蛋糕的表面装饰内涵　蛋糕的表面装饰是通过一定的手法，把从生活上积累的一些素材，经过艺术构思，借助于丰富多彩的各种装饰原料，在蛋糕表面进行装饰的一类美化方法。

（2）蛋糕表面的装饰材料　蛋糕表面的装饰材料主要有：黄油、鲜奶油、奶油巧克力、巧克力米、巧克力碎皮、蛋白糖、糖粉、糖豆、糖花、结力冻（Gelatine）、马司板以及各种果酱、各种新鲜水果和罐头制品等。

（3）蛋糕表面的装饰手法　主要有：涂抹、淋挂、裱挤、捏塑、点缀等。

① 涂抹：涂抹是表面装饰的初加工阶段。一般做法是先将一个完整的蛋糕坯用锯齿刀分割成若干层，然后用抹刀以涂抹的方法将装饰材料（如打发的奶油等）涂抹在每一层中间及外表，使蛋糕表面光滑均匀，便于对蛋糕作进一步的装饰。

② 淋挂：淋挂是将溶化的巧克力浆或糖浆等通过浇、淋等方法，使蛋糕表面在冷却后，形成相对光滑不沾手的效果（如巧克力蛋糕）。

③ 裱挤：裱挤是利用裱花袋或裱花纸筒，将打发的奶油等材料，通过裱花嘴挤注成各种图案的一种装饰手法。

④ 捏塑：捏塑是将马司板、蛋白糖等具有一定可塑性的材料，通过捏塑形成花、鸟、虫、鱼或卡通人物等极具观赏性的装饰制品，常用于蛋糕表面的装饰。

⑤ 点缀：点缀是根据蛋糕装饰造型的需要，利用巧克力米、巧克力碎皮、糖粉、椰蓉等，在蛋糕表面进行适当缀饰的一种装饰方法。在蛋糕实际装饰过程中，往往由一种或几种装饰方法混合使用，以提高蛋糕的装饰艺术效果。

2. 蛋糕的裱型方法

蛋糕的裱型方法是对蛋糕进行再加工、美化的一种装饰方法。通常通过裱花袋和裱花纸筒和不同花形的裱花嘴配合，借助不同的挤注方法，裱制成形。

（1）裱花方法　鲜奶油是做裱花蛋糕的主要原料之一，因此奶油的操作使用较为重要。鲜奶油打发质量的好坏，会影响裱花的造型，所以搅打奶油这一点是非常之关键。未开盒的奶油应储存于–18℃的冰柜中。未打发的奶油储存不能反复解冻、冷冻，否则会影响奶油的品质。已经打发的奶油不用时候必须放于2~5℃保鲜柜内。奶油打发前的温度不应高于10℃，低于7℃，否则都会影响奶油的稳定性和打发量。将未打发的奶油放于2~5℃冷藏柜内24~48小时以上，待完全解冻后取出，轻轻摇匀奶油后，倒入搅拌缸，用中速或高速打发，至表面光泽消失，软峰出现即可。室温要求为15~20℃。

① 裱花袋法：该法先将袋内装入合适的裱花嘴，用左手虎口握住裱花袋中间，翻开内侧，用右手将打发的奶油或其他材料装入袋中，以半袋为宜，不能过满。材料装好后，将口袋翻回原状，同时把口袋卷紧，里面空气被挤出，使裱花袋结实坚挺。裱花时，换上右手虎口捏住裱花袋上部，手掌紧握裱花袋，同时左手轻扶裱花袋，并以45° 角度对着蛋糕表面均匀挤出，自然形成各种花纹。裱花嘴则有各种大小及花样，可配合裱花袋做出各种装饰图样。

② 纸筒法：将长方形或三角形油纸或玻璃纸卷成一头大一头小的喇叭型圆锥筒，若先装入裱花嘴，则在纸筒尖部剪一小孔，将裱花嘴装入；如裱花嘴套住外面用时，则先将打发的奶油或其他材料装入纸筒内，以后再剪小孔，再将裱花嘴套在小孔外面，裱花时将纸筒后面捏拢封好，以免裱花时材料后溢。

（2）裱花要领　蛋糕裱花是一种技术工作。但是在实际操作中，也有一些要领和规律所循。

① 掌握好裱花嘴的角度和高度：裱花嘴的高度高，则挤出的花形厚或尖，花纹瘦弱无力，齿纹模糊；角度低，则挤出的花形扁，花纹粗壮，齿纹清晰。角度对于裱制蛋糕的周边比较重要，角度大，挤出的花纹肥大，挤出的花边容易垮塌；角度小，挤出的花边显得圆势小，挤出的花纹瘦小。

② 把握好裱花的速度和用力轻重：裱注时用力大，花纹粗大有力，用力小花纹纤细，柔弱。不同的裱注速度制成的花纹风格不大相同。若需粗细大小都均匀的造型，其裱注速度应较迅速。若需变化有致的图案，裱头的运行速度要有快有慢，使挤成的图案花纹轻重协调。

③ 注意裱花次序和构图：一般先裱花边，再裱主花。面上的花美观与否，是体现整个裱花的艺术水平，最后一道工序是锁边或打边。边花配图要有规律和变化，整齐一致，疏密匀称，手法一致。构图要对称、均匀，定好中心位置，注意构图的上下、左右、同形、同量的结构，结构必须是严谨、庄重、大方、得体，虚实结合，留有一定空间。

④ 注意色泽对比：色泽淡雅清秀，冷热色对比衬托自然，忌过分花哨。

（3）挤注成形

① 直挤星纹：初学者而言最为简单实用的花形，只要对准位置挤出鲜奶油，再缓缓提起挤花嘴带出尖端即可。

② 螺旋花纹：裱花嘴略呈倾斜角度，如同盛装霜冰淇淋般一边缓缓旋转一边挤出鲜奶油，约

挤完第二圈即可提起收口。

③ 连续花纹：裱花嘴略呈倾斜角度，在定位挤出后稍微提起，随后再往后移动挤出，连续挤花切勿中断，直至整圈装饰结束。

④ 虫形纹：裱花嘴角度需贴近水平面，一开始挤出鲜奶油量较大，并一边稍微将裱花嘴前后移动以作出波浪纹路，大约做出5~6次纹路即可收口。

⑤ 贝壳纹：裱花嘴角度需贴近水平面，一开始挤出鲜奶油量较大，然后用力变缓，裱花袋后移，挤出鲜奶油量变少，即成贝壳纹。

⑥ 交错贝壳纹：在制作贝壳纹的基础上，将裱花嘴头部下垂呈45° 角度，在第一排贝壳纹后挤注第二排贝壳，顶端朝上。为了制作出辫子的效果，第二排的起始位置应是上排贝壳的尾端处。

⑦ 漩涡饰：用纤细的绳状裱花嘴挤注成S形或C形漩涡饰，或将两种漩涡饰组合在一起。

⑧ 鸢尾纹：首先用裱花嘴挤注一条长长的贝壳纹，然后在左边挤注一个S形的漩涡饰，右边挤注一个C形的漩涡饰即成。用这种方法还可以再挤注鸢尾花。

⑨ 玫瑰花饰：用绳状裱花嘴，垂直于被装饰的蛋糕表面，先挤注成圆形，轻轻提起裱花嘴，加点力，向中心部分旋转，随着压力的减少，线条缩小收住即成。

⑩ 缠绕的绳索：用普通的书写裱花嘴或星形裱花嘴挤注，技巧在于挤注奶油等材料的过程中要均匀扭动裱花袋，压力要相同，为了避免改变绳索的粗度，手持裱花袋要有一定的角度，一边挤注一边转动。

⑪ 点状及珠状：将裱花纸筒及平口裱花嘴垂直朝下挤注，直到珠子变成所要求的大小（小者为点，稍大者为珠），然后停止挤注，轻轻提起裱花嘴。当珠子稍干时，用稍稍湿润的刷子轻轻将凸出点压入奶油中去。

⑫ 绳筐绕法：绳筐绕法通常用于蛋糕的边缘，十分吸引注目。选取扁平带锯齿裱花嘴和平口裱花嘴。先用平口裱花嘴挤注一条垂直线，然后与此交叉用扁平带锯齿裱花嘴挤注一条锯齿短线，每条线之间留出裱花嘴的宽度。再沿着锯齿短线的边缘挤注另一条垂直线，与第一条平行，恰恰盖住锯齿短线的边缘，再用扁平带锯齿裱花嘴挤注将第一条和第二条垂直线之间的空隙填上，通过第二条垂直线一直编到要挤注的第三条垂直线的位置，当然仍然是一条平行的垂直线。以此类推即可。

⑬ 迷宫图案：这种设计是一种类似编织般的技术，是通过在固定范围内持续而随意地挤注错综复杂的W形状或M形状而获得的一种效果。使用纤细的平口裱花嘴，不能直线挤注，应使人分不清何为起点何为终点。

⑭ 风信子花：首先用绿色奶油挤注茎和叶子。其次，在茎的两侧分别挤注连在一起的两行各五朵星形小花，待稍干后直接在茎上（两行花朵之上），挤注第三行小花，以显示立体效果。

⑮ 樱草花：用扁平口裱花嘴向上挤注到一半时，裱花嘴向下移近，再继续向上弯曲挤出另一半，使之成为心型瓣。用黄色奶油膏，做类似大小五个花瓣，要依次一瓣压一瓣。中心点上黄点，画上绿蕊即成。

⑯ 绒球柳：用平口裱花嘴挤注出绿色或棕色的树枝，再在树枝头挤注白色奶油膏的水滴形，最后在每个水滴下面挤注棕色V形。

⑰ 紫罗兰：先做上方的三片大点的紫色花瓣，再做下面小点的两片，中心点上黄色点作蕊。

⑱ 水仙花：与做樱草花相似，但是要做六只略伸长的瓣，挤注时要上下起伏，用湿笔侧面画上从中心发射的线，中心点橘色蕊。垂直裱花嘴口，挤注出喇叭形花心即成。

⑲ 玫瑰花：用粉色的奶油膏，选用扁水滴型裱花嘴，围绕锥形米托挤注出花苞，然后挤注一片花瓣包裹，然后一瓣压一瓣，依次包裹而成。

3. 蛋糕的塑型工艺

随着社会的发展，人民生活水平的提高，人们追求时尚的同时，对艺术蛋糕口感及制作工艺有了更高的要求。蛋糕的表面装饰的工艺由平面转到艺术立体造型，欣赏此类蛋糕需要从食用和美学的角度去审视它的艺术价值。

塑型工艺类原料主要有人造黄油、杏仁膏、巧克力、糖粉膏和面塑。常见的塑型工艺类有糖塑、黄油雕、面塑等。

（1）糖塑　随着制糖技术在西点行业的兴起，糖塑已经作为一件食品装饰插件的可食性加工制品，其色彩丰富绚丽，质感剔透，三维效果清晰，几乎成为西点行业中最奢华的展示品和装饰材料。

此外，集糖塑与糖画于一身的时尚糖艺制作也正风靡，制作糖体的材料也更加广泛，糖艺产品也从西点装饰产品转化为可独立创造的观赏性艺术品，从个体的糖艺制品演变为大型糖艺组合。

糖塑制品主要有以砂糖、麦芽糖为主要原料的糖塑、糖画、皮糖、嵌糖模板等，以糖粉膏或糖霜、胶糖团、札干等为主要原料的糖粉模型、糖板。可以用于蛋糕以及其他西点的装饰。

（2）黄油雕　黄油雕是食品雕刻的一种形式。它用的是一种人造黄油为塑造原料，这种黄油具有含水少、黏性强、易储藏等特点，故赢得了许多专业人士的青睐。

在食品雕刻这类形式中，果蔬雕等用的是减料法，即先在一个完整坯料上刻画出作品的大致轮廓，然后再逐步修掉多余的材料，最终展现出作品的外貌形态。不过，这种方法有个致命的缺陷，那就是基本上没有弥补作品缺陷的空间。而黄油雕则多采用的是加料法，即先扎好坯架，然后再往上面添加涂抹黄油。这种采用加料法的黄油雕，骨架扎到哪里，料就可以加到哪里，在空间走势上可以随心所欲，并且还不用担心受原料形状的限制，这算是黄油雕的一大优势。

一件黄油雕作品在制作过程中可以分为立意构图、扎架、上油、细节塑造、收光等几个步骤，可以用于大型蛋糕以及其他西点的装饰。

（3）面塑　面塑是以面粉为主料，按照一定比例添加米粉、油脂、糖等辅料调制而成的可塑性面团，然后再经过艺术加工和塑造，形成各种造型的立体装饰件，具有造型生动、意趣横生的特点。

面塑按其使用功能可分为两类，一类是专用于收藏的面塑，另一类是可以食用的面塑。用于收藏的面塑通常用精面粉、糯米粉、盐、防腐剂及香油等制成，而用于食用的面塑则用澄粉、生粉等制成。可以用于蛋糕以及其他西点的装饰。

二、面包装饰

面包装饰通常有两种方法：一种是面包表面装饰；另一种是面包馅心装饰。

（一）面包表面装饰

给面包皮润色可以让你的面包看起来非常诱人，并且增加面包的风味，给面包皮润色的方法很多，例如：为了使装饰材料能够粘附在面包表皮上，最好的办法就是刷蛋液。在刷蛋液的时候，蛋液中可以加上水、牛奶、黄油、植物油、糖、芝麻、葵花子、小麦麸、洋葱、香草等，既可以美化面包表面，又可以增加面包的风味。

(二) 面包馅心装饰

面包馅心装饰就是利用馅心的可食性、可塑性、装饰性和色泽鲜艳的特点，采用不同的上馅手法，使面包具有不同的装饰效果。

常见的装饰用馅心主要有：

1. 黄金酱 (Golden sauce)

原料配方：鸡蛋4个，糖粉200克，食盐5克，清水250克，玉米淀粉100克，黄油15克，熔化酥油750克，白醋5克。

制作工具或设备：煮锅，榴板，打蛋器。

制作过程：

① 取一部分水先溶化淀粉，水和糖粉、盐、黄油煮开，再加入淀粉稀浆冲入成糊状。

② 冷却后和鸡蛋加在一起用打蛋器边打边加入酥油，打好后加入白醋即可。

风味特点：**色泽浅黄，口感细腻，可塑性强。**

2. 奶酥馅 (Cream filling)

原料配方：黄油150克，细砂糖100克，鸡蛋50克，玉米淀粉15克，奶粉120克，蛋奶香粉5克。

制作工具或设备：搅拌桶，榴板，搅拌机。

制作过程：

① 将黄油加上细砂糖，放入搅拌桶，用搅拌机搅打均匀发泡。

② 然后分次加入鸡蛋搅打均匀。

③ 最后加入玉米淀粉、奶粉和蛋奶香粉拌匀。

风味特点：**色泽浅白，奶香味浓。**

3. 朱古力酥粒馅 (Chocolate cream filling)

原料配方：黄油100克，糖粉75克，低筋面粉200克，可可粉50克，朱古力色香油15克。

制作工具或设备：搅拌桶，榴板，搅拌机。

制作过程：

① 将黄油加上糖粉，放入搅拌桶，用搅拌机搅打均匀发泡。

② 加入低筋面粉低速拌匀。

③ 再加上可可粉和朱古力色香油拌匀，最后用手搓成细粒状。

风味特点：**色泽褐色，具有朱古力的香味。**

4. 麦提沙馅 (Chocolate filling)

原料配方：黄油250克，糖浆250克，朱古力酱25克。

制作工具或设备：搅拌桶，榴板，搅拌机。

制作过程：

① 先将黄油放入搅拌桶内快速打至充分起发，呈膨松状。

② 将糖浆缓缓加入，慢速搅拌至均匀，再加入朱古力酱慢慢拌匀。

风味特点：**色泽褐色，具有黄油的奶香味。**

5. 色拉酱（Salad dressing）

原料配方：鸡蛋黄4只，糖粉50克，食盐5克，白醋10克，色拉油500克，玉米淀粉15克。

制作工具或设备：搅拌桶，榴板，搅拌机。

制作过程：

① 将蛋黄放入搅拌桶中，加入糖粉、食盐，慢速搅拌均匀，然后慢慢加入色拉油和白醋打至成细腻糊状。

② 最后均匀拌入玉米淀粉即可。

风味特点：**色泽浅黄，细腻味香。**

6. 毛毛虫馅（Caterpillar filling）

原料配方：清水250克，砂糖50克，色拉油100克，蛋糕油25克，高筋面粉120克，玉米淀粉25克，鸡蛋5个。

制作工具或设备：煮锅，搅拌桶，榴板，搅拌机。

制作过程：

① 将清水、砂糖、色拉油、蛋糕油放入煮锅中烧开，然后放入高筋面粉和玉米淀粉用榴板搅拌均匀。

② 将熟面糊倒入搅拌机中快速搅拌至冷却。

③ 以快速分次慢慢加入鸡蛋打匀，再搅拌均匀即可。

风味特点：**嫩黄细腻，口味香甜。**

7. 香蕉馅（Banana filling）

原料配方：黄油200克，糖粉200克，鸡蛋1个，香蕉糊300克，速溶吉士粉25克，低筋面粉100克。

制作工具或设备：搅拌桶，榴板，搅拌机。

制作过程：

① 将在室温下化软的黄油放入搅拌桶，加入糖粉搅打膨松，然后加入鸡蛋继续打匀。

② 加入香蕉糊搅拌均匀。

③ 最后加入速溶吉士粉和低筋面粉低速拌匀即可。

风味特点：**色泽嫩黄，具有香蕉的香甜味。**

8. 椰丝馅（Shreded coconut filling）

原料配方：砂糖350克，椰丝150克，黄油50克，柠檬色香油15克。

制作工具或设备：搅拌桶，榴板。

制作过程：将所有原料混合均匀即可。

风味特点：**色泽浅黄，椰丝香甜。**

9. 菠萝皮（Pineapple skin）

原料配方：酥油250克，猪油250克，糖粉250克，蛋糕油5克，鸡蛋75克，低筋面粉350克，高筋面粉250克，香兰素2克。

制作工具或设备： 搅拌桶，榴板，搅拌机。

制作过程：

① 将酥油、猪油、糖粉和蛋糕油放入搅拌桶中，用搅拌机搅拌至发白，加入鸡蛋打匀。

② 最后加入低筋面粉、高筋面粉和香兰素搅拌均匀。

风味特点： **色泽浅黄，酥香味甜。**

10. 卡士达馅（Custard filling）

原料配方： 蛋黄3个，砂糖75克，面粉25克，牛奶120克。

制作工具或设备： 搅拌桶，榴板，打蛋器。

制作过程：

① 三个蛋黄加上75克砂糖打成乳白色。

② 加入面粉，以切拌方式搅拌。

③ 将加热后的牛奶慢慢倒入其中，并迅速搅拌，防止蛋黄结块。并在火上加热搅拌，直至黏稠。

④ 关火放凉并放入冰箱冷藏。

风味特点： **色泽嫩黄，口感软香细腻。**

第三节 西点的配备

西式甜点，英文为Dessert，特指正餐之后的那一道甜点，它富含营养，讲究造型，常常给人一种艺术美。如果配备很完美，能起到烘托气氛的作用，给消费者留下美好的印象和回忆。

一、西点的一般配备方法和要求

西点的配备要考虑到很多因素，例如：季节性、服务的对象、酒店的类型、就餐形式和传统节日等，这里主要介绍西点的一般配备方法和要求。

1. 西餐宴会

西餐宴会是按西方传统举办的一种宴会形式。西餐宴会根据西方的饮食习惯，吃西式菜点，喝外国酒水，根据菜点不同使用多套的餐具，讲究菜点与酒水的搭配。根据宴会的主题配备相应的西点，如：婚宴常常配备婚礼蛋糕；生日宴会要配备生日蛋糕等。

2. 冷餐酒会

冷餐酒会是按自助餐的进餐方式而举办的一种宴会形式。冷餐酒会的菜点以冷菜为主，也有部分热菜，且既有西菜西点，又有中菜中点，客人可根据其饮食爱好自由取食。酒水通常放在吧台上由客人自取，或由酒水员托送。这种宴会形式因其灵活方便而常为政府部门、企业界、贸易界举办人数较多的欢迎会、庆祝会、开业或周年庆典、新闻发布会所采用。

冷餐酒会中西点的配备常常要求点心体积小巧玲珑、造型美观漂亮、口味多样统一、装盘规范豪华等，诸如配备小点心、慕斯、小蛋糕、蛋挞等。

3. 鸡尾酒会

鸡尾酒会是欧美社会传统的聚会交往的一种宴会形式。鸡尾酒会以供应酒水（特点是鸡尾酒和混合饮料）为主，配以适量的佐酒小吃，如三明治、果仁、肉卷等。鸡尾酒会可在一天中的任何时候单独举办，也可在正式宴会前举办（作为宴会的一部分）。

4. 便餐

便餐是一种比较简单的就餐形式，对点心的配备要求不高，通常准备一些大众化的点心，诸如各种派、水果蛋糕、油炸点心、冰淇淋等。

5. 下午茶

英国人常常有喝下午茶的习惯。喝下午茶的最正统时间是下午四点钟（就是一般俗称的Low tea），然而喝茶并不是主要的环节，品尝蛋糕、三明治等各种点心，反而成了最重要的部分。正式的下午茶点心一般被垒成“三层架”的形式：第一层放置各种口味的三文治（Tea sandwich），第二层是英国的传统点心松饼（Scone），第三层则是小蛋糕和水果塔。这个三层架点心应先从下往上吃。除了这种必不可少的三层点心，一些牛角面包、葡萄干、鱼子酱等食品也会被摆上来，来迎合宾客的口味。

茶点的食用顺序应该遵从味道由淡而重，由咸而甜的法则。先尝尝带点咸味的三明治，让味蕾慢慢品出食物的真味，再啜饮几口芬芳四溢的红茶。接下来是涂抹上果酱或奶油的英式松饼，让些许的甜味在口腔中慢慢散发，最后才由甜腻厚实的水果塔，带领你亲自品尝下午茶点的最高潮。

二、传统节日的西点配备

国外的节日很多，以新年、情人节、复活节、感恩节和圣诞节最为隆重，也是西方国家普遍庆祝的节日，这些传统节日都有特定的点心配备。

1. 新年（New Year’s Day）

在西方国家，尽管圣诞节才是最大的节日，新年在人们心目中仍占有不可替代的重要地位。除夕之夜（New Year’s Day）晚会是庆祝新年到来必不可少的活动。西方各国的人们都喜欢在欢快的乐曲和绚丽的光彩中喜气洋洋地度过一年的最后一个夜晚。

新年的点心配备主要有：各种蛋糕、各式面包等。

2. 情人节（Valentine’s Day）

每年2月14 日 ，在春回大地之时，欧美各地的人们都会欢度情人节（又名“圣瓦伦丁节”）。在这个充满了浪漫与幻想的节日里，情侣们互诉衷肠。许多人选择这一天订婚、结婚；各地的大学、中学和一些团体俱乐部主办热闹非凡的情人舞会；商店里推出各种表达柔情蜜意的礼品。

情人节点心主要配备各种巧克力、心形蛋糕、各种曲奇饼干等。

3. 复活节（Easter Day）

复活节是为了纪念耶稣被钉上十字架，三天后死而复活的基督教节日。它是基督教与古代所谓异教风俗的结合物。据说复活节（Easter）一词源于盎格鲁撒克逊民族神话中黎明女神的名字Eostre。它的愿意是指冬日逝去后，春天的太阳从东方升起，把新生命带回。由于该词喻意新生，于是被基督教教徒借用过来表示生命、光明、欢乐的恩赐者耶稣再次回到人间。按照习俗，复活节的日期是3月21日起月圆后的第一个星期日。

复活节主要配备各式彩蛋、巧克力蛋、巧克力兔子等，还有其他食品，如奶油、乳酪、面包等。

4. 感恩节（Thanksgiving Day）

每逢11月第四个星期日，美国人民便迎来了自己最重要的传统民俗节日——感恩节。这个节日始于1621年。那年秋天，远涉重洋来到美洲的英国移民，为了感谢上帝赐予的丰收，举行了三天的狂欢活动。从此，这一习俗就沿续下来，并逐渐风行各地。1863年，美国总统林肯正式宣布感恩节为国家法定假日。届时，家家团聚，举国同庆，其盛大、热烈的情形，不亚于中国人过春节。

感恩节的食物除火鸡外，还有红莓苔子果酱、甜甘薯、玉蜀黍、南瓜饼、沙拉、自己烘烤的面包及各种蔬菜和水果等，最后的甜点当然有美味的南瓜派，也可以准备核桃派或苹果派。这些东西都是感恩节的传统食品。

5. 圣诞节（Christmas Day）

每年12月25日是基督教创始人耶稣的诞辰，也是基督徒最盛大的节日——圣诞节，按基督教教义，耶稣是上帝之子，为拯救世人，降临人世。所以圣诞节又称“耶稣圣诞瞻礼”、“主降生节”。

圣诞节主要配备圣诞蛋糕、树根蛋糕、圣诞面包、各种派、各种布丁等。

思考题

1. 西点的装饰目的是什么？
2. 西点的装饰设计主要包括哪些内容？
3. 西点的装饰类型有哪几种？各有什么特点？
4. 蛋糕的装饰理念包括哪些内容？
5. 蛋糕表面的装饰手法有哪些？
6. 裱花袋法如何解释？
7. 纸筒法如何解释？
8. 裱花要领有哪些？
9. 糖塑的概念是什么？
10. 黄油雕的概念是什么？
11. 面塑的概念是什么？
12. 面包如何装饰？
13. 复活节（Easter Day）的点心如何配备？
14. 圣诞节（Christmas Day）的点心如何配备？

参考文献

1. 陈洪华. 蛋糕配方与工艺. 北京：中国纺织出版社，2009.

2. 陈洪华. 面包配方与工艺. 北京：中国纺织出版社，2009.

3. 李祥睿. 西餐工艺. 北京：中国纺织出版社，2008.

4. 国家旅游局人事劳动教育司编. 西式面点. 北京：高等教育出版社，1992.

5. 王美萍. 西式面点师. 北京：中国劳动出版社，1995.

6. 吴文通. 中西面包蛋糕制作精华. 广州：广东科技出版社，1993.

7. 张建幸. 装饰蛋糕集. 上海：上海科学普及出版社，1994.

8. 吴孟. 面包糕点饼干工艺学. 北京：中国商业出版社，1992.

9. 左天香译. 西式糕点制作技艺. 南昌：江西科学技术出版社，1990.

10. 张守文. 面包科学与加工工艺. 北京：中国轻工业出版社，1996.

11. 李里特，江正强，卢山. 焙烤食品工艺学. 北京：中国轻工业出版社，2000.

12. 马涛. 焙烤食品工艺. 北京：化学工业出版社，2007.

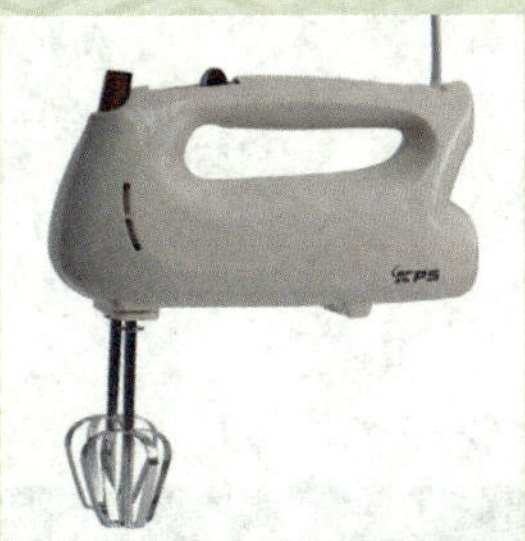

图2-1　手持电动打蛋器

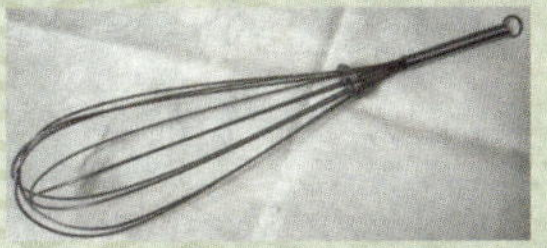

图2-2　打蛋器

图2-3　榴板

图2-4　拌料盆

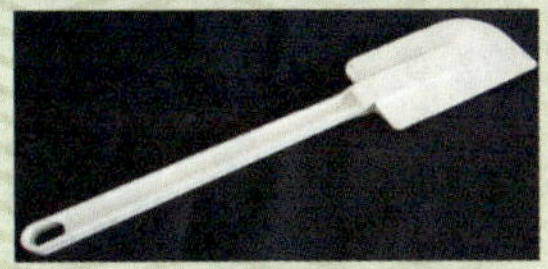

图2-5　橡皮刮板

图2-6　烤盘

图2-7　焙烤听

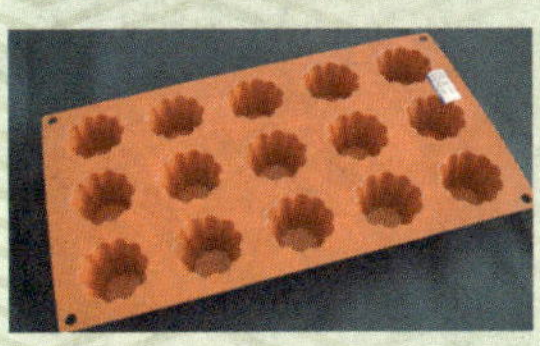

图2-8　巧克力模

图2-9　印模

图2-10　比萨烤盘

图2-11　弹簧秤

图2-12　电子秤

图2-13　尺子

图2-14　量杯

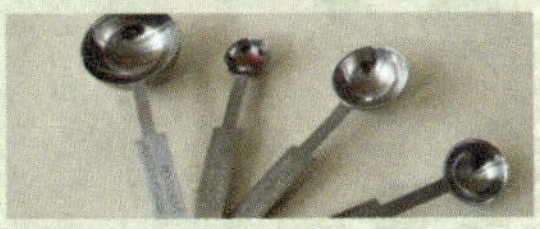

图2-15　量勺

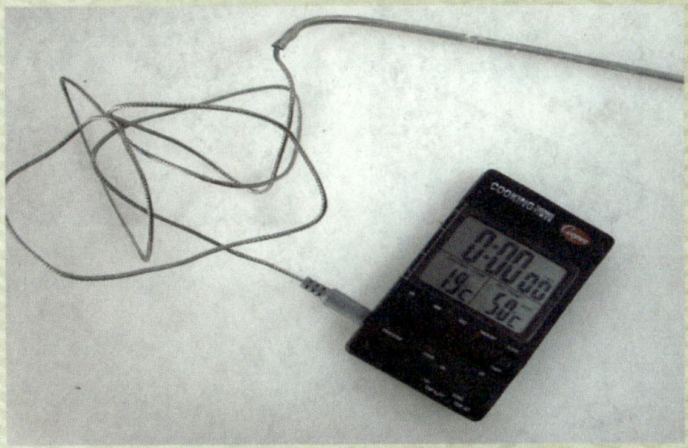

图2-16　探针温度计

图2-17　测量温度计

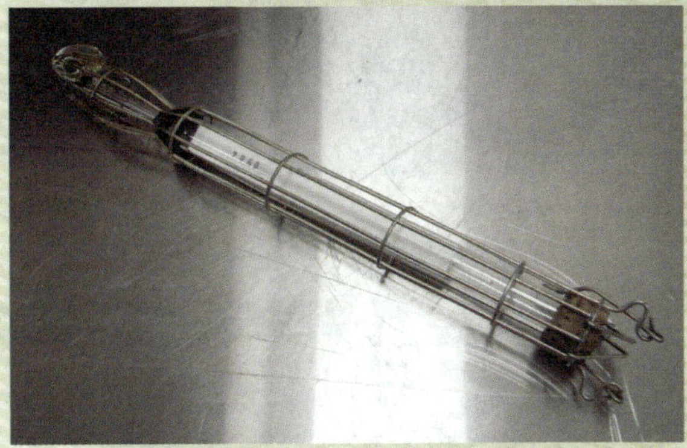

图2-18　普通温度计

图2-19　抹刀（1）

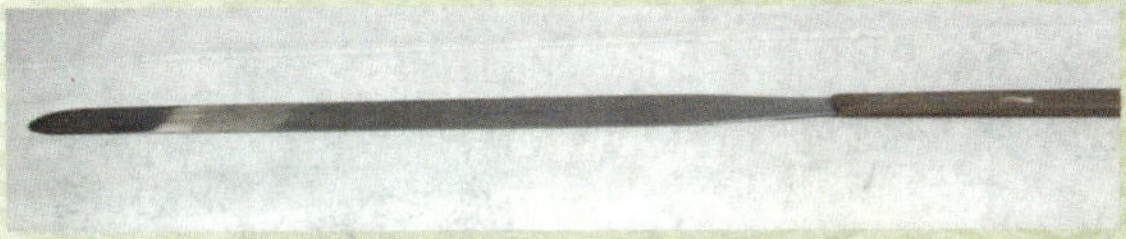

图2-20　抹刀（2）

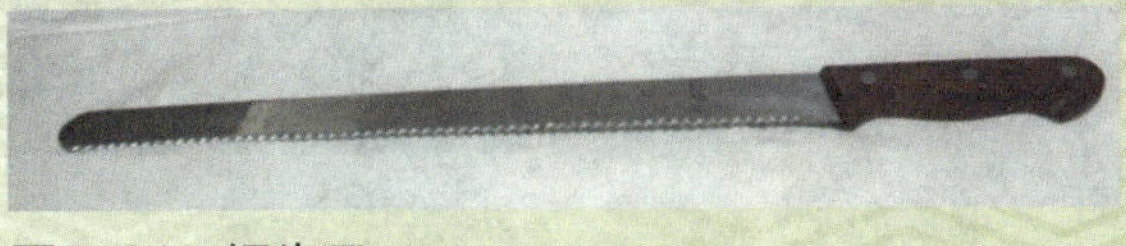

图2-21　锯齿刀

图2-22　水果刀

图2-23　铲刀

图2-24　雕刻刀

图2-25　挑刀

图2-26　剪刀

图2-27　刮片

图2-28　擀面棒

图2-29　裱花嘴

图2-30　转化嘴

图2-31　裱花袋

图2-32　油纸

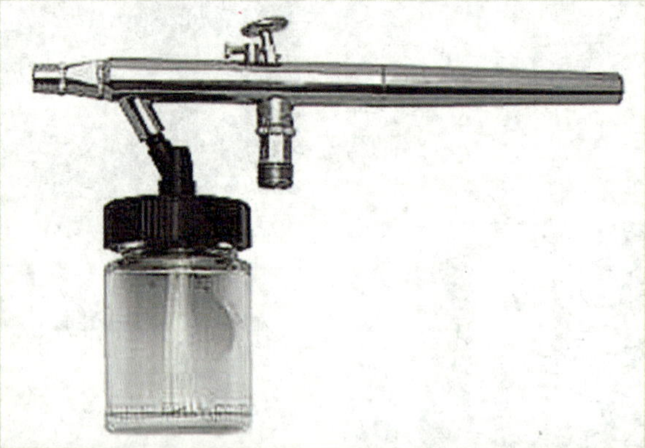

图2-34　喷笔

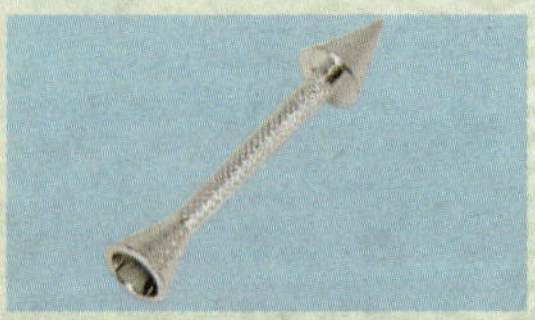

图2-35　花棒

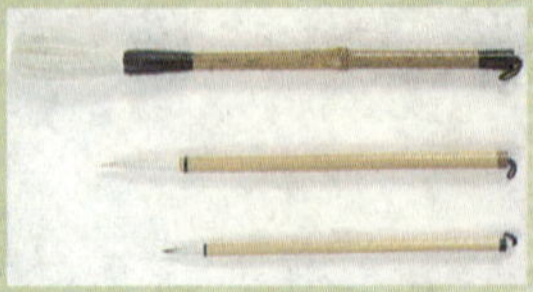

图2-33　纤维毛笔

图2-36　转台

图2-37　面筛

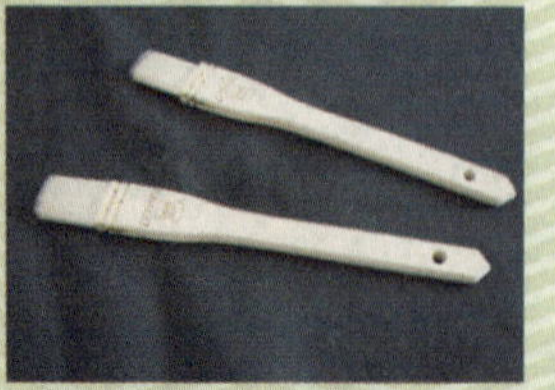

图2-38　刷子

图2-39　调色碗勺

图2-40　缎带

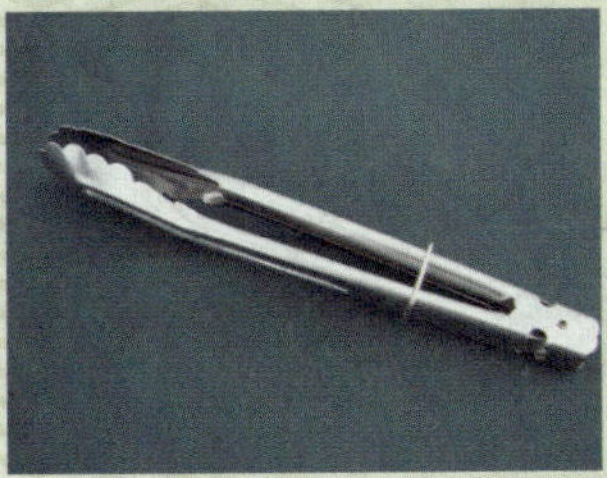

图2-41　食品夹

图2-42　案板

图2-43　粉碎机

图2-44　搅拌机

图2-45　和面机

图2-46　分割机

图2-47　滚圆机

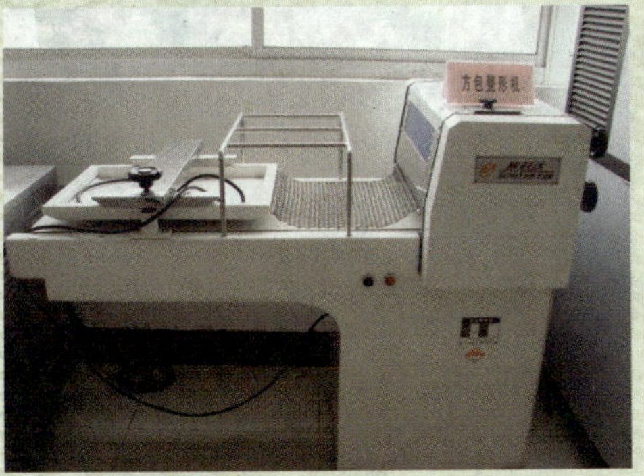

图2-48　整形机

图2-49　压面机

图2-50　切片机

图2-51　冰淇淋机

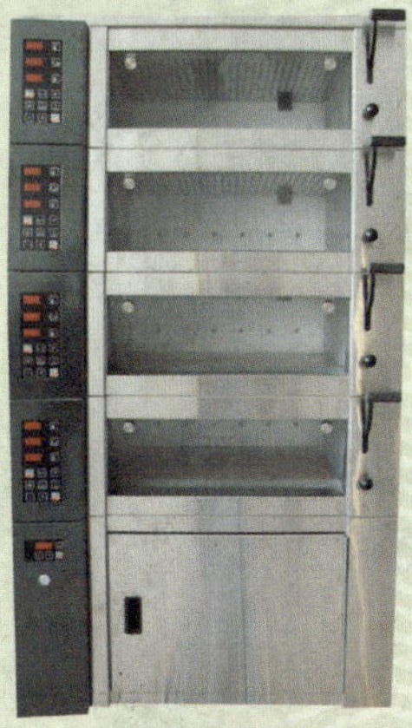

图2-52　电烤箱

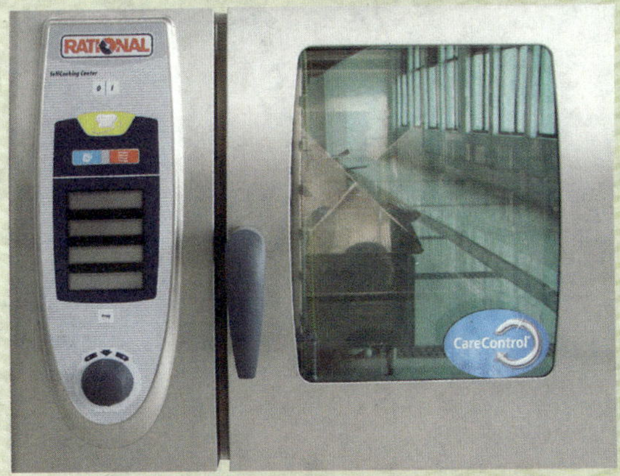

图2-53　多功能蒸烤箱

图2-54　醒发箱

图2-55　热汤池

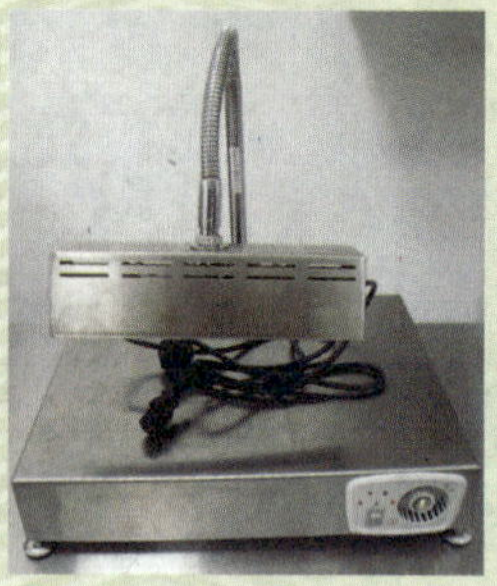

图2-56　红外线保温灯

图2-57　保温车

图2-58　西餐炉灶

图2-59　深油炸灶

图2-60　小型冷藏库

图2-61　展示冰柜

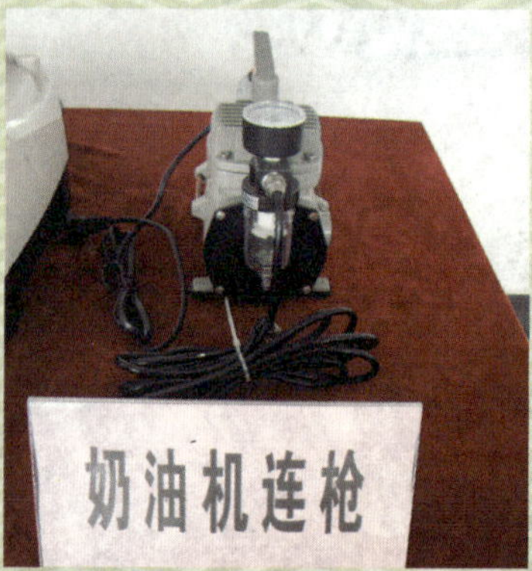

图2-62　裱花喷枪

图2-63　巧克力熔炉

图5-1　法国面包（法棍）

图5-2　意大利面包

图5-3　牛奶鸡蛋面包

图5-4　面包圈

图5-5　鲜奶油吐司面包

图5-6　白吐司面包

图5-7　牛奶吐司面包

图5-8　红豆吐司面包

图5-9　带盖全麦吐司

图5-10　五瓣面包

图5-11　沙菠萝面包

图5-12　墨西哥面包

图5-13　奶油花生面包

图5-14　一字形小面包

图5-15　基本比萨

图5-16　什锦海鲜比萨

图5-17　汉堡包

图5-19　热狗面包

图5-18　牛肉汉堡

图5-20　奶酪火腿三明治

图5-21　鸡蛋三明治

图5-22　三瓣丹麦吐司

图5-23　丹麦牛角面包

图5-24　起酥甜面包

图5-25　丹麦羊角面包

图5-26　起酥面包

图6-1　普通海绵蛋糕

图6-2　海绵卷

图6-3　香草海绵蛋糕

图6-4　戚风蛋糕（1）

图6-5　戚风蛋糕（2）

图6-6　戚风巧克力蛋糕

图6-7　樱桃卷

图6-8　提拉米苏蛋糕

图6-9　黄油蛋糕

图6-10　巧克力黄油蛋糕

图6-11　纸杯蛋糕

图6-12　奶酪蛋糕

图6-13　普通黄油蛋糕

图6-14　日本式奶酪蛋糕

图6-15　菠萝芝士蛋糕

图6-16　小贝壳蛋糕

图6-17　绿茶慕斯蛋糕

图6-18　黑森林蛋糕

图7-1　丹麦酥

图7-3　风车酥

图7-6　蝴蝶酥

图7-4　忌司条

图7-5　牛角酥

图7-7　麻花酥

图8-1　化酥蛋挞

图8-2　苹果派

图9-1　牛奶饼干

图9-2　蜂蜜饼干

图9-3　黄油饼干

图9-4　花香酥饼

图9-5　五花饼干

图10-1　巧克力奶油泡芙

图10-2　黄桃布丁

图11-1　草莓慕斯蛋糕

图11-2　巧克力慕斯

图11-3　果香慕斯蛋糕

图11-4　香柠慕斯蛋糕